# 实验室安全基础

## （第2版）

姜忠良　齐龙浩　马丽云　编著
何兰英　殷宏斌　王殿宝

清华大学出版社
北京

# 内 容 简 介

本书较全面地讲述了实验室中经常出现的各种安全问题及其表现特点、产生原因、防治原理、防止措施、安全管理及有关的法律法规等。全书共分 11 章,第 1 章主要讲述实验室常见安全事故的类型、典型事故等;第 2 章主要讲述火灾、燃烧和爆炸的基本理论,火灾的防治、火场疏散、逃生的基本原则和方法;第 3 章主要讲述电气火灾和电击伤害的产生原因与防止方法;第 4 章主要讲述化学品的危害及安全使用措施;第 5 章主要讲述机械损伤及防止方法;第 6 章主要讲述气瓶和压力容器的安全;第 7 章主要讲述电离辐射和电离辐射的危害与防治;第 8 章主要讲述微生物的危害与防治;第 9 章主要讲述粉尘、噪声和室内空气污染的危害与防治;第 10 章主要讲述实验室中的物品与网络信息的安全问题;第 11 章主要讲述安全管理的基本知识和方法。

本书既可以作为高等院校和科研院所的教学参考书,也可作为一般工程技术人员、企事业单位技术人员和安全管理人员的工作参考书。

**图书在版编目(CIP)数据**

实验室安全基础 / 姜忠良等编著. —2 版. —北京:清华大学出版社,2025.7
ISBN 978-7-302-54961-1

Ⅰ.①实… Ⅱ.①姜… Ⅲ.①实验室管理－安全管理 Ⅳ.①N33

中国版本图书馆 CIP 数据核字(2020)第 029777 号

责任编辑:陈朝晖
封面设计:何凤霞
责任校对:王淑云
责任印制:杨 艳

出版发行:清华大学出版社
　　　　网　　　址:https://www.tup.com.cn,https://www.wqxuetang.com
　　　　地　　　址:北京清华大学学研大厦 A 座　　　邮　　编:100084
　　　　社 总 机:010-83470000　　　　　　　　　　邮　　购:010-62786544
　　　　投稿与读者服务:010-62776969,c-service@tup.tsinghua.edu.cn
　　　　质量反馈:010-62772015,zhiliang@tup.tsinghua.edu.cn
印 装 者:大厂回族自治县彩虹印刷有限公司
经　　销:全国新华书店
开　　本:170mm×240mm　　印张:24.5　　字　　数:466 千字
版　　次:2009 年 12 月第 1 版　2025 年 8 月第 2 版　印　次:2025 年 8 月第 1 次印刷
定　　价:99.00 元

产品编号:054247-01

# 前　言

　　高校实验室是高校中进行科学研究与创新的主要场所，也是培养学生科研能力和人文素质的重要基地。同时，高校实验室，特别是理工类高校的实验室，涉及物理、化学、材料、机械、能源、电力、电子、信息、生物、医学、辐射、环境等许多领域，存在各种危险因素，也是安全事故多发的地方。

　　实验室安全事故不仅影响科研教学工作的进度，使国家财产遭受损失，更重要的是直接威胁到师生员工，特别是处于教学科研第一线的研究生和本科生的生命与健康。因此，加强对研究生、本科生的安全教育和培训显得十分迫切与重要。

　　清华大学一直非常重视实验室安全问题，学校除建立了完善的安全管理规章制度、安全管理组织、安全责任制度、安全检查制度外，学校实验室与设备处还编写了《实验室安全手册》和《安全考试题库》，实行了实验室准入制度。除此以外，校保卫处每年都对本科新生进行集中消防安全教育和灭火、逃生演习。这些措施极大地增强了学生的安全意识、安全知识和安全技能，将清华大学的实验室安全水平提升到一个新的高度。

　　材料科学是涉及物理、化学、机械、环境、能源、电子信息和生物等领域的交叉学科，多年来一直是世界科技发展的热点领域。同时，材料学科实验室也是安全事故的多发场所。2004 年 5 月，清华大学材料系系务会通过对材料系实验室发生的多次较大安全事故进行分析、总结，结合材料系的具体情况决定：从 2004 年起为新入学的研究生开设一门 16 学时、1 个学分的《实验室安全学》必修课程。2004 年 6 月底，该决定得到材料系学位委员会和学校研究生院的正式批准。在校保卫处的大力支持与合作下，2004 年 9 月首次为 2004 级研究生开设了《实验室安全学》课程，并编写了临时讲义。课程完成后，对参加学习的研究生进行了问卷调查，结果显示：几乎所有的同学都认为《实验室安全学》课程的设置非常必要、及时和有意义。通过《实验室安全学》的学习，同学们不仅增加了安全知识，更重要的是增强了安全意识，提高了安全素质和安全技能，受益匪浅。很多同学还主动利用刚刚学到的安全知识，发现了身边的许多安全隐患，积极为学校的安全工作出谋划策。

　　《实验室安全学》课程的开设和材料系日常安全检查制度的建立与实施，使材料系的安全状况大为改变。自 2004 年以来,材料系的实验室安全事故大幅度减少,从原来的事故多发单位一跃变为安全先进单位,多次受到学校领导的表扬。

2006 年,经过 3 年的《实验室安全学》教学实践,我们也感到当时开设的《实验室安全学》课程还很不完善,需要进行大幅度改进。除了要加强形象教学、现场教学,还应该有一本较好的正规教材。经过资料查找发现,国内外有关安全方面的著作很多,内容也非常丰富,但专门针对实验室安全的著作却很少。为此,我们在 2004 年编写的《实验室安全学》临时讲义的基础上,于 2006 年开始编写《实验室安全基础》一书,并于 2009 年由清华大学出版社正式出版,作为《实验室安全学》课程的主要教材。《实验室安全基础》一书出版以来,获得了选课同学的高度评价,也为进一步提高材料系安全教育课程的质量发挥了重要的推动作用。

近些年来,各院系对实验室安全工作越来越重视,选修《实验室安全学》课程的其他院系的学生越来越多。同时,随着科学技术的飞速发展,实验室研究的课题和内容也不断更新变化。在这种情势下,迫切需要对《实验室安全基础》一书的内容进行适当的更新和补充。因此,我们于 2013 年重新编写了《实验室安全基础(第 2 版)》一书。在新版本中,除对原有的部分章节进行删减或增添一些新内容外,还新增了"机械安全""生物安全""室内环境安全""物品与信息安全"等章节,使得本书的内容更全面和更丰富。

在《实验室安全基础(第 2 版)》的编写过程中,我们参阅了大量有关安全方面的书籍、文章、报告等,听取和采纳了一些相关学者、专家与安全工作者的意见,在此深表感谢。

此外,在《实验室安全学》的教学和《实验室安全基础(第 2 版)》的编写过程中,南策文、张政军、潘伟、潘峰、李敬锋、林元华、李正操、胡晓清、武晓峰、闻星火、马文川、沈金玉等老师给予了大力的支持和帮助,在此一并表示衷心的感谢。

由于时间仓促及编写者水平有限,书中难免存在某些问题,恳请有关专业人士和读者批评指正。

作者

2024 年 5 月 1 日　于清华园

# 目　录

# 第1章 绪 论

本章主要介绍实验室安全事故的危害、类型、事故实例、事故原因分析等内容，以便对实验室安全问题有一个概括性的了解，并加强对安全管理的重要性的认识。其中最值得注意的是事故实例及原因分析。

## 1.1 实验室与安全

### 1.1.1 实验室的功能

随着我国经济的快速发展，科学技术作为第一生产力要素发挥着越来越重要的作用。实验室历来是探索新的科学规律、开发新技术和研制新材料的最重要的场所。近几年，国家、地方政府、企事业单位投入大量的资金用于技术开发和创新，建设或更新了大量的实验室，使我国科研实验室的硬件设备有了很大的进步，为我国今后的科技发展奠定了物质基础。对高等院校来说，实验室除了是进行科学研究的场所，还是进行实验教学的重要场所。通过实验教学，可加深学生对基本理论的理解，培养学生严谨的科学态度和必要的实验技能，达到增强分析问题、解决问题能力的目的。

### 1.1.2 实验室安全

实验室的重要功能是探索未知，这一特性决定了实验室工作具有挑战性和潜在的危险性。实验室中不仅有各种具有潜在危险的仪器设备，室内往往还相对集中地存放了大量危险物品。常年与这些危险仪器设备、危险物品相伴，稍有不慎就有可能引发灼伤、火灾、爆炸、电击、中毒、机械损伤、辐射、微生物感染等各种灾难性事故。

在高等院校，经常在实验室中进行科学研究的有教师、实验员、学生（包括本科生、研究生、进修生等）等，其中学生是实验室中进行科研工作的生力军和主力军。所谓生力军，是指学生往往是刚进入实验室进行研究工作或进入实验室时间不长。由于是生力军，所以对实验室还不太熟悉，实验经验相对较少，容易发生各种实验室安全事故。所谓主力军，是指学生构成了高校科研人员的主体。由于是主力军，所以发生实验室安全事故时，受危害最多和最严重的往往是学生。近几年，随着高等院校办学规模的扩大和科研项目的增多，学生进入实验室的人数大量增加，进入实验室的时间加长,实验室的安全问题更加严峻,各种实验室安全事故时有发生,对学生的生命、健康造成严重危害,给国家财产带来重大损失。

每一个进入实验室的实验人员都必须高度重视实验室的安全问题,牢固树立"安全第一"的思想,坚持"安全第一"的行为,尽量减少或避免实验室安全事故的发生,惠及自己、惠及他人、惠及国家、惠及未来。

### 1.1.3　实验室安全事故的危害

#### 1. 对人身安全的危害

实验室是实验人员工作的场所,事故一旦发生首先会给实验操作人员和身边的其他人员造成人身伤害,严重时可能会危及生命。

#### 2. 对实验工作的危害

实验室通常承担着繁重的科研和教学任务,其中涉及国家重点工程、国防军工的科研任务都有严格的计划。一旦实验室发生事故,会严重影响实验进程,进而影响整个工程和科研任务的按期完成。此外,许多重要的实验室都存放着大量贵重的样品及科学家和实验技术人员多年积累的实验资料,一旦发生火灾和爆炸事故造成损坏,可能会给科研工作造成长期的不利影响。

#### 3. 对国家财产的危害

实验室通常放置有各种贵重的仪器设备。随着科技的发展和国家对科技投入的增多,实验室的仪器设备得到不断更新,各种贵重且先进的仪器逐渐增多。有些仪器少则几十万元,多则几百万元甚至上千万元,发生安全事故会造成国家财产的重大损失。

#### 4. 对个人的将来的危害

为了预防安全事故的发生,国家实行了严格的安全责任制。如果由于自身的原因造成了重大安全事故,事故责任人会受到行政和经济处罚,严重的还要负刑事责任,并记录在档。这会对事故责任人将来的工作和事业发展产生重大的不利影响。更重要的是,如果自身受到伤害,致伤致残,还会给个人的生活、家庭造成严重的影响。

## 1.2　实验室常见安全事故类型

### 1.2.1　火灾

火灾是最常见的安全事故。据1997年的资料显示,全国共发生火灾140 280起,死亡2722人,受伤4930人,直接经济损失15.4亿元。2006年1—9月,全国共发生火灾 173 472 起,死亡 1184 人,受伤 1109 人,直接财产损失 5.7 亿元。2011 年全国共接报火灾 125 402 起,死亡 1106 人,受伤 572 人,直接财产损失 18.8 亿元。在这些火灾中,有相当数量发生在高等院校及科研院所,如湖南大学土木系一场大火烧掉了整栋楼,损失惨重。目前,国家重点大学、科研院所的实验室内大量装备了各种带有电热部件的先进设备,尤其是化学化工、材料类实验通常会涉及蒸馏、煮沸、加热、升温等操作,无一不用到电炉,而且室内通常会存放易燃物(如油、酒精、可燃气等),如果管理不善,发生火灾悲剧的可能性极大。

发生在实验室的火灾事故类型主要有:

(1) 电气火灾,即由于电气设备使用不当引起的火灾。例如,线路短路、线路超负荷供电、使用劣质插线板、接头接触不良、保险丝选用不当、过粗的保险丝、用铜丝代替保险丝、发热用电器使用时被可燃物覆盖或可燃物靠近发热体所引发的火灾等。由于几乎所有的实验室都要使用电器,所以这类火灾一般占实验室火灾的大多数。

(2) 化学药品火灾,即由于化学药品储存和使用不当引起的火灾。例如,易燃易爆品氢气、煤气、液化气、乙炔、汽油、乙醇、苯、乙醚、白磷、金属钾、金属钠、镁粉、铝粉、硫磺等引起的火灾。

(3) 其他火灾。对火源管理不善、使用明火、电焊、乱扔烟头等也常引发火灾。

## 1.2.2　爆炸

爆炸事故多发生在存放和使用易燃易爆物品、高压容器的实验室。酿成这类事故的主要原因有:违章操作;设备存在缺陷,设备老化、未定期检验;易燃易爆物品泄漏,遇火花引起爆炸等。

常见的爆炸事故类型有:可燃气体爆炸、化学药品爆炸、活泼金属爆炸、高压容器爆炸等。

## 1.2.3　电击

电击是指电流通过人体内部,破坏人的心脏、神经系统、肺部的正常工作,从而造成伤害。电击事故主要包括:

(1) 触电:人体触及带电的导线、漏电设备的外壳或其他带电体所导致的电击,称为触电,包括直接接触触电、间接接触触电、跨步电压触电、剩余电荷触电、感应电压触电等。

(2) 雷电电击:雷电放电具有电流大(可达数十千安至数百千安)、电压高(300~400kV)、陡度高、放电时间短、温度高的特点,释放的能量具有极大的伤害力。

　　(3) 静电电击：静电电击具有电压高、持续时间短的特点。虽然静电电击一般不能达到使人致命的地步，但人体可能因静电电击而坠落或摔倒，造成二次事故。

### 1.2.4　中毒

　　中毒事故多发生在具有危险化学品和剧毒物品的化学、化工、材料、生化实验室和具有毒物排放的实验室。酿成这类事故的直接原因包括：化学品泄漏；管理不善，造成有毒化学品散落流失；食物带进实验室或食物与有毒物品共同存放在一起；排风、排气不畅等。

### 1.2.5　其他安全事故

　　实验室还可能发生机械损伤、辐射伤害、微生物感染、粉尘伤害、噪声伤害、环境污染、物品及技术资料失窃等安全事故。

## 1.3　实验室安全事故实例

### 1.3.1　火灾

　　1. 电气火灾

　　(1) 北京某大学一实验室火灾

　　① 事故经过

　　2004 年 2 月 17 日，北京某大学一实验室发生了一起火灾事故。该实验室内放有两台镀膜机、一套制纯净水的小设备、一台均胶机、一台显微镜和几台计算机。上午 8:00 左右，一名教师启动其中一台镀膜机工作，随后有多位研究生进出实验室取样品、使用显微镜观察样品等，都没有发现异常情况。12:00 左右教师和研究生均离开了实验室。

　　下午 2:04，实验室所在大楼的消防中心监控设备响起了该实验室烟感器的第一次报警，按照消防中心的操作规程，值班人员进行复位，但马上又响起报警，而且是该实验室内、外两个房间的烟感器同时报警。消防中心值班人员随即到现场敲门，发现无人应答，立即与邻近实验室的两位同学拿灭火器撞开门，但由于烟雾非常大无法灭火，于是马上报火警。办公室值班的教师知道情况后，立即在各个楼层敲门通知楼内的同学和教师疏散。消防车到来后，火才被彻底扑灭。事故造成一套制纯净水设备、一台均胶机及桌子完全烧毁，镀膜机的部分部件受损，室内的天花板毁坏，室内和室外走廊墙壁被浓烟熏黑，部分消防设施受损，事故现场如图 1-1 所示。

(a) 实验室外部　　　　　　　　　(b) 实验室内部

图 1-1　北京某大学一实验室火灾事故现场

事故发生后,北京市消防局和派出所的工作人员都先后来到现场指挥灭火,学校相关主要领导、北京市消防局对事故现场进行了仔细勘查,分析确认事故原因,并召开了事故现场会。

② 事故原因

经北京市消防局的详细技术调查,认定事故是由该实验室的一个插线板引起的。插线板电线过长且没有固定,位于工作台和墙体之间的电线长期受到工作台振动的挤压,造成部分电线中的铜丝断开,引发打火,进而造成火灾,事故现场发现的烧残的电线如图 1-2 所示。

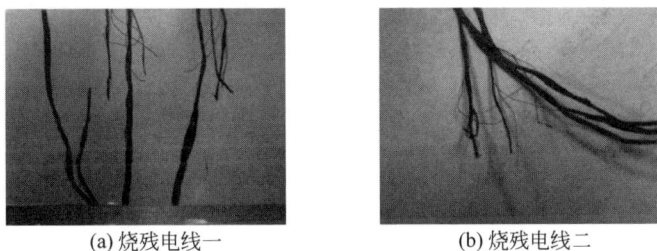

(a) 烧残电线一　　　　　　　　　(b) 烧残电线二

图 1-2　实验室火灾事故现场发现的烧残的电线

(2) 北京某大学扫描电镜实验室火灾

2003 年 10 月 21 日 19:30 左右,北京某大学扫描电镜实验室发生火灾。事故发生后,在场的同学沉着冷静及时报警,并组织用自备灭火器灭火,消防队赶到现场时火势已经熄灭。此次火灾事故由于抢救及时,没有造成财产损失和人员伤害,事后北京市消防局派专人对事故现场进行了勘察,确认事故原因为日光灯镇流器老化打火、引燃附近的纸箱。

2. 化学药品火灾

(1) 北京某大学一实验室违章脱蜡引发火灾

2000 年 5 月 12 日,北京某大学一名教师违章使用普通烘箱脱蜡,引发火灾,幸亏消防中心及时发现,没有造成重大损失。

（2）违章提纯硅油

2003 年 11 月 23 日下午 4：40 左右，北京某大学一实验室的一名研究生在加热提纯硅油时，违反操作规程离开现场到其他房间写论文，实验室无人看管，硅油着火，产生大量呛人的烟雾，引发烟感器报警。幸亏消防值班人员及时赶到，消除了险情，没有造成更大的损失。

（3）化学药品自燃或违反操作规程引发火灾事故。如北京某大学化学药品自燃引发的火灾，现场如图 1-3 所示。

(a) 烧毁的桌子　　　　　　　(b) 烧毁的药品柜

图 1-3　化学药品自燃引发的火灾现场

## 1.3.2　爆炸

### 1. 易燃液体蒸气爆炸

2003 年 1 月 1 日下午 4：30 左右，北京某大学一博士生在通风柜中利用微波炉做氧化膜实验。由于实验中使用了易燃的乙酰丙酮，在实验即将结束时，发生了爆炸。通风柜崩裂着火，该博士生也受到爆炸产生的气浪冲击，上嘴唇受伤和面部擦伤。事故发生后，该实验楼消防中心值班人员通过报警设备及时发现了火情，拨打 119 报警，并到事故现场进行处理，但由于浓烟和强烈的刺激气味，现场人员无法靠近，最后还是由消防人员将火扑灭。事故造成通风柜及相关设备烧毁，实验室天花板损坏，部分楼道和墙壁污染，事故现场如图 1-4 所示。

(a) 爆炸烧毁的通风柜　　　　　　　(b) 爆炸烧毁的天花板

图 1-4　北京某大学实验室爆炸引发的火灾现场

### 2. 活泼金属爆炸

2001 年 5 月 26 日上午 11:30 左右,北京某大学一名硕士研究生做实验时判断失误,在处理锂金属氧化物时,不小心引起锂金属氧化残余物与水反应着火,进而发生爆炸。

该同学在实验过程中发现手套箱中有一直径约为 8cm,高约为 10cm 的圆柱形铁桶,铁桶内装有分子筛,分子筛上面有一层 5g 左右的金属锂,它主要是用来检测手套箱中的水分含量。该铁桶是 1995 年前后放入手套箱的,由于长时间吸收水分和氧化,锂片已变为黑色粉末。手套箱在换气过程中,这种粉末容易飘散造成实验电池杂质增加,进而影响电池的测试性能,所以该名学生就想将这些粉末换成新的锂金属片。他错误地认为锂金属已经充分吸收水分而完全氧化,并且认为用自来水处理比较安全。但他未考虑到锂金属内部并未完全氧化,即粉末内部还有残余的锂金属。当他把铁桶及内装物放入水池中冲水时发现反应剧烈,进而引起自燃。在火势还不是很大时,他急呼里屋的另外一名博士生逃走,同时迅速拿走挂在水池上的毛巾等易燃物,并关掉室内电源。他们刚冲出门外就发生了爆炸,爆炸的冲击波把门给撞上,另一位博士生被关在屋内,幸亏爆炸时他刚好位于一张木桌背后才幸免受伤。此次事故把一个水池炸得粉碎,旁边一张木桌桌面烧损,爆炸引起的冲击和振荡使门窗玻璃损坏,其余的设备和仪器无损坏,事故现场如图 1-5 所示。

(a) 爆炸后的水池现场　　　　(b) 实验室炸破玻璃的门

图 1-5　锂金属爆炸引发的火灾事故现场

### 3. 水热反应釜爆炸

2004 年 2 月 28 日晚,北京某大学一实验室因使用不合格的水热反应釜,在实验中反应釜爆炸引发事故。

当天实验室里屋一名博士生正在查资料,18:35 左右突然听见砰的一声,他回头一看,发现实验室中间屋的烧结炉破裂,并且有一点小的火苗。他立刻关掉实验室总电源,然后用自备的灭火器把火扑灭,并迅速通知值班人员。

此次事故是由烧结炉内的水热反应釜外壳爆炸,大量高压气体涌出引起的爆炸。该反应釜是另一名博士生于前一天放入的,反应釜内放有氯化镉、硫脲、水、十二烷基苯磺酸钠等,目的是想用水热法合成硫化镉。设定的最高温度是125℃,并在此温度下保温24h。该反应釜外壳材料是厚度约为2mm的不锈钢,内部涂层材料是聚四氟乙烯。造成事故的原因可能有以下几个方面。

(1)加热炉的选用不合理。加热炉是德国那布热公司生产的用于高温烧结的炉子,而此次实验的最高温度只有125℃,在此温度段,该烧结炉的控温精度不高,温度容易过冲。

(2)使用的反应釜不是有资质的企业生产,而且长期使用没有进行必要的定期安全检测。

事故造成实验室的德国那布热小型加热炉炉盖翻开,炉体因膨胀变形,控温部分已经损毁,炉膛内部部分坍塌,其中的少量耐火材料喷出,已经彻底报废。爆炸后的加热炉及水热反应釜如图1-6所示。

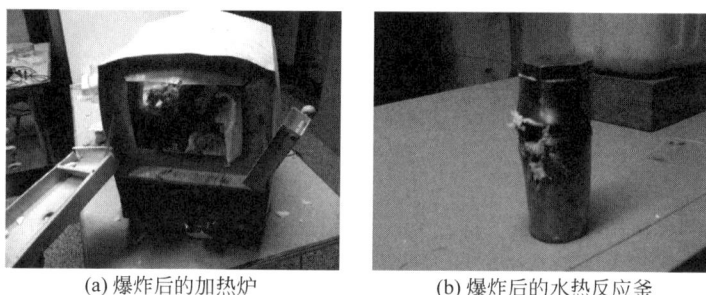

(a) 爆炸后的加热炉　　　　　　　(b) 爆炸后的水热反应釜

图1-6　反应釜爆炸现场及水热反应釜

### 1.3.3　中毒

1. 铊中毒

1994年12月,北京某大学一名女生发生了深度铊中毒症。中毒者先是感到浑身疼痛,头发脱落,到1995年3月,该名学生已处于昏迷状态,最后通过电脑进行国际咨询才获得医治铊中毒症的信息。经过海军总医院及博爱医院医生的救治,该学生终于渡过艰难的铊中毒难关,从几个月的昏迷状态中苏醒过来。但她的中枢神经及周围神经都受到一定的损害,今后还要做进一步的康复治疗。

2. 含氟气体泄漏事故

2002年8月10日,北京某大学电镜实验室一名研究生利用准分子激光器进行激光制膜实验,在更换氟/氦混合气体时,由于气体阀门失效造成气体泄漏。此时,只要及时关闭总阀门即可使泄漏停止。但该研究生对事故处理不当,惊慌失措,未能关闭总阀门,最后导致北京市两个消防中队、一个防化兵中队赶来,整个楼区武警戒严。本次事故虽然没有造成重大的经济损失,但在校内外产生了很恶劣的影响。

### 1.3.4　其他事故

**1. 电击**

1970 年,北京某大学机械厂热处理车间一名女实验员在对汽车零件进行高频热淬火时,关闭电源后,电容器未放电,她的头触到电容器电极,结果受到 10 000 V 的电击,当场被击昏。事后经抢救,她虽然脱离了生命危险,但头部严重受伤、头发大片脱落,中枢神经严重受损,几十年来一直处于生活不能自理状态,给自己带来极大的痛苦,给家人和国家带来极大的负担。

**2. 机械伤害**

2011 年 8 月 9 日上午 11:00 左右,北京某大学一超净实验室内,一名合同制工程技术人员使用碳纳米管贴膜机进行实验时,打开机器侧门,在红灯警报情况下冒险将右手及头部探入机器内部,颈部不慎被机器丝杠滑动架卡住。不幸的是,当时房间内没有其他工作人员,发生事故时无人发现。直到 8 月 10 日上午 9:10 左右,保洁人员工作时发现情况异常立即报告,同事们紧急施救无效。8 月 10 日上午 11 点左右,经公安法医鉴定此工程技术人员因长时间窒息死亡。

**3. 高温烧伤**

2009 年 12 月 28 日下午 5:00 左右,北京某大学一课题组在进行镁锂合金熔炼时,金属熔体反应超出了预期估计,金属熔液大量飞溅,造成 1 名教师和 3 名学生不同程度的烧伤(二度及二度以上)。

**4. 射线损害**

2001 年 10 月,某高校一名即将退休的教授在进行氧化铥辐照效应实验时,违反相关规定,造成实验人员身体损伤和实验室大面积放射性污染事故。

**5. 感染**

2011 年 3—5 月,黑龙江省某农业大学 27 名学生和 1 名教师相继确诊感染了布鲁氏菌病,原因是他们使用了 4 只未进行检疫的山羊进行实验。

**6. 化学灼伤**

2011 年 10 月 15 日 16:50 左右,北京某大学一名环卫工人整理收集丢弃在实验楼旁的垃圾袋时,其中的一瓶强腐蚀性液体泄漏,造成严重灼伤。经查,此强腐蚀性液体瓶是该实验楼内某生物材料课题组在整顿实验室内部卫生时放在楼道的,保洁人员顺手将其混入普通垃圾中丢弃了。

7. 环境污染

2001 年 6 月,北京某大学两名同学在做实验时,违反有关规定将有强烈刺激性气味的 $TiCl_4$ 化学试剂倒入厕所中,烟雾弥散到周围房间,造成严重的环境污染。

8. 跑水事故

2001 年 6 月 6 日,北京某大学一实验室做气相反应实验时,违反操作规程,晚上 9:00 没有关闭冷却水就离开了实验室。6 月 7 日凌晨,发现由于冷却水管破裂,发生了严重的漏水事故,造成该实验室楼下计算机房等多个房间被淹。

### 1.3.5　事故原因分析

通过对以上事故的分析发现,造成实验室安全事故的主要原因可以归纳为以下几个方面:

(1) 操作者不负责任,违章操作。

(2) 缺乏有关科学知识,事故发生时惊慌失措,处理不当。

(3) 设备设计不符合防火、防爆要求或制造工艺粗糙,存在安全隐患。

(4) 物料自燃或高温、通风不良、雷击等环境原因造成。

(5) 管理制度不健全。

# 1.4　《实验室安全基础》课程概况

## 1.4.1　课程目的

通过学习必要的安全知识和安全管理制度,提高学生安全意识和安全素质,减少和避免实验室安全事故的发生;掌握必要的灭火方法和逃生自救常识,一旦发生事故,可以及时扑灭初期火灾,及时正确逃生,避免或减少生命、财产的损失。

## 1.4.2　课程内容

《实验室安全基础》课程的主要内容包括燃烧、爆炸的基本原理,消防逃生的基本知识,电气安全,化学品安全,机械安全,高压容器安全,辐射安全,生物安全,室内环境安全,物品与信息安全及安全管理等内容。

## 1.4.3　教学方式

《实验室安全基础》课程采用讲课、自学、参观、演习、现场检查等多种形式进行,力求做到严肃、认真、生动,知识与趣味相结合,理论与实践相结合。

# 思 考 题

1. 实验室的功能是什么？
2. 实验室安全的重要性是什么？
3. 当前高校实验室的安全状况如何？
4. 实验室常见的安全事故有哪些？
5. 实验室安全事故的主要危害有哪些？
6. 爆炸产生的原因有哪些？常见的爆炸事故类型有哪些？
7. 什么是电击？主要的电击类型有哪些？
8. 中毒事故的原因是什么？
9. 学习《实验室安全基础》的目的是什么？
10. 学习《实验室安全基础》的意义是什么？

# 参 考 文 献

[1] ARMNITAGE P, FASEMORE J. Laboratory Safety[M]. London，1977.
[2] PAL S B. Handbook of Laboratory Health and Safety Measures [M]. MTP Press Limited，1985.
[3] 李五一. 高等学校实验室安全概论[M]. 杭州：浙江摄影出版社,2006.
[4] 时守仁. 电业火灾与防火防爆[M]. 北京：中国电力出版社,2000.
[5] 徐厚生,赵其双. 防火防爆[M]. 北京：化学工业出版社,2004.
[6] 宋光积. 公众聚集场所消防[M]. 北京：中国人民公安大学出版社,2002.
[7] 宋光积. 消防安全教育读本[M]. 北京：中国劳动社会保障出版社,2005.
[8] 赵庆双,冯志林,裴志刚,等. 清华大学实验室安全手册[M]. 北京：清华大学出版社, 2003.
[9] 郑端文. 危险品防火[M]. 北京：化学工业出版社,2002.
[10] 杨有启,钮英建. 电气安全工程[M]. 北京：首都经济贸易大学出版社,2000.
[11] 杨岳. 电气安全[M]. 北京：机械工业出版社,2003.
[12] 傅洪畴. 低压电气安全[M]. 北京：中国标准出版社,1994.
[13] 崔政斌. 用电安全技术[M]. 北京：化学工业出版社,2004.
[14] 许文,张毅民. 化工安全工程概论[M]. 北京：化学工业出版社,2002.
[15] 蒋军成,虞汉华. 危险化学品安全技术与管理[M]. 北京：化学工业出版社,2005.
[16] 周忠元,陈桂琴. 化工安全技术与管理[M]. 北京：化学工业出版社,2001.
[17] 张兆杰,王发现,曹志红,等. 压力容器安全技术[M]. 郑州：黄河水利出版社,2001.
[18] 李训仁,文树德. 气体充装及气瓶检验使用安全技术[M]. 长沙：湖南大学出版社, 2001.

[19]　彭蔚华,熊大彬. 压力容器安全工程学[M]. 北京:航空工业出版社,1993.

[20]　MARTIN A,HARBISON S A. An Introduction to Radiation Protection[M]. London: Chapman and Hall,1986.

[21]　孙道兴. 危险化学品安全技术与管理[M]. 北京:中国纺织出版社,2011.

[22]　李刚. 电气安全[M]. 沈阳:东北大学出版社,2011.

[23]　孙熙,蒋永清. 电气安全[M]. 北京:机械工业出版社,2011.

[24]　清华大学材料学院. 实验室安全手册[M]. 北京:清华大学出版社,2015.

# 第 2 章　火灾与爆炸

本章主要介绍火灾、燃烧、爆炸的一些基本概念,以及防火、灭火、逃生、防爆的基本知识和基本技能。

## 2.1　火　　灾

火灾是指失去控制且会对人身和财产造成危害的燃烧现象,它是一种事故。

### 2.1.1　火灾发展的过程

火灾从初起到自然熄灭,大体经历 4 个阶段,即初起阶段、发展阶段、猛烈阶段和衰灭阶段。

#### 1. 初起阶段

初起阶段是指火灾在起火部位燃烧的阶段。此时,由于燃烧面积小、烟气流动速度慢、火焰辐射出的热能量少,周围物品和结构虽然开始受热,但温度上升不快。火灾初起阶段是灭火的最有利时机,如果能及时发现,用较少的人力和简易灭火器材就能将火扑灭。

#### 2. 发展阶段

由于燃烧的继续,起火点周围物品受热增加,温度呈较快上升趋势,并开始分解产生可燃气体,火焰由局部向周围蔓延,热气对流加强,燃烧面积扩大,燃烧速度加快。在此阶段,需要投入较多的人力和灭火器材才能将火扑灭。

#### 3. 猛烈阶段

燃烧面积扩大到整个空间,产生大量的热辐射,空间温度急剧上升并达到最高点,在特定条件下,还会发生轰燃(突发性的全面燃烧)现象,几乎全部的可燃物品和结构都起火燃烧。此时,燃烧强度最大,热辐射最强,不可燃材料和结构的机械强度降低,甚至发生变形或倒塌。这个阶段不仅需要很多的人力和灭火器材才能将火扑灭,而且还需要相当多的力量保护起火建筑周围的建筑物,以防火势进一步蔓延。

4. 衰灭阶段

衰灭阶段是指火势被控制以后,可燃物数量逐渐减少、火场温度逐步下降直至熄灭的过程。此阶段灭火活动需注意建筑物结构的倒塌,保障灭火人员的人身安全。另外,还要防止死灰复燃,应将残火彻底消灭。

由上述可见,在火灾过程中,初起着火易于扑救和控制。因此,在发现初起着火后,应当机立断,采取果断措施,将火及时扑灭。否则,火势蔓延扩大,扑救十分困难,并将耗费巨大的人力和物力,火灾损失随之增大。

## 2.1.2  火灾的种类

根据可燃物质种类及其燃烧特性,将火灾分为 5 类。

(1) A 类火灾:指含碳固体可燃物,如木材、棉、麻、纸张等燃烧引起的火灾。

(2) B 类火灾:指可燃液体,如汽油、煤油、柴油、甲醇、乙醚、丙酮等燃烧引起的火灾。

(3) C 类火灾:指可燃气体,如煤气、天然气、甲烷、丙烷、氢气等燃烧引起的火灾。

(4) D 类火灾:指可燃金属,如钾、钠、镁、钛、锆、锂、铝镁合金等燃烧引起的火灾。

(5) E 类火灾:指带电物体燃烧引起的火灾。

# 2.2  燃  烧

## 2.2.1  燃烧的定义与条件

1. 燃烧的定义

燃烧是指可燃物质与氧或其他氧化剂发生剧烈氧化反应而发光、发热的现象。例如,木柴的燃烧、煤的燃烧、天然气的燃烧等。在这些物质的燃烧过程中,会发光、发出大量的热量,有时还伴有很大的声响。

2. 燃烧的必要条件

燃烧必须同时具备以下 3 个条件。

(1) 可燃物。凡是能与空气、氧气或其他氧化剂发生剧烈氧化反应的物质,均为可燃物,如汽油、酒精、木头、纸张、衣物等。

(2) 助燃物。具有较强氧化性、能与可燃物发生化学反应并引起燃烧的物质,称为助燃物或助燃剂,如空气、氧气、氯气等。

(3) 着火源。具有一定温度和热量、能引起可燃物质着火的能源称为着火源或点火能源(简称火源),如明火、电火花、高温热体等。

燃烧的 3 个必要条件,常用着火三角形来形象地描述,如图 2-1 所示。

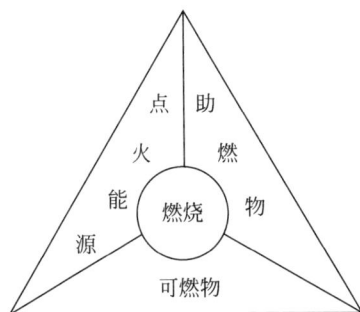

图 2-1　着火三角形

## 2.2.2　燃烧的类型

按照燃烧的特性,燃烧可分为自燃、闪燃和着火(燃烧)3 种类型。

1. 自燃和自燃点

(1) 自燃和自燃点的定义

可燃物质受热升温而无须明火作用就能自行着火的现象称为自燃。引起物质自燃的最低温度称为自燃温度(引燃温度),简称自燃点。

(2) 自燃的类型

根据促使可燃物质升温的热量来源,自燃可分为受热自燃和本身自燃两类。

① 受热自燃。可燃物质由于外部加热,温度升高到自燃点而发生自行燃烧的现象称为受热自燃。如白炽灯附近的纸张,因受热温度升至 333℃以上就会自燃。

② 本身自燃。可燃物质由于本身的化学、物理或生物作用产生的热量,使温度升高到自燃点而发生自行燃烧的现象称为本身自燃,简称自燃。引起物质自身发热的原因有分解热、吸附热、聚合热、发酵热等。由于可燃物质的本身自燃不需要外来热源,所以在常温下甚至在低温下也能发生自燃。因此,能够发生本身自燃的可燃物质比其他可燃物质引起火灾的危险性更大。

(3) 自燃点的影响因素

物质的自燃点与大气中氧含量的高低、压力的高低、化学组成、有无催化剂、粒度大小、受热时间、气体析出量、分子结构等因素有关。

氧含量越高、压力越高、化学组成越接近化学计量、有活性催化剂存在、粒度越小、受热时间越长、气体析出量越大,自燃点越低。自燃点还与分子结构有密切关系,在有机物的同系物中,自燃点随分子量的增加而降低,如甲烷自燃点(540℃)＞乙烷自燃点(520℃)＞丙烷自燃点(440℃)＞丁烷自燃点(405℃)。对石油产品而言,密度越大,自燃点越低,如汽油、煤油、轻柴油、重柴油、蜡油、渣油的自燃点依次降低。因此,仅从自燃点来看,重质油比轻质油的火灾危险性更大。

2. 闪燃和闪点

可燃液体蒸发出的可燃蒸气积存在液面上方,与空气混合后,遇明火一闪即灭(延续时间少于 5s)的燃烧现象叫作闪燃,发生闪燃的最低温度称为闪点。

在闪点温度时,可燃液体蒸发慢,液体上方空气中含可燃气体较少,只燃烧一下可燃蒸气便燃烧殆尽,不能继续燃烧。可燃液体温度低于闪点温度时,蒸发更慢,液体上方的空气中可燃蒸气的浓度很低,不会燃烧。可燃液体温度高于闪点温度时,蒸发加快,液体上方的空气中可燃蒸气的浓度增大,若接触明火,立即着火燃烧甚至爆炸。

可燃液体按闪点高低,其火灾危险性可分为甲、乙、丙 3 类,其中丙类又分为丙 A、丙 B,见表 2-1。

表 2-1　可燃液体火灾危险性分类

| 类别 | 闪点/℃ | 典型物质名称 |
| --- | --- | --- |
| 甲 | <28 | 汽油、原油 |
| 乙 | 28~60 | 煤油、35 号轻柴油 |
| 丙 A | 60~120 | 重柴油、20 号重油 |
| 丙 B | >120 | 润滑油、变压器油、200 号重油 |

可燃液体的闪点越低,发生火灾、爆炸的危险性越大。如石油醚的闪点为－50℃,煤油的闪点为 28~45℃,石油醚比煤油的火灾危险性大得多。

值得注意的是,可燃液体混合物的闪点不具有加和性,高闪点液体中即使加入少量低闪点液体也会使闪点大大降低,增加火灾的危险性。因此,不同型号的油品不能混合使用,若要混合,必须重新测量有关指标。

3. 着火(燃烧)与燃点

着火是指可燃物质与火源接触而发生燃烧并且火源移去后仍能维持燃烧 5s 以上的现象。

可燃物质发生着火的最低温度,称为该物质的着火点或燃点。物质的燃点低于该物质的自燃点。不同的可燃物质在相同的火源条件下,燃点低的物质首先着火。燃点越低的物质,火灾的危险性越大。

可燃液体的燃点与其闪点是不同的,两者的区别是可燃液体在着火时,移去火源,能继续燃烧。在闪燃时,移去火源后,闪燃即熄灭。一般石油产品的燃点比闪点高 1~5℃,闪点在 100℃以上的油品的燃点比闪点高 30~40℃。

控制可燃物质的温度在燃点以下,是防火、灭火的重要措施之一。例如,用浇水、喷水雾的方法灭火,就是为了将燃烧物质的温度降低到燃点以下,使燃烧停止。几种常用物质的自燃温度、燃点温度、闪点温度见表 2-2。

表 2-2　几种常用物质的自燃温度、燃点温度、闪点温度

| 物质 | 自燃温度/℃ | 燃点/℃ | 闪点/℃ |
|------|-----------|--------|--------|
| 氢气 | 560 | | |
| 煤粉 | 250～700 | 162～234 | |
| 木柴 | 350 | 295 | |
| 纸张 | 333 | 130 | |
| 甲烷 | 540 | | |
| 汽油 | 415～530 | | ＜28 |
| 蜡油 | 300～380 | | 120 |
| 沥青 | 270～300 | | 230 |

### 2.2.3　燃烧的形式

可燃物质分气态、液态和固态 3 种。由于状态不同,燃烧的形式和过程也不相同。可燃性气体的燃烧形式为混合燃烧和扩散燃烧;可燃性液体的燃烧形式为蒸发燃烧;可燃性固体的燃烧形式为分解燃烧和表面燃烧。

1. 气体的混合燃烧

可燃性气体与空气预先混合,然后进行的燃烧称为混合燃烧。混合燃烧反应迅速、传播速度快、温度高,具有冲击波效应,常常引起爆炸,如汽车内燃机内的燃烧、二次炸弹的燃烧。

2. 气体的扩散燃烧

可燃性气体从管中喷出,与周围空气接触并与空气中的氧分子相互扩散,一边混合一边燃烧,这样的燃烧称为扩散燃烧,如气焊时乙炔的燃烧。

3. 液体的蒸发燃烧

可燃性液体燃烧时,通常液体本身并没有燃烧,而是液体蒸发产生的蒸气进行燃烧,这种形式的燃烧称为蒸发燃烧,如煤油的燃烧、汽油的燃烧、酒精的燃烧。

4. 固体的分解燃烧

固体或不挥发液体,由于受热分解而产生可燃性气体,再进行燃烧,这种燃烧称为分解燃烧。例如,木材和油脂大多是先分解产生可燃性气体,再进行燃烧。

5. 固体的表面燃烧

可燃性固体燃烧到后期,分解不出可燃性气体,只剩下无定形的碳和灰,此时没有可见火焰,燃烧是在高温可燃固体表面上进行的,这种燃烧称为表面燃烧。例如,焦炭的燃烧、木头的后期燃烧。

### 2.2.4　燃烧的产物和后果

1. 燃烧产物

可燃物质燃烧时,其产物为各种化合物。不同物质产生的化合物不同:碳氢化合物燃烧的产物为水和二氧化碳,并放出热量;碳燃烧生成二氧化碳并放出热量;氢燃烧生成水并放出热量;硫燃烧生成二氧化硫并放出热量等。

2. 燃烧的后果

人们希望的、能够控制的燃烧,可以服务于人类,为人民造福。人们不希望的、不可控制的燃烧,会造成火灾或爆炸,给人们的生命和财产带来巨大的危害。

## 2.3　防火与灭火

### 2.3.1　防火

防火就是采取措施防止火灾发生,是避免火灾危害的最根本和最有效的方法。

1. 防火基本理论

从燃烧的必要条件出发,防火就是防止燃烧的 3 个必要条件同时存在,避免它们的相互作用,这是防火的基本理论,也是防火技术措施的根据。

2. 防火技术措施

(1) 严格管理可燃物质

可燃物质在生产、运输、储存及使用中应严格遵守防火规定;在生产、运输、储存及使用可燃气体、可燃液体的过程中,应防止可燃气体或液体的泄漏;将可燃物质远离火源或高温热体,是消除火灾隐患的重要措施。

(2) 降低助燃物的浓度

当空气中的氧气含量在 15% 以下时,一般可燃物质将停止燃烧,几种常用物质停止燃烧的空气含氧量见表 2-3。在使用和储存可燃物质时,用中性或惰性气体(消防行业中,一般将不能助燃的气体通称为惰性气体,这与化学书中的概念不同)覆盖其表面使之与空气隔离,可防止其氧化燃烧。

表 2-3　几种常用物质停止燃烧的空气含氧量

| 物质名称 | 汽油 | 乙醇 | 煤油 | 氢 | 棉花 | 橡胶 | 乙醚 | 丙酮 |
|---|---|---|---|---|---|---|---|---|
| 停止燃烧的空气含氧量/% | 14.4 | 15.0 | 15.0 | 5.9 | 8.0 | 13.0 | 12.0 | 13.0 |

（3）消除火源或与火（或热体）可靠隔离

常见的火源有明火、焊渣、烟花、摩擦和冲击火花、自燃发热明火、电气火花、电弧、电气设备表面高温、静电火花、雷电火花、高温热体及其他热源产生的高温等，几种火源的温度见表 2-4。

**表 2-4　几种火源的温度**

| 火源名称 | 温度/℃ | 火源名称 | 温度/℃ |
| --- | --- | --- | --- |
| 火柴焰 | 500～600 | 气体灯焰 | 1600～2100 |
| 烟头 | 700～800 | 酒精灯焰 | 1180 |
| 机械火星 | 1200 | 蜡烛焰 | 640～940 |
| 煤炉火 | 1000 | 打火机焰 | 1000 |
| 烟囱飞火 | 600 | 焊割火花 | 2000～3000 |
| 石灰发热 | 600～700 | 汽车排气管火星 | 600～800 |

消除火源或将火源与可燃物质隔离，将可燃物质温度控制在燃点以下，是预防火灾的重要措施。

（4）选择耐火阻燃材料

在有些情况下，选择耐火阻燃材料对预防火灾的发生是十分简单和有效的。

## 2.3.2　灭火

灭火就是破坏已经产生的燃烧条件，将火止息。灭火的方法主要有以下 4 种。

### 1. 冷却法

将灭火剂直接喷射到燃烧物上，使燃烧物的温度降低至燃点以下，从而使燃烧停止，或者将灭火剂喷洒在火源附近的物体上，使其不受火焰辐射热的威胁，避免形成新的火点，这种灭火方法称为冷却法。冷却法是灭火的最主要的方法，常用灭火剂为水。这种方法属于物理灭火，灭火剂在灭火过程中不发生化学反应。

### 2. 窒息法

通过阻止助燃物进入燃烧区或用不燃气体冲淡可燃气体，使燃烧得不到足够的助燃物而熄灭，这种灭火方法称为窒息法。例如，用二氧化碳、氮气等惰性气体灭火剂灭火，用不燃或难燃物捂盖燃烧物等，这种方法也属于物理灭火。

### 3. 隔离法

通过将火源与其周围的可燃物隔离，或将火源周围的可燃物移开，使燃烧因为缺少可燃物而停止，这种灭火方法称为隔离法。例如，关闭可燃气体、液体管路的阀门，阻止可燃物进入燃烧区；阻拦流散的液体；拆除与火源毗连的易燃建筑物等，这种方法也属于物理灭火。

4. 化学抑制法

使灭火剂参与到燃烧的反应过程中,使燃烧过程产生的游离基消失而形成稳定分子或低活性的游离基,从而使燃烧停止,这种灭火方法称为化学抑制法。例如,用干粉灭火剂灭火。

值得注意的是,灭火剂一般同时具备几种灭火功能。例如,水不仅可以降低温度,同时生成的水蒸气还有窒息作用。

## 2.3.3　常用灭火剂及灭火器

1. 水灭火剂及水灭火器材

水是最常用的灭火剂,用水灭火具有简单易得、价廉有效等优点。实验室中常用的水灭火器材为水灭火器和室内消火栓。

(1) 水的灭火作用

用水灭火时,水吸收热量变为蒸气,1kg 水气化要吸收 2275kJ 热量,能促使燃烧物冷却,使燃烧物的温度降到燃点以下,从而使燃烧停止。

用水浸湿的可燃物,必须有足够的时间和热量将水蒸发,然后才能燃烧,这就抑制了火灾的扩大。

1kg 水气化后能变为 1.726m³ 蒸气,它包围燃烧区,可降低氧气浓度,从而使燃烧减弱且有效地控制燃烧,并可使燃烧物因得不到足够的氧气而窒息。

经消防水泵加压的高压水(0.5～1.0MPa)强烈冲击燃烧物或火焰,可冲散燃烧物,使燃烧强度显著降低,从而使火熄灭。

水溶性可燃液体发生火灾时,在允许用水扑救的情况下,水与可燃液体混合后可降低其浓度,进而降低可燃蒸气的浓度,使燃烧减弱直至终止。

(2) 灭火水的形态

用水灭火时,水的形态主要有直流水、开花水和雾状水 3 种。

直流水和开花水是通过水泵升压由直流水枪或开花水枪喷出形成的,用于扑灭一般固体物质的火灾。

雾状水是利用消防压力水(0.5～0.7MPa)经过离心雾化喷头喷射出的雾状细水粒。雾状水粒的直径一般小于 100μm。水粒越细,单位质量水的表面积越大,吸热越快。雾状水的冷却作用比直流水大得多,产生蒸气也多,冲淡空气降低氧气浓度的作用很强,灭火效果很好,水渍损失也小。雾状水可有效扑灭固体物质火灾、闪点高于 60℃ 的液体火灾及电气火灾,可用于可燃气体和甲、乙、丙类液体等的灭火。

直流水枪如图 2-2 所示,开花水枪及雾化水枪如图 2-3 所示。

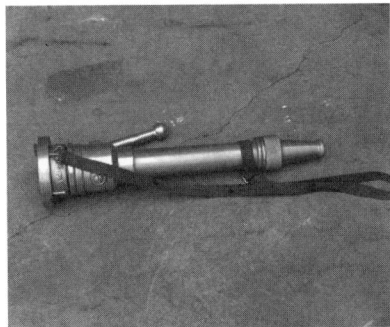

图 2-2　直流水枪

图 2-3　开花水枪及雾化水枪

（3）水灭火器

水灭火器包括清水灭火器、酸碱灭火器及强化液灭火器，它们充装的灭火剂分别为清水、酸碱水液及强化水液，下面仅简单介绍一下清水灭火器。

清水灭火器用符号 MSQ 表示，常用的型号为 MSQ9，容积为 9L。

MSQ9 清水灭火器为手提式，主要由筒体、筒盖、储气瓶吸管及开启机构等构成，在筒盖上设有保险帽，如图 2-4 所示。

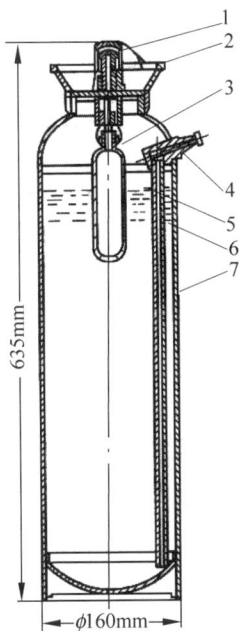

图 2-4　清水灭火器结构

1—保险帽；2—提环；3—储气瓶；4—喷嘴；5—水位；6—虹吸管；7—筒体

　　MSQ9 清水灭火器利用装在筒内储气瓶中的气体的压力将筒内的清水喷出灭火,加压气体为二氧化碳,技术性能见表 2-5。

表 2-5　　MSQ9 清水灭火器技术性能

| 型号 | 灭火剂量/<br>L | 有效喷射时间/<br>s | 有效喷射距离/<br>m | 喷射滞后时间/<br>s | 充装系数/<br>(kg/L) | 喷射剩余率/<br>% | 灭火级别<br>(A 类) | 适用温度/<br>℃ |
|---|---|---|---|---|---|---|---|---|
| MSQ9 | 9 | ≥50 | ≥7 | ≤5 | ≤0.9 | ≤10 | 8A | 4～55 |

　　使用方法:使用 MSQ9 清水灭火器灭火时,在距离燃烧物 10m 左右的地方,将灭火器直立放稳,取下器头保险帽,用力打击凸头,使弹簧打击机构刺穿储气瓶口的密封片,储气瓶中的二氧化碳气体就会喷到筒体内,产生压力,使清水从喷嘴喷出灭火。此时应立即用一只手提起灭火器上的提圈,另一只手托住灭火器底圈,将喷射的水流对准燃烧最猛烈处。随着水流喷射距离的缩短,使用者应逐步向燃烧物靠近,使水流始终喷射在燃烧处,直至将火扑灭。

　　使用注意事项:使用 MSQ9 清水灭火器时,千万不可倒置或横卧,否则将喷不出水来。另外,MSQ9 清水灭火器喷射出的柱状水流不能用于扑救带电设备火灾,否则有触电危险;也不能用于扑救可燃液体或轻金属火灾。

　　(4)室内消火栓

　　室内消火栓是建筑物防火中应用最普遍、最基本的消防设施,包括消火栓、水枪、水带和水喉(消防软管卷盘)等,如图 2-5 所示。

图 2-5　　室内消火栓箱

　　室内消火栓箱应设在走道、楼梯附近等明显、易于取用的地点。消火栓涂为红色,栓口离地高度为 1.1m,其出水方向宜向下或与设置消火栓的墙面成 90°角,以便于使用和减少局部压力损失。同一建筑物内应采用统一规格的消火栓、水枪和水带。消防水喉是在启用室内消火栓之前供建筑物内人员自救初期火灾时的消防设施。

（5）水灭火注意事项

① 水不适于扑救与水反应生成气体、容易引起爆炸的物质的火灾，如碱金属、轻金属、乙炔的火灾。

② 直流水不能用于扑救带电设备的火灾。

③ 直流水不能用于扑救可燃粉尘聚积处的火灾。

④ 直流水不能用于扑救浓硫酸、浓硝酸场所的火灾。

2. 干粉灭火剂及灭火器

干粉灭火剂是由灭火基料和少量防潮剂、流动促进剂及结块防止剂等混合成的固体粉末。

（1）常用的干粉灭火剂

常用的灭火剂有钠盐干粉、钾钠盐干粉、磷酸二氢铵干粉、尿素钠盐干粉等。钠盐干粉灭火效果很好，其主要成分是碳酸氢钠和少量硝酸钾等。

干粉灭火剂的优点是：灭火效率高、速度快，无毒性、不腐蚀、绝缘性好、不易溶化，易储存、不变质等。可用于扑灭油类、有机溶剂、可燃气体、电气设备的火灾。

（2）干粉灭火剂的灭火原理

干粉灭火剂的灭火原理是：干粉（以钠盐为例）在动力气体（$N_2$ 或 $CO_2$）推动下喷向燃烧区，在高温作用下，发生如下分解反应：

$$2NaHCO_3 \longrightarrow Na_2CO_3 + H_2O + CO_2 \tag{2-1}$$

反应过程中吸收大量的热，并产生大量的水蒸气和二氧化碳，起到冷却燃烧物和稀释可燃气体的作用。同时干粉灭火剂与燃烧区的自由基 $H^*$ 和 $OH^*$ 化合，可中断燃烧的连锁反应，使燃烧熄灭。

（3）干粉灭火器

干粉灭火器如图 2-6 所示。

图 2-6　干粉灭火器

（4）干粉灭火器的使用注意事项

① 灭火后留有残渣，不适于扑救精密设备、仪器及转动设备内部的火灾。

② 不能用于扑救自身释放氧气或可作为供氧源的化合物（如硝化纤维素、过氧化物等）的火灾。

③ 不能用于扑救钠、钾、锂、镁、锆、钛等金属的火灾。

④ 不适于扑救深度阴燃物质的火灾。

3. 二氧化碳灭火剂及灭火器

二氧化碳是应用最早、效果良好的气体灭火剂。二氧化碳化学性质稳定，没有可燃性，当在空气中的浓度为 30%～35%时，燃烧就会停止。

灭火用的二氧化碳一般是压缩成液体储存在钢瓶中，纯度在 99.5%以上，含水量小于 0.01%。二氧化碳灭火器如图 2-7 所示。灭火时，液态二氧化碳从喷嘴喷出，立即气化。由于吸收大量的气化热，喷嘴处温度急剧降低，使二氧化碳液体凝结成干冰。干冰的凝结温度为－78.5℃，遇热被气化为二氧化碳气体时，一方面冷却了燃烧物，另一方面降低了燃烧区的可燃性气体和氧气的浓度，从而使燃烧窒息。

图 2-7　二氧化碳灭火器

二氧化碳可用来扑灭易燃液体和一般固体物质的火灾，适用于扑灭电气设备、精密仪器的火灾。

二氧化碳不能扑救钾、钠、镁、铝、锑、钛、铀等活泼金属的火灾，因为这些活泼金属能夺取二氧化碳中的氧，进行燃烧反应。二氧化碳也不能扑救自身供给氧的化学药品、金属氢化物和可自燃分解的化学药品的火灾。

4. 轻金属火灾的灭火剂及灭火器

由于轻金属具有很高的化学活泼性，所以不能用一般的灭火剂进行轻金属火灾的灭火。常用的轻金属火灾的灭火剂有氯化物干粉灭火剂和有机混合物灭火剂。

（1）氯化物干粉灭火剂及灭火器

氯化物干粉灭火剂主要有氯化镁、氯化钠、氯化钾、氯化钙等粉末。氯化物干粉灭火器如图 2-8 所示，在灭火器内装有氯化物干粉，所充氮气压力为 1.2MPa。使用时，干粉随氮气喷出。氯化物干粉灭火剂可用于铝、镁、钛及其合金等轻金属火灾的灭火。

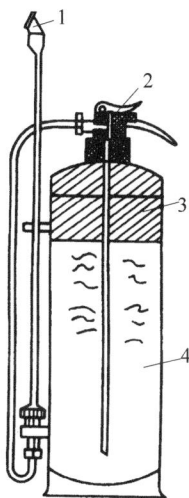

图 2-8　氯化物干粉灭火器
1—喷嘴；2—压把；3—压缩气体；4—干粉

（2）有机混合物灭火剂

有机混合物灭火剂有多种，最常用的是 7150 灭火剂。7150 灭火剂的主要成分为三甲氧基硼氧六环，分子式为 $(CH_3O)_3B_3O_3$，是一种无色透明的液体。密度为 1.2196，凝固点为 $-31.5℃$，25℃ 时的运动黏度为 $19.57mm^2/s$，闪点为 15.5℃，是一种易燃液体，热稳定性差，本身又是可燃物。当它以雾状喷射到炽热的燃烧着的轻金属表面上时，会发生两种反应。

① 分解反应

$$(CH_3O)_3B_3O_3 \xrightarrow{\text{60℃以上}} (CH_3O)_3B + B_2O_3 \tag{2-2}$$
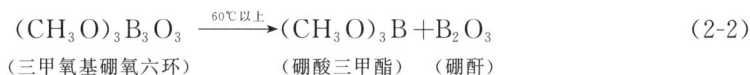
（三甲氧基硼氧六环）　　　（硼酸三甲酯）　（硼酐）

② 燃烧反应

$$2(CH_3O)_3B_3O_3 + 9O_2 \longrightarrow 3B_2O_3 + 9H_2O + 6CO_2 \tag{2-3}$$

式（2-2）所示分解反应产生的硼酐在轻金属燃烧的高温下，熔化为玻璃状液

体,流散于金属表面及缝隙中,在金属表面形成一层硼酐隔膜,使金属与大气隔绝,从而使燃烧熄灭。式(2-3)所示燃烧反应消耗金属表面附近大量的氧,从而降低轻金属的燃烧强度,促使燃烧熄灭。

在用 7150 灭火剂灭火时,当燃烧的轻金属表面被硼酐的玻璃状液体覆盖以后,还可以喷射适量的雾状水或泡沫冷却金属,这样会得到更好的灭火效果。

5. 氮气灭火剂及灭火器

氮气不可燃,也不助燃,化学性质不活泼,可作为保护气体用来灭火。

氮气灭火的原理是当可燃物着火时,将氮气充放到燃烧区,可降低燃烧区可燃气体和氧气的浓度,使燃烧窒息。

由于氮气有窒息作用,灭火时要注意个人防护,避免氮气窒息中毒。

6. 泡沫灭火剂及灭火器

泡沫灭火剂主要有化学泡沫灭火剂和空气泡沫灭火剂两种,是一种常用的灭火剂,可有效扑灭 A 类和 B 类火灾。

(1) 化学泡沫灭火剂及灭火器

化学泡沫通常由酸性粉和碱性粉两种化学泡沫粉与水反应生成。酸性粉由硫酸铝 $Al_2(SO_4)_3$ 加防潮剂制成,碱性粉由碳酸氢钠 $NaHCO_3$ 加少量发泡剂制成。化学泡沫粉在泡沫发生系统中产生大量的二氧化碳和泡沫,喷射到燃烧物表面,隔绝空气使火焰熄灭。化学泡沫扑救油类火灾效果较好,但成本高且操作复杂,正逐步被空气泡沫灭火剂所代替。

(2) 空气泡沫灭火剂及灭火器

空气泡沫又称为机械空气泡沫,是指由一定比例的空气泡沫液、水和空气经机械或水力冲击作用形成的充满空气的微小稠密的膜状气泡群。空气泡沫流动性好、抗烧性强、黏着性高、泡沫比较重,不易破灭,不易被气流冲散,覆盖到燃烧物质表面上起到隔绝空气和氧气的作用。

泡沫灭火剂不适用于扑灭 C 类、D 类和 E 类火灾,也不适用于扑灭忌水物质(如电石等)的火灾。

## 2.3.4　灭火器的选择和使用

1. 灭火器的选择

应按照火灾类别和灭火器的适用性来选择灭火器,各种灭火器的适用性见表 2-6。由表 2-6 可知:

(1) 扑救 A 类火灾,应选用水、泡沫、磷酸盐干粉型灭火器。

(2) 扑救 B 类火灾,应选用干粉、泡沫、二氧化碳型灭火器。但扑救极性溶剂

B 类火灾时不得选用化学泡沫灭火器,因为醇、醛、酮、醚、酯等极性溶剂与化学泡沫接触时,泡沫的水分会迅速被吸收,使泡沫很快消失,这样就不能起到灭火作用。

（3）扑救 C 类火灾,应选干粉、二氧化碳型灭火器。

（4）扑救 E 类火灾,应选二氧化碳、干粉型灭火器。

（5）扑救 A,B,C,E 类火灾,应首选磷酸盐干粉型灭火器。

表 2-6　灭火器的适用性

| 灭火器类型<br><br>灭火种类 | 水型 | | 干粉型 | | 泡沫型 | 二氧化碳 |
| --- | --- | --- | --- | --- | --- | --- |
| | 清水 | 酸碱 | 磷酸铵盐 | 碳酸氢钠 | 空气、化学泡沫 | |
| A 类火灾(系指固体可燃物,如木材、棉、毛、麻、纸张等燃烧引起的火灾) | 适用 | | 适用 | 不适用 | 适用 | 不适用 |
| B 类火灾(系指甲、乙、丙类可燃性液体,如汽油、煤油、柴油、甲醇、乙醇、丙酮等燃烧引起的火灾) | 不适用 | | 适用 | | 适用 | 适用 |
| C 类火灾(系指可燃性气体,如煤气、天然气、甲烷、氢气等燃烧引起的火灾) | 不适用 | | 适用 | | 不适用 | 适用 |
| E 类火灾(系指燃烧时带电的火灾) | 不适用 | | 适用 | | 不适用 | 适用 |

对 D 类火灾,即轻金属燃烧的火灾,国外大多采用粉状石墨灭火器和扑灭金属火灾的专用干粉灭火器。

2. 灭火设备的使用方法

（1）手提式干粉灭火器的使用方法

手提式干粉灭火器的使用方法为拿起灭火器后,首先拔掉保险销,一只手握住胶管前端,对准燃烧物,另一只手用力压下压把,灭火剂喷出,就可将火扑灭,如图 2-9 所示。

手提式干粉灭火器的使用注意事项如下:

① 在室外灭火时,应注意风向,站在上风位置,这样既有利于火的扑灭,又能保护自己不被火烧伤。

② 灭火时一定要掌握好灭火的距离,防止离火源太近,将人烧伤,应根据实际情况,站在离火源较远的地方将灭火器打开,一边向前喷射,一边向前移动,并围绕火源喷射,便可迅速将火扑灭。

③ 灭火时应将灭火器对准火源根部喷射,用灭火器扑救液体火灾时,不能直接冲击液体表面,防止喷溅形成新的火点,造成扑救困难。

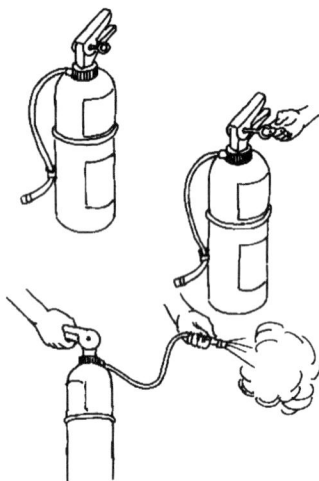

图 2-9　手提式干粉灭火器的使用方法

　　其他类型的手提灭火器的使用方法和注意事项与干粉灭火器类似,不再赘述。

　　(2) 消火栓与水带的使用方法

　　室外消火栓要用专用扳手才能开启,使用时先将水带和水枪接好,打开消火栓可直接灭火。

　　室内消火栓为手轮开启,先将水带连接在消火栓出水口上,在另外一端接上水枪,转动手轮就可将消火栓开启灭火。

　　在使用消火栓灭火时,一定要先切断电源,防止因水导电造成触电伤人。

　　(3) 其他灭火器材及其使用方法

　　实验室常用的灭火器材还有灭火毯、灭火干沙等。在身边没有灭火器材时,可因地制宜采用适当物品进行灭火。如酒精炉着火,应迅速用身边的抹布、衣物等捂盖,便能将火很快扑灭,千万不能扑打,扑打会将火势扩大。

## 2.3.5　火灾报警

　　1. 火灾人工报警

　　发生火灾时,要及时拨打 119 电话,进行人工报警。报警时,要讲清以下事项:

　　(1) 着火单位的名称、地址;

　　(2) 具体着火楼房;

　　(3) 哪一层楼着火;

　　(4) 燃烧物是什么;

　　(5) 报警人员的姓名和电话号码。

报警后要派人到门口或路口等候消防车。报警早,损失小。迅速、准确报警可使消防人员尽快赶到着火现场,及时将火扑灭,减小火灾损失。

2. 火灾自动报警系统

火灾自动报警系统是指能在发生火灾时自动发出警报的系统。火灾自动报警系统有区域报警系统、集中报警系统和控制中心报警系统 3 种基本形式。火灾自动报警设备一般由火灾探测器、手动火灾报警按钮、区域报警控制器、集中报警控制器等部分组成,如图 2-10 所示。

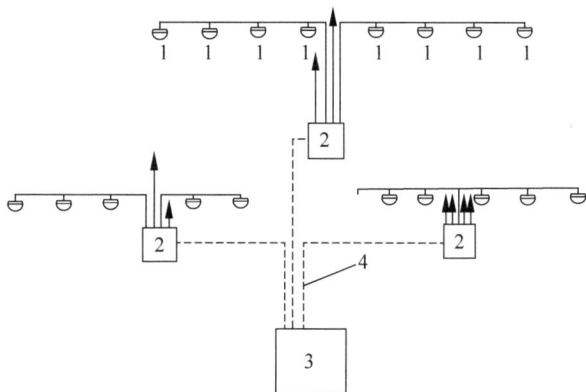

图 2-10　火灾自动报警设备系统

1—火灾探测器;2—区域报警控制器;3—集中报警控制器;4—电缆

(1) 火灾探测器

火灾探测器按其结构和作用原理的不同,可分为感温探测器、感光探测器、感烟探测器、可燃气体探测器等。

① 感温探测器

感温探测器有定温式和差温式两种。

定温探测器如图 2-11 所示,是指当安装探测器的场所的温度上升到预定温度时,探测器会发出警报。探测器的感温元件有低熔点合金、铂金丝、双金属片、热敏电阻及半导体等。

差温探测器是指当安装探测器的场所在一定时间间隔内的温度上升超过某一限度时会发出警报。如在 1min 内温升超过 10℃ 或 15℃ 即进行警报。差温探测器的感温元件大多采用双金属片差温元件、膜盒差温元件和热敏差温元件。当检测地点温度急速上升时,元件动作发出警报。

为了提高温度探测的准确性,可将定温和差温两种感温元件同时用于感温器中,适用于火灾发展迅速、产生大量的热、温度升高很快的火灾现场。

图 2-11　定温式感温探测器

② 感光探测器

感光探测器分为红外线光电探测器和紫外线光电探测器两种。

当物质燃烧着火时,火焰温度一般在 1000℃ 以上,并伴有发光。光线中除可见光外,还有红外线和紫外线,它们可分别用红外线探测器和紫外线探测器进行检测。

红外线探测器的敏感元件是由硫化铅、硫化镉等制成的光导电池,或锗、硅光电二极管和光电三极管等,这些元件接收到红外线时,可产生电信号,将其放大后即可进行报警。实际的红外线探测器如图 2-12 所示。

图 2-12　红外线探测器

紫外线探测器的敏感元件是紫外光敏电子管,它仅对光辐射中的紫外线起作用。发生火灾时,紫外光敏电子管接收到火焰的紫外线,激发出电子形成雪崩放电,使电气回路导通,发出警报信号。

感光探测器特别适用于突然起火而无烟雾的易燃易爆场所,不适用于有明火作业的场所,如电焊、火焊等场所。

③ 感烟探测器

感烟探测器有离子感烟探测器、光电感烟探测器和线型感烟探测器 3 种,它们能在阴燃(火焰没有出现)时即发出警报,具有报警早的特点。

离子感烟探测器如图 2-13 所示,由检测器和信号电气回路组成。检测器包括由两片镅($Am^{241}$)放射性片与信号电气回路构成的内电离室与外电离室。发生火灾时,烟气可改变外电离室的等效阻抗(增大),但内电离室的阻抗不变,从而使内、外电离室的电压分配发生变化,发出报警信号。

图 2-13　离子感烟探测器

光电感烟探测器是一种简单的集烟器。集烟器与管路相接,当有火险、烟雾时,光束强度降低,电气回路电流减弱,继电器动作,发出警报信号。

线型感烟探测器有激光感烟探测器和红外感烟探测器两种。其中,红外光束型感烟探测器应用较广。激光和红外感烟探测器利用火灾时烟雾对光束的吸收作用和散射作用来削弱光电接收器的信号,使接收器发出警报信号。

感烟探测器适用于计算机房、档案室、图书馆、实验室、重要仓库、变配电室等场所。

④ 可燃气体探测器

可燃气体探测器的感知件是各种气敏元件,气敏元件都是一些半导体元件,其工作原理是当有可燃性气体存在时,气敏元件的电阻值发生改变,且浓度越大,改变越大,输出的电压变化越大,从而发出信号,经放大后引起报警。

可燃气体探测器可制成携带式、固定式等多种形式。

(2) 报警控制器

① 区域报警控制器

区域报警控制器由数门电路和稳压器构成。它用于监视区域或楼层,可将探测器输入的电压信号转换成声、光报警信号,并能显示出具体的火警房间号码,还能为探测器提供稳压电源、输出火警信号给集中报警控制器及操作有关的灭火和阻火设备。

②　集中报警控制器

集中报警控制器的作用是,将所监视的若干区域内的报警控制器输入的电压信号以声、光形式显示出来,并将着火区域和该区域的具体部位显示在屏幕上。报警的同时,时钟停走,记录首次报警时间,同时执行相应辅助控制的任务等,可为火灾调查提供全套资料。

**3. 火灾自动报警灭火系统**

(1) 自动报警灭火系统的基本组成

火灾自动报警灭火系统是将报警与灭火联动并加以控制的系统。一旦发生火灾,自动报警灭火装置动作,以声、光信号发出警报,并指示发生火灾的部位,记录发生火灾的时间,控制装置发出指令性动作,自动(或手动)启动灭火装置进行消防,可及时扑灭火灾,减少火灾损失。

(2) 常用的火灾自动报警灭火系统

常用的火灾自动报警灭火系统有自动喷水报警灭火系统、水幕自动报警灭火系统、干粉自动报警灭火系统、二氧化碳自动报警灭火系统、泡沫自动报警灭火系统等。下面仅简单介绍自动喷水报警灭火系统和二氧化碳自动报警灭火系统。

①　自动喷水报警灭火系统

自动喷水报警灭火系统是一种固定式的现代化灭火系统,具有良好的灭火效果。按其组成部件和灭火原理的不同,自动喷水报警灭火系统分为湿式喷水灭火系统、干式喷水灭火系统、预作用喷水灭火系统、雨淋灭火系统、水喷雾灭火系统5种。在这几种喷水灭火系统中,湿式喷水灭火系统具有结构简单、施工期短、管理方便、成本低廉、使用可靠、灭火迅速、控制率高等优点。因此,湿式喷水灭火系统使用最为广泛,约占整个自动喷水报警灭火系统的70%,下面仅对湿式喷水灭火系统作简单介绍。

湿式喷水灭火系统是指由火灾探测器、湿式报警阀、报警装置、控制阀、闭式喷头、控制装置、管道组成,并在报警阀上、下管道内经常充满压力水的灭火系统,如图2-14所示。

湿式喷水灭火系统的工作原理是当发生火灾时,在火场温度作用下,当闭式喷头感温元件升到预定温度时,即自动打开喷头喷水灭火。同时,因管网内水的流动形成压差,湿式报警阀打开,驱动水力报警器报警。水流指示器压力开关将信号送到报警控制器,通过声、光信号显示火灾发生的具体位置、启动水泵供水、接通消防照明、接通广播呼叫系统等。这一系列动作可在30s内完成。湿式喷水灭火系统适用于室内温度不低于4℃且不高于70℃的建筑物内的自动报警灭火。

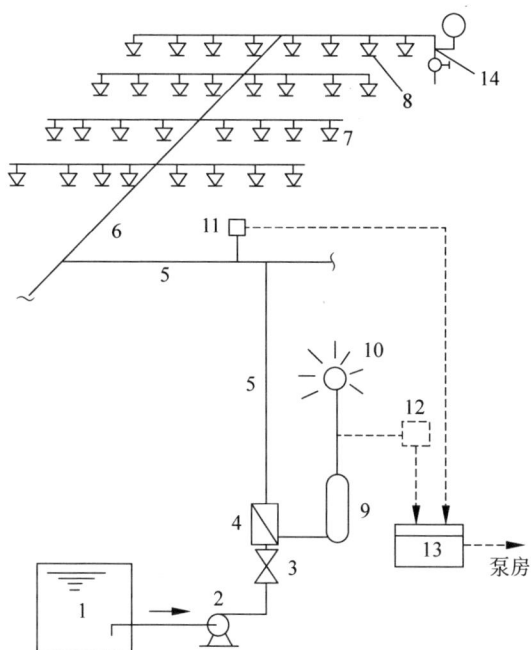

图 2-14　湿式喷水灭火系统原理图

1—水池；2—水泵；3—总控制阀；4—湿式报警阀；5—配水干管；6—配水管；7—配水支管；
8—闭式喷头；9—延迟器；10—水力警铃；11—水流指示器；12—压力开关；
13—湿式报警控制箱；14—末端试水装置

② 二氧化碳自动报警灭火系统

二氧化碳自动报警灭火系统以二氧化碳为灭火介质。与水灭火剂相比，二氧化碳灭火剂具有不玷污物品、没有水渍损失和不导电等优点。但使用时，应注意二氧化碳灭火剂对人体的危害，当其浓度达到 4% 时，人会感到头晕、呕吐；浓度达到 15% 时，可使人窒息死亡。

二氧化碳自动报警灭火系统，按其操作方式可分为全自动灭火系统、半自动灭火系统和手动灭火系统 3 种；按其用途可分为全充满灭火系统、局部应用系统和移动式系统 3 类，下面仅介绍全充满二氧化碳自动报警灭火系统。

全充满二氧化碳自动报警灭火系统由储罐、输气管道、分配阀、喷头、探测器、报警启动器及控制部分组成，如图 2-15 所示。

在被保护的空间内，装设固定的二氧化碳喷头，与固定的二氧化碳源通过固定管相连。发生火灾时，探测器发出火灾警报，通过报警器自动或手动开启储罐启动阀和相应的分配阀,储罐内的二氧化碳通过输气管、分配阀,由喷头喷向指定空间,将火扑灭。

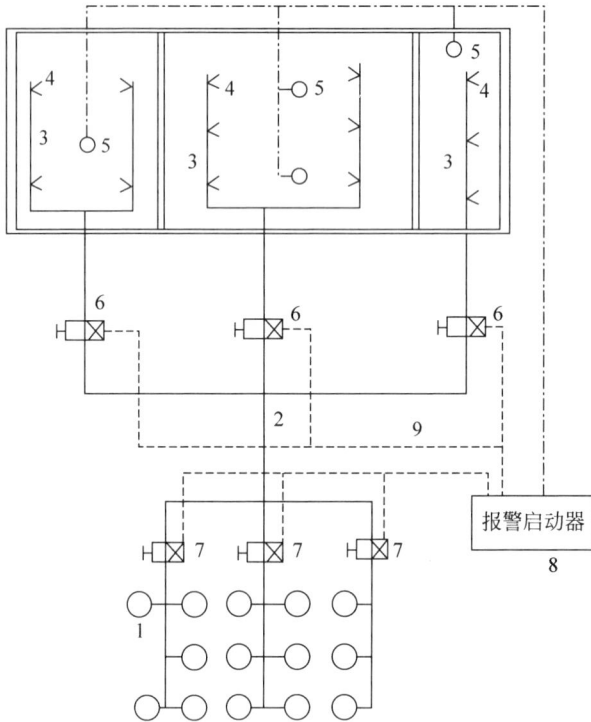

图 2-15　全充满二氧化碳自动报警灭火系统示意图

1—储存二氧化碳的容器;2—输气管;3—分配管;4—二氧化碳喷头;5—火灾探测器;

6—分配阀;7—储存罐分配阀;8—报警启动器;9—电缆

二氧化碳扑灭表面火焰效果好,扑救阴燃火灾效果较差,因此在扑灭阴燃火灾时应有较大的灭火浓度。当被保护空间的温度过高或过低时,二氧化碳灭火效果也相应降低。当被保护空间的温度在 $100℃$ 以上时,每增加 $5℃$,二氧化碳用量应增加 $2\%$;当被保护空间的温度在 $-20℃$ 以下时,每降低 $1℃$,二氧化碳用量应增加 $2\%$。

# 2.4　火场疏散与逃生

## 2.4.1　火灾现场的特性及危害

1. 高温高热

高温高热是火灾现场最重要的特点,一般房间火灾,从起火到蔓延的时间间隔仅为 7min,而在 6min 时火场烟气实际温度可达到 300～400℃。在火场中,人对环境温度与热辐射温度非常敏感。一般人在 65℃ 的环境中能忍受一个有限的时间,接着就会昏迷、休克。在 120℃ 的环境中,人大约能忍受 15min;在 175℃ 时,人能忍受的时间不足 1min。人对于热辐射温度的反应是:当辐射热为 $1200W/m^2$ 时,人可忍受较长的时间;但对于 $4000W/m^2$ 的辐射热,人只能忍受 15s 左右;当辐射热达到 $12\,000W/m^2$ 时,人仅能忍受几秒钟。

### 2. 缺氧

火灾现场烟气的另一重要特点是缺氧。空气中正常的含氧量为 21%,当发生火灾时,由于物质的燃烧需要大量的氧气,所以烟气中的含氧量急剧下降,当氧气浓度为 12%～15% 时,人就会呼吸急促、头痛晕眩、动作迟钝;氧气浓度低于 6% 时,在通常情况下,6～8min 人就会死亡。

### 3. 有害气体和烟尘

由于燃烧的作用,火灾现场的烟气中含有大量的一氧化碳、二氧化碳及各种有毒有害气体和烟尘。这些物质都会对人的生命造成危害,特别是一氧化碳,当在空气中的浓度为 0.1% 时,人就会头痛、不舒服;浓度为 0.5% 时,在 30min 内人就会死亡;浓度为 1% 时,在 2min 内人就会死亡。

着火房间的一氧化碳浓度一般可达 5%,最高可达 10% 左右,已远远超过人的生命所能承受的浓度,各种材料燃烧时产生的有毒有害气体成分见表 2-7。

**表 2-7　各种材料燃烧时产生的有毒有害气体成分**

| 原材料名称 | 气体或蒸气名称 |
|---|---|
| 所有含碳的可燃材料 | 一氧化碳 |
| 赛璐珞、聚氨酯 | 氧化氮 |
| 木材、丝绸、皮革、含氮塑料、纤维材料、纤维素塑料、人造丝 | 氰化氢 |
| 木材、纸张 | 丙烯醛 |
| 橡胶、聚硫橡胶 | 二氧化硫 |
| 聚氯乙烯、阻燃塑料、含氟塑料 | 氯化氢、溴化氢、氟化氢、光气 |
| 三聚氰胺、尼龙、尿素、甲醛树脂 | 氨 |
| 酚醛、木材、尼龙、聚酯树脂 | 乙醛 |
| 聚苯乙烯 | 苯 |
| 泡沫塑料 | 重氮腈 |
| 某些阴燃塑料 | 锑化合物 |
| 聚氨基甲酸泡沫 | 异氰酸盐 |

在死伤人数较多的火灾案例中,调查发现:有相当一部分人不是被火烧死的,而是被烟气毒害而死。例如,1993 年 4 月 12 日唐山林西百货大楼火灾中有 80 人丧生,这些遇难者中除 1 人系跳楼高空坠落死亡外,其余均为一氧化碳及其他有毒有害气体中毒而死。现代建筑物室内往往使用大量易燃、可燃材料进行装饰装修,火灾时有大量有毒有害气体、蒸气产生,因而严重威胁着火场被困人员的生命安全。

烟是悬浮在空气中未燃烧的细碳粒及一些燃烧物分解的产物。燃烧物不同,烟的颜色和成分也不相同。烟能刺激呼吸道黏膜和使人呼吸困难甚至窒息,同时烟又强烈地刺激人的眼睛,使人睁不开眼。烟气弥漫时,可见光受到烟粒子的遮蔽而大大减弱,能见度大大降低,使人不易辨别方向,不易查找起火点,严重影响人的行动。火灾现场烟气的流动速度比人在火场中的行动速度要快,而快速流动的滚滚浓烟的恐怖景象,往往使人产生极大的恐惧,甚至失去理智。

## 2.4.2　火灾现场人的心理与行为特征

### 1. 火灾现场人的心理特性

当火灾降临时,由于一些突发性的景象而产生一些异常心理状态,必然要影响疏散和逃生。火灾时人的心理常具有以下特征。

(1) 惊慌失措,惧怕不安

当人们在毫无思想准备的情况下,突然听到"着火啦!"的喊声、人们在走道乱窜的跑步声或看到火光、烟雾之际,精神立即就会变得高度紧张,同时又联想到火灾危害,便会产生惊慌失措心态。想逃,又怕选不准安全通道;想避,又不知道哪里是安全之地。随着时间的推移,人的心态又会由惊慌转为惧怕,深切感到生命将受到严重威胁。强烈的惊恐惧怕心理会严重干扰人的正常思维,减弱理性判断能力,失去与烟火拼搏的精神和勇气,丧失抗争能力。因此,火灾情况下调整好心态、保持镇静是十分重要的。

(2) 判断失误

惊慌惧怕的心态不但可以降低人的理性判断能力,还会导致人的非理智思维,非理智思维可加深判断上的失误,判断失误则会导致行动失误。

(3) 冲动

发生火灾时,人们的惊慌及火、烟、热、毒等因素的作用所产生的惧怕,最容易使人做出不理智或盲目的冲动行为。如跳楼、傻呆、乱钻乱撞或大喊大叫。乱跑乱窜、大喊大叫不但会使自己陷入危险境地,还会扰乱他人的平静思维,加剧其他人员的茫然心理,导致更多人的效仿,从而使火场中的人们更加混乱而难以疏导和控制。

（4）侥幸

侥幸心理是人们在火灾现场经常出现的另一种心态。面临灾祸之际,还漫不经心,认为事情不会那么严重,不迅速地采取积极的逃生措施。侥幸心理是妨碍正确判断的大敌,火场中的人们必须首先排除这种心态,不要因此而错失疏散和逃生的良机。

火灾中,人们容易形成的上述心态都会成为严重干扰安全疏散和自我逃生的重要因素,必须有所了解和预防,做到临危不惧、临难不乱,增强自制能力。

2. 火灾现场人的行为特性

发生火灾时,人们的行为往往具有以下特性。

（1）回返性

当发生火灾的时候,绝大多数人是奔向来时的路线,作逆向返回的逃生,这叫作回返性。回返性是人们在紧急情况下,自然利用回路的一种特性,带有普遍性。如果该通道畅通,逆向返回是逃生的较好路线;但倘若该通道被烟火封锁,人们会立即感到无路可逃,从而丧失信心,严重影响顺利逃生的进行。此时,多数人会处于无所适从的境地,少数人会重返自己的房间。

（2）从众性

从众性也可称为聚集性或随流性。人们普遍具有人多壮胆,人多有依靠、有安全感的心理,因而随大流的从众性是在突发事件下最容易发生的习惯性倾向。这种在无任何指令或暗示举动下形成的自然集结气氛往往越变越强。但由于这样形成的群体,每个人都存在着惶惶不安和盲目性,所以一般情况下极容易盲目地依照错误信息或指令导向走向更危险的境地。

（3）向光性

在火灾情况下,浓烟遮住了人们的视线或突然停电,照明灯熄灭,将人一下抛到了昏暗环境中,每个人都立即感觉不适应和惧怕。此时,人人都习惯性地奔向能见度好、明亮之处躲避,这叫向光性。通常,烟雾少、能见度高的一方是距着火点远的方向,如有安全疏散通道,奔向明亮方向逃生无疑是正确的;但若此方向无安全疏散通道或是火势蔓延的主要方向,此光明处可能成为危险之地。因此,火灾情况下奔向明亮方向逃生,在大多情况下是正确的,但有时也是不可取的,应在判断分析的基础上慎重决定躲避的地点和方向。

（4）意向性

意向性是指凭自己的主观意念支配自己行为的一种倾向。意向性容易发生于性格内向的人身上。当发生火灾时,自己虽然对逃生方法和路线不熟,对火势实际情况了解很少,但靠主观臆断,盲目地指导自己的行动,往往陷入危险的境地。因此,发生火灾时,应正确判断火灾的实际情况,不可仅凭主观臆断行事。

（5）暂避性

火灾中，在火、烟、热、毒存在的情况下，人们具有向没有烟火的方向逃避的倾向，将逃生仅着眼于脱离暂时的危险处境，这叫暂避性。在暂避性支配下，会导致无目的的乱跑乱窜或就地隐藏，钻入暂时烟火未延及的床下、桌下、厕所、卫生间等处，甚至从楼上跳下等。这样做往往会贻误自我逃生的时机，将自己置入更加危险的境地。实际上，火灾时，床、桌椅等都是首先殃及的可燃物，不采取任何保护措施的洗手间的门也是可燃的，烟、热、毒也足以使人达到无法忍受或致死的地步。火灾时，暂避的方法有时确实是可取的，但必须在有效措施的保护下才能实施，否则会获得相反的结果。

（6）混乱性

混乱是大多数火灾都会产生的一种可怕局面。混乱常起因于一两个或几个人的乱跑乱叫，进而给周围的人以强烈的影响，诱发更加混乱的状态。火灾时的混乱状态危害极大，它会严重干扰人的正常思维，出现行为错乱，干扰正确引导疏散的消防救护。因此，给予适当的火场信息报导，保持逃生路线畅通，尽量减少外界因素影响和严防逃生动机错乱，对于预防火场逃生的混乱局面十分重要。

## 2.4.3　火场疏散

实验室的安全出口数量，走道、楼梯和门的宽度及到达疏散出口的距离等，都必须符合防火设计要求。同时，还应做好各种情况下的安全疏散准备工作，以适应火灾时安全疏散的需要。

### 1. 疏散方法

发生火灾时，应立即向消防队报警，同时通报实验室及系、院、校负责人。有关负责人听到警报后，应按计划进入指定位置，立即组织人员疏散。在消防队未到达火场之前，着火实验室的领导和工作人员就是疏散人员的领导者与组织者。火场上受火势威胁的人员，必须服从领导、听从指挥，使火场有组织、有秩序地进行疏散。当公安消防队到达火场后，由公安消防指挥员组织指挥。着火实验室的领导和工作人员应主动向公安消防队汇报火场情况，积极协助公安消防队做好疏散工作。疏散方法如下：

（1）正确通报，防止混乱

在人们还不知道发生火灾，而且人员较多、疏散条件差、火势发展比较缓慢的情况下，失火实验室的领导和工作人员应首先通知出口附近或最不利区域内的人员，将他们先疏散出去，然后视情况公开通报，告诉其他人员疏散。防止不分先后、一拥而上，挤在一起影响顺利疏散。在火势猛烈，并且疏散条件较好时，可同时分开通报，让全部人员立即疏散。通报必须迅速，使各种疏散通道得到及时的充分利用,防止发生混乱。

（2）加强疏散引导

火灾中,由于人们急于逃生的心理作用,可能会涌向有明显标志的出口,造成拥挤混乱。此时,工作人员要用镇定的语气呼喊,为人们指明各种疏散通道,劝说人们消除恐慌心理、稳定情绪、坚定信心,使大家能够积极配合,按指定路线有条不紊地安全疏散。

广播引导人员疏散在疏散行动中起重要作用。事故广播员在接到发生火灾的信号后,要立即开启事故广播系统,将指挥员的命令、火灾情况等由控制中心发出,以引导人们疏散。广播的内容一般包括以下几点:

① 发生火灾的部位、目前蔓延的范围、燃烧的程度等;

② 需要疏散人员的区域,比较安全区域的方位和标志,以便被困者确认自己是否到达安全区域;

③ 指示疏散的路线和方向,说明利用哪条疏散通道和出口、安全指示标志的高低位置及颜色;

④ 对已被烟火围困的人员,要告知他们救生器材的使用方法及自制救生器材的方法,使其树立起自救逃生的信心。

如果火势较大,直接威胁人员安全、影响疏散,工作人员及到达火场的消防队员可利用各种灭火器材及水枪全力堵截火势,掩护被困人员疏散。当由于惊慌混乱而造成疏散通路和出入口堵塞时,要强行疏导,向外拖拉。有人跌倒时,还要设法阻止人流,迅速扶起摔倒的人员,防止出现伤亡事故。

在疏散通道的拐弯、岔道等容易走错方向的地方,应设立哨位指示方向,防止误入死胡同或进入危险区域。

（3）制止脱险者重返火场

对疏散出来的人员,要加强脱险后的管理。由于受灾的人员脱离危险后,随着对自己生命威胁程度的降低,对财产和未逃离危险区域的人的生命担心程度反而增加。此时,他们有可能重新返回火场,去抢救财物和人,这是极其危险的。因此,对已疏散到安全区域的人员,要加强管理,制止他们重返火场。

（4）积极配合消防队

消防队到场后,若知晓内部还有少数人员未疏散出来,内部疏散小组的知情者要迅速向消防队指挥员报告情况,将被困人员的方位、数量及救人的路线介绍清楚,给消防队救人提供信息。

（5）及时进行救护

外部疏散的组织者还应发动群众,协助将疏散出来的危重伤员迅速交给救护小组。救护小组将疏散出来的危重伤员进行必要的现场急救后,要拦截过路车辆,送往就近医院抢救。若医护人员已到现场,应迅速将危重伤员交给医生救治,并搞好配合。

2. 安全疏散注意事项

为了保证安全疏散,应注意以下事项。

(1) 保持安全疏散秩序

在引导疏散的过程中,应始终把疏散秩序和安全作为重点,尤其要防止出现拥挤、践踏、摔伤等事故。遇到只顾自己逃生、不顾别人死活的不道德行为和相互践踏、前拥后挤的现象,要想方设法坚决扼制。同时要制止疏散中乱跑乱窜、大喊大叫的行为,因为这种行为不但会消耗大量体力、吸入更多的烟气,还会妨碍别人的正常疏散并诱导混乱。

(2) 遵循疏散顺序

疏散应按照先着火层,后以上各层、再以下各层的顺序进行,以安全疏散到地面为主要目标。优先安排受火势威胁最大及最危险区域内的人员疏散。建筑物火灾中,一般是着火楼层内的人员遭受烟火危害最重。如疏散不及时,极易发生跳楼、中毒、昏迷、窒息等现象和症状。因此,当疏散通道狭窄或单一时,应首先救助和疏散着火层的人员。着火层以上各层是烟火即将蔓延波及的区域,也应作为疏散重点尽快疏散。相对来说,下面各层较为安全,不仅疏散路径短,火势殃及的速度也慢,容许留有一段安全疏散时间。分轻重缓急按楼层疏散,可大大减轻安全疏散通道的压力,避免人流密度过大、路线交叉等原因导致的堵塞、践踏等恶果,保持疏散有序进行。

(3) 发扬团结友爱、舍己救人的精神

火灾中善于保护自己、顺利逃生是重要的,但也要发扬团结友爱、舍己救人的精神,尽力救助更多的人撤离火灾危险境地。损人利己、妨碍他人疏散的行为是极不道德的。

(4) 疏散、控制火势和火场排烟应同时进行

在进行疏散时,要同时组织力量利用楼内消火栓、防火门、防火卷帘等设施控制火势,启用通风排烟系统降低烟雾浓度,阻止烟火侵入疏散通道,及时关闭各种分隔设施,为安全疏散创造有利条件,使疏散行动进行得更为顺利、安全。

## 2.4.4　火场逃生

一场火灾降临,你能否成为幸存者,固然与火势的大小、起火时间、楼层高度和建筑物内有无报警、排烟、灭火设施等因素有关,还与被困者的自救能力及是否懂得逃生的步骤和方法等因素有密切关系。为了能够顺利逃生,应注意以下事项。

### 1. 熟悉所处的环境

对于经常工作的实验室,事先可制订较为详细的逃生计划,以及进行必要的逃生训练和演练。必要时可把确定的逃生出口(如门窗、阳台、室外楼梯、安全出口、楼梯间)和路线绘制成图,并贴在明显的位置上,以便大家平时熟悉和在发生火灾时按图上的逃生方法、路线和出口顺利逃出危险地区。

当走进不熟悉的环境时,应留心看一看楼梯、安全出口的位置,以及灭火器、消火栓、报警器的位置,以便着火时能及时逃出险区或将初期火灾及时扑灭,并在被围困的情况下及时向外面报警求救。

### 2. 及时灭火,及时逃生

发生火灾后,应尽量迅速利用灭火器、清水等将火扑灭,最大限度地减少人员伤亡和经济损失。一旦发现或意识到自己不能将火扑灭,而可能被烟火围困、生命受到威胁时,要立即采取适宜的措施逃生,切不可延误逃生良机。

### 3. 保持镇静,明辨方向,迅速撤离

突然遇到火灾,面对浓烟和烈火,首先要强令自己保持镇静,迅速判断危险地点和安全地点,决定逃生的办法,尽快撤离险地。千万不要盲目地跟从人流和相互拥挤、乱冲乱撞。撤离时要注意,朝明亮处或外面空旷地方跑,若通道已被烟火封阻,则应背向烟火方向离开,通过阳台、气窗、天台等往室外逃生。

### 4. 简易防护,蒙鼻撤离

逃生中经过充满烟雾的路线时,要防止烟雾中毒,预防窒息。烟气较空气轻而飘于上部,贴近地面撤离是避免吸入烟气的最佳方法。穿过烟火封锁区时,有条件的情况下应配戴防毒面具、头盔、阻燃隔热服等防护用具,如果没有这些防护用具,可采用毛巾、口罩蒙鼻的办法撤离,如图 2-16 所示。撤离时要尽量降低头部高度,最好是采用匍匐前进的方式。利用干毛巾、衣服、软席垫布等织物叠成多层捂住口鼻,能起到良好的防烟作用。如果将干毛巾折叠 8 层,烟雾消除率可达 60%,实验证明,人在这种情况下于充满刺激性烟雾的 15m 长走廊里慢速行走,没有刺激性感觉。如果用湿毛巾保护口鼻,则防烟效果更好,因为水能将一些有害气体溶解掉。捂口鼻时,要使过滤烟的面积尽量增大。穿过烟雾区时,即使感到呼吸阻力增大,也决不能将毛巾从口鼻处拿开,以防烟气中毒。

### 5. 善用通道,莫入电梯

按规范标准设计的建筑物内,都会有两条以上的逃生楼梯、通道或安全出口。发生火灾时,要根据情况选择进入相对安全的楼梯通道。除可以利用楼梯外,还可以利用阳台、窗台、天台、屋顶等建筑物中的凸出物滑下楼而逃生。在高层建筑中,

电梯的供电系统在火灾时随时会断电或因热的作用而使电梯变形,从而使人被困在电梯中。同时,由于电梯井犹如贯通的烟囱直通各楼层,有毒的烟雾直接威胁被困人员的生命。因此,千万不要乘普通的电梯逃生。

图 2-16　蒙鼻撤离

6. 充分利用各种逃生器材

常用的逃生器材有缓降器、救生袋等。

如果在没有这些专门器材,而安全通道又被堵、救援人员不能及时赶到的情况下,你可以迅速利用身边的绳索或窗帘、衣服等自制简易的救生绳,并用水打湿,从窗台和阳台沿绳缓滑到下面楼层或地面,安全逃生,如图 2-17 所示。

图 2-17　自制简易的救生绳逃生

7. 利用自然条件逃生

被困人员在逃生时,在逃生设施无法使用且无其他应急材料可作救生器材的情况下,可充分利用建筑物本身及附近的自然条件进行自救,如阳台、窗台、屋顶、落水管、避雷线,以及靠近建筑物的物体等。但要注意查看落水管、避雷线是否牢固,否则不能利用。

8. 避难场所,固守待援

当听到着火时,不要贸然打开门向外跑,而应先用手摸摸房门是否发烫,如不烫手,可先打开一条缝隙查看是否有烟雾和火光。假如用手摸房门已感到烫手,此时一旦开门,火焰与浓烟势必迎面扑来。这时可采取创造避难场所,固守待援的办法。首先应关闭迎火的门窗,用湿毛巾、湿布等堵塞门缝,或用水浸湿的织物蒙上门窗,然后不停地用水淋透房间,防止烟火渗入,固守在房间中,直到救援人员到达。

9. 缓晃轻抛,寻求救援

被烟火围困暂时无法逃离的人员,应尽量待在阳台、窗口等易于被人发现和能避免烟火近身的地方。在白天,可以向窗外晃动鲜艳衣物或外抛轻型晃眼的东西,如图 2-18 所示;在晚上,可以用手电筒不停地在窗口闪动或者敲击东西,及时发出有效的求救信号,引起救援者的注意。

图 2-18　向窗外晃动鲜艳衣物以及时发出有效的求救信号

10. 滚向墙边

在被烟气窒息失去自救能力时,应努力滚到墙边或门边。因为消防人员进入室内都是沿墙壁摸索进行,滚到墙边或门边便于消防人员寻找、营救,增大被救的概率。此外,滚到墙边也可以防止房屋结构塌落砸伤自己。

11. 火已及身,切勿惊跑

火场上的人如果发现身上着了火,千万不可惊跑或用手拍打,因为奔跑或拍打时会形成风势,加速氧气的补充,促旺火势。当身上衣服着火时,应赶紧设法脱掉衣服或就地打滚,压灭火苗。如果能及时跳进水中或让人向身上浇水,喷灭火剂就更有效了。

12. 高层跳楼,九死一生

身处火灾烟气中的人,精神上往往处于极端恐惧和接近崩溃的状态,惊慌的心理极易导致不顾一切的伤害行为,如跳楼逃生。应该注意的是,只有消防队员准备好救生气垫并指挥跳楼,或楼层不高(一般在 4 层以下)且无其他逃生方法时,才采取跳楼逃生。如果是较高的楼层起火,跳楼无疑是很愚蠢的办法,基本上是死路一条。

### 2.4.5　防火安全设施和救生器材

1. 安全导引设施

(1) 事故照明灯

由于火灾停电,给逃生造成了很大困难,所以疏散通道上的必要位置、疏散楼梯、消防电梯及前室、配电室、消防控制室、水泵房、人员密集的公众聚集场所等处都应设置事故照明灯,如图 2-19 所示。事故照明灯一般设在墙面或顶棚上,其最低照度不小于 0.5lx,以玻璃或其他非燃材料保护罩覆盖。

图 2-19　事故照明灯

(2) 疏散指示标志

疏散指示标志一般用箭头或文字表示,在黑暗中发出醒目亮光,便于识别。疏散指示标志通常设在安全出口等的顶部、疏散走道及其路径转角处的墙面上。常见的疏散路线标志如图 2-20、图 2-21 所示,逃生时应看清标志,按路线指示的方向逃生。

图 2-20　楼梯口的安全出口指示

图 2-21　楼道中安全出口路线指示

2. 安全疏散设施

（1）水平路线上的安全疏散设施

水平疏散路线是指从房间进入走道，然后到达前室或楼梯间这一疏散通道。主要包括：

① 疏散走道

当着火房间的人员逃出房间进入走道后，该走道应能较好地保障人员顺利地走向前室和楼梯间。走道在疏散设计中被称为第一安全区，只要逃生及时，不出现人为的拥堵事故，是能够在有限的时间内顺利抵达安全出口的。

② 安全出口

安全出口是直通建筑物之外的门或楼梯间的门，一般来说，疏散到安全出口时，人的生命就有了基本的安全保障。即使未离开着火建筑物，也算使人员开始进入第二安全区（前室），人在前室既可暂时避难，也可由此立即沿楼梯向下疏散。

现代实验室一般都设计有两个方向上的疏散路线，通常是在标准层或防火分区两端各设一个安全出口。有的建筑在经常有人停留的部位设出口，进行双向疏散，以防止出现避难者行动具有的多向性和盲从性导致的堵塞等危险情况。

（2）垂直路线上的安全疏散设施

垂直疏散通道是保证各楼层人员安全疏散的重要设施，自我逃生时应充分利用。

① 疏散楼梯

作为安全出口的楼梯一般是垂直疏散的必经之路，是人员逃生和救助的重要路线。可用于垂直疏散的楼梯有敞开楼梯间、封闭楼梯间和防烟楼梯间。

室外楼梯是较好的逃生通道，不受烟火的侵袭，而且能够一次性地疏散到着火建筑物的楼外地面上。

② 疏散电梯

（a）非常电梯

普通电梯在火灾时是禁止使用的。电梯间前室或候梯间采用自然排烟措施的非常电梯，在应急情况下可用作疏散工具。此电梯中一般设有呼叫设备，可与消防指挥中心等进行外部联系。电梯在停电的情况下，可启用非常运行时的非常电源、非常照明和非常广播等进行安全运送。

（b）消防电梯

消防电梯是运送消防人员、器材，疏散受伤人员的重要工具。消防电梯前室采用乙级防火门分隔，并设有消火栓。消防电梯内还设有专用电话及消防队专用的操纵按钮和自动归位装置。电梯井底部设有排水设施。消防电梯的前室，一般都是靠外墙布置，在底层设有直通室外的出口或经过长度不超过 30m 的通道通向室外。

3. 避难层、避难间和楼顶平台

高层建筑由于楼层多、人员密度大,尽管已有一些安全疏散设施,也难以保证所有人员在短时间内迅速撤出火场。为此,除可暂时利用防烟楼梯间、阳台等安全区避难外,还可充分利用避难层或避难间避难。

当下面楼层着火,火势蔓延很快而无法向地面疏散时,只好向顶层撤退避难。一、二级耐火等级的建筑多为框架式结构,短时间内是不会烧塌整座楼的,所以将楼顶平台作为暂时避难所是可行的。

4. 安全救生器材

常用的救生器材有救生桥、救生软梯、救生袋、消防安全绳、缓降器、避难梯、救生舷梯、救生滑杆、救生气垫和救生网等。

(1)救生桥

救生桥是在紧急情况下设置在建筑物顶上至邻近建筑物顶上的临时过桥。当楼内疏散无法进行时,可利用临时过桥转移到另一栋建筑物逃生。救生桥有伸缩式和升降式两种,平时收缩折叠,用时临时架设。

(2)救生软梯

救生软梯是一种用于营救和撤离被困人员的移动式梯子,平时可收藏在包装袋内,使用时,软梯安放在窗台上,并把两只安全钩挂在牢固的物体上,把软梯沿墙放下后即可使用。

(3)救生气垫和救助幕

救生气垫是指被困者从高处落来时,利用空气的缓冲性减轻人体冲击的救生口袋。救生气垫一般都配有压缩空气充气装置。

救助幕(救生网)是直径 3～4m 的圆形或开放型的棉或麻帆布制成的罩布,周围由数人两手握拿拉展,被困者从高处下跳时得到救助。

救助幕有一定危险性,在无其他手段时使用,且只限于低楼层使用。使用时,要求人们下跳时看准、跳准且稳妥地落到救助幕上。

(4)消防安全绳

消防安全绳是用来自救和救人的一种常用器材。消防安全绳按材质可分为麻绳、尼龙绳及维尼纶绳等合成纤维绳,按照用途有不同的直径大小。使用时,通过安装环安装在墙壁上,由于直接握绳下滑会擦伤手掌,应该用膝部夹住绳索,左右手交替握绳下落。绳上如打结则更有助于安全下降。

(5)缓降器

缓降器由挂钩(或吊环)、吊带、绳索及速度控制器组成,如图 2-22 所示,是一种靠人的自身重量缓慢下降的安全救生装置,可以用安装器具固定在建筑的窗口、阳台、屋顶外沿等处。使用时,避难者将绳索一端套在身上后,根据使用者自重摩擦或调速器自动调节、控制下降速度而安全降落,现已广泛用于高层建筑的下滑自救或对被困人员的营救。

图 2-22　缓降器

（6）救生滑台

救生滑台由滑板、侧板和扶手组成,其结构如儿童滑梯。主要是供老人、儿童、病人等在火灾情况下逃生使用。使用时,人坐在或躺在滑台上,就可以自动滑落到地面。

（7）救生舷梯

救生舷梯由踏板、扶手和扶手撑杆构成,主要适用于地下建筑场所的救生。使用时,可将救生舷梯固定在地下室出口处,或临时移到便于被困人员逃离现场的门、窗等通道口处,通道口处应有专人帮助疏散。

（8）救生滑杆

救生滑杆采用无焊缝的金属杆,以与壁面保持一定间隔来安装。使用时,人员可双手握住滑杆,双腿(脚)紧贴滑杆协助双手控制下降速度。快接触地面时,要减缓速度,保持平稳落地。为减小下落到地面的上冲击力,可在地面上铺砂或采用专用的海绵垫。

（9）救生袋

救生袋是两端开口,供逃生者从高处进入其内部缓慢滑降的长条袋状物。被困人员进入袋内,可依靠自身重量和不同姿势来控制降落的速度,缓慢降落至地面脱险。一般救生袋的长度不小于 20m。

火场逃生时,应充分利用备有的各种安全疏散设施和救生器材。消防队到场后,可利用云梯车、曲臂登高车、各种拉梯、安全绳、滑绳救助等方式帮助安全逃生,如图 2-23、图 2-24 所示。

图 2-23　云梯在升空

图 2-24　消防员利用云梯救生

# 2.5　爆　　炸

## 2.5.1　爆炸的定义与类型

1. 爆炸的定义

爆炸是物质瞬间发生物理或化学变化,同时释放出大量的气体和能量(光能、热能、机械能)并伴有巨大声响的现象。

2. 爆炸的分类

按性质分类,爆炸可分为物理性爆炸、化学性爆炸及核爆炸三大类。由于核爆炸在实验室中不会发生,所以下面仅介绍物理性爆炸和化学性爆炸。

(1) 物理性爆炸

由物质的物理变化(如温度、压力、体积等变化)引起的爆炸称为物理性爆炸。如氧气瓶受热升温,引起气体压力升高,当压力超过钢瓶的极限强度时发生的爆炸就属于物理性爆炸。其特征是爆炸前后,爆炸物质的化学成分及性质均不发生变化。

(2) 化学性爆炸

物质在短时间内完成化学反应,形成新物质,产生高温、高压而引起的爆炸称为化学性爆炸。如乙炔罐回火引起的爆炸、炸药的爆炸。

化学性爆炸的特点是反应速度快,放出大量的热量,同时产生具有强大威力的冲击波。例如,1kg 三硝基甲苯(TNT)炸药爆炸只需几十微秒,爆炸传播速度约7000m/s,放出热量为 4200～5000kJ,气体产物的温度可高达 3000℃,压力约为2000MPa,爆炸产生的气体形成强大的冲击波。实验室的爆炸中,最常见的是化学性爆炸。

　　3. 化学性爆炸类型

化学性爆炸按爆炸时所发生的化学变化的特点,可再细分为 3 类。

　　(1) 简单分解爆炸

乙炔在压力下的分解爆炸,即为简单分解爆炸。这种爆炸不一定发生燃烧反应,所需要的热量由爆炸物质本身分解产生,受轻微振动即可爆炸。

　　(2) 复杂分解爆炸

炸药的爆炸,即为复杂分解爆炸。

　　(3) 爆炸性混合物爆炸

所有可燃气体、蒸气、雾滴、粉尘与空气所形成的混合物的爆炸,均属于爆炸性混合物爆炸。这种爆炸是实验室中最常见的类型,下面简单介绍一下爆炸性混合物及其爆炸过程。

## 2.5.2　爆炸性混合物及其爆炸过程

　　1. 爆炸性混合物

可燃性气体(包括可燃气体、可燃液体的蒸气或薄雾)、爆炸性粉尘、可燃性粉尘和纤维等物质与空气混合后形成的可爆炸混合物,叫作爆炸性混合物。

爆炸性混合物中的可燃物质,叫作爆炸性物质。爆炸性物质与空气的混合形式,有直接混合和间接混合两种。

可形成直接混合的爆炸性物质有:

　　(1) 可燃性气体

可燃性气体(如乙炔、氢气)一旦泄漏,很容易扩散和流窜而形成爆炸性气体混合物。当储存可燃性气体的容器或设备内部进入空气或氧气时,也可形成爆炸性气体混合物。当爆炸性气体混合物浓度达到一定范围时,遇到火(热、能)源,即可发生爆炸。

　　(2) 可燃性蒸气或薄雾

易燃液体(如汽油、乙醇)和可燃性液体(如重柴油、重油)在室温或温度升高时,能够蒸发出可燃性蒸气或薄雾。可燃性蒸气和薄雾与空气混合可形成爆炸性气体混合物,当其中的爆炸性物质浓度达到一定范围时,遇到火(热、能)源,即可发生爆炸。

（3）可燃性粉尘和爆炸性粉尘

可燃性粉尘(石墨粉尘、碳黑粉尘、染料粉尘等)和爆炸性粉尘(镁粉尘、铝粉尘等)飞扬悬浮在空气中可形成爆炸性混合物,当粉尘浓度达到一定范围时,遇到火(热、能)源,即可发生爆炸。

（4）可燃性纤维

可燃性纤维是指能与空气中的氧起发热反应而燃烧的纤维,如亚麻纤维、木质素纤维、毛纤维等。这些纤维飞扬悬浮在空气中,形成爆炸性混合物,当纤维浓度达到一定范围时,遇到火(热、能)源,即可发生爆炸。

2. 爆炸性混合物的爆炸过程

爆炸性混合物的爆炸过程大体分为 4 个阶段:

（1）爆炸性混合物的形成阶段;

（2）燃爆开始阶段;

（3）连锁反应阶段,即爆炸范围扩大与爆炸威力升级阶段;

（4）爆炸完成阶段,即爆炸造成灾害性的破坏后果。

### 2.5.3 爆炸性混合物的爆炸极限

1. 爆炸极限的定义

可燃物质与空气(或氧气)均匀混合形成混合物,当其浓度达到一定的范围时,遇明火或一定的引爆能量即发生爆炸,这个浓度范围称为爆炸极限(爆炸浓度极限)。形成爆炸性混合物的最低浓度叫作爆炸浓度下限,最高浓度叫作爆炸浓度上限,上限、下限之间叫作爆炸浓度范围。

2. 易燃气体、易燃液体蒸气的爆炸极限

易燃气体、易燃液体蒸气的爆炸极限是以其在混合物中所占体积百分比来表示的,表 2-8 列出了一些常见易燃气体、易燃液体蒸气的爆炸极限范围。

表 2-8　一些常见易燃气体、易燃液体蒸气的爆炸极限范围　　　　%

| 物质名称 | 空气中(体积百分比) | 氧气中(体积百分比) |
|---|---|---|
| 乙炔 | 2.5～82 | 2.8～93 |
| 氢 | 4.1～75 | 4.0～94 |
| 一氧化碳 | 12.5～79.5 | 13～93 |
| 甲烷 | 5.3～15 | 5.4～60 |
| 乙烯 | 2.7～34 | 3.0～80 |
| 氨气 | 15～28 | 13.5～79 |

如果易燃气体或易燃蒸气在空气(或氧气)中的浓度低于爆炸下限,遇到明火既不会爆炸,也不会燃烧。此时因可燃物浓度不够,过量空气(或氧气)起冷却作用,阻止了燃烧形成。

若易燃气体或易燃蒸气在空气(或氧气)中的浓度高于爆炸上限,遇明火虽然不会爆炸,但却会燃烧。此时由于空气不足,缺少助燃的氧气,火焰不能蔓延;但一旦空气(或氧气)增加,易燃气体或易燃蒸气的浓度便会降低,当浓度降低到爆炸范围内时,即发生爆炸。

爆炸性混合物中的可燃性气体或可燃性蒸气的浓度处于爆炸上限、下限附近时,爆炸时产生的压力较小,温度低,爆炸的威力也小。当混合物中的易燃气体或易燃蒸气的浓度大致相当于反应当量时,具有最大的爆炸力。反应当量可根据燃烧反应式计算出来,如一氧化碳与空气混合物的当量浓度为 29.5%,乙炔在氧气中的当量浓度为 28.5%。

3. 可燃性液体的爆炸极限

可燃性液体的爆炸极限有两种表示方法:一种是以可燃性液体所形成的可燃性蒸气的爆炸浓度极限表示(体积百分比),有上限、下限之分,其定义见上一节;二是以可燃性液体的爆炸温度极限(℃)来表示,也有上限、下限之分,其定义与爆炸浓度极限相似。

由于可燃性液体的蒸气浓度与可燃性液体的温度有对应关系,所以两种表示方法在本质上是一样的。常见可燃性液体的燃爆特性见表 2-9。

表 2-9　常见可燃性液体的燃爆特性

| 液体 | 沸点/℃ | 闪点/℃ | 自燃点/℃ | 爆炸极限(体积百分比)/% |
|---|---|---|---|---|
| 汽油 | 50～120 | −70～−50 | 415～530 | 1.58～6.48 |
| 煤油 | 175～325 | 28～60 | 380～425 | 1.4～7.5 |
| 柴油 | 280～365 | 45～120 | 300～380 | 1.5～6.5 |
| 丙酮 | 56 | −20 | 465 | 2.6～12.8 |
| 苯 | 78～80 | −11 | 555 | 1.4～8.0 |
| 甲苯 | 110.6 | 4.44 | 536 | 1.27～7.0 |
| 甲醇 | 64.7 | 11.1 | 455 | 6～36.5 |

4. 爆炸性粉尘、可燃性粉尘和可燃性纤维的爆炸极限

爆炸性粉尘、可燃性粉尘和可燃性纤维的爆炸极限是以其在单位体积混合物中的质量(g/m³)来表示的。而其爆炸危险性是以爆炸下限来表示的,如煤粉的爆

炸下限为 $35g/m^3$,木粉的爆炸下限为 $40g/m^3$,铝粉的爆炸下限为 $20\sim40g/m^3$。爆炸上限因为浓度太高,如糖粉的爆炸上限为 $13\ 500g/m^3$,煤粉的爆炸上限为 $2000g/m^3$,一般场合不会出现。常见爆炸性粉尘的燃爆特性见表 2-10。

表 2-10　常见爆炸性粉尘的燃爆特性

| 粉尘名称 | 平均粒径/$\mu$m | 表面堆积 5mm 粉尘层的引燃温度/℃ | 粉尘云的引燃温度/℃ | 爆炸下限/($g/m^3$) |
|---|---|---|---|---|
| 铝 | $10\sim20$ | 230 | 400 | $37\sim60$ |
| 铁 | $100\sim150$ | 240 | 430 | $153\sim204$ |
| 镁 | $5\sim10$ | 340 | 470 | $44\sim59$ |
| 炭黑 | $10\sim20$ | 535 | 600 | $36\sim45$ |
| 聚乙炔 | $30\sim50$ | 410 | 410 | $26\sim35$ |
| 酚醛树脂 | $10\sim20$ | 熔融 | 520 | $36\sim40$ |
| 木炭粉 | $1\sim2$ | 340 | 595 | $39\sim52$ |
| 苯二酸 | $80\sim100$ | 熔融 | 650 | $61\sim83$ |

5. 影响爆炸极限的因素

爆炸极限不是一个固定值,受各种因素的影响而发生变化,重要影响因素有:

(1) 温度。环境温度和混合物的温度越高,爆炸极限范围越大。

(2) 压力。爆炸性混合物的压力越高,爆炸极限范围越大。

(3) 含氧量。混合物中含氧量越高,爆炸极限范围越大;同一种可燃性气体与氧气混合,比与空气混合的爆炸极限范围大得多,参见表 2-8。

(4) 容器直径。爆炸性混合物的容器直径越小,爆炸极限范围越小,爆炸危险降低。

(5) 其他。火源强度、火花能量、电流强度、热表面的大小、火源与混合物的接触时间等对爆炸极限均有影响。

## 2.5.4　爆炸性混合物危险程度

爆炸性混合物的危险程度是指发生爆炸的可能性大小,可能性越大,危险程度越高。爆炸性混合物的危险程度与以下因素有关。

1. 爆炸极限范围和爆炸浓度下限

爆炸性混合物的危险程度与爆炸极限范围和爆炸浓度下限的关系见式(2-4):

$$爆炸危险程度 = \frac{爆炸极限范围}{爆炸浓度下限} \tag{2-4}$$

　　爆炸极限范围越广,爆炸的危险程度就越大,爆炸的可能性就越高。例如,氢气的爆炸极限范围是 4.1%～75%,爆炸危险程度是 17.3;硫化氢的爆炸极限范围是 4%～44%,爆炸危险程度是 10。因此,氢气的爆炸危险程度大于硫化氢。

　　爆炸浓度下限越低的物质,越易形成爆炸性混合物,爆炸危险性越大。如原油的爆炸浓度下限为 1.1%,氨的爆炸浓度下限为 15%,因此原油蒸气的爆炸性混合物的爆炸危险性更大。

　　2. 温度、压力、含氧量

　　同一种爆炸性混合物,温度越高、压力越大、含氧量越高,爆炸危险性越大。

　　3. 爆炸传播性能

　　所谓爆炸传播性能是指爆炸性混合物在设备内部发生爆炸时,爆炸通过设备的缝隙迅速向外传播,引起设备外部的爆炸性混合物发生爆炸的性能。爆炸传播性能可以用传播爆炸时最大实验安全间隙的宽窄来衡量。最大实验安全间隙(MESG)是指在规定实验条件下,两个由长 25mm 的间隙连通的容器,一个容器内的爆炸能引起另一个容器内发生爆炸的最小连通间隙(宽度)。最大实验安全间隙越小,传播能力越强,爆炸危险性越大。

　　气体、蒸气、薄雾爆炸性混合物按最大实验安全间隙可分为 ⅡA、ⅡB、ⅡC 三级,见表 2-11。

表 2-11　气体、蒸气、薄雾按最大实验安全间隙 MESG 的分级

| 级别 | ⅡA | ⅡB | ⅡC |
|---|---|---|---|
| MESG/mm | ≥0.9 | <0.9 且>0.5 | ≤0.5 |

　　4. 自燃温度

　　自燃温度越低的物质,越容易引爆,爆炸危险性越大。

　　5. 最小点燃电流比(MICR)

　　最小点燃电流比是指在规定的条件下,气体、蒸气、薄雾爆炸性混合物的最小点燃电流与甲烷爆炸性混合物的最小点燃电流之比。气体、蒸气、薄雾爆炸性混合物按最小点燃电流比分为 3 级,见表 2-12。最小点燃电流比越小,爆炸危险性越大。

表 2-12　气体、蒸气、薄雾爆炸性混合物按 MICR 的分级表

| 级别 | ⅡA | ⅡB | ⅡC |
|---|---|---|---|
| MICR | >0.8 | ≤0.8 且≥0.45 | <0.45 |

6. 最小着火能量

爆炸性混合物的引爆需要一定的着火能量,每一种爆炸性混合物都有一个引起爆炸的最小着火能量,低于最小着火能量,混合物就不会爆炸。最小着火能量越低的物质越容易被引爆。有些物质的最小着火能量很小,如氢气的最小着火能量仅为0.019mJ,约相当于一枚钉书钉从1m高处自由落下的能量;二硫化碳的最小着火能量为0.009mJ,约相当于二硫化碳液体从3m高处落到地上的冲击能量,这足以将其点燃。几种常用物质的可燃蒸气和可燃气体的最小着火能量及相应混合浓度见表2-13。

表 2-13　常见可燃蒸气和可燃气体的最小着火能量及相应混合浓度

| 可燃性气体及蒸气名称 | 最小着火能量/mJ | 空气中的混合浓度/% |
| --- | --- | --- |
| 甲烷 | 0.28 | — |
| 苯 | 0.20 | 8.5 |
| 乙炔 | 0.019 | 10.3 |
| 氢 | 0.019 | 28~30 |
| 乙烯 | 0.096 | 6.5 |

## 2.5.5　爆炸与燃烧的比较

爆炸和燃烧有下列异同点。

(1) 爆炸(化学性)与燃烧的本质是相同的,均属物质的氧化反应,都能发光、发热并发出声音。

(2) 爆炸和燃烧都可以用连锁反应理论来解释,因此同一物质在同一条件下可以发生燃烧,在另一条件下可以发生爆炸。如汽油在敞口容器内可以发生燃烧,在闭口容器内可以发生爆炸。

(3) 爆炸比燃烧化学反应激烈,速度也快得多。爆炸在瞬间释放出巨大的能量,产生巨大的冲击波,并伴有强光和强声。

## 2.5.6　防爆

1. 防爆理论

这里所说的防爆仅指防止化学性爆炸,由于化学性爆炸的实质是燃烧,所以防止火灾的理论就是防止爆炸的理论。也就是说,防止化学性爆炸,就必须避免燃烧的3个必要条件同时存在和共同作用,这是预防可燃性物质产生化学性爆炸的基本理论,也是防止可燃性物质发生化学性爆炸的根据。

2. 防爆技术措施

防止化学性爆炸的技术措施如下：

（1）防止爆炸性混合物的形成。在生产、运输、储存、实验过程中，应采用加强密封等方法，避免可燃性物质的外泄，杜绝爆炸性混合物形成的根源，防止形成爆炸性混合物。

（2）控制可燃物质的浓度。在不能杜绝可燃性物质外泄的情况下，应设法控制可燃性物质的浓度，使其浓度低于爆炸下限，如采用加强排风等方法。

（3）隔绝空气。将易燃易爆物质与空气隔绝，是防爆的有效措施。如采用氮气、中性或惰性气体覆盖易燃、易爆物质，使危害物质与空气隔绝。

（4）保持系统正压。保持系统正压，防止空气进入可燃性气体。如氢气管道保持正压运行；乙炔气瓶使用中不得用尽，应保持最低安全压力，防止空气进入瓶内。

（5）设置气体检测装置。设置气体检测装置，随时自动检测可燃性气体的含量，及时自动报警，并及时自动消除危险因素。

（6）消除和控制明火、电弧、高温热体和其他能量。控制明火和引爆能量是防止爆炸性混合物发生爆炸的重要措施。应严禁明火带入爆炸危险环境，如需使用明火，应采取严格的安全措施；严格控制可能产生火花的两种物质的相对接触压力和摩擦的速度；防止铁器与其他金属、石材、坚硬的混凝土路面的撞击；在爆炸危险场所，禁止使用铁器工具、穿带钉鞋、装铁门窗，应使用防爆型工具，穿布底鞋，装木门窗。

在爆炸危险环境中，应尽量避开或可靠隔离高温热体，如蒸气管道、炉体等。当难以避开时，应使热体保温良好且表面温度不超过所在介质的闪点及自燃温度的 50%。

应防止太阳光、灯光、激光等对危险环境的照射，特别应防止太阳光、灯光、激光聚焦后的直射，对光线应采取隔离、防护和避光的措施。

应注意防护雷电火花、静电火花、电气火花、电弧，以及电气线路或电气设备因过载、短路、接触不良、铁芯发热所产生的高温。

# 思　考　题

1. 什么是火灾？
2. 火灾的发展有几个过程？
3. 火灾的种类有哪些？
4. 物质燃烧的 3 个必要条件是什么？

5. 为什么易燃固体与自燃物品不可以一同储存？

6. 为什么遇湿易燃物品不可以与自燃物品同库存放？

7. 为什么不能携带易燃易爆物品进入教室、宿舍、图书馆等人员聚集场所？

8. 烟头的中心温度大概是多少度？

9. 燃烧有几种基本类型？

10. 自燃点、闪点、燃点的差别是什么？

11. 防止火灾的基本理论和措施是什么？

12. 灭火的 4 种主要方法是什么？

13. 常用的灭火剂有哪些？

14. 水灭火的优点、缺点是什么？

15. 用水灭火时，不能扑救什么火灾？（　　　　）

　　A. 不能扑救碱金属和轻金属的火灾

　　B. 不能扑救未断电的电器设备火灾

　　C. 不能扑救可燃粉尘聚集处的火灾

　　D. 不能扑救浓硫酸、浓硝酸场所的火灾

16. 简述干粉灭火器的使用方法。

17. 使用二氧化碳灭火器时应注意什么问题？

18. 二氧化碳灭火器使用不当，为什么可能会造成冻伤？

19. 扑救易燃液体火灾时，应该用哪种方法？

20. 使用干粉灭火器扑救火灾时要对准火焰什么部位喷射？

21. 同学发现宿舍楼的电闸箱起火，为什么不能用楼内的消火栓灭火？

22. 一般有机物着火时可以用水扑救吗？

23. 当自己身上着火时，为什么可以就地打滚，进行自救？

24. 扑救液体火灾时，为什么应用灭火器扑救，不能用水扑救或其他物品扑打？

25. 在室外灭火时，应站在上风位置还是下风位置？

26. 实验室常用的火灾探测器有哪些？

27. 实验室常用的自动报警灭火系统有哪些？

28. 怎样报火警？

29. 火灾现场的物理、化学环境特点是什么？

30. 烟气的主要危害是什么？有哪些简易防护烟气的措施？

31. 发生火灾时，一般人的心理状态是什么？哪些异常的心理状态会影响人的疏散与逃生？

32. 火灾发生时，人的行为特性有哪几种？并解释回返性、从众性和向光性。

33. 疏散时为什么要强调"有组织地疏散"？怎样组织疏散？

34. 灭火和逃生的辩证关系是什么？

35. 高楼发生火灾时,为什么不可以乘坐普通电梯疏散？

36. 发生火灾时,怎样才能安全逃生？

37. 常见的逃生设施有哪些？怎样正确利用？

38. 常见的救生器材有哪些？怎样正确利用？

39. 常见的逃生路线标志有哪些？

40. 当发生火情时,是否应该尽快沿着疏散指示标志和安全出口方向迅速离开火场？

41. 公共娱乐场所安全出口的疏散门为什么应向外开启？

42. 从火灾现场撤离时,为什么应用湿毛巾捂住口鼻从安全通道撤离？

43. 从火灾现场撤离时,为什么应以身体低姿态从安全通道撤离？

44. 被火困在室内怎么办？

45. 全国消防宣传日是每年的 11 月 9 日吗？

46. 消防工作的方针是"预防为主,防消结合",实行消防安全责任制吗？

47. 为什么实验室必须配备符合本室要求的消防器材？

48. 消防器材为什么要放置在明显或便于拿取的位置？

49. 为什么严禁任何人以任何借口把消防器材移作他用？

# 参 考 文 献

[1] ARMNITAGE P, FASEMORE J. Laboratory Safety[M]. London,1977.

[2] PAL S B. Handbook of Laboratory Health and Safety Measures[M]. MTP Press Limited,1985.

[3] 李五一. 高等学校实验室安全概论[M]. 杭州:浙江摄影出版社,2006.

[4] 时守仁. 电业火灾与防火防爆[M]. 北京:中国电力出版社,2000.

[5] 徐厚生,赵其双. 防火防爆[M]. 北京:化学工业出版社,2004.

[6] 宋光积. 公众聚集场所消防[M]. 北京:中国人民公安大学出版社,2002.

[7] 陈文贵,吴建勋,朱吕通. 中国消防全书[M]. 吉林:吉林人民出版社,1994.

[8] 秦兆海,周鑫华. 智能楼宇安全防范系统[M]. 北京:清华大学出版社,北京交通大学出版社,2005.

[9] 孙金香. 火场自救与逃生[M]. 北京:群众出版社,2004.

[10] 徐晓楠. 灭火剂与灭火器[M]. 北京:化学工业出版社,2006.

[11] 宋光积. 消防安全教育读本[M].北京:中国劳动社会保障出版社,2005.

[12] 赵庆双,冯志林,裴志刚,等. 清华大学实验室安全手册[M]. 北京:清华大学出版社,2003.

[13] 郑端文. 危险品防火[M]. 北京:化学工业出版社,2002.

［14］　马良,杨守生. 危险化学品消防[M]. 北京:化学工业出版社,2005.

［15］　孙道兴. 危险化学品安全技术与管理[M]. 北京:中国纺织出版社,2011.

［16］　王晶禹,王保国,张树海. 化学危险品储存[M]. 北京:化学工业出版社,2005.

［17］　中国安全生产科学研究院. 危险化学品事故案例[M]. 北京:化学工业出版社,2005.

［18］　中国安全生产科学研究院. 易燃液体安全手册[M]. 北京:中国劳动社会保障出版社, 2008.

［19］　中国安全生产科学研究院. 易燃固体、自燃物品和遇湿易燃物品安全手册[M]. 北京: 中国劳动社会保障出版社,2008.

［20］　王林宏,许明. 危险化学品速查手册[M]. 北京:中国纺织出版社,2007.

［21］　中华人民共和国国务院令　第 344 号《危险化学品安全管理条例》. 2002.

［22］　张荣. 危险化学品安全技术[M]. 北京:化学工业出版社,2005.

［23］　清华大学实验室与设备处. 全校学生实验室安全课考试题库. 2007.

［24］　清华大学材料学院. 实验室安全手册[M]. 北京:清华大学出版社,2015.

# 第3章 电气安全

电气安全事故主要有电气火灾与电击两大类型,其产生的根源可分为人为因素和自然因素两种。人为因素的安全事故主要由各种供配电系统产生,而自然因素的安全事故主要由静电、雷电产生。

## 3.1 电 气 火 灾

### 3.1.1 电气火灾的火源

电气火灾的火源主要有两种形式,一种是电火花与电弧,另一种是电气设备或线路上产生的危险高温。

1. 电火花与电弧

引起电气火灾的电火花与电弧主要在气体或液体绝缘材料中产生。在固体绝缘材料中,因各种原因产生的缝隙或裂纹间也可发生电弧,但因电弧被绝缘材料包裹,除了损坏绝缘外,一般不会直接造成电气火灾。

电弧会产生很高的温度,如 2～20A 的电弧电流可以产生 2000～4000℃ 的局部高温。0.5A 的电弧电流就足以引发火灾,而且电弧本身阻抗较大,限制了短路电流,常使过电流保护器不能在规定的时间内动作,为电弧引燃附近的可燃物提供了足够的时间。

电火花可看成是不稳定的、持续时间很短的电弧,其温度也很高,且极易发生。

电火花与电弧除直接引发火灾外,还可能使金属熔化、飞溅,而飞溅到远处的高温熔融金属又成为新的二次火源,其火灾危险性有时也不比电弧本身小,在有些场所可能更危险。

电弧除了可引发火灾,还可能对人体产生电弧灼伤。这种事故在实际工作中屡有发生,受害对象多为电气操作人员。

2. 危险高温

电气设备和线路在运行过程中总会发热,发热的原因主要有以下几种。

(1)电流在导体的电阻上产生热量

这是电能转换成热能最直接的方式,其大小由电阻和电流决定。

（2）铁芯损耗产生热量

对于基于电磁感应原理工作的设备,通常用铁磁材料来构成铁芯磁路,交变电流会在铁芯中产生磁滞和涡流损耗,使铁芯发热。

（3）绝缘介质损耗产生热量

高电压下,电能也会在绝缘介质中转化为热能,称为介质损耗。当绝缘介质局部受损时,可能在局部产生很大的热量。

### 3.1.2　电气火灾的起因

电气火灾的起因主要有以下几种。

1. 接触不良

在线路与线路、线路与设备端子、插头与插座、开关电气的动触头与静触头等的相互接触处,或多或少都有一定的氧化膜存在。由于氧化膜的电阻率远大于导体的电阻率,因此在接触处产生较大的电阻。当工作电流通过时,会在接触电阻上产生较大的热量,使连接处温度升高,高温又会使氧化膜进一步加剧,使接触电阻进一步加大,形成恶性循环,产生很高的温度。该高温可能使附近的绝缘软化,造成短路(如图 3-1 所示),也可能直接烤燃附近的可燃物而引发火灾。

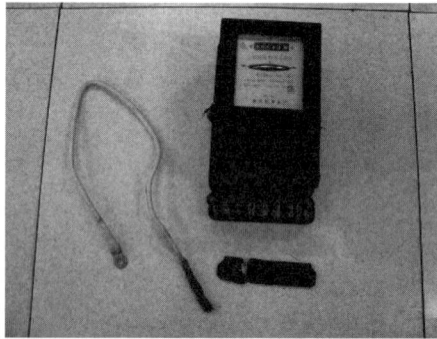

图 3-1　接线接触不良烧毁的电闸

还有一种接触不良是连接处松动。在有机械振动时,松动处时而断开时而连通,产生打火现象,也可能引发火灾。

接触不良大多数是由电气安装原因造成的,也有部分是由于产品质量或其他原因造成的。

2. 过电流

过电流包括过载和短路。从工程上看,过载是较轻的过电流,短路是最为严重的过电流,过电流产生的热量是电气火灾的重要原因之一。以聚氯乙烯(PVC)绝缘导线为例,从空载至正常负载,再至过载和短路,其热效应及其后果见表 3-1,常见可燃物的燃点见表 3-2。可以看出,PVC 绝缘导线在发生过载但绝缘尚未软化时,可引燃的物质不多,只有纸、棉等易燃物;当过载达到发生绝缘软化的程度时,通常的后果是首先发生短路,再因短路热效应引发火灾。因此,只要过电流达到绝缘软化的程度,火灾危险性便大为增加。

表 3-1　过电流的热效应

| 空载 | 正常负载 | 过电流 | | |
| --- | --- | --- | --- | --- |
| | | 过载 | | 短路 |
| 绝缘温度与环境温度相同 | 绝缘温度不超过长期允许的最高工作温度,绝缘能保证规定的使用寿命 | 温度升高,但不足 160℃,绝缘老化加速,使用寿命缩短 | 温度升高到 160℃ 以上,绝缘软化、老化加速,使用寿命更加缩短,可能烤燃周围可燃物 | 温度急剧上升,但小于 355℃,烤燃周围可燃物 | 温度急剧上升到 355℃ 以上,绝缘本身开始燃烧 |

表 3-2　常见可燃物的燃点

| 可燃物 | 纸 | 棉 | 布 | 木材 | 麦草 | 煤 |
| --- | --- | --- | --- | --- | --- | --- |
| 燃点/℃ | 130 | 150 | 200 | 250 | 200 | 280 |

### 3. 电热器离可燃物品太近

电热器和发热量较大的电器离可燃物品太近时,极易引发火灾。图 3-2 所示为台灯罩被灯泡烤坏后的照片。某高校曾发生多起因电热器离可燃物品太近而引发的火灾,如饮水机点燃周围木桌引起的火灾,日光灯镇流器点燃周围纸箱引起的火灾,学生在蚊帐中看书、电灯点燃蚊帐引起的火灾等。

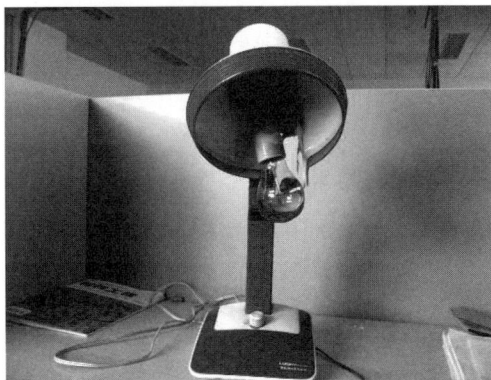

图 3-2　烧毁的台灯

### 4. 异常电压升高

电力系统在运行过程中,因故障原因而导致的电压升高称为异常电压升高。异常电压升高会从两个方面产生火灾危险。

(1) 当电压升高后,用电设备的发热将超过正常情况下的发热。而用电设备的散热是按额定发热条件设计的,即使有一定的余量,也不能应对增加量很大的发热。因此,由于电压升高而产生的温升可能使用电设备的温度达到危险温度,从而引发火灾,这是电压异常升高导致火灾的最常见形式。

(2) 当相线对地电压升高到 250V 以上时,电器绝缘表面会因环境污染或潮气冷凝留下的盐分形成一层导电膜而漏电。漏电加剧后,可能出现火星,使绝缘表面碳化,碳化的绝缘表面在超过 250V 的电压下很容易因发生闪烁而导致火灾。

### 5. 绝缘破坏

当绝缘局部破坏时,该处的漏电流增大,而增大的漏电流产生的热量会使绝缘进一步破坏。当漏电流达到一定程度时,就会产生高温或拉起电弧、爆起电火花,从而引发火灾。

### 6. 铁芯损耗过大

当电气设备的铁芯损耗过大时,极易产生大的温升而引发火灾。

### 7. 电动机故障

电动机发生堵转、启动失败、缺相等故障时,大量的电能转化为热能,很可能使电动机及相应的回路产生高温而引发火灾。

### 8. 操作不当

如带负荷拉隔离开关,或钳断通有电流的导线等误操作,均可拉起电弧而引发火灾。

### 9. 设计或安装错误

如将单相线穿在金属管中,使得金属管壁内产生磁滞和涡流损耗而发热,或将发热量大的电器安装在易燃物上,如将白炽灯具安装在纸质吊顶上,都可引发火灾。另外,还有用耐压较低的电话线代替电力电线连接插座的情况,这种错误会带来严重的火灾隐患。

### 10. 雷击

雷击也是造成火灾的重要原因。

### 3.1.3　电气火灾的特点与危害

**1. 特点**

这里所说的电气火灾的特点,严格地说应是电气火灾隐患的特点。由于电气系统分布广泛且长期运行,所以电气火灾具有广泛分布性和持续性的特点。此外,更为重要的是电气火灾具有隐蔽性。之所以具有隐蔽性,是因为电气线路通常敷设在隐蔽处,如吊顶、电缆沟内等,火灾初期不易被火灾报警系统发现,因而不易被人观察到。

**2. 危害**

电气火灾主要发生在建筑物内,建筑物内人员密集、疏散困难且排烟不畅,极易造成群死群伤的重大事故。在我国,已发生多起卡拉 OK 厅、电子游戏室等人员密集场所的电气火灾,造成了重大的人员伤亡。另外,在实验室、居民住宅、中小学校、医院、图书馆等建筑物中,也曾发生多起电气火灾,造成重大人员伤亡及财产损失。

### 3.1.4　电气火灾的预防

**1. 设备及电器用品选取**

尽量选择无油或少油设备,因为无论是什么油,受高温后都会蒸发出油气,极易发生燃烧和爆炸。

要注意选用质量合格的设备、元件及各种电气用具和用品,防止因使用假冒伪劣产品而引发电气火灾。

**2. 线路选取**

电气线路应有足够的耐压水平和绝缘电阻,以防止绝缘被击穿而发生短路,或因为漏电电流产生发热而引发火灾。同时,应正确选择负载电流,避免过载使线路温度超过规定的数值而引发火灾。

**3. 电热器远离可燃物品**

使电热器远离可燃物品是防止电气火灾的非常有效的方法。这里的电热器还包括在使用过程中能发出较大热量或电火花的电气设备。

**4. 系统保护**

合理选择系统保护,包括各种过载保护、短路保护、剩余电流保护等,是防止电气火灾的重要措施。

**5. 提高施工质量**

电气系统安装时,一定要保证质量。特别要注意电气连接一定要牢固可靠,许多电气火灾都是由电气连接处的故障引起的。

6. 正确使用电气设备

对于电热设备,一定要保证其良好的散热环境。不要乱拉接线板,避免插座负荷过大产生严重发热而引发火灾。

遇到意外停电时,一定要注意关闭电源开关,如果记不清有哪些开关需要关闭,可关闭总电源开关,以免重新来电后,因现场无人看管,电气设备重新工作而引发火灾。

7. 加强检修

平时要加强对电气设备和线路的检修,及时发现和解决问题,将事故消灭在萌芽之中。

## 3.2  电    击

### 3.2.1  直接电击与间接电击

电击,即通常所说的触电,是指人体因接触带电部位而受到生理伤害的事件。按接触带电部位的不同,电击可分为直接电击和间接电击两类。

1. 直接电击

因接触到正常工作时带电的导体而产生的电击称为直接电击,如电工在检修配电盘时不小心触及带电的相母线,或在插拔电源插头时触及尚未脱离电接触的插头金属片等,都属于直接电击。直接电击多为单相电击,即人体接触到地面或其他接地导体的同时,身体的另一部位触及某一相带电体所引起的电击,此时人体所承受的电压为相电压。直接电击也有少部分为两相电击,即人体的两个部位同时接触到两相带电体所引起的电击,此时人体所承受的为线电压。

在直接电击事故中,70%以上为单相电击,所以,安全工作中应将防止单相电击作为重点。但是由于在两相电击中,人体所承受的电压高于单相电击,所以两相电击具有更大的危险性。

2. 间接电击

正常工作时不带电的部位因某种原因(主要是故障)带上危险电压后被人触及而产生的电击,称为间接电击。如设备因绝缘损坏发生漏电、TN-C系统因中性线断线使设备外壳带电等所造成的电击,均属间接电击。

间接电击发生的情况远比直接电击要多,电击强度的差异较大,防护措施更为复杂。

### 3.2.2  电击电流的生理效应

研究发现:发生电击时,电击电流(而不是电压)是危及人体生命安全的直接因素,电击严重程度与通过人体的电流的大小呈正相关关系。为了表达这种相关关系,研究者把人体受电击时产生的生理反应划分为几种典型状态,这几种状态的临界点称为生理阈,与这些生理阈对应的电流称为阈值电流,简称为阈电流或阈值、阈。常用的阈值电流有 4 种。

1. 感知阈电流

使人产生触电感觉的最小电流值称为感知阈。这里所说的触电感觉,是指用手握电极测试时,在直流情况下手心轻微发热,交流情况下因受到刺激而产生的轻微刺痛。感知阈具有个体、性别差异,其统计曲线如图 3-3 所示。按 50% 计,成年男性的感知阈为 1.1mA,女性为 0.7mA。

感知阈与电流持续长短无关,但与频率有关,频率越高,感知阈越大,即人体对低频电流更敏感。

2. 摆脱阈

在手握电极通过电流的情况下,当人体受刺激的肌肉尚能自主摆脱带电体时,人体所能承受的最大电流值称为摆脱阈。因为随着通过人体的电流值的加大,人体对自身肌肉的控制能力越来越弱,当电流达到某一数值时,人就不能自主地摆脱带电体。因此可以认为:当通过人体的电流大于摆脱阈时,受电击者自救的可能性便不复存在。摆脱阈也存在个体差异,其统计曲线如图 3-4 所示。按 50% 计,成年男性的摆脱阈为 16mA,女性为 10.5mA,通用值为 10mA,摆脱阈与电流持续时间无关,在 20~150Hz 频率范围内,基本上与频率无关。

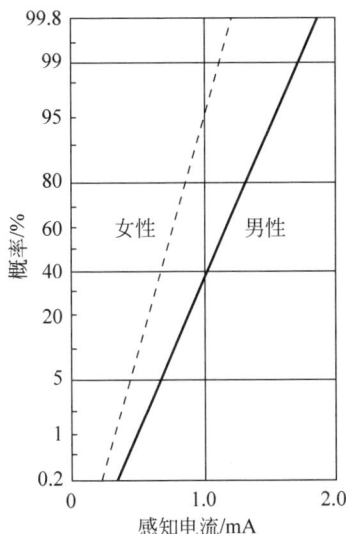

图 3-3　感知阈统计曲线

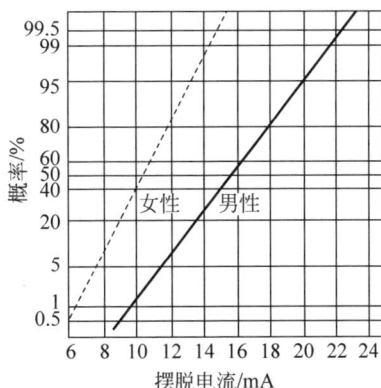

图 3-4　摆脱阈统计曲线

3. 室颤阈

通过人体能引起心室纤维性颤动的最小电流值,称为心室纤维性颤动阈,简称室颤阈。从医学上看,室颤很可能导致死亡,故室颤阈被认为是致命的电流值,不能在人体上进行实验。通过动物实验发现,室颤阈不仅与通过电流的持续时间有关,还与受实验对象的体重有关,据此可由动物实验的结果推导出人体的室颤阈,如图 3-5 所示。

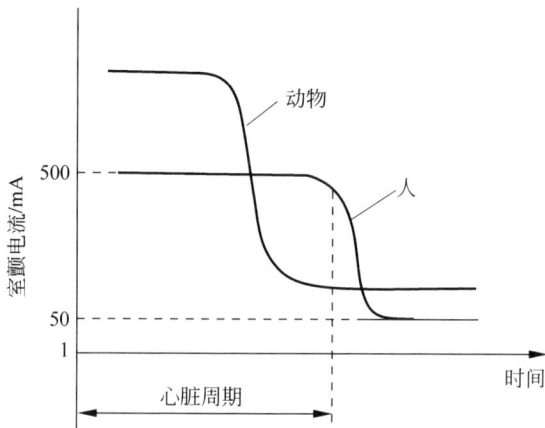

图 3-5　室颤电流-时间曲线

从图 3-5 可以看出,室颤电流与心脏的搏动周期密切相关,当电流持续时间小于一个心搏周期时,很大的电流(500mA 以上)才能引起室颤;而当电流持续时间大于一个心搏周期时,很小的电流(50mA 以下)就能引起室颤。

图 3-6 所示为 15～100Hz 正弦交流电电击时的电流-时间区域图。图中所示的 AC-1 区、AC-2 区是安全的,AC-3 区是危险的,AC-4 区是致命的。AC-4 区代表性的生理反应是室颤。从图中可以看出,引起室颤的电流与时间有关,电流作用时间越长,引起室颤的电流越小。

4. 反应阈

通过人体能引起肌肉不自觉收缩的最小电流值,称为反应阈。反应阈电流本身不会产生有害的生理效应,但它所导致的人体肌肉的不自觉收缩,可能使人从高处跌落造成损伤。因此,对于手握式设备或移动式设备,不仅要考虑电击本身的伤害问题,还要考虑因反应电流造成的二次伤害问题。反应阈电流很小,通用值为 0.5mA。

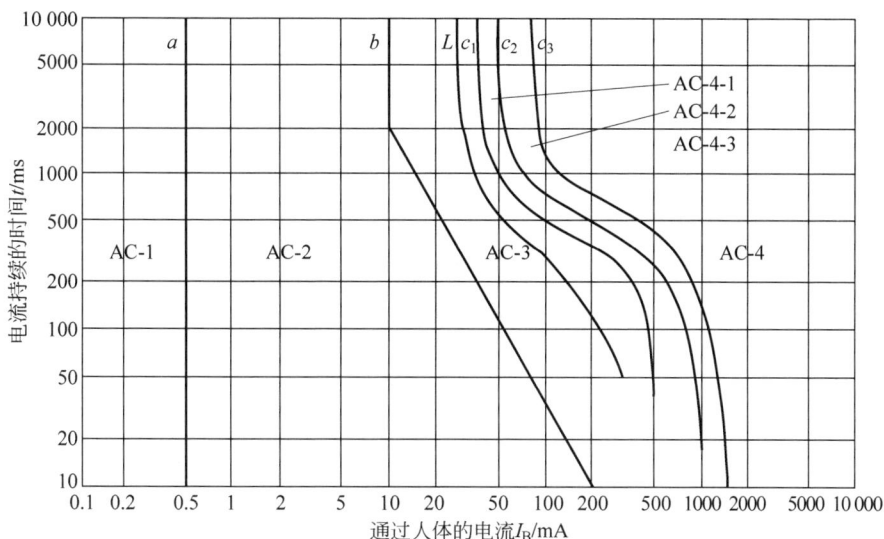

图 3-6　15～100 Hz 正弦交流电电击时的电流-时间区域图

## 3.2.3　人体阻抗与安全电压

通过人体的电流的大小主要与接触电压和电流通路的阻抗有关。接触电压可根据电工知识计算得出,此时只要知道了人体的阻抗,就可以算出通过人体的电流值。

1. 人体阻抗

(1) 人体阻抗的构成

人体阻抗由皮肤阻抗和内阻抗构成,其总阻抗呈阻容性。

皮肤阻抗 $Z_p$ 可视为由半绝缘层和许多小的导电体(毛孔)组成的电阻电容网络。电流增加时,皮肤阻抗会下降,皮肤阻抗也会随频率的增加而下降。皮肤阻抗还与接触面积、湿度、是否受伤等因素有关。

人体的内阻抗基本上是阻性的,其数值由电流通路决定,接触面积所占成分较小。各种电流通路的人体内阻抗如图 3-7 所示。其中数值表示各种电流通路的人体内阻抗相当于手到手阻抗的百分数,无括号数据是电流通路从一手到测试部位的值,有括号的数据是电流通路从两手至相应部位的值。

(2) 人体总阻抗及其特性

人体总阻抗呈阻容性,活人体阻抗与接触电压的关系的统计值如图 3-8 所示。由图中可以看出,当接触电压为 220V 时,只有 5% 的人的人体阻抗小于 1000Ω,而阻抗小于 2125Ω 的人占受试人数的 95%,即有 90% 的人体阻抗在 1000～2125Ω。

在正常环境下,人体总阻抗的典型值可取为 $1000\Omega$,而在人体电压出现瞬间,由于电容尚未充电(相当于短路),皮肤阻抗可以不计,这时的人体总阻抗约等于人体内阻抗,典型值为 $500\Omega$。

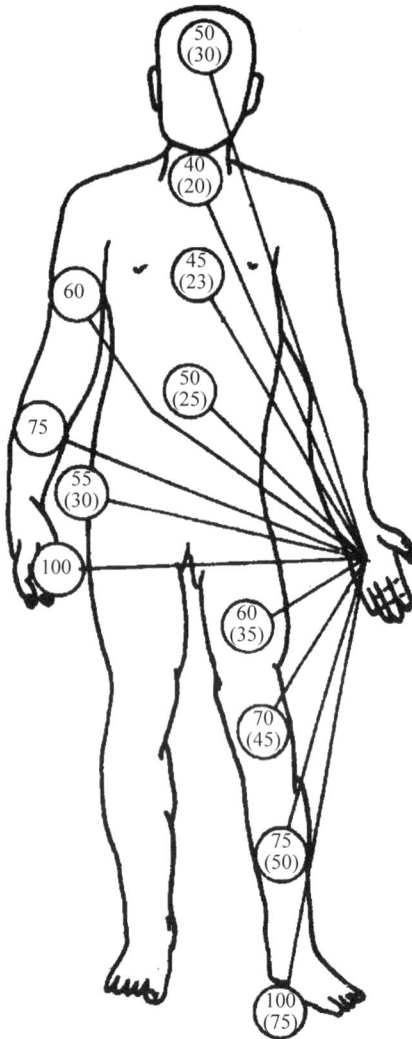

图 3-7　人体内阻抗随电流通路的变化图

## 2. 安全电压

在供配电系统中,直接用通过人体的电流来检验电击危险性很不方便,一般比较容易检测的是接触电压,IEC/TC64 因此提出接触电压-时间曲线,如图 3-9 所示,该图是由图 3-6 推导而来的。图 3-9 中有两条曲线 $L_1$ 和 $L_2$,分别代表正常和潮湿环境条件下的电压-时间关系,发生在曲线左侧区域的触电被认为是不致命的。由图 3-9 可知,无论通电时间多长,正常环境条件下的安全电压为 50V,潮湿环境条件下的安全电压为 25V,这两个数值是对大多数电击防护措施的效果进行评价的依据。

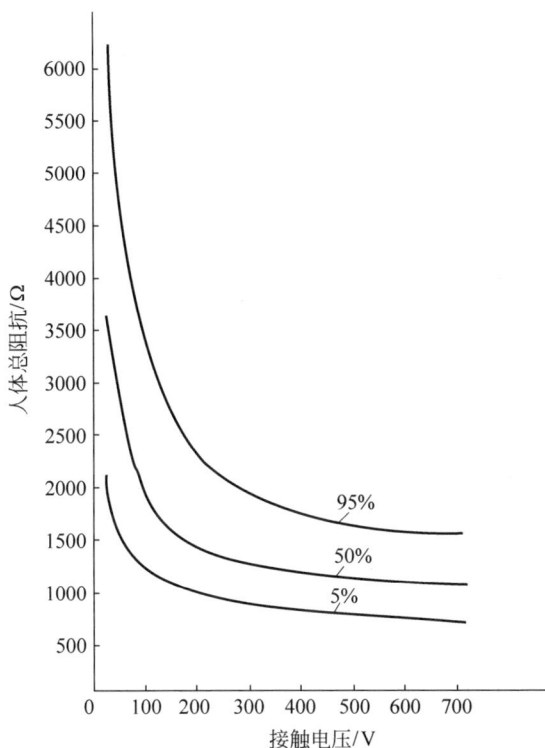

图 3-8 活人的人体总阻抗统计图

## 3.2.4 直接电击的防护

直接接触电击的基本防护原则是:使危险的带电部分不会被有意或无意地触及。最为常用的直接电击的防护措施为绝缘、屏护和间距。这些措施的主要作用是防止人触及或过分接近带电体而发生触电事故。

1. 绝缘

(1) 绝缘材料

绝缘材料又称为介电材料或电介质,其导电能力很弱,但并非绝对不导电。实际使用的绝缘材料的电阻率一般都不低于 $1 \times 10^7 \Omega \cdot m$。

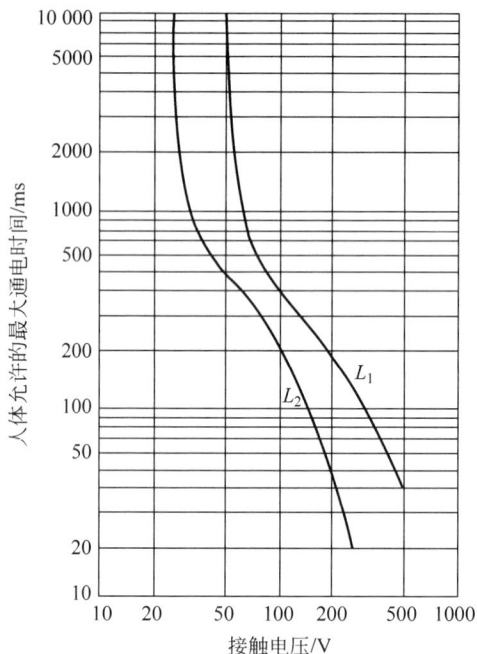

图 3-9　不同接触电压下人体允许的最大通电时间

$L_1$—正常环境条件；$L_2$—潮湿环境条件

绝缘材料的主要功能是对带电的或不同电位的导体进行隔离,使电流按照规定的线路流动。

绝缘材料的品种很多,一般分为气体绝缘材料、液体绝缘材料和固体绝缘材料3 种。常用的气体绝缘材料有空气、氮气、氢气、二氧化碳等;常用的液体绝缘材料有矿物油、硅油、聚丁乙烯等;常用的固体绝缘材料有树脂绝缘漆、纸、云母、电工塑料、玻璃、陶瓷等。

（2）绝缘破坏

在电气设备的运行过程中,绝缘材料会由于电场、热、化学、机械、生物等因素的作用,发生绝缘击穿、绝缘老化和绝缘损坏等绝缘破坏形式。

绝缘击穿是指:当施加在电介质上的电场强度高于某一数值时,会使通过电解质的电流突然猛增,这时,绝缘材料完全失去了绝缘性能。

绝缘老化是指:电气设备在运行过程中,其绝缘材料由于受热、电、光、化学、机械力、辐射、微生物等因素的作用,产生一系列不可逆的物理和化学变化,导致绝缘材料的绝缘性能和力学性能的劣化。

绝缘损坏是指：绝缘材料受到外界腐蚀性物质的侵蚀、外界热源、机械力等作用，在较短或很短的时间内失去其绝缘性能。

2. 屏护

(1) 屏护的概念、种类及应用

屏护是一种对电击危险因素进行隔离的手段，即采用遮栏、护罩、护盖、箱匣等把危险带电体同外界隔离开来，以防止人体触及或接近带电体所引起的电击事故，如图 3-10 所示。屏护还有防止电弧伤人、防止弧光短路和便利检修工作的作用。

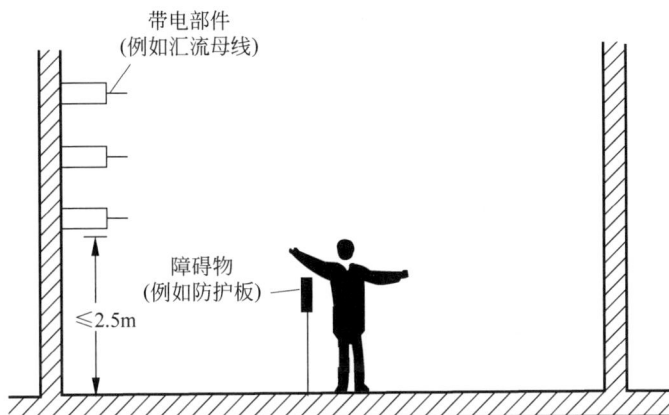

图 3-10　汇流母线的障碍物屏护

屏护可分为屏蔽和障碍两大类。两者的区别在于：后者只能防止人体无意识触及或接近带电体，而不能防止有意识移开、绕过或翻越该障碍触及或接近带电体。从这一点上来说，前者是一种完全的防护，后者是一种不完全防护。

屏护主要用于电气设备不便于绝缘或绝缘不足以保证安全的场所，如开关电气的移动部分一般不能包覆绝缘材料，因此需要屏护。对于高压设备，由于全部绝缘往往有困难，因此，无论高压设备是否有绝缘，均要求加装屏护装置。室内、室外安装的变压器应装有完善的屏护装置。

(2) 屏护装置的安全条件

尽管屏护装置简单，但为了保证其有效性，需满足以下条件。

① 屏护装置所用的材料应有足够的机械强度和良好的耐火性。为防止意外带电而发生触电事故，对金属材料制成的屏护装置必须实行可靠的接地或接零。

② 屏护装置应有足够的尺寸，与带电体之间应保持必要的距离。

③ 遮栏、栅栏等屏护装置上应有"止步，高压危险"等提醒标志。

④ 必要时配合采用声、光警报信号和连锁装置。

### 3. 间距

间距是指带电体与地面之间、带电体与其他设备之间、带电体与带电体之间必要的安全距离。间距的作用是防止人体触及或接近带电体而发生触电事故,避免车辆或其他器具碰撞或过分接近带电体而发生事故,防止火灾、过电压放电及各种短路事故,以及操作方便。在选择间距时,既要考虑安全要求,同时也要符合人-机工效学的要求。简单的间距防护要求如图 3-11、图 3-12 所示,有关各种情况下详细的间距要求可查阅相关手册。

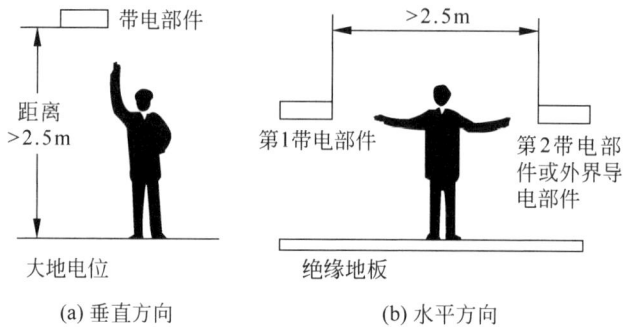

(a) 垂直方向　　　　　　(b) 水平方向

图 3-11　通过间距实现保护

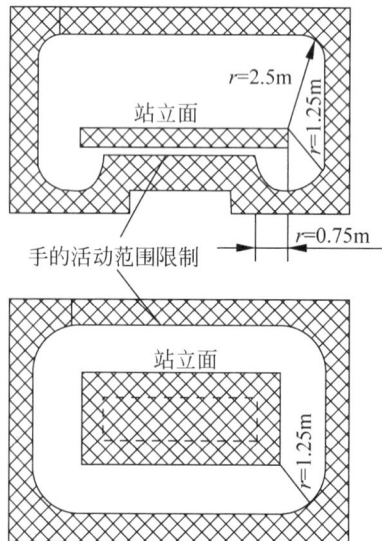

图 3-12　手的活动范围

### 3.2.5　间接电击的防护

间接接触电击即故障状态下的电击在电击死亡事故中约占 50%,这种电击在尚未导致死亡的伤害中所占的比例要大得多。接地、接零、加强绝缘、电气隔离、不导电环境、等电位连接、安全电压和漏电保护都是防止间接接触电击的技术措施。其中,接地、接零和漏电保护是防止间接接触电击的基本技术措施。

1. 保护接地与 IT 系统

保护接地是指通过将故障情况下可能呈现危险对地电压的金属部分经接地线、接地体与大地紧密地连接起来,以防止或减少电击伤害的安全措施。

保护接地是最古老的安全措施,但到目前为止,保护接地仍然是应用最广泛的安全措施之一。无论是交流设备还是直流设备,无论是高压设备还是低压设备,都可采用保护接地作为安全技术措施。

在不接地的配电网(三相三线配电网)中采用的接地保护系统,称为 IT 系统。字母 I 表示电网不接地或经高阻抗接地,字母 T 表示电气设备外壳接地。

IT 系统中,漏电设备故障对地电压大大降低。只要适当控制接地电阻 $R_E$ 的大小,即可限制该故障电压在安全范围之内。

需要强调的是,只有在不接地的配电网中,才有可能通过保护接地把漏电设备对地电压限制在安全范围之内。

2. 工作接地与 TT 系统

在三相四线配电系统中,低压中性点接地叫作工作接地,中性点引出的导线叫作中性线。由于中性线与零电位的大地连在一起,因而中性线也叫作零线。

在这种配电网中,当采取设备外壳接地措施时,称为 TT 系统,第 1 个字母 T 表示电源是直接接地的,第 2 个字母 T 表示电气设备外壳接地。TT 系统类似于 IT 系统,但由于电源中性点是直接接地的,因而与 IT 系统有本质的区别。

采用 TT 系统时,被保护设备的所有外露导电部分均应与接向接地体的保护导体连接起来,并应当保证在允许故障持续时间内漏电设备的故障对地电压不超过安全电压。为保证安全,可在 TT 系统中装设剩余电流保护装置或过电流保护装置,并优先采用前者。

3. 保护接零与 TN 系统

保护接零系统又称为 TN 系统,字母 T 表示电源是直接接地的,字母 N 表示正常情况下电气设备不带电的金属部分与配电网中性点之间金属性连接,亦即与配电网保护零线(保护导体)紧密连接。

由于保护接零与保护接地都是防止接触电击的安全措施,做法上又有一些相似之处,因此,有些人没有严格区分这两种措施的不同。

采用保护接零时,当某相带电部分碰连设备外壳(即外露导电部分)时,通过设备外壳形成该相对零线的短路,短路电流 $I_{ss}$ 能促使线路上的短路保护元件迅速动作,从而使故障部分设备断开电源,消除电击危险。

在 TN 系统中,单相短路电流越大,保护元件动作越快;反之,动作越慢。单相短路电流取决于配电网电压和相零线回路阻抗。

保护接零除了起过电流速断保护作用外,也能降低漏电设备对地电压。但在 TN 系统中,欲将漏电设备的对地电压限制在安全范围内是困难的。

TN 系统中,可以通过重复接地来提高 TN 系统安全性。重复接地是指零线上除工作接地以外的其他点再次接地,重复接地是提高 TN 系统安全性的重要措施。

### 4. 速断保护装置

接零系统中的速断保护装置是短路保护装置或漏电保护装置。

常见的短路保护装置是熔断器、电磁式继电器。熔断器的核心元件是熔体,低熔点熔体由锑铅合金、锡铅合金或锌等制成;高熔点熔体由铜、银或铝等制成。当发生短路时,熔断器可迅速熔化而切断短路电流。电磁式过电流继电器(或脱扣器)是依靠电磁力的作用工作的。电磁部分主要由线圈和铁芯组成。线圈串联在主线路中,当线路电流达到继电器(或脱扣器)的整定电流时,在电磁力的作用下,衔铁很快被吸合。衔铁运动带动触头实现控制,或者驱动脱扣器轴实现控制。不带延时的电磁式过电流继电器(或脱扣器)的动作时间不超过 0.1s,短延时的仅为 0.1~0.4s。这两种过流保护电器可大大缩短碰壳故障的持续时间,迅速消除触电的危险。

漏电保护装置又称为剩余电流保护装置。漏电保护装置是一种低压安全保护电器,主要用于单相电击保护,也可用于防止由漏电引起的火灾,还可用于检测和切断各种单相接地故障。

电气设备漏电时,将呈现出异常的电流和电压信号。漏电保护装置通过检测此异常电流或电压信号,经信号处理,促使执行机构动作,借助开关设备迅速切断电源,如图 3-13 所示。

根据故障电流动作的漏电保护装置称为电流型漏电保护装置,根据故障电压动作的漏电保护装置称为电压型漏电保护装置,目前使用的主要为电流型漏电保护装置。电流型漏电保护装置又可分为电磁式和电子式两种。

电磁式漏电保护的中间环节为电磁元件,有电磁脱扣器和灵敏继电器两种。电磁式漏电保护装置因全部采用电磁元件,其耐过电流冲击的能力较强,因而无须辅助电源,当主电路缺相时仍能起到漏电保护作用。但其灵敏度不易提高,且制造工艺复杂,价格较高。

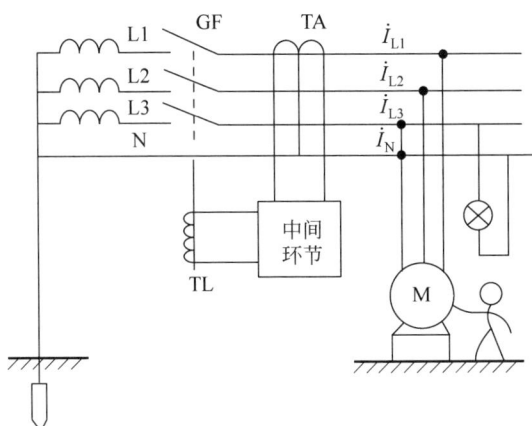

图 3-13　漏电保护器的工作原理

电子式漏电保护装置,其中间环节使用了由电子元件构成的电子线路,有的是分立元件电路,也有的是集成电路。中间环节的电子电路用来对漏电信号进行放大、处理和比较。其特点是灵敏度高、动作电路和动作时间调整方便、耐用。但电子式漏电保护装置对使用条件要求严格,抗电磁干扰能力较差,当主电路缺相时,可能会因失去辅助电源而丧失保护功能。

## 3.3　高校实验室常见电气事故及安全用电注意事项

### 3.3.1　高校实验室常见电气事故

高校实验室电气事故虽然与企业等部门的事故的发生原因、性质、危害等是一样的,但实验室内的电气事故有其自身的特点。下面简要讲述一下实验室常见电气事故及产生原因。

1. 接线板与插座引发的事故

接线板与插座引发的事故的原因主要包括:

(1) 易燃物品压住接线板或粉尘落入插座孔,造成短路而发热燃烧。

(2) 用导线的裸线头代替插头插入插座,造成短路或产生强烈的火花而引发火灾。

(3) 乱拉临时线,由于电线过长,容易受到挤压的机械损伤,造成短路,从而引发触电或火灾事故。

(4) 接线板或插座严重过负荷。

(5) 劣质的接线板或插座。

2. 违章操作

对实验室内的供电、用电设备,没有按照使用说明书的要求进行操作与使用。这主要体现在以下几个方面。

(1) 学生充当电工的角色,随意改动或修理实验室内的供电设备及其线路,造成触电事故或短路事故而引发火灾。

(2) 对于科研实验所用的电气设备,没有按照电气设备的要求进行接线使用。如新安装的设备,没有阅读说明书就急忙找个插线板通电,容易造成严重的电气事故。

(3) 使用电气设备时,无人看守,甚至人离开实验室电气设备仍在运行,或即使电气设备没有运行,却仍处于通电状态。这方面的事故案例非常多。

3. 放有易燃易爆危险品的实验室,由于电气设备启动或拔掉设备插头等操作时产生电火花,易引燃达到爆炸极限的室内混合气体,发生事故。

4. 实验室内的供电设备、线路及用电设备没有做到有效的维护与检修,或者线路、设备的本身质量与安装质量存在缺陷,从而引发事故。

### 3.3.2　高校实验室安全用电注意事项

对于电气火灾和电击事故的防止措施,在前面的章节中已有比较详细的叙述,这里不再重复。下面仅补充和强调一些实验操作过程中的安全用电注意事项。

1. 防止触电

为防止触电,应该做到:

(1) 使用电器时,手要干燥。

(2) 不能用试电笔去试高压电。

(3) 不得随便乱动或私自修理实验室内的电气设备。

(4) 经常接触和使用的配电箱、配电板、闸刀开关、按钮开头、接线板、插座及导线等,必须保持完好、安全,不得有破损或将带电部分裸露出来。

(5) 不得用铜丝等代替保险丝,要保持闸刀开关、磁力开关等盖面完整,以防短路时发生电弧或保险丝熔断飞溅灼人。

(6) 经常检查电气设备的保护接地、接零装置,保证连接牢固。

(7) 在使用手电钻、电砂轮等手持电动工具时,必须安装漏电保护器,工具外壳进行防护性接地或接零,并要防止移动工具时,导线被拉断。操作时应戴好绝缘手套并站在绝缘板上。

(8) 在移动电风扇、照明灯、电焊机等电气设备时,必须先切断电源,并保护好导线,以免磨损或拉断。

(9) 对设备进行维修或安装电器时,一定要先切断电源,并在明显处放置"禁

止合闸　有人工作"的警示牌。

（10）一旦有人触电,应首先切断电源,然后抢救。

2. 使用仪器设备时应注意做到安全用电

（1）一切仪器应按说明书装接适当的电源,需要接地的一定要接地。

（2）若是直流电气设备,应注意电源的正负极,不要接错。

（3）若电源为三相,则三相电源的中性点要接地,这样万一触电时可降低接触电压,接三相电动机时要注意正转方向是否符合,否则要切断电源,对调相线。

（4）接线时应注意接头要牢,并根据电器的额定电流选用适当的连接导线。

（5）接好电路后应仔细检查,确认无误后,方可通电使用。

（6）仪器发生故障时应及时切断电源。

# 3.4　静 电 安 全

## 3.4.1　静电的产生

摩擦可以产生静电,这是人们早就知道的。实际上,不仅是摩擦,只要两种物质紧密接触再分离时,就可能产生静电。

1. 静电的起电方式

（1）接触-分离静电

两种物质接触,当间距小于 $25 \times 10^{-8}$ cm 时,由于不同原子得失电子的能力不同,以及不同原子(包括原子团和分子)外层电子的能级不同,其间即发生电子的转移。因此,两种物质紧密接触,界面两侧会出现大小相等、极性相反的两层电荷。这两层电荷称为双电层,其间的电位差称为接触电位差。

接触电位差与物质性质及其表面状态有很大关系。固体物质的接触电位差只有千分之几至十分之几伏,最大 1V 左右。

两种物质相互摩擦之后之所以能够产生静电,其中就包括了通过摩擦实现较大面积的紧密接触,在接触面上产生双电层的过程。

（2）破断静电

无论材料破断前其内部电荷分布是否均匀,破断后均可以导致正、负电荷的分离,即产生静电,这种起电称为破断起电。固体粉碎、液体分离过程的起电都属于破断起电。

（3）感应静电

导体在静电场中因静电感应导致的静电称为感应起电。图 3-14 所示为一种典型的感应起电过程。当 $B$ 导体与接地体 $C$ 相连时,在带电体 $A$ 的感应下,端部出现正电荷,但 $B$ 导体对地电位仍然为 0;当 $B$ 导体离开接地体 $C$ 时,虽然中间不放电,但 $B$ 导体成为带电体。

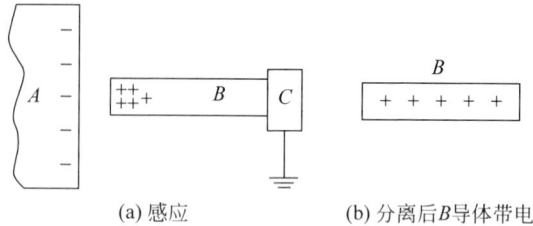

(a) 感应　　　　　　　　　(b) 分离后 $B$ 导体带电

图 3-14　感应起电

（4）电荷转移静电

当一个带电体与一个非带电体接触时,电荷将重新分配,即发生电荷转移而使非带电体带电。当带电雾滴或粉尘撞击在导体上时,会产生很强的电荷转移;当气体离子流射到不带电的物体上时,也会产生电荷转移。

2. 静电的类型

（1）固体静电

在固体物质大面积接触-分离、大面积摩擦及固体物质的粉碎过程中,都可能产生强烈的静电。橡胶、塑料、纤维等行业工艺过程中的静电高达数万伏,甚至数十万伏,若不采取措施,很容易产生火灾或爆炸。

前已叙及,双电层上的接触电位差是极为有限的。而固体静电电位高达数万伏,原因在于电容的变化。电容器的电压 $U$、电量 $Q$、电容 $C$ 之间的关系为 $U=Q/C$,对于平板电容器,有

$$C = \varepsilon S/d \tag{3-1}$$

式中：$\varepsilon$——极间电介质的介电常数;

$S$——极板面积;

$d$——极间距离。

由上述关系可导出：

$$U = Qd/\varepsilon S \tag{3-2}$$

这就是说,当 $Q$,$\varepsilon$,$S$ 不变时,$U$ 与 $d$ 成正比。可将接近的两个带电体看成是电容器的两个极板,紧密接触时,其间距只有 $25\times10^{-8}$cm。若二者分开为 1cm,则间距增大为原来的 400 万倍。若接触电位差仅为 0.01V,则在不考虑电荷逆流的情况下,分开后二者之间的电压高达 40 000V。应当指出,不仅平面接触产生的静电存在这种情况,由其他方式产生的静电也有类似的情况,由此不难理解静电电压高的原因。

（2）人体静电

在从毛衣外面脱下合成纤维衣料的衣服时，或经头部脱下毛衣时，在衣服之间或衣服与人体之间均可发生静电放电。

人在活动过程中，人的衣服、鞋及所携带的用具与其他材料摩擦或接触-分离时，均可产生静电。人体静电高达 10 000V 以上。

由于人体活动范围大，而人体静电又容易被人们忽视，所以由人体静电引起的放电往往是酿成静电火灾的重要原因。

（3）粉体静电

粉体物料研磨、搅拌、筛分或高速运动时，粉体颗粒之间和粉体颗粒与管道壁、容器壁或其他器具之间的碰撞、摩擦及破断都会产生有害的静电。粉体的静电电压可高达数万伏。

（4）液体静电

液体在流动、过滤、搅拌、喷雾、喷射、飞溅、冲刷、灌注和剧烈晃动等过程中，可能产生十分危险的静电。

由于电渗透、电解、电泳等物理过程，液体与固体的接触面上也会出现双电层。如图 3-15 所示，紧贴分界面有一不随液体流动的固定电荷层，与其相邻的异性电荷层是分子直径为其数十倍至数百倍的随液体流动的滑移电荷层。液体流动时，一种极性的电荷随液体流动，形成所谓流动电流。由于流动电流的出现，管道终端容器里将积累静电电荷。

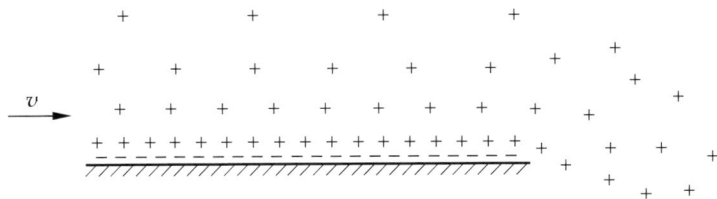

图 3-15　液体双电层

（5）气体静电

气体在管道内高速流动或从阀门、缝隙高速喷出时，也会产生危险的静电。气体产生静电的原理类似于液体产生静电的原理。完全纯净的气体不容易产生静电，但当气体内含有灰尘、铁末、干冰、液滴等固体或液体微粒时，通过这些微粒的碰撞、摩擦、分裂等过程，可产生较强的静电。气体静电比固体静电和液体静电要弱一些，但也可高达万伏以上。

### 3.4.2　静电的危害

**1. 爆炸和火灾**

静电可能引起爆炸和火灾。静电的能量虽然不大,但因其电压很高而容易放电。如果所在场所有易燃物质,又有易燃物质形成的爆炸性混合物及爆炸性粉尘等,即可能由静电火花引起爆炸或火灾。爆炸和火灾是静电的最大危害。

**2. 静电电击**

静电电击不是电流持续通过人体的电击,而是静电放电造成的瞬间冲击性的电击。冲击电流引起心室颤动使人致命的界限是 $0.054\mathrm{A/s}$。

静电引起的电击一般不能达到使人致命的界限,但不能排除由静电电击导致严重后果的可能性。例如,人体可能因静电电击而坠落或摔倒,造成二次事故。

**3. 损坏精密仪器**

静电电击可能损坏精密仪器设备,造成财产损失或间接造成事故。

**4. 妨碍生产**

在某些生产过程中,静电会妨碍生产或降低产品质量。例如,在纺织行业中,静电问题十分突出。在粉体加工行业中,静电会降低生产效率和影响产品质量。

### 3.4.3　静电的防止

防止静电的方法主要有以下几种。

**1. 抑制静电的产生**

(1) 选用导电性较好的材料

选用导电性较好的材料可限制静电的产生和积累。例如,为了减少传送带上的静电,除皮带轮采用导电材料制作外,传送带也宜采用导电性较好的材料制作,或者在传送带上涂以导电涂料。

(2) 减小摩擦

减小摩擦的途径通常有两种,一是降低压力和摩擦系数,二是减小速度。例如,输送燃料的管道,首先要保证内壁的光滑,以减小摩擦系数,同时可采取加大管径、减少弯头、降低压力等措施来减少摩擦。

**2. 恰当的静电消除措施**

静电的产生和静电的消失在实际工作中往往是两个同时存在的过程。当静电的产生大于静电的消失时,静电加强,反之则静电减弱。两者达到平衡时,静电才趋于稳定。

静电的消失方式有些是危险的,这些方式不能作为防止静电危害的手段。而有些静电的消失方式是没有危险的,可以作为防止静电危害的手段。恰当的静电消除措施就是指无危险的静电消失。

静电的消失主要通过两种方式。

(1) 静电中和

静电中和是指被分离的净正、净负电荷之间重新结合,对外呈电中性的过程。静电的中和方式主要有:

① 火花放电

在带异性电荷的物体之间,空气被击穿放电,使正、负电荷重新结合,这种中和方式是静电危害的主要方式,不能作为防护静电危害的手段。

② 导体联通

将带异性电荷的两个物体通过导体连接,使两个物体上的电荷在导体中产生电流,使正、负电荷中和。这种中和方式对金属带电体效果明显,但对电阻率大的物体效果缓慢且不明显。

③ 电荷注入

用电荷发生源强行向带电体注入异性电荷而进行中和。这种方法效果明显,但需要电荷发生源。

④ 增强泄漏

两带电体之间有绝缘相隔,但绝缘表面和内部因种种原因产生一定的导电性,使两导体的电荷缓慢中和,这种中和方式称为泄漏。泄漏的快慢与材料性质和表面状态有关。

增强泄漏的方法有增湿、添加抗静电剂等。

(2) 静电散失

尽管正、负电荷总是等量出现的,似乎不会出现除中和以外的其他静电消失方式。但实际上,只要静电荷不在我们关心的范围内,从工程角度来看,就相当于静电已经消失,这种消失称为静电散失。静电散失的主要途径有:

① 电晕放电

主要发生在场强很强的部位,强场强将空气电离后,静电荷向电离层运动,与电离层中的异性离子结合,未被结合的离子则在空气中散失。

② 静电转移

将带有电荷的物体与不带电荷的物体相接触,则不带电荷的物体会得到一定的电荷,得到电荷的比例与两者材质、质量、形状等有关。原本不带电的物体的体积越大,导电性越好,则得到的电荷比例越大,能够找到的最大不带电物体是地球,因此接地是转移电荷的最有效的方法。

### 3. 静电屏蔽

这里的静电屏蔽有两个含义:一是对静电源进行屏蔽,使静电场被限制在一定的范围内;二是对工作场所进行屏蔽,使静电场不能到达给定的区域。在静电源不能或不能有效被消除的情况下,静电屏蔽不失为一种有效的防静电措施。

静电屏蔽常用空腔导体来实现,方法是将被保护设备或静电电源用导体空腔包围起来,如图 3-16 所示。

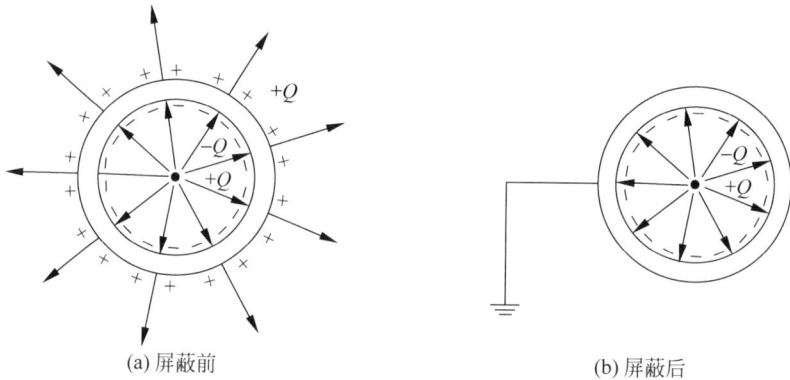

(a) 屏蔽前　　　　　　　　　　　　　　　　(b) 屏蔽后

图 3-16　金属腔体对其内部静电荷的屏蔽

工程上常用金属空腔进行静电屏蔽,如大家常见的计算机板卡、内存、硬盘等,通常都是装在一个镀有金属膜的塑料袋内,金属镀膜塑料袋其实就是一个金属空腔。

屏蔽也不一定以金属空腔的形式出现。例如,将一接地导体靠近带静电物体放置,也能产生一定的屏蔽作用。

### 4. 减少人体静电积累

人体对地是有电容存在的,典型值见表 3-3。在有静电危险的场所,工作人员不应穿着丝绸、人造纤维或其他高绝缘衣料制成的衣服,可穿着用高导电纤维编织的防静电工作服,以减少人体的静电积累。

表 3-3　人体对地电容典型值

| 地面 | | 水泥 | 红橡皮 | 木板 | 铁板 |
|---|---|---|---|---|---|
| 人体对地电容值/pF | 穿帆布橡胶底鞋时 | 450 | 200 | 60 | 1000 |
| | 穿棉胶鞋时 | 1100 | 220 | 53 | 3500 |

# 3.5　雷　电　安　全

　　带电积云是构成雷电的基本条件。当带有不同电荷的积云相互接近到一定程度,或带电积云与大地凸出物接近到一定程度时,就会发生强烈的放电,发出耀眼的闪光,如图 3-17 所示。由于放电时温度高达 20 000℃,空气受热急剧膨胀,发出爆炸的轰鸣声,这就是闪电和雷鸣。

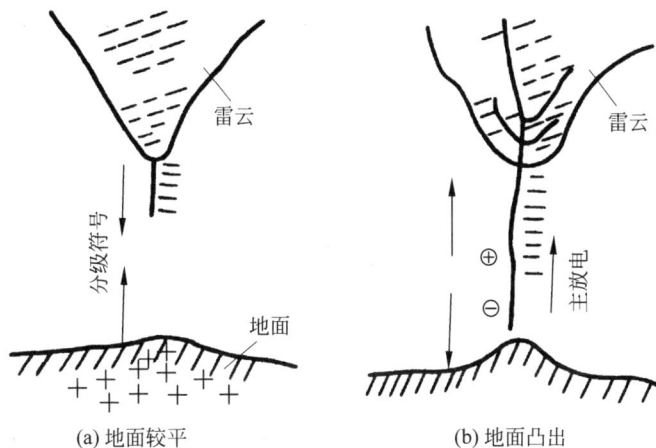

(a) 地面较平　　　　　　　　　　　　　(b) 地面凸出

图 3-17　雷电对地放电示意图

## 3.5.1　雷电的类型

　　1. 直击雷

　　带电积云与地面目标之间的强烈放电称为直击雷。直击雷的时间为 5～10ms,平均速度为 100～1000km/s。

　　2. 感应雷

　　感应雷分为静电感应雷和电磁感应雷两种。

　　静电感应雷是由带电积云接近地面,在架空线路导线或其他导电凸出物顶部感应出大量电荷引起的。在带电积云与其他客体放电后,架空线路导线或其他导电凸出物顶部的电荷失去束缚,以大电流、高电压冲击波的形式沿线路导线或导电凸出物极快地传播。

　　电磁感应雷是由雷电放电时,巨大的冲击雷电流在周围空间产生迅速变化的强电磁场引起的。这种迅速变化的强电磁场能在邻近的导体上感应出很高的电动势。如邻近的导体为开口环状,开口处可能由此引起火花放电;如邻近的导体为闭合环路,环路内将产生很大的冲击电流。

### 3. 球雷

球雷是雷电放电时形成的发红光、橙光、白光或其他颜色光的火球。球雷出现的概率约为雷电放电次数的 2%,其直径多为 20cm 左右,运动速度约为 2m/s 或更快些,存在时间为数秒到数分钟。球雷是一团处在特殊状态下的带电气体。在雷雨季节,球雷可能从门、窗、烟囱等通道侵入室内。

## 3.5.2　雷电的危害

由于雷电具有电流很大、电压很高、冲击性很强等特点,有多方面的破坏作用,且破坏力度很大。其破坏性主要表现为以下 3 个方面。

### 1. 电性质的破坏

电性质的破坏作用表现为数百万伏乃至更高的冲击电压,可能毁坏发电机、电力变压器、断路器、绝缘子等电气设备的绝缘,烧断电线或劈裂电线杆,造成大规模停电;绝缘破坏可引起短路,导致火灾或爆炸事故;雷击时有可能击穿邻近的导体之间的绝缘,造成二次放电。二次放电的电火花可引起火灾或爆炸,也可造成电击。绝缘损坏后,可能导致高压电窜入低压,在大范围内带来触电危险。数十至数千安的雷电流流入地下,会在雷击点及其连接的金属部分产生极高的对地电压,可能直接导致接触电压电击和跨步电压电击的触电事故。

### 2. 热性质的破坏

热性质的破坏作用表现为直击雷放电的高温电弧能够直接引燃邻近的可燃物,从而造成火灾。巨大的雷电流通过导体,在极短的时间内转换成大量的热量,可能烧毁导体,并导致易燃品的燃烧和金属的熔化、飞溅,从而引起火灾或爆炸。球雷侵入可直接引起火灾。

### 3. 机械性质的破坏

机械性质的破坏作用主要表现为被击物遭到破坏,甚至爆裂为碎片。这是由于巨大的雷电流通过被击物时,在被击物缝隙中的气体剧烈膨胀,缝隙中的水分也急剧蒸发为水蒸气,致使被击物破坏或爆炸。此外,同性电荷之间的静电斥力、同方向电流或电流拐弯处的电磁作用力也有很强的破坏作用,雷击时的气浪也有相当大的机械破坏作用。

## 3.5.3　雷击防护

雷击的防护主要采用以下装置或方法。

## 1. 接闪器

接闪器是指利用其高出被保护物的突出地位,把雷电引向自身,然后通过引下线和接地装置,把雷电泄入大地,以此使被保护物免受雷击。避雷针、避雷线、避雷网和避雷带都可作为接闪器。

## 2. 避雷器

避雷器是并联在被保护设备或设施上的防雷装置。在正常情况下,避雷器处在不导通的状态。出现雷击过电压时,避雷器被击穿放电,使过电压消失,发挥保护作用。过电压终止后,避雷器迅速恢复不导通状态,回到正常工作状态。

## 3. 直击雷防护

装设避雷针、避雷线、避雷网和避雷带是防止直击雷的主要措施。

## 4. 感应雷防护

将要保护的设备进行良好的接地是防止感应雷的有效措施。

## 5. 人身防雷

雷暴时,由于带电积云直接对人体放电,雷电流流入地产生对地电压,以及二次放电等都可能对人造成致命的电击,因此,应注意必要的人身防雷。

雷暴时,非工作必须,应尽量减少在户外或野外逗留;在户外或野外最好穿塑料等不浸水的雨衣,如有条件,可进入有宽大金属构架或有防雷设施的建筑物、汽车、船只等;若依靠建筑物屏蔽的街道或高大树木屏蔽的街道躲避,要注意离开墙壁或树干 8m 以外。

雷暴时,应尽量离开小山、小丘、隆起的小道,离开海滨、湖滨、河边、池塘旁,避开铁丝网、金属晒衣绳及旗杆、烟囱、宝塔、孤独的树木附近,还应尽量离开没有防雷保护的小建筑物或其他设施。

雷暴时,在户内应注意防止雷电侵入波的危险,应离开照明线、动力线、电话线、广播线、收音机和电视机电源线及与其相连的各种金属设备,以防止这些线路和设备对人体二次放电。调查表明,户内 70% 以上的对人体的二次放电事故发生在与线路或设备相距 1m 以内的场合,相距 1.5m 以上者尚未发生死亡事故。由此可见,雷暴时,人体最好离开可能传来雷电侵入波的线路或设备 1.5m 以上。应该注意,仅仅拉开开关对于防止雷击是起不了多大作用的。

另外,雷雨天气,还应注意关闭门窗,以防止球雷进入室内造成危害。

# 思　考　题

1. 电气火灾的火源主要有哪些形式?

2. 引发电气火灾的初始原因有哪些?

3. 万一发生电气火灾,首先应该采取哪种措施?

4. 当手、脚或身体沾湿或站在潮湿的地板上时,能否启动电源开关和触摸电器用具?

5. 连接在接线板上的用电器总功率有什么限制?

6. 实验过程中用到自制的非标设备时,是否需要请专业电气工程师按照标准安全地连接,同时报请实验室管理员批准?

7. 当实验室有人发生触电事故时,是否应马上直接将其拉开远离电源?

8. 为什么实验室内电气设备及线路设施必须严格按照安全用电规程和设备的要求实施,不许乱接、乱拉电线,墙上电源未经允许,不得拆装、改线?

9. 在实验室同时使用多种电器设备时,所有用电的总容量应有什么限制?

10. 为什么不要使用绝缘损坏或接地不良的电器设备?

11. 为什么切勿带电插、接电气线路?

12. 为什么电炉、烘箱等用电设备在使用中,使用人员不得离开?

13. 为什么接临时电源要用合格的电源线,电源插头、插座要安全可靠,损坏的不能使用,电源线接头要用绝缘胶布包好?

14. 为什么不能用铁柄毛刷清扫电源开关和用湿布擦电源开关?

15. 遇有电器着火,是否应先切断电源再救火?

16. 为什么湿手不能触摸带电的电器,不能用湿布擦拭使用中的电器?

17. 发现有人触电,不能直接接触触电者时,应该怎么办? 进行电器维修为什么必须先关掉电源再进行修理?

18. 只要接线板质量符合要求,就可以随意串联很多个吗?

19. 学生晚上回宿舍时,实验室的计算机主机应关闭,显示器要不要关闭?

20. 实验室的电源总闸有没有必要每天离开时都关闭?

21. 电路保险丝(片)熔断,短期内是否可以用铜丝或铁丝代替?

22. 电器或线路着火,可以直接泼水灭火吗? 为什么?

23. 电源插座附近为什么不应堆放易燃物等杂物?

24. 实验室内可用电炉、电加热器取暖吗?

25. 一台配置液晶显示器的台式计算机耗电功率为多少?

26. 一般电热水壶的耗电功率是多少?

27. 截面积为 $1mm^2$ 的铜芯导线,允许通过的长期电流为多少?

28. 在充满可燃气体的环境中,可以使用手动电动工具吗?

29. 家用电器在使用过程中,可以用湿手操作开关吗?

30. 对于容易产生静电的场所,是否应保持地面潮湿,或者铺设导电性能好的地板?

31. 在距离线路或变压器较近,有可能误攀登的建筑物上,是否必须挂有"禁止攀登,有电危险"的标示牌?

32. 雷电发生时,如果作业人员孤立处于暴露区并感到头发竖起时,是否应该立即双膝下蹲,向前弯曲,双手抱膝?

33. 移动某些非固定安装的电气设备(如电风扇、照明灯)时,是否可以不必切断电源?

34. 在使用手电钻、电砂轮等手持电动工具时,为保证安全,是否应该装设漏电保护器?

35. 对于在易燃、易爆、易灼烧及有静电发生的场所作业的工人,是否可以发放和使用化纤防护用品?

36. 电动工具是否应由具备证件合格的电工定期检查及维修?

37. 人体触电致死,是由于肝脏还是心脏受到严重伤害?

38. 在触电现场,若触电者已经没有呼吸或脉搏表征时,可以判定触电者已经死亡、放弃抢救吗?

39. 任何电气设备在未验明无电时,一律认为有电还是无电?

40. 当断线落地或大电流从接地装置流入大地时,若人站在附近,是否可能在两脚之间产生跨步电压?

41. 连接电气设备的开关需安装在火线上还是零线上?

42. 使用电器时可以用两眼插头代替三眼插头吗?

43. 静电可以引起爆炸、电气绝缘和电子元器件击穿吗?

44. 地线和零线的作用相同吗?

45. 含有高压变压器或电容器的电子仪器,为什么对于使用者来说打开仪器盖是危险的?

46. 避雷针、避雷网、消雷器是用于防止直击雷的保护装置吗?

47. 在有爆炸和火灾危险场所使用手持式或移动式电动工具时,必须采用有防爆措施的电动工具吗?

48. 电动机试机时,可以一启动马上就按停机按钮吗?

49. 短路电流会产生什么危害?

50. 电气设备着火,首先必须采取的措施是停电还是灭火?

51. 为了防止触电,可采用哪 3 种技术措施以保障安全?

52. 低压设备或做耐压实验的围栏上应悬挂什么标示牌?

53. 静电的三大特点是什么?

54. 现场触电急救可以打强心针吗?

55. 做实验时,关合刀闸应当尽量慢还是快?

56. 消除管线上的静电主要是做好屏蔽还是接地?

57. 动力配电箱的闸刀开关可以带负荷拉开吗?

58. 凡在潮湿工作场所或在金属容器内使用手提式电动用具或照明灯时,安全电压应采用 12V 还是 36V?

59. 交流、直流回路可以合用一条电缆吗?

60. 使用电钻或手持电动工具时应注意哪些安全问题?

61. 三相电闸闭合后或三相空气开关闭合后,三相电机嗡嗡响、不转或转速很慢,为什么?

62. 发生触电事故的危险电压一般是从多少伏开始?

63. 检修高压电动机时,应当怎样进行?

64. 从安全角度考虑,为什么设备停电必须有一个明显的断开点?

65. 长期搁置不用的手持电动工具,在使用前必须测量绝缘电阻,是否要求Ⅰ类手持电动工具带电零件与外壳之间的绝缘电阻不低于 2MΩ?

66. 在潮湿或高温或有导电灰尘的场所,是否能用正常电压供电?

67. 在高压设备上工作分为哪 3 类?

68. 使用钳形电流表时,应注意哪些问题?

69. 什么是重复接地? 其安全作用是什么?

70. 为什么电磁式电流互感器在使用中副边不许开路,电压互感器在使用中副边不许短路?

71. 高压实验中的安全距离 10kV 是 0.7m 吗? 66kV 是 1.5m 吗? 220kV 是 3m 吗?

72. 送电时投入隔离开关的顺序是先合母线侧、后合线路侧吗?

73. 在三相四线制供电系统中,为什么不允许一部分设备接零,而另一部分设备采用保护接地?

74. 在哪些情况下,开关、刀闸的操作手柄上需挂"禁止合闸,有人工作"的标示牌?

75. 高电压实验室全部停电的工作指的是哪 3 条?

76. 高电压实验时,接地杆使用的接地线为什么应使用普通的多股裸铜线?

77. 高电压实验时,实验人员是否必须 2 人以上?

78. 实验结束后或闲置时,高压电容器为什么要双电极短接?

79. 电气事故有哪些主要类型?

80. 引起电气火灾的火源有哪些? 这些火源的具体起因又有哪些?

81. 防止电气火灾的措施有哪些?

82. 直接电击和间接电击的防护措施各有哪些?

83. 高校实验室内常见的电气事故有哪些?

84. 高校实验室内如何有效防止电气事故的发生？

85. 静电的类型主要有哪些？

86. 防止静电危害的方法有哪些？

87. 在雷雨天，人们如何有效地防止雷击？

88. 电线插座损坏时，将会引起什么后果？（　　　）

　　A. 工作不方便　　　　　　B. 不美观　　　　　　C. 触电伤害

89. 雷电放电具有以下什么特点？（　　　）

　　A. 电流大、电压高　　　　B. 电流小、电压高　　　C. 电流大、电压低

90. 使用的电气设备按有关安全规程，其外壳应有什么防护措施？（　　　）

　　A. 无　　　　　　B. 保护性接零或接地　　　　　　C. 防锈漆

91. 在进行电子底板贴焊、剪脚等工序时，应采用以下哪些安全措施？（　　　）

　　A. 戴上防护眼镜　　　B. 戴上护耳器　　　C. 戴上安全帽

92. 被电击的人能否获救关键在于什么？（　　　）

　　A. 触电的方式　　　　　B. 人体电阻的大小

　　C. 触电电压的高低　　　D. 能否尽快脱离电源和施行紧急救护

93. 为防止静电火花引起事故，凡是用来加工、储存、运输各种易燃气、液、粉体的设备金属管、非导电材料管都必须采取以下哪些措施？（　　　）

　　A. 有足够大的电阻　　　B. 有足够小的电阻　　　C. 可靠接地

94. 电动工具的电源引线，其中黄绿双色线应作为以下哪种线来使用？（　　　）

　　A. 相线　　　　　　B. 工作零线　　　　　　C. 保护接地线

95. 配电盘（箱）、开关、变压器等各种电气设备附近不得（　　　）。

　　A. 设放灭火器　　　　　B. 设置围栏

　　C. 堆放易燃、易爆、潮湿和其他影响操作的物件

96. 为了减少电击（触电）事故对人体的损伤，经常用到电流型漏电保护开关，其保护指标常设置为≤30mA·s，其正确含义是什么？（　　　）

　　A. 流经人体的电流（以毫安为单位）和时间（以秒为单位）的乘积小于 30。例如，电流为 30mA，则持续的时间必须小于 1s

　　B. 流经人体的电流必须小于 30mA

　　C. 流经人体电流的持续时间必须小于 1s

97. 使用供电延长线，下列各项是否都应注意？（　　　）

　　A. 不得任意放置于通道上，以免因绝缘破损造成短路

　　B. 必要时应加保护管并粘贴于地面

　　C. 插座不足时，不能连续串接，以免造成超载或接触不良

　　D. 插座不足时，不能连续分接，以免造成超载或接触不良

98. 在遇到高压电线断落地面时,导线断落点(　　)m 内,禁止人员进入。

　　A. 10　　　　　　　　　　B. 20　　　　　　　　　C. 30

99. 使用电气设备时,由于维护不及时,当(　　)进入时,可导致短路事故。

　　A. 导电粉尘或纤维　　　　B. 强光辐射　　　　　C. 高温环境

100. 下列有关使用漏电保护器的说法,哪种正确? (　　)

　　A. 漏电保护器既可用来保护人身安全,还可用来对低压系统或设备的对地
　　　绝缘状况起到监督作用

　　B. 漏电保护器安装点以后的线路不可对地绝缘

　　C. 漏电保护器在日常使用中不可在通电状态下按动实验按钮以检验其是否
　　　灵敏可靠

101. 如果工作场所潮湿,为避免触电,使用手持电动工具的人应(　　)。

　　A. 站在铁板上操作　　　　B. 站在绝缘胶板上操作

　　C. 穿防静电鞋操作

102. 工作地点相对湿度大于 75% 时,此工作环境属于(　　)易触电的环境。

　　A. 危险　　　　　　　　　B. 特别危险　　　　　C. 一般

103. 设备或线路确认无电,应以(　　)指示作为根据。

　　A. 电压表　　　　B. 检验正常的验电器　　　　C. 断开信号

104. 保证电气检修人员人身安全最有效的措施是(　　)。

　　A. 悬挂标示牌　　　　　　B. 放置遮栏

　　C. 将检修设备接地并短路

105. 移动式电动工具及其开关板(箱)的电源线必须采用(　　)。

　　A. 双层塑料铜芯绝缘导线

　　B. 双股铜芯塑料软线

　　C. 铜芯橡皮绝缘护套或铜芯聚氯乙烯绝缘护套软线

# 参 考 文 献

[1] ARMNITAGE P, FASEMORE J. Laboratory Safety[M]. London,1977.

[2] PAL S B. Handbook of Laboratory Health and Safety Measures [M]. MTP Press Limited,1985.

[3] 李五一. 高等学校实验室安全概论[M]. 杭州:浙江摄影出版社,2006.

[4] 时守仁. 电业火灾与防火防爆[M]. 北京:中国电力出版社,2000.

[5] 赵庆双,冯志林,裴志刚,等. 清华大学实验室安全手册[M]. 北京:清华大学出版社,2003.

[6] 杨有启,钮英建. 电气安全工程[M]. 北京:首都经济贸易大学出版社,2000.

［7］　杨岳. 电气安全[M]. 北京：机械工业出版社，2003.

［8］　傅洪畴. 低压电气安全[M]. 北京：中国标准出版社，1994.

［9］　崔政斌. 用电安全技术[M]. 北京：化学工业出版社，2004.

［10］　王文义，赵佩珊，徐家麟，等. 防爆电气技术与应用[M]. 哈尔滨：黑龙江科学技术出版社，1985.

［11］　张宝铭，林文狄. 静电防护手册[M]. 北京：电子工业出版社，2000.

［12］　凌智敏. 漏电开关及其应用[M]. 北京：水利电力出版社，1991.

［13］　李刚. 电气安全[M]. 沈阳：东北大学出版社，2011.

［14］　孙熙，蒋永清. 电气安全[M]. 北京：机械工业出版社，2011.

［15］　梁慧敏，张奇，白春华. 电气安全工程[M]. 北京：北京理工大学出版社，2010.

［16］　戴绍基. 电气安全四十讲[M]. 北京：机械工业出版社，2009.

［17］　钮英建. 电气安全工程[M]. 北京：中国劳动社会保障出版社，2009.

［18］　瞿彩萍. 电气安全事故分析及其防范[M]. 北京：机械工业出版社，2007.

［19］　中国质量检验协会组. 电气安全专业基础[M]. 北京：中国计量出版社，2006.

［20］　芮静康. 建筑防雷与电气安全技术[M]. 北京：中国建筑工业出版社，2003.

［21］　蒋政斌. 用电安全技术[M]. 北京：化学工业出版社，2003.

［22］　刘国政. 用电安全基础[M]. 郑州：黄河水利出版社，2001.

［23］　李良福. 易燃易爆场所防雷防静电安全检测技术[M]. 北京：气象出版社，2006.

［24］　杨有启. 静电安全技术[M]. 北京：化学工业出版社，1983.

［25］　卢炳瑞. 防雷电安全技术[M]. 北京：中国言实出版社，2004.

［26］　清华大学实验室与设备处. 全校学生实验室安全课考试题库. 2007.

［27］　清华大学材料学院. 实验室安全手册[M]. 北京：清华大学出版社，2015.

# 第4章 化学品安全

化学品是高校实验室重要的危险源,也是许多高校实验室安全工作的关注重点。本章主要讲述危险化学品的类型与危害,化学品火灾与爆炸,化学品毒害、烫伤、灼伤和冻伤,化学品的环境污染,化学品的 MSDS 等内容。

## 4.1 危险化学品

### 4.1.1 危险化学品分类与危害

危险化学品是指具有爆炸、易燃、毒害、腐蚀、放射性等性质,在运输、装卸和储存保管过程中,易造成人身伤亡和财产损毁而需要特别防护的化学品。在提及化学品安全时,基本上都是指危险化学品的安全问题。所以,除非特别声明,本章中的化学品安全即指危险化学品安全。

根据我国现有标准和法规,将危险化学品分成以下8类。

(1) 爆炸物品:凡是受到摩擦、撞击、振动、高温或其他外界因素的激发,可发生爆炸的物品均属于爆炸物品。包括点火器材、起爆器材、炸药和爆炸性药品、爆竹等其他爆炸物品4项。

(2) 压缩气体和液化气体:指常温下是气体,经加压或降温后储存于高压容器中的气体或液体。

(3) 易燃液体:指在常温下易挥发,其蒸气与空气混合可形成爆炸性混合物的液体。

(4) 易燃固体、自燃物品和遇湿易燃物品:这类物品易于引起火灾,按照其燃烧特性分为3种。

① 易燃固体,是指燃点低,对热、撞击、摩擦敏感,易被外部火源点燃,迅速燃烧,可散发有毒烟雾或有毒气体的固体,如红磷、硫磺等。

② 自燃物品,是指自燃点低,在空气中易发生氧化反应放出热量而自行燃烧的物品,如黄磷、三氯化钛等。

③ 遇湿易燃物品,是指遇水或受潮时,发生剧烈反应、放出大量易燃气体和热量的物品,有的无须明火就能燃烧或爆炸,如金属钠、氰化钾等。

(5) 氧化剂和有机过氧化物,这类物品具有强氧化性,易引起燃烧、爆炸,按其组成分为 2 种。

① 氧化剂,是指具有强氧化性、易分解放出氧和热量的物质,对热、振动和摩擦比较敏感,如氯酸铵、高锰酸钾等。

② 有机过氧化物,是指分子结构中含有过氧键的有机物,其本身是易燃易爆品,极易分解,对热、振动和摩擦极为敏感,如过氧化苯甲酰、过氧化甲乙酮等。

(6) 毒害品:是指少量进入人、畜体内,便能与机体组织发生作用,破坏机体组织正常生理功能,引起机体暂时性或永久性病理状态、甚至死亡的物品。

(7) 放射性物品:是指可辐射出对人体有害射线的物品。它属于危险化学品,但不属于《危险化学品安全管理条例》的管理范围,国家还另外有专门的条例对其加以管理。

(8) 腐蚀品:是指能与人体、动植物体、纤维制品、金属等发生化学反应并造成明显损坏的物品。

## 4.1.2　化学品的危害形式

化学品储存和使用不当,主要会产生以下形式的危害。

### 1. 火灾和爆炸

火灾和爆炸是危险化学品最普遍的危害形式,这是因为多数危险化学品是可燃的,其中有许多又是易燃易爆的,所以极易发生燃烧、火灾和爆炸。发生火灾和爆炸事故后,常常会造成大量的人员伤亡、财产损失。

### 2. 中毒

中毒是化学危险品危害的又一普遍而重要的形式,这是因为多数危险化学品本身是有毒性的,或是经反应后产生有毒物质、燃烧后产生有毒物质,使事故现场人员中毒,甚至使事故现场周围人员中毒。

### 3. 腐蚀和灼伤

许多危险化学品具有强烈的腐蚀性,使用不当,会对人体、金属设备器皿等造成明显损伤。一般将化学品对金属的损伤称为腐蚀,对人体的损伤称为灼伤,这也是较普遍的化学品危害形式。

### 4. 环境污染

环境污染是化学品危害的又一种重要形式,包括空气污染、水污染、土壤污染等。发生化学品火灾和爆炸时,常会产生大量的有毒有害烟气,污染大气;发生化学品泄漏时,常会造成大气、水、土壤的污染。上述污染往往会造成大范围的、在短时间内难以消除的危害。

# 4.2　化学品火灾与爆炸

## 4.2.1　易燃易爆化学品

根据物质形态不同,实验室中的易燃易爆化学品可分为易燃易爆气体、易燃易爆液体和固态易燃易爆化学品三大类。

### 1. 易燃易爆气体

实验室中使用的易燃易爆气体多数是以瓶装气的形式供应的,很少有以管道气的形式供应的。

该类气体极易燃烧,可与空气形成爆炸性混合物,并且有较强的扩散性。比空气轻的易燃易爆气体可以在空气中无限制地扩散,与空气形成爆炸性混合物,而且能够随风飘荡,导致可燃性气体着火爆炸和蔓延扩散;比空气重的易燃易爆气体,往往漂流于地表,能扩散相当远,遇火源会燃烧并把火焰沿气流相反方向引回。当受热、撞击或强烈振动时,这类气体会增加容器的内压力,使容器破裂爆炸或使气瓶阀门松动漏气导致火灾。有些易燃易爆气体有毒,吸入后会中毒。

实验室中的瓶装易燃易爆气体主要有乙炔、一氧化碳、氢气、甲烷、天然气、液化石油气等。其中,一氧化碳、氢气、甲烷、天然气、液化石油气等是可燃性气体,与空气形成的混合物容易发生燃烧和爆炸;乙炔是分解爆炸性气体,它不需要和助燃气体混合,本身就会发生爆炸,而且它的储存压力越高,越容易发生分解爆炸。

### 2. 易燃易爆液体

易燃易爆液体是指闪点≤61℃(闭杯试验)的液体、液体混合物或含有固体混合物的液体。其特点是:在空气中遇火源易燃烧,其蒸气易与空气混合形成爆炸性混合物。按其闪点的高低,易燃易爆液体可分为3类。

(1) 低闪点液体

指闪点<-18℃的液体,如汽油、正戊烷、环戊烷、环戊烯、己烯异构体、乙醛、丙酮、乙醚、呋喃、甲胺水溶液、乙胺水溶液、二硫化碳等。

(2) 中闪点液体

指-18℃≤闪点<23℃的液体,如石油醚、原油、石脑油、正庚烷及其异构体、辛烷及异辛烷、苯、粗苯、甲醇、乙醇、噻吩、吡啶、塑料印油、照相红碘水、打字蜡纸改正液、打字机洗字液、香蕉水、显影液、镜头水、封口胶等。

(3) 高闪点液体

指23℃≤闪点≤61℃的液体,如煤油、磺化煤油、壬烷及其异构体、癸烷、樟脑油、乳香油、松节油、松香水、癣药水、刹车油、修相油、影印油墨、医用碘酒等。

所有易燃易爆液体的蒸气都多少具有麻醉作用,长时间吸入会使人失去知觉,深度或长时间麻醉可导致死亡。

点燃易燃易爆液体的蒸气所需的能量很小,一般只需 0.5mJ 左右的能量。由于易燃易爆液体的沸点都很低,易于挥发出易燃易爆蒸气,液体表面的蒸气浓度较大且着火所需的能量极小,因此,易燃易爆液体都具有高度的易燃易爆性。

3. 固态易燃易爆化学品

这类易燃易爆化学品包括易燃固体、自燃物品、遇湿燃烧物品 3 种(不包括爆炸品)。

(1) 易燃固体

实验室中的易燃固体的燃点一般都低于 300℃(有时将燃点大于或等于 300℃的固体称作可燃固体),常见的易燃固体有:赤磷、三硫化磷、五硫化磷、二硝基甲苯、二硝基萘、硝化棉、闪光粉、氨基化钠、硝基芳烃、二硝基丙烷、铝粉、镁粉、锰粉、萘、甲基萘、氨基化钾、氨基化钙、硝化纤维漆布、赛璐珞板、硫磺、生松香、聚甲醛等。由于易燃固体的着火点都比较低,在常温下,只要有能量很小的着火源与其作用即可引起燃烧。

(2) 自燃物品

自燃物品不需要外界火源的点燃,本身被空气氧化或受外界温度、湿度的影响,自身发热并积热达到自燃点就能燃烧。实验室中常见的自燃物品有:黄磷、部分干燥的金属单质(如锆粉)、烷基镁、甲醇钠、堆积的浸油物(如油布、油纸)、湿棉花、煤、胶片、金属硫化物、堆积植物等。

自燃物品的自燃点一般都低于 200℃,是极易发生火灾的物品。

(3) 遇湿燃烧物品

指遇水可发生剧烈反应,放出可燃性气体,同时产生热量,从而引起燃烧的物品。实验室中常见的遇湿燃烧物品有:钾、钠、锂、钡、锶等碱金属及碱土金属单质;钾汞齐、钠汞齐;碱金属氢化物、碱土金属氢化物;碳、磷的化合物,如碳化钙、磷化钙等。

此类物品与酸或氧化剂接触时反应更为激烈,而且产生燃烧爆炸的危险性比遇水时更大,应予以注意。

## 4.2.2　氧化性化学品

氧化性化学品包括氧化剂和有机过氧化物两大类。这类物品本身不一定可燃,但能导致可燃物的燃烧,与可燃物的粉末能形成爆炸性混合物,产生或促进燃烧爆炸,因此也是引起化学火灾、爆炸的重要物品。

1. 氧化剂

凡具有较强的氧化性,分解温度在500℃以下,遇酸、碱、强热、摩擦、冲击或与易燃可燃物、还原剂等接触能分解并引起燃烧或爆炸的物质,叫作氧化剂。

氧化剂按化学成分可分为无机氧化剂和有机氧化剂两大类。

无机氧化剂一般分为强氧化剂与弱氧化剂两类。常见的强无机氧化剂有:碱金属或碱土金属的过氧化物和盐类,如过氧化钠、高氯酸钠、硝酸钾、高锰酸钾等。这些氧化剂中含有过氧基(—O—O—)或高价态元素($N^{5+}$,$Cr^{7+}$,$Mn^{7+}$等),极不稳定,易分解,氧化性很强,为强氧化剂,可引起燃烧和爆炸。例如,过氧化钠遇水或酸,立即发生反应,生成过氧化氢,过氧化氢更易分解为水和原子氧,反应式如下:

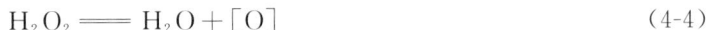

$$Na_2O_2 \Longrightarrow Na_2O + [O] \tag{4-1}$$

$$Na_2O_2 + H_2O \Longrightarrow Na_2O + H_2O_2 \tag{4-2}$$

$$Na_2O_2 + H_2SO_4 \Longrightarrow Na_2SO_4 + H_2O_2 \tag{4-3}$$

$$H_2O_2 \Longrightarrow H_2O + [O] \tag{4-4}$$

原子氧具有极强的氧化性,遇到易燃物质或还原剂很容易引起燃烧或爆炸。

常见的无机弱氧化剂有金属性弱的非金属单质,如碘单质、溴单质;低价金属离子,如三价铁;氢氧化铜(悬浊液)、银氨溶液、二氧化碳、三氧化硫等。

常见的有机氧化剂是有机硝酸盐类,如硝酸胍、硝酸脲等。另外,还有过氧化氢尿素、高氯酸醋酐溶液、二氯或三氯异氰尿素、四硝基甲烷等。这些有机氧化剂不仅具有很强的氧化性,与可燃物质结合可引起燃烧或爆炸,而且本身也可燃,也就是说,这些氧化剂不需要外界的可燃物参与即可燃烧,这一点是应该特别注意的。

另外值得注意的是,强氧化剂与弱氧化剂相互接触能发生复分解反应,产生高热而引起燃烧或爆炸。这是因为,弱氧化剂虽然有氧化性,但当遇到比其氧化性更强的氧化剂时,又呈现还原性。如漂白粉、亚硝酸盐、亚氯酸盐、次氯酸盐等氧化剂,当遇到氯酸盐、硝酸盐等氧化剂时,即显示还原性,发生剧烈反应,引起着火或爆炸。对于这种既有氧化性又有还原性的双重性质的氧化剂也需特别注意。

2. 有机过氧化物

有机过氧化物是一种含有过氧基(—O—O—)结构的有机物质,也可能是过氧化氢的衍生物。过氧基(—O—O—)是一种极不稳定的结构,对热、振动、冲击或摩擦都极为敏感,当受到轻微外力作用时即分解爆炸。

有机过氧化物的火灾危险性主要取决于物质本身的过氧基含量和分解温度。有机过氧化物的过氧基含量越多,其热分解温度越低,则火灾危险性越大。

有机过氧化物不仅极易分解爆炸,本身也可燃,而且有些有机过氧化物非常易燃,如过氧化叔丁醇的闪点为 26.67℃,过氧化二叔丁酯的闪点为 12℃,二者都极易燃烧。

有机过氧化物的另一个特点是易伤害眼睛,如过氧环己酮、叔丁基过氧化氢、过氧化二乙酰等,都对眼睛有伤害作用。

### 4.2.3　化学品火灾与爆炸的特点

化学品火灾和爆炸有以下特点。

1. 爆炸危险性大

发生化学品火灾和爆炸时,常常是先爆炸后燃烧,或先燃烧后爆炸,或燃烧与爆炸交替进行。爆炸既有物理性爆炸,也有化学性爆炸,或两种性质的爆炸先后出现。这是化学品火灾和爆炸的重要特点之一。

2. 火势发展速度快

发生化学品火灾和爆炸时,燃烧速度极快,蔓延迅速。形成这一特点的主要原因是:

(1) 物料的流淌扩散性决定了流体火焰流淌到哪里,火势就扩散到哪里,特别是可燃气体的快速扩散,更增加了火势迅速扩大的危险性。

(2) 化学品物料的热值大,燃烧后产生的热辐射迅速加热周围的可燃物体,致使周围的可燃物体温度迅速上升,为火势扩大创造了条件。

3. 火情复杂,火灾危害大

发生化学品火灾和爆炸时,火情往往比较复杂,险情选出,扑救难度很大。例如,火场出现有毒气体时,会严重威胁灭火人员的安全;火场出现腐蚀性物质,特别是酸、碱等物质时,会烧伤人员的皮肤和损坏水带。另外,一旦发生大爆炸,常常伴随着建筑物的倒塌,会造成人员的伤亡等更为严重的事故。

### 4.2.4　化学品火灾与爆炸的预防措施

许多化学品是极易发生火灾与爆炸的物品,在它们的生产、储存、运输、经营、使用及废弃物处理的每一个过程中,都有发生火灾或爆炸的可能。对于实验室来讲,化学品火灾和爆炸主要涉及化学品储存和使用这两个环节。因此,下面仅探讨实验室中化学品存放和实验操作过程中的安全措施。

1. 化学品存放的安全措施

在使用化学品的实验室中,都会存放一定数量的化学品,为避免发生火灾或爆炸,应该采取以下安全措施。

（1）化学品要有台账

建立化学品台账，可以明确了解各种化学品的存放种类和数量，将易燃易爆化学品的存放数量减少到所需要的最小数量，一方面可以降低发生火灾和爆炸的可能性，另一方面也可以避免无目的地购买和存放造成的浪费。

（2）不同类型化学品分开存放

固体、液体化学品存放时，要把自燃物品、遇湿燃烧物品单独存放，要把酸、碱分开存放，氧化剂与还原剂分开存放，以避免因为某些因素造成这些化学品相遇反应，发生火灾或爆炸。

不同种类气瓶也不能放在一起，以避免发生气体泄漏时，不同种类气体混合发生反应，产生火灾或爆炸。

（3）不同灭火方法的化学品分开存放

若不将不同灭火方法的化学品分开存放，万一发生火灾，不能对这些化学品采用同一灭火方法，因而不能很好地灭火。

（4）保证存放环境符合要求

这里所指的存放环境，主要是指存放处的温度和湿度。一些易燃易爆化学品适宜存放的温度、湿度条件见表 4-1，温度、湿度超出表 4-1 中的数值时，极易发生火灾或爆炸。

表 4-1　一些易燃易爆化学品适宜储存的温度和湿度条件

| 类别 | 品名 | 温度/℃ | 相对湿度/% | 备注 |
|---|---|---|---|---|
| 爆炸品 | 黑火药、化合物 | ≤32 | ≤80 | |
| | 水作稳定剂的爆炸品 | 室温 | <80 | |
| 压缩气体和液化气体 | 易燃、不燃、有毒压缩气体和液化气体 | ≤30 | | |
| 易燃液体 | 低闪点易燃气体 | ≤29 | | |
| | 中高闪点易燃气体 | ≤37 | | |
| 易燃固体 | 易燃固体 | ≤35 | | |
| | 硝酸纤维素 | ≤25 | ≤80 | |
| | 安全火柴 | ≤35 | ≤80 | |
| | 红磷、硫化磷、铝粉 | ≤35 | ≤80 | |
| 自燃物品 | 黄磷 | 室温 | | |
| | 烃基金属化合物 | ≤30 | ≤80 | |
| | 含油制品 | ≤32 | ≤80 | |

续表

| 类别 | 品名 | 温度/℃ | 相对湿度/% | 备注 |
|---|---|---|---|---|
| 遇湿易燃物品 | 遇湿易燃物品 | ≤32 | ≤75 | |
| 氧化剂和有机过氧化物 | 氧化剂和有机过氧化物 | ≤30 | ≤80 | |
| | 过氧化钠、过氧化镁、过氧化钙等 | ≤30 | ≤75 | |
| | 硝酸锌、硝酸钙、硝酸镁等 | ≤28 | ≤75 | 袋装 |
| | 硝酸铵、亚硝酸钠 | ≤30 | ≤75 | 袋装 |
| | 盐的水溶液 | 室温 | | |
| | 结晶硝酸锰 | <25 | | |
| | 过氧化苯甲酰 | 2~25 | 含稳定剂 | |
| | 过氧化丁酮等有机氧化剂 | ≤25 | | |

（5）防止暴晒

暴晒会使化学品温度急剧上升，从而使易燃易爆化学品发生燃烧或爆炸。因此，化学品的存放处一定要避免阳光直射。

（6）易燃易爆品远离热源

易燃易爆品的存放点一定要远离热源，一般距离要大于 15m，以免被热源点燃而发生火灾或爆炸。对于无法保证 15m 距离的情况，要在易燃易爆品和热源之间增加隔热板，将两者隔离开。

（7）易燃易爆品少量存放

实验室中应尽量少存放易燃易爆品，这不仅可以减少发生火灾和爆炸的概率，而且一旦发生火灾和爆炸，也会减轻灾害的强度和危害程度。如对于易燃液体，一般可规定最大存放量不大于 20L。

（8）易燃易爆气体钢瓶必须存放在专用的通风良好的气体柜中

许多实验室规定易燃易爆气体钢瓶要放在室外，但是实际中很难做到这一点，而且气瓶放在室外时，开关都很不方便，从这一点上讲反而更不安全。对于存放在室内的气瓶，若是存放在通风良好的气体柜中，始终保持柜内为负压（与室内气压相比），则能保证易燃易爆气体泄漏时也不会扩散到室内，从而可基本保证安全。

（9）防止泄漏

易燃易爆气体或液体的泄漏，特别是无色无味易燃易爆气体（如氢气、一氧化碳）的泄漏，极易造成灾难性爆炸和火灾。因此，一定要将气瓶的阀门关好，不能漏气。而且在易燃易爆气体存放点，一定要安装易燃易爆气体探测器与报警装置，随时监测存放点周围的易燃易爆气体含量，一旦超出标准，即能报警，常见的半导体式气体探测器见表 4-2。

**表 4-2　常见的半导体式气体探测器**

| 类型 | 主要物理特性 | 传感器材料 | 工作温度 | 代表性被测气体 |
|---|---|---|---|---|
| 电阻式 | 表面控制型 | 氧化锡、氧化锌 | 室温～450℃ | 易燃气体 |
| | | 氧化钛 | 300～450℃ | |
| | 体探测型 | 氧化钴、氧化镁 | 700℃以上 | 酒精、易燃气体 |
| 非电阻式 | 表面电位 | 氧化银 | 室温 | 硫醇 |
| | 二极管整流特性 | 铂/硫化镉、铂/氧化铍 | 室温～200℃ | $H_2$、CO、酒精 |
| | 晶体管特性 | 铂栅 MOS 场效应管 | 150℃ | $H_2$ 和 $H_2S$ |

(10) 严禁氧气瓶与油类接触

氧气属于氧化性气体,本身不燃烧,但却是强氧化剂,能使本来在空气中不燃烧的物品(如沾有油渍的棉丝等)燃烧起来,因而在储存中应小心处理。

(11) 搬运气瓶不得碰撞

气瓶在搬运过程中的强烈碰撞,不仅会损坏气瓶的部件,造成漏气,还会导致气瓶的爆炸。这样的事故曾多次发生,所以搬运气瓶时一定要小心,不得碰撞。

(12) 不能用磨口塞的玻璃瓶储存爆炸性化学品

磨口塞的玻璃瓶在开启或关闭时,会因产生摩擦热而引发爆炸性化学品爆炸。应该用软木塞或橡皮塞,并要保持塞子的清洁。

(13) 不能用普通冰箱储存易燃易爆化学品

普通冰箱储存易燃易爆化学品时,容易因电机火花或照明灯的热量与照明灯爆裂时的火花而引发燃烧或爆炸。因此,若需要在冰箱中储存易燃易爆化学品时,必须使用防爆冰箱,或将普通有霜型冰箱进行改造使之具有一定的防爆功能,对于不能改造的无霜型普通冰箱,则不能储存易燃易爆化学品。

(14) 活泼金属存放在煤油中,远离潮湿、水

活泼金属钾、钠、钙等,遇水会发生激烈反应,放出大量的热,应将其储存在煤油中,远离潮湿、水等,以免引起爆炸。

(15) 黄磷存放在水中

黄磷在空气中能自燃,但不与水反应,所以可以将黄磷储存在水中。

(16) 金属超细粉末要密封存放

金属超细粉末具有极大的活性,受热后会因快速氧化发热而燃烧爆炸,因此一定要将其密封存放。

2. 化学品使用过程中的安全措施

(1) 凡进行有着火危险的实验,必须预先制订实验计划,尽量避免实验过程中

发生火灾或爆炸。

（2）进行有着火危险的实验时,实验前必须首先检查防护措施,确认防护妥当后,才可进行实验。

（3）实验过程中,不得擅自离开,必须有人值守。

（4）有爆炸或者着火危险的反应,预先要进行多次小规模实验,逐步放大。

（5）使用易燃易爆化学品进行实验时,所用的电器需是防爆电器。

（6）实验现场必须加强通风,或在铁皮通风柜中进行。

（7）对于使用易燃易爆气体的实验,实验现场要安装气体监测、报警仪器。

（8）对于电加热易燃易爆化学品的实验,最好实行双热电偶制度,一只热电偶用于温度控制,另一只热电偶用于测温、报警和断电。

（9）在蒸馏乙醚时,不能将液体蒸干,因为乙醚长时间与空气接触可以形成羟乙基过氧化氢,它是一种具有猛烈爆炸性的物质。

（10）在蒸发、蒸馏或加热易燃液体时,避免过热和爆沸现象发生,不得使用明火;应根据沸点高低分别用水浴、沙浴、油浴,并注意室内通风。

（11）实验室进行蒸馏反应操作时,对于爆炸性物质或不稳定物质,需小心地蒸馏直到剩余少量残渣,切不可过度地蒸馏残渣(蒸馏残渣可使爆炸性物质或不稳定物质浓缩,可能引起爆炸)。

（12）存有易燃易爆物品的实验室禁止使用明火,如需加热,可使用封闭式电炉、加热套或可加热磁力搅拌器。

（13）在对含易燃易爆液体的样品进行干燥时,禁止使用电阻丝裸露的电热器,并加强通风,应尽量使用真空干燥。

（14）易燃、易挥发的溶剂不得在敞口容器中加热,应该用水浴加热的不得用火直接加热。加热的玻璃仪器外壁不得有水珠,将其放在放有石棉网的电炉上,并加入几粒小玻璃珠以防爆沸。不能用厚壁玻璃仪器加热,以免破裂引发火灾。

（15）不可以使用明火(如电炉、煤气)或没有控温装置的加热设备直接加热有机溶剂、进行重结晶或溶液浓缩操作。

（16）在蒸馏低沸点有机化合物时应采取热水浴方法加热。

（17）在实验室进行有机合成时,加热或放热反应不能在密闭容器中进行。

（18）实验过程中长时间使用恒温水浴锅时,应注意及时加水,避免干烧发生危险。

（19）在进行萃取或洗涤操作时,为了防止物质高度浓缩而导致内部压力过大产生爆炸,应该注意及时排出产生的气体。

（20）严禁用离心机分离易燃易爆样品。

（21）不能在纸上称量过氧化钠等强氧化剂。

（22）使用强氧化剂时环境温度不宜过高，通风要良好，并且不要与有机物或还原性物质共同使用。

（23）过氧化物、高氯酸盐、叠氮铅、乙炔铜、硝化纤维、苦味酸、三硝基苯、三硝基甲苯等易爆物质，受振或受热可能发生热爆炸。使用时要轻拿轻放，远离热源。

（24）有些固体化学试剂（如硫化磷、赤磷、镁粉等）与氧化剂接触或在空气中受热、受冲击或摩擦能引起急剧燃烧，甚至爆炸，使用这些化学试剂时，要注意周围环境温度不要太高，周围温度一般不要超过30℃，最好在20℃以下，并不要与强氧化剂接触。

（25）过氧化酸、硝酸铵、硝酸钾、高氯酸及其盐、重铬酸及其盐、高锰酸及其盐、过氧化苯甲酸、五氧化二磷等强氧化剂在适当条件下可放出氧，发生爆炸，在使用这类强氧化性化学试剂时，应注意环境温度不要高于30℃，通风要良好，不要加热，不要与有机物或还原性物质共同使用。

（26）实验室内操作大量乙炔气时，应注意室内不可有明火，室内不可有产生电火花的电器。

（27）在进行加热时，应注意加热器的最高使用温度，如水浴加热的上限温度是100℃，油浴加热的上限温度是200℃，用硅油作介质时最高可加热到300℃。

（28）在进行使用易燃易爆化学品的实验时，若需要施加电压或通电流，必须有人值守，并随时观察实验中的温度变化，出现异常，立即停止实验。

（29）进行水热反应时，只能用高控制精度的低温加热器加热，最好实行双热电偶制度，不得使用中温电炉，特别是不能使用高温电炉加热。

（30）回流和加热时，液体量不能超过烧瓶容量的2/3。

（31）使用酒精灯时，灯内燃料不可以加满。

（32）装有易燃液体的器皿不能置于日光下。

（33）用活泼金属做除水实验时，即使已观察不到金属的氧化反应，也不能够将其丢弃。

# 4.3　化学品毒害

## 4.3.1　毒性物质的类型

毒性物质也称毒性物品，简称毒物。由毒物侵入机体而导致的病理状态称为中毒。实验室中接触到的毒物，主要是化学物质。毒性物质主要有以下八大类型。

### 1. 金属、类金属及其化合物

迄今为止，人们已知的元素有109种，在地球上稳定存在的有95种，其中有

80 种是金属和类金属元素,再加上其化合物,所以这是毒物数量最多的一类。

2. 卤素及其无机化合物

如氟、氯、溴、碘等及其化合物。

3. 强酸和碱性物质

如 $H_2SO_4$,$HNO_3$,$HCl$,$HF$,$NaOH$,$KOH$,$NH_4OH$,$NaCO_3$ 等。

4. 氧、氮、碳的无机化合物

如 $O_3$,$NO_x$,$NCl_3$,$CO$,$COCl_2$,$COF_2$,$NOCl$ 等。

5. 窒息性惰性气体

如 $He$,$Ne$,$Ar$,$Kr$,$Xe$,$Rn$ 等(在消防系统中,常把 $CO_2$ 和 $N_2$ 等具有窒息作用的不燃烧气体称为窒息性惰性气体)。

6. 有机毒物

按化学结构可进一步分为脂肪烃类、芳香烃类、脂环烃类、卤代烃类、氨基及硝基烃化合物、醇类、醚类、醛类、酮类、酸类、腈类、杂环类等。

7. 农药类毒物

包括有机磷、有机氯、有机氟、有机氮、有机硫、有机汞、有机锡等。

8. 染料及中间体、合成树脂、橡胶、纤维等。

### 4.3.2　毒性物质的有效剂量

毒性物质的有效剂量是指毒物引起动物死亡的剂量或浓度。经口服或皮肤接触进行实验时,剂量是用每 kg 体重毒物的 mg 数,即 mg/kg 来表示,或用每 $m^2$ 体表面毒物的 mg 数,即 $mg/m^2$ 来表示。吸入的浓度则用单位体积空气中的毒物量,即 $mg/m^3$ 表示。

常用于评价物质毒性的指标有以下几种。

1. 绝对致死剂量或浓度($LD_{100}$ 或 $LC_{100}$)

指引起全组染毒动物全部(100%)死亡的毒性物质的最小剂量或浓度。

2. 半致死剂量或浓度($LD_{50}$ 或 $LC_{50}$)

指引起全组染毒动物半数(50%)死亡的毒性物质的最小剂量或浓度。

3. 最小致死剂量或浓度(MLD 或 MLC)

指全组染毒动物中只引起个别动物死亡的毒性物质的最小剂量或浓度。

4. 最大耐受剂量或浓度($LD_0$ 或 $LC_0$)

指全组染毒动物全部存活的毒性物质的最大剂量或浓度。

5. 急性阈剂量和浓度(LMTac)

指一次染毒后,引起实验动物某种有害作用的毒性物质的最小剂量或浓度。

6. 慢性阈剂量和浓度(LMTcb)

指长期多次染毒后,引起实验动物某种有害作用的毒性物质的最小剂量或浓度。

7. 慢性无作用剂量或浓度

指在慢性染毒后,实验动物未出现任何有害作用的毒性物质的最大剂量或浓度。

除用实验动物死亡比例表示毒性外,还可以用机体的其他反应来表示。例如,上呼吸道刺激、出现麻醉及体液的生物化学变化等。

### 4.3.3　常用化学品的毒性

1. 刺激性气体

(1) 氯气($Cl_2$)

氯气溶于水生成盐酸和次氯酸,产生局部刺激。主要损害上呼吸道和支气管的黏膜,引起支气管痉挛、支气管炎和支气管周围炎,严重时引起水肿。吸入高浓度氯气后,会引起迷走神经反射性心跳停止,呈"电击样"死亡。

(2) 光气($COCl_2$)

光气是一种无色、有霉草气味的气体。光气毒性比氯气大10倍。对上呼吸道仅有轻度刺激,但吸入后其分子中的羰基与肺组织内的蛋白质酶结合,从而干扰细胞的正常代谢,损害细胞膜,使肺泡上皮和肺毛细血管受损,通透性增加,引起化学性肺炎和肺水肿。

(3) 氟气($F_2$)

氟气是一种灰黄色气体,是最活泼的非金属元素,有不愉快的气味,能分解水,生成臭氧和氟化氢。氟气主要损害上呼吸道和支气管的黏膜,引起支气管痉挛、支气管炎和支气管周围炎,严重时引起水肿。吸入高浓度氟气后,会引起迷走神经反射性心跳停止。

(4) 氮氧化物($N_yO_x$)

由 $N_2O$,$NO$,$NO_2$,$N_2O_3$,$N_2O_4$,$N_2O_5$ 等组成的混合气体。其中,$NO_2$ 比较稳定,占的比例最高。氮氧化物进入呼吸道深部的细支气管和肺泡后,在肺泡内可阻留 80%,与水反应生成硝酸和亚硝酸,对肺组织产生强烈的刺激和腐蚀作用,引起肺水肿。硝酸和亚硝酸被吸收进入血液后,生成硝酸盐和亚硝酸盐,可扩张血管,引起血压降低,并与血红蛋白作用生成高铁血红蛋白,引起组织缺氧。

（5）二氧化硫（SO$_2$）

SO$_2$ 被吸入呼吸道后，在黏膜湿润表面上生成亚硫酸和硫酸，产生强烈的刺激作用。大量吸入可引起喉水肿、肺水肿、声带痉挛而窒息。

（6）氨（NH$_3$）

氨对上呼吸道有刺激和腐蚀作用，高浓度时可引起接触部位的碱性化学灼伤，组织呈溶解性坏死，并可引起呼吸道深部及肺泡损伤，发生支气管炎、肺炎和肺水肿。氨被吸收进入血液，可引起糖代谢紊乱及三羧酸循环障碍，降低细胞色素氧化酶系统的作用，导致全身组织缺氧。

2. 窒息性气体

（1）一氧化碳（CO）

一氧化碳被吸入后，经肺泡进入血液循环，一氧化碳与血红蛋白生成碳氧血红蛋白，碳氧血红蛋白无携氧能力，又不易离解，造成全身各组织缺氧。

（2）氰化氢（HCN）

氰化氢与体内氧化型细胞色素氧化酶的三价铁离子有很强的亲和力，与之牢固结合后，酶失去活性，阻碍生物氧化过程，使细胞不能利用氧，造成内窒息。

（3）硫化氢（H$_2$S）

硫化氢是既有刺激性又有窒息性的气体。硫化氢对黏膜有强烈的刺激作用，而且被吸收后与氧化型细胞色素氧化酶作用，抑制酶的活性，使组织发生内窒息。

3. 金属及其化合物

（1）汞（Hg）

常温下 Hg 为银白色液体，密度为 13.6g/cm$^3$，熔点为 $-38.87℃$，沸点为 356.9℃。黏度小，易流动和流散，有很强的附着力，地板、墙壁等都能吸附汞。常温下即能蒸发，温度升高，蒸发加快。不溶于水，能溶于类脂质，易溶于硝酸、热浓硫酸。能溶解多种金属，生成汞齐。

（2）铅（Pb）

铅是全身性毒物，主要影响卟啉代谢。卟啉是合成血红蛋白的主要成分，因此影响血红素的合成，产生贫血。铅可引起血管痉挛、视网膜小动脉痉挛和高血压等。铅还可作用于脑、肝等器官，发生中毒性病变。

（3）铬（Cr）

铬在体内可影响氧化、还原、水解过程，可使蛋白质变性，引起核酸、核蛋白沉淀，干扰酶系统，还可抑制尿素酶的活性。

三价铬对抗凝血活素有抑制作用。

4. 有机化合物

(1) 苯($C_6H_6$)

苯的中毒机理目前还不清楚。一般认为,苯中毒是由苯的代谢产物酚引起的。酚是原浆毒物,能直接抑制造血细胞的核分裂,对骨髓中核分裂最活跃的早期活性细胞的毒性作用更明显,使造血系统受到损害。另外,苯有半抗原的特性,可通过共价键与蛋白质分子结合,使蛋白质变性而具有抗原性,发生变态反应。

(2) 硝基苯($C_6H_5NO_2$)和苯胺($C_6H_5NH_2$)

硝基苯和苯胺进入人体后,经氧化变成硝基酚和氨基酚,使血红蛋白变成高铁血红蛋白。高铁血红蛋白失去携氧能力,引起组织缺氧。这类毒物还能导致红细胞破裂,出现溶血性贫血,也可直接引起肝、肾和膀胱等脏器的损害。

(3) 有机氟化物

有机氟化物主要包括二氟一氯甲烷、四氟乙烯、六氟丙烯、八氟异丁烯等。有机氟化物被吸入后,作用于肺部引起肺炎、肺水肿、肺间质纤维化,并能作用于心脏引起中毒性心肌炎。

(4) 有机磷农药类毒物

有机磷毒物有几十个品种,多数是浅黄色至棕色的油状液体,具有大蒜样臭味。有机磷毒物被吸入后迅速分布于全身,在体内与胆碱酯酶结合生成磷酰化胆碱酯酶,从而抑制酶的活性,导致神经介质乙酰胆碱不能被酶分解而积聚,引起神经紊乱。

### 4.3.4　剧毒化学品

剧毒化学品是指,按照国务院安全生产监督管理部门确定并公布的《危险化学品目录》中的具有剧烈急性毒性危害的化学品,包括人工合成的化学品及其混合物和天然毒素,还包括具有急性毒性易造成公共安全危害的化学品。

在《危险化学品名录》(2002 版、2012 版)中的剧毒化学品是 335 种,在《危险化学品目录》(2015 版)中的剧毒化学品是 148 种(见附录 5)。此目(名)录将会不定期地进行修订并公布新的版本。

剧烈急性毒性判定界限是满足下列条件之一:大鼠实验,经口 $LD_{50} \leqslant 5mg/kg$,经皮 $LD_{50} \leqslant 50mg/kg$,吸入(4h)$LC_{50} \leqslant 100mL/m^3$(气体)或 0.5mg/L(蒸气)或 0.05mg/L(尘、雾)。经皮 $LD_{50}$ 的实验数据,也可使用兔实验数据。

### 4.3.5　毒性物质侵入人体的途径与毒理作用

1. 毒性物质侵入人体的途径

毒性物质一般是经过呼吸道、消化道及皮肤接触进入人体的。实验室中毒事件中,毒物主要是通过呼吸道和皮肤接触侵入人体的,经消化道进入人体是很少的。

（1）经呼吸道进入人体

呼吸道是实验室毒物侵入人体最重要的途径,在实验室中,即使空气中毒物的含量较低,每天也会有一定量的毒物经呼吸道侵入人体。人的呼吸道系统如图 4-1所示。

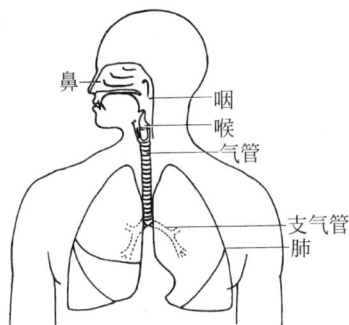

图 4-1　人的呼吸道系统

从鼻腔到肺泡的整个呼吸道的各部分结构不同,对毒物的吸收情况也不相同。越是进入深部,表面积越大,停留时间越长,吸收量越大。

成人肺泡表面积为 $90\sim160m^2$,每天吸入空气约 $12m^3$,重约 15kg。空气在肺泡内流速慢,接触时间长,同时肺泡壁薄、血液丰富,这些都有利于吸收。

固体毒物吸收量的大小与颗粒大小和溶解度的高低有关,而气体毒物吸收量的大小与肺泡组织壁两侧分压大小、呼吸深度、速度及循环速度有关。另外,劳动强度、环境温度、环境湿度及接触毒物的条件对吸收量都有一定的影响。肺泡内的二氧化碳可能会增加某些毒物的溶解度,促进毒物的吸收。

（2）经皮肤侵入

人的皮肤结构如图 4-2 所示,有些毒物可以透过无损皮肤或经毛囊的皮脂腺被吸收。经表皮进入人体内的毒物需要越过 3 道屏障。第 1 道屏障 A 是皮肤的角质层,一般相对分子质量大于 300 的物质不易透过无损皮肤。第 2 道屏障 B 是位于表皮角质层下面的连接角质层,其表皮细胞富含固醇磷脂,它能阻止水溶性物质的通过,但不能阻止脂溶性的物质通过。毒物通过该屏障后即扩散,经乳头毛细血管进入血液。第 3 道屏障 C 是表皮与真皮连接处的基膜。脂溶性毒物经表皮吸收后,还要有水溶性,才能进一步扩散和吸收。所以,水、脂均溶的毒物（如苯胺）易被皮肤吸收。只是脂溶而水溶极微的苯,经皮肤吸收的量较少。

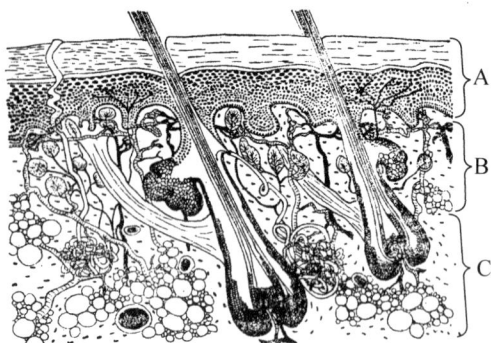

图 4-2　人的皮肤结构

　　毒物经皮肤进入毛囊后,可以绕过表皮的障碍直接透过皮脂腺细胞和毛囊壁进入真皮,再从下面向表皮扩散,但这个途径不如经表皮吸收严重。电解质和某些重金属,特别是汞在紧密接触后可经此途径被吸收。操作中如果皮肤沾染上溶剂,可促使毒物贴附于表皮并经毛囊被吸收。

　　某些毒性气体如果浓度较高,即使在室温条件下,也可同时通过以上两种途径被吸收。毒物通过汗腺吸收并不明显。手掌和脚掌的表皮虽然有很多汗腺,但没有毛囊,毒物只能通过表皮屏障而被吸收。而这些部分的表皮角质层较厚,吸收比较困难。

　　如果表皮屏障的完整性遭到破坏,如外伤、灼伤等,可促进毒物的吸收。潮湿也有利于皮肤吸收,对于气体物质更是如此。皮肤经常沾染有机溶剂,使皮肤表面的类脂质溶解,也可促进毒物的吸收。黏膜吸收毒物的能力远比皮肤强,部分粉尘也可通过黏膜吸收进入体内。

　　(3) 经消化道侵入

　　许多毒物可以通过口腔进入消化道而被吸收。胃肠道的酸碱度是影响毒物吸收的重要因素。胃液是酸性,对于弱碱性物质可以增加其电离,从而可以减少其吸收;对于弱酸性物质则有阻止其电离的作用,因而增加其吸收。脂溶性的非电解物质能渗透过胃的上皮细胞。胃内的食物、蛋白质和黏液蛋白等,可以减少毒物的吸收。

　　肠道吸收最重要的影响因素是肠内的碱性环境和较大的吸收面积,弱碱性物质在胃内不易被吸收,到达小肠后即转化为非电离物质,可被吸收。小肠内分布着酶系统,可使已与毒物结合的蛋白质或脂肪分解,从而释放出游离毒物促进其吸收。在小肠内,物质可以经过细胞壁直接渗入细胞,这种吸收方式对毒物的吸收,特别是对大分子的吸收起着重要作用。

2. 毒性物质的毒理作用

毒性物质进入机体后,通过各种屏障转运到一定的系统、器官或细胞中,经代谢转化或无代谢转化,在靶器官与一定的受体或细胞成分结合,产生以下毒理作用。

(1) 对酶系统的破坏

生化过程构成了生命的基础,而酶在这一过程中起着极其重要的作用。毒物可以作用于酶系统的各个环节,使酶失活,从而破坏维持生命必需的正常代谢过程,导致中毒。

(2) 对 DNA 和 RNA 合成的干扰

脱氧核糖核酸(DNA)是细胞核的主要成分,染色体由双螺旋结构的 DNA 分子构成。长链 DNA 储存了遗传信息。DNA 的信息通过信使核糖核酸(RNA)被转录,最后翻译到蛋白质中。毒物作用于 DNA 和 RNA 的合成过程,产生致突变、致畸变、致癌作用。

(3) 对组织或细胞的损害

凡能与机体组织成分发生反应的物质,均能对组织产生刺激或腐蚀作用。这种作用往往在机体接触部位发生。这种局部损伤,低浓度时可表现为刺激作用,如对眼睛、呼吸道黏膜等的刺激;高浓度的强酸或强碱可导致腐蚀或坏死作用。

(4) 对氧的吸收、输运的阻断作用

单纯窒息性气体,如氢、氮、氩、氦、甲烷等,当它们含量很高时,使氧分压相对降低,机体呼吸时因吸收不到充足的氧气而窒息。刺激性气体造成肺水肿而使肺泡气体交换受阻。例如,一氧化碳对血红蛋白有特殊的亲和力,一旦血红蛋白与一氧化碳结合生成碳氧血红蛋白,则失去了正常的携氧能力,造成氧的输送受阻,导致组织缺氧;硝基苯、苯胺等毒物与血红蛋白作用生成高铁血红蛋白,硫化氢与血红蛋白作用生成硫化血红蛋白,砷化氢与红细胞作用造成溶血,使血红蛋白释放,这些作用都使红细胞失去输氧功能。

## 4.3.6　中毒的症状

毒性物质被机体吸收后,经血液循环分布到全身的各个器官或组织。由于毒物的理化性质及各组织的生化特点,人的正常生理机能受到破坏,导致中毒症状。中毒后的症状主要有以下表现。

1. 呼吸系统

(1) 窒息状态

所谓窒息状态是指呼吸困难、口唇青紫直至呼吸停止。窒息状态可由呼吸道机械性阻塞导致。如氨、氯、二氧化硫等急性中毒时可引起喉痉挛和声门水肿,病情严重时,会发生呼吸道机械性阻塞而窒息死亡。窒息状态也可由呼吸抑制造成。如硫化氢等高浓度刺激性气体可引起迅速反射性呼吸抑制;麻醉性毒物及有机磷农药等可直接抑制呼吸中枢;有机磷农药可抑制神经肌肉接头的传递功能,引起呼吸肌瘫痪;单纯窒息性气体,如甲烷等通过稀释空气中的氧造成窒息。化学窒息性气体,如一氧化碳、苯胺等,通过形成高铁血红蛋白而影响红细胞的携氧功能,造成窒息。

(2) 呼吸道炎症

呼吸道炎症是指鼻腔、咽喉、气管、支气管、肺部的炎症。水溶性较大的刺激性气体,如氨、氯、二氧化硫、铬酸、氯甲基甲醚、四氯化硅等,对局部黏膜产生强烈的刺激性作用,引起充血或水肿。吸入刺激性气体及镉、锰、铍等的烟尘,可引起化学性肺炎。

(3) 肺水肿

肺水肿是指肺间质或肺泡液渗出,致使肺组织积液、水肿。肺水肿常由吸入大量水溶性刺激性气体或蒸气所致。例如,吸入氯、氨、氮氧化物、光气、硫酸二甲酯、溴甲烷、臭氧、氧化镉、羟基镍、部分有机氟化物、裂解残渣释放出的蒸气等。

2. 神经系统

(1) 中毒性脑病

中毒性脑病是指脑部由于中毒引起严重器质性或机能性病变。

引起中毒性脑病的是所谓的亲神经性毒物。常见的有四乙基铅、有机汞、有机锡、磷化氢、铊、汽油、苯、二硫化碳、溴甲烷、环氧乙烷、三氯乙烯、甲醇及有机磷农药等。

中毒性脑病主要症状为头晕、头痛、乏力、恶心、呕吐、嗜睡、视力模糊、幻视、复视、不同程度的意识障碍、昏迷、抽搐等。有的患者有癔症样发作或类精神分裂症、躁狂症、忧郁症等。还有的患者表现为植物神经系统失调,如脉搏减慢、血压和体温降低、多汗等。

(2) 周围神经炎

周围神经系统发生结构变化与功能障碍称为周围神经炎。如铊急性中毒,开始以四肢疼痛为主,尤其是下肢,双足着地即痛不可忍。二硫化碳、三氧化二砷急性中毒,也可出现周围神经炎。

(3) 神经衰弱综合征

大脑皮质功能紊乱,兴奋与抑制过程失调称为神经衰弱综合征。神经衰弱综合征多见于慢性中毒的早期症状、某些轻度急性中毒及中毒后的恢复期。

3. 血液系统

（1）中性粒细胞减少症

循环血液中的中性粒细胞减少至每立方毫米 4000 个以下时称为中性粒细胞减少症。

有机溶剂,特别是苯及放射性物质等,可抑制血细胞核酸的合成,引起白细胞减少甚至中性粒细胞缺乏症。

（2）高铁血红蛋白症

高铁是指高价铁离子,高铁血红蛋白症是指血红蛋白中的二价铁离子被氧化为三价铁离子。苯胺、硝基苯、硝基甲苯、二硝基甲苯、三硝基甲苯、苯肼、硝酸盐等的代谢产物具有使正常血红蛋白转化为高铁血红蛋白的毒性。由于血红蛋白的变性,其携氧功能出现障碍,患者常有缺氧症状,如头昏、胸闷、乏力等,甚至发生意识障碍和昏迷。

（3）再生障碍性贫血

再生障碍性贫血是指造血功能衰竭导致全血细胞减少。汞、砷、四氯化碳、苯、二硝基甲苯、三硝基甲苯、有机磷等均可引起再生障碍性贫血。

（4）心肌损害

心肌损害是指心肌产生的各种病变。有些毒物,如锑、砷、磷、四氯化碳、有机汞均可引起急性心肌损害,中毒引起的严重缺氧,可引起心肌损害。

4. 消化系统和泌尿系统

消化系统和泌尿系统的中毒包括中毒性口腔炎、中毒性急性肠胃炎、中毒性肝炎、中毒性肾病等。

经口的汞、砷、碲、铅、有机汞等的急性中毒,可引起口腔炎症,如齿龈肿胀、出血、黏膜糜烂、牙齿松动等。这些毒物的急性中毒还可引起肠胃炎,产生严重恶心、呕吐、腹痛、腹泻等症状。剧烈呕吐和腹泻可引起失水和电解质、酸碱平衡紊乱,甚至休克。

有些毒物主要引起肝脏损害,称为亲肝性毒物。这类毒物常见的有磷、锑、氯仿、四氯化碳、硝基苯、三硝基甲苯等。急性中毒性肝炎有两类:一类是以全身或其他系统症状为主,肝脏损坏较轻或不明显,多为轻型无黄疸型,患者肝脏可有轻度肿大,有或无压痛,肝功能异常或伴有恶心、食欲减退等;另一类则以肝脏损坏为主,肝脏肿大,肝区痛,黄疸发展迅速,为重型或急性或亚急性肝坏死型。

在急性中毒时,许多毒物可引起肾脏损害,尤其以汞和四氯化碳等造成的急性肾小管坏死性肾病最为严重。砷化氢急性中毒可引起严重溶血,由于组织严重缺氧和血红蛋白结晶阻塞肾小管,也可引起类似的坏死性肾病。此外,乙二醇、镉、铋、铀、铅、铊等也可引起中毒性肾病。

### 4.3.7　化学品毒害的预防

1. 替代或排除有毒、高毒物料

在实验过程中,用无毒物料代替有毒物料,用低毒物料代替高毒物料,是消除毒性物料危害的有效措施。如在制备涂料和防腐工程中,用锌白或氧化钛代替铅白;用云母氧化铁防锈底漆代替含大量铅的红丹底漆,从而消除铅的危害。

需要注意的是,这些代替多是以低毒物代替高毒物,并不是完全无毒操作,仍要采取适当的防毒措施。

2. 采用危害性小的制备工艺

选择安全的危害性小的工艺代替危害性较大的工艺,也是防止毒物危害的重要措施。例如,在进行电镀实验时,锌、铜、镉、锡、银、金等的电镀,都要用氰化物作络合剂,而氰化物是剧毒物质,用量很大。通过改进电镀工艺,采用无氰电镀,从而消除了氰化物对人体的危害。

3. 隔离操作和自动控制

由于条件限制而不能使毒物浓度降低到国家安全标准时,可以采用隔离操作措施。隔离操作是把操作人员与实验设备隔离开来,使操作人员免受散逸出来的毒物的危害。

目前,常用的隔离方法有两种:一种是将全部或个别毒害严重的实验设备放置在隔离室内,采用排风的方法,使隔离室内呈负压状态;另一种是将操作人员的操作处放置在隔离室内,采用输送新鲜空气的方法,使隔离室内呈正压状态。

实验过程的自动控制可以减少实验人员与毒物的直接接触。

4. 通风排毒

通风排毒是减少中毒的重要措施。按其动力,通风分为自然通风和机械排风两类;按其范围,通风又可分为局部通风和全面通风。实验室中,除采用自然通风外,常采用机械排风。

(1) 局部机械排风

实验室的局部排风设施一般为各种排风罩或通风橱。有害物产生时,会立即随空气排出室外。

(2) 全面机械排风

为了使室内产生的有害气体尽可能地不扩散到邻室或其他区域,可以在毒物集中产生区域或房间进行全面排风。使含毒空气排出,较清洁的空气从外部补充进来,从而冲淡有毒气体。

为了防止污染环境或损害风机,无论是局部机械排风还是全面机械排风,有害物质都应经过净化、除尘或回收处理后方能向大气排放。

5. 燃烧净化

对于有害气体、蒸气或烟尘,可以通过燃烧使之变为无害物质,称为燃烧净化法。燃烧净化法仅适用于可燃烧或在高温下可分解的有害气体或烟尘。

燃烧净化法广泛用于碳氢化合物和有机溶剂蒸气的净化处理。这些物质在燃烧过程中被氧化为二氧化碳和水蒸气。常用的燃烧方法有直接燃烧、热力燃烧和催化燃烧。

(1) 直接燃烧

对于有害废气中可燃组分浓度较高的情况,可采用直接燃烧的方法做净化处理。在直接燃烧中,有害废气是作为燃料来燃烧的,燃烧温度一般在 1100℃ 以上。完全燃烧后的产物是二氧化碳、水蒸气和氮气。

(2) 热力燃烧

热力燃烧一般用于处理可燃组分浓度较低的有毒废气。在热力燃烧中,需要辅助燃料提供热量将有毒废气加热到一定的温度,然后才能进行燃烧。有害组分经燃烧氧化为二氧化碳和水蒸气。在热力燃烧中,多数物质的反应温度为 760～820℃。

(3) 催化燃烧

催化燃烧就是用催化剂使废气中可燃组分在较低的温度下氧化分解的方法,适用于含有可燃气体、蒸气的废气的净化,而不适用于含有大量尘粒雾滴的废气的净化,也不适用于含有催化活性较差的可燃组分的废气的净化。催化燃烧也要先将废气预热,由于反应温度较低,所需辅助燃料较少。催化燃烧的产物与热力燃烧完全相同。

应用燃烧净化方法,特别是热力燃烧法,必须考虑热量的回收利用问题。另外还要注意防火、防爆及防止回火,采用相应的安全措施,如控制废气中可燃组分浓度不超过爆炸下限的 25%,安装阻火器、防爆膜等。

6. 个体防护和个人卫生

搞好个体防护和个人卫生,对于防止中毒虽不是根本性措施,但在许多情况下是非常有效的。

(1) 个体防护

个体防护主要包括防护服装和防护面具。

① 防护服装

除普通实验工作服外,对某些实验人员需提供特殊质地或样式的防护服。接触剧毒或经皮肤进入能力强的化学物质,需要穿防护衬衣;接触局部作用强或经皮肤中毒危险性较大的物质,要戴相应质地的防护手套;对毒物溅入眼内有灼伤危险的实验,应佩戴防护眼镜。

② 防护面具

常用的防护面具有防毒口罩和防毒面具。有毒物质呈粉尘、烟、雾形态时,可使用机械过滤式防毒口罩;呈气体、蒸气形态时,则必须使用化学过滤式防毒口罩或防毒面具。对个人防护用具,要有专人保管、定期检查及维护。

(2) 个人卫生

实验人员要有良好的个人卫生习惯,如饭前要洗脸洗手,实验室内禁止吃饭、饮水和吸烟,实验后进行必要的淋浴,工作衣帽与便服隔开存放,并定期清洗等。这对防止有害毒物污染人体,防止有毒物质从口腔、消化道、皮肤,特别是皮肤伤口处侵入人体体内至关重要。

**7. 剧毒化学品的安全管理**

剧毒化学品容易造成恶性中毒事故,因此对剧毒化学品必须加强从购买、保管、使用到废液和废弃物处理、实验容器处理、使用人员限定等各个环节的安全管理。

(1) 购买

购买剧毒化学品必须向单位保卫部门申请并批准备案,经过公安部门审批,使用剧毒物品购买使用许可证,通过正常渠道在指定的化学危险品商店购买。

(2) 保管

剧毒化学品管理实行"五双"制度,即双人保管、双锁、双账、双人领取、双人使用为核心的安全管理制度,落实各项安全措施。严防发生被盗、丢失、误用及中毒事故。

剧毒化学品必须使用专用铁皮保险箱(柜)保管,如图 4-3 所示。

图 4-3　剧毒化学品专用铁皮保险箱

剧毒化学品保管实行责任制——"谁主管、谁负责",责任到人。管理人员调动,需经部门主管批准,做好交接工作,并将管理人员的名单报保卫部门备案。

（3）使用

剧毒化学品使用时必须佩戴个人防护器具,在通风橱中操作,做好应急救援预案。

（4）废液、废弃物处理

实验产生的剧毒化学品废液、废弃物等要妥善保管,不得随意丢弃、掩埋或水冲。废液、废弃物等应集中保存,由单位统一处理。

（5）实验容器处理

剧毒化学品使用完毕,其容器依然由双人管理,在单位统一进行报废处理时上交,由学校管理部门在剧毒化学品使用许可证上签字,证明已处理完毕。

（6）使用人员限定

剧毒化学品的使用者必须是单位的正式聘用人员,临时工作人员不得使用剧毒化学品,学生使用剧毒化学品必须由教师带领。

（7）其他

实验后剩余的剧毒化学品必须立即上交保管人员,不得私自保存。剧毒化学品不得私自转让、赠送、买卖。如果各单位之间需要相互调用,必须到单位保卫部门审批。

## 4.3.8　中毒的现场抢救

发生中毒事故后,在时间和医疗条件允许的情况下,应尽快将患者送往医院进行救治。在紧急情况下,有时需要进行现场抢救。及时、正确地实施现场抢救对于挽救危重中毒患者的生命、减轻中毒症状、防止合并症发生,具有重要意义。同时争取了时间,为进一步治疗创造了条件。

### 1. 抢救现场准备

（1）救护者自身防护准备

急性中毒发生时,毒物多是由呼吸系统或皮肤进入体内的。因此,救护人员在抢救之前应做好自身呼吸系统和皮肤的防护。如穿好防护服,配戴供氧式防毒面具或氧气呼吸器。否则,非但中毒者不能获救,救护者也会中毒,使中毒事故扩大。

（2）切断毒物来源

救护人员进入现场后,除对中毒者进行抢救外,还应认真查看,并采取有力措施切断毒物来源,如关闭泄漏管道阀门、阻塞设备泄漏处、停止输送物料等。对于已经泄漏出来的有毒气体或蒸气,应迅速启动通风排毒设施或打开门窗,或者进行中和处理,降低毒物在空气中的浓度,为抢救工作创造有利的条件。

（3）中毒者抢救准备

救护人员进入现场后,应迅速将中毒者移至空气新鲜、通风良好的地方。在抢救抬运过程中,不能强拖硬拉以防造成外伤,使病情加重。应松解患者衣领、腰带,并仰卧,以保持呼吸道畅通,同时要注意保暖。有时需要迅速脱去被毒物污染的衣服、鞋袜、手套等,并用大量清水或解毒液彻底清洗被毒物污染的皮肤。

2. 现场抢救

（1）心脏复苏术

患者心脏骤停,应实施心前区叩击术或胸外心脏挤压术进行抢救。

心前区叩击术:令患者仰卧在硬床板或地板上,四肢舒展。在心跳停止1分30秒内,心脏应激性增强,叩击心前区往往可使心脏复跳。术者可以用拳头以中等力叩击心前区,一般连续叩击3～5次,立即观察心音和脉搏。若恢复心跳,则复苏成功;反之放弃,改用胸外心脏挤压术。

胸外心脏挤压术:术者在患者一侧或骑跨在患者身上,面向患者头部,一只手掌根部置于患者胸骨下段,另一只手掌交叉重叠于其上,臂伸直,靠体重和肩、臂部肌肉适度用力,向脊椎方向挤压,每分钟60～90次为宜,如图4-4所示。胸外心脏挤压术用力不宜过猛,以免肋骨骨折或引起血气胸。复苏成功的表征是口唇转红润、血压复升、能触到股动脉搏动。

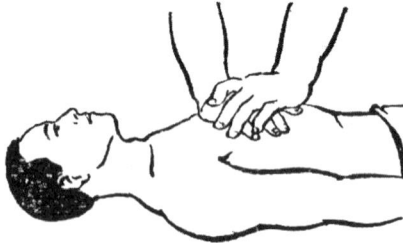

图 4-4　心脏复苏示意图

（2）呼吸复苏术

呼吸复苏术与心脏复苏术应同时进行,不进行呼吸复苏术,人体组织缺氧,心脏复苏也无法成功。口对口的人工呼吸是最简便有效的方法,其气量较大,适于现场急救。

首先清除患者口腔中的异物、黏液、呕吐物等,保持呼吸道畅通。术者用一只手自下颌处将患者头部托起使之后仰,并使其口张开。另一只手捏住患者鼻孔,以防止气体从鼻孔漏出。然后深呼一口气对准患者用力吹气,如图4-5所示,吹毕让患者胸廓及肺自行回缩,以每分钟16～20次为宜。胸廓可以扩张,可以听到肺泡呼吸音为复苏成功的标志。

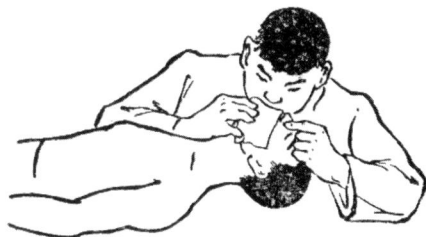

图 4-5　呼吸复苏示意图

（3）解毒和排毒措施

对于急性中毒的患者，应及时采取解毒和排毒的措施，降低或排除毒物对机体的损害。金属及其盐类的中毒，可以采用各种金属络合剂，如对于依地酸二钠钙及其同类化合物解毒，金属络合剂可与毒物中的金属离子络合生成稳定的有机化合物，随尿液排出体外。

一氧化碳急性中毒可立即吸入氧气，不但可以缓解机体缺氧，对毒物的排出也有一定的作用。中和体内的毒物及其分解物，也是经常采用的方法。如甲醇中毒，酸中毒是其主要临床症状，可采用碱性药物纠正。此外，也可以采用利尿剂等，促进毒物尽快排出体外。

# 4.4　化学品烫伤、灼伤和冻伤

化学品烫伤、灼伤和冻伤，也是化学品危害的重要形式。

## 4.4.1　化学品烫伤

### 1. 烫伤的程度与症状

这里说的烫伤是指由热的化学品液体造成的烫伤，即热力烫伤。烫伤程度分3度。

（1）Ⅰ度伤：烫伤只损伤皮肤表层，局部轻度红肿、无水泡、疼痛明显。

（2）Ⅱ度伤：烫伤是真皮损伤，局部红肿疼痛，有大小不等的水泡。

（3）Ⅲ度伤：烫伤是皮下、脂肪、肌肉、骨骼都有损伤，并呈灰色或红褐色。

烫伤的严重程度主要根据烫伤的部位、面积大小和烫伤的深浅度来判断。烫伤在头面部，或虽不在头面部，但烫伤面积大、深度深的，都属于严重者。严重烫伤者，在转送途中可能会出现休克或呼吸、心跳停止，应立即进行人工呼吸或胸外心脏按压。伤员烦渴时，可给予少量的热茶水或淡盐水服用，绝不可以在短时间内饮服大量的开水，以免导致伤员出现脑水肿。

2. 烫伤的救护措施

烫伤的程度不同,采取的救护措施也不同。

(1)对Ⅰ度烫伤,应立即将伤处浸在凉水中进行冷却治疗,它有降温、减轻余热损伤、减轻肿胀、止痛、防止起泡等作用,如有冰块,把冰块敷于伤处效果更佳。"冷却"30min左右就能完全止痛。随后用鸡蛋清、万花油或烫伤膏涂于烫伤部位,这样只需3～5天便可自愈。

应当注意,这种冷却治疗在烫伤后要立即进行,如过了5min后才浸泡在冷水中,则只能起止痛作用,不能保证不起水泡,因为这5min内烧烫的余热还继续损伤肌肤。

如果烫伤部位不是手或足,不能将伤处浸泡在水中进行冷却治疗时,则可将受伤部位用毛巾包好,再往毛巾上浇水,用冰块敷效果可能更佳。

如果穿着衣服或鞋袜部位被烫伤,千万不要急忙脱去被烫部位的鞋袜或衣裤,否则会使表皮随同鞋袜、衣裤一起脱落,这样不但痛苦,而且容易感染,延误病程。最好的方法是马上用食醋(食醋有收敛、散疼、消肿、杀菌、止痛作用)或冷水隔着衣裤或鞋袜浇到伤处及周围,然后再脱去鞋袜或衣裤,这样可以防止揭掉表皮、发生水肿和感染,同时又能止痛。接着,再将伤处进行冷却治疗,最后涂抹鸡蛋清、万花油或烫伤膏。

(2)烫伤者经冷却治疗一定时间后,仍疼痛难受,且伤处长起了水泡,这说明是Ⅱ度烫伤。这时不要弄破水泡,要迅速到医院治疗。

(3)对Ⅲ度烫伤者,应立即用清洁的被单或衣服简单包扎,避免污染和再次损伤,创伤面不要涂擦药物,要保持清洁,迅速送医院治疗。

## 4.4.2　化学品灼伤

化学品灼伤也常称为化学品烧伤,是指某些化学物质在接触人体后,除立即损伤外,还可继续侵入或被吸收,导致进行性局部损害或全身性中毒。损害程度除与化学物质的性质有关外,还取决于剂量、浓度和接触时间的长短。处理时应了解致伤物质的性质,方能采取相应的措施。常见的有酸灼伤、碱灼伤、磷灼伤等。

1. 酸灼伤

常见的为硫酸、盐酸、硝酸灼伤,此外还有氢氟酸灼伤、石炭酸灼伤、草酸灼伤等。它们的特点是使组织脱水,蛋白沉淀、凝固,故灼伤后创面迅速成痂,界限清楚,因此限制了继续向深部侵蚀。

(1)硫酸、盐酸、硝酸灼伤:硫酸、盐酸、硝酸灼伤发生率较高,约占酸灼伤的80%以上。硫酸灼伤创面呈黑色或棕黑色,盐酸灼伤创面为黄色,硝酸灼伤创面为黄棕色。此外,颜色改变与创面深浅也有关系,潮红色最浅,灰色、棕黄色或黑色较深。酸灼伤后,由于痂皮掩盖,早期对深度的判断较一般烧伤困难。

硫酸、盐酸、硝酸在液态时可引起皮肤灼伤,气态时吸入可致吸入性损伤。3 种酸在同样浓度下,液态时硫酸作用最强,气态时硝酸作用最强。气态硝酸吸入后,数小时即可出现肺水肿。它们口服后均可造成上消化道灼伤、喉水肿及呼吸困难,甚至溃疡穿孔。

硫酸、盐酸、硝酸皮肤灼伤的急救处理原则是:冲洗后,可用 5％碳酸氢钠溶液或氧化镁、肥皂水等中和留在皮肤上的氢离子,中和后,仍继续冲洗。创面采用暴露疗法。如确定为Ⅲ度,应早期切痂植皮。吸入性损伤应尽早寻求医疗救护。吞食强酸后,可口服牛奶、蛋清、氢氧化铝凝胶、豆浆、镁乳等,禁洗胃或用催吐剂。

(2)氢氟酸灼伤:氢氟酸是氟化氢的水溶液,无色透明,具有强烈腐蚀性,并具有溶解脂肪和脱钙的作用。氢氟酸灼伤后,创面起初可能只有红斑或皮革样焦痂,随后即发生坏死,向四周及深部组织侵蚀,可伤及骨骼使之坏死,形成难以愈合的溃疡,伤员疼痛较重。10％氢氟酸有较大的致伤作用,40％氢氟酸则对皮肤浸润较慢。

氢氟酸灼伤后,关键在于早期处理,应立即用大量流动水冲洗,至少半小时,也有主张冲洗 1～3h 的。冲洗后,创面可涂氧化镁甘油(1∶2)软膏,或用饱和氯化钙、25％硫酸镁溶液浸泡,使表面残余的氢氟酸沉淀为氟化钙或氟化镁。忌用氨水,以免形成有腐蚀性的二氟化铵(氟化氢铵)。如疼痛较剧烈,可用 5％～10％葡萄糖酸钙($0.5mL/cm^2$)加入 1％普鲁卡因进行皮下及创面周围浸润,以减轻进行性损害。北京积水潭医院配制了一种霜剂,外涂创面,每 2～4h 换药一次,必要时可包扎,至疼痛消失为止,取得了满意的疗效。有报告称,皮质激素对氢氟酸灼伤也有一定效果。若创面有水泡,应予以除去,灼伤波及指(趾)下时,应拔除指(趾)甲。Ⅲ度创面应早期切痂植皮。

(3)石炭酸灼伤:石炭酸吸收后主要对肾脏产生损害。其腐蚀、穿透性均较强,对组织有进行性浸润损害,故急救时首先用大量流动冷水冲洗,然后再用 70％酒精冲洗或包扎。深度创面应早期切痂或削痂。

(4)草酸灼伤:皮肤、黏膜接触草酸后易形成粉白色顽固性溃烂,且草酸与钙结合使血钙降低,故处理时,在用大量冷水冲洗的同时,局部及全身应及时应用钙剂。

### 2. 碱灼伤

临床上常见的碱灼伤有苛性碱、石灰及氨水等的灼伤,其发生率较酸灼伤高。碱灼伤的特点是与组织蛋白结合,形成碱性蛋白化合物,易溶解,进一步使创面加深;皂化脂肪组织;使细胞脱水而致死,并产热加重损伤。因此,它造成的损伤比酸灼伤严重。

(1) 苛性碱灼伤:苛性碱是指氢氧化钠与氢氧化钾,具有强烈的腐蚀性和刺激性。其灼伤后创面呈粘骨或皂状焦痂,色潮红,一般均较深,通常在深Ⅱ度以上,疼痛剧烈,创面组织脱落后,创面凹陷,边缘潜行,往往经久不愈。

其处理的关键在于早期及时用流动冷水冲洗,冲洗时间要长,有人主张冲洗24h,不主张用中和剂。深度创面亦应早期切痂。误服苛性碱后禁洗胃、催吐,以防胃与食道穿孔,可口服小剂量橄榄油、5%醋酸或食用醋、柠檬汁。

(2) 石灰灼伤:生石灰(氧化钙)与水生成氢氧化钙(熟石灰),并放出大量的热。石灰灼伤时创面较干燥,呈褐色,较深。注意,用水冲洗前,应将石灰粉末擦拭干净,以免产热加重创面。

(3) 氨水灼伤:氨水极易挥发释放氨,具有刺激性,吸入后可发生喉痉挛、喉头水肿、肺水肿等吸入性损伤。氨水接触之创面浅度者有水泡,深度者干燥呈黑色皮革样焦痂。

其创面处理同一般碱灼伤。对伴有吸入性损伤者,应尽早寻求医疗救护。

### 3. 磷灼伤合并中毒

磷灼伤在化学灼伤中居第三位,仅次于酸灼伤、碱灼伤。除磷遇空气燃烧可致伤外,还由于磷氧化后生成五氧化二磷,其对细胞有脱水和夺氧作用。五氧化二磷遇水后生成磷酸并在反应过程中产热使创面继续加深。磷蒸气吸入可引起吸入性损伤,磷及磷化物经创面和黏膜吸入后可引起磷中毒。

磷是原生质毒物,能抑制细胞的氧化过程。磷吸收后在肝、肾组织中含量较多,易引起肝、肾等脏器的广泛损害。磷灼伤后病人主要表现为头痛、头晕、乏力、恶心,重者可出现肝、肾功能不全、肝肿大、肝区痛、黄疸、少尿或无尿、尿中有蛋白。由于吸入性损伤及磷中毒可引起呼吸急促、刺激性咳嗽、肺部闻及干湿罗音,重者可出现肺功能不全,胸片提示间质性肺水肿,支气管肺炎。部分病人可有低钙、高磷血症、心律紊乱、精神症状及脑水肿等。磷灼伤创面大多较深,可伤及骨骼,创面呈棕褐色,Ⅲ度创面暴露时可呈青铜色或黑色。

磷灼伤后,应立即扑灭火焰,脱去污染的衣服,创面用大量清水冲洗或浸泡于水中。仔细清除创面上的磷颗粒,避免与空气接触。若一时无大量清水,可用湿布覆盖创面。为避免吸入性损伤,病人及救护者应用湿的手帕或口罩掩护口鼻。病人入院后,用1%硫酸铜清洗,形成黑色磷化铜,便于清除,然后再用清水冲洗或浸泡于水中。注意硫酸铜的用量,以创面不发生白烟为适度。残余创面的磷化铜应用镊子仔细清除,用清水冲洗后,再用5%的碳酸氢钠溶液湿敷,中和磷酸,4~6h后改用包扎,严禁用油质敷料。深度创面应早期切痂植皮。无论创面面积大小,磷灼伤后均应注意保护内脏,给予高糖、高热量、高蛋白饮食,早期输液量应偏多,早给碱性药,早给利尿药等。早期应用钙剂可避免发生磷中毒,已发生磷中毒者应用钙剂后,可缓解临床症状,促进磷的排泄,并促进受伤脏器的恢复。

### 4.4.3　化学冻伤

#### 1. 冻伤特点与分类

所谓冻伤是指由寒冷引起的全身性或局部性皮肤损伤,以暴露部位出现充血性水肿红斑、温度升高时皮肤瘙痒为特征,严重者可能会出现患处皮肤糜烂、溃疡等现象。

冻伤根据严重程度不同,可分为 4 类。

(1) Ⅰ度冻伤。临床表现为:伤在表皮层,受冻部位皮肤红肿充血,自觉热、痒、灼痛,症状在数日后消失,愈后除有表皮脱落外,不留瘢痕。

(2) Ⅱ度冻伤。临床表现为:伤及真皮浅层,伤后除红肿外,伴有水泡,泡内可为血性液,深部可出现水肿、剧痛,皮肤感觉迟钝。

(3) Ⅲ度冻伤。临床表现为:伤及皮肤全层,呈黑色或紫褐色,痛感觉丧失。伤后不易愈合,除遗有瘢痕外,可有长期感觉过敏或疼痛。

(4) Ⅳ度冻伤。临床表现为:伤及皮肤、皮下组织、肌肉甚至骨头,可出现坏死,感觉丧失,愈后可有瘢痕形成。

#### 2. 致冻原因及预防

对于实验室,致冷冻伤通常发生的概率很小,主要是发生在使用液氮、液氨、干冰一类化学品的场所或过程中,再者就是发生在低温或高度冷藏的场所。

为了防止冻伤,在倾倒液氮或液体二氧化碳时一定要小心,不要洒在皮肤上,更不要将手伸入液氮等低温液体中。另外,也不要用手去抓经过深冷的金属物品。

## 4.5　化学品的环境污染

为了获取更多的自然资源、物质享受或是达到某种欲望,人类将自然界视为取之不尽、用之不竭的财富源泉。与此同时,又将自然界作为一个可任意堆放的天然垃圾场。这些垃圾在自然力的作用下,产生了大量对人类有害的成分,通过水圈、气圈、生物圈、土壤岩石圈的相互作用,直接干扰和破坏了生态系统并影响了人们的身心健康。当这些有害物质对大气、水质、土壤和动植物产生影响并达到致害的作用、破坏生物界的生态系统时,就称为环境污染。造成环境污染的因素有物理的、化学的和生物的多个方面,但其中因化学物质引起环境污染占 $80\%\sim90\%$。

环境污染按环境要素可以划分为大气污染、水污染和土壤污染。实验室中产生的环境污染主要为大气污染和水污染。

### 4.5.1　大气污染

1. 大气污染对人类健康的影响

(1) 对酶、细胞和组织的影响

污染物通过对人体某些具有一定结构和功能的物质产生作用,从而影响人体健康。大多数污染物对人体影响的结果是破坏了生命细胞的结构或是抑止了酶的活金属离子,如锌离子,它会取代酶中的镁,从而成为污染物,破坏酶的功能。与酶发生反应的污染物能破坏酶的形态,使其不能与基质结合,造成酶的活性降低,使细胞死亡等。

污染物与细胞膜的组成部分与其化学组成成分反应,都会导致细胞死亡。被化学反应破坏的细胞膜,会允许细胞基本组成物质渗出细胞,或是允许在通常情况下不能进入细胞的物质进入。污染物质能与 DNA 反应,它们大多数会杀死细胞,也可以导致变异和癌症。

总之,与污染物相关的主要疾病种类包括:肺炎和急性肺功能减弱,癌症;组织结构改变(铅中毒);许多免疫防御系统被破坏,导致感染机会增高;CO 等所引起的组织缺氧现象等。

(2) 对肺功能的损害

人们即便仅仅是短暂地暴露在 $SO_2$、氮氧化物或者 $O_3$ 中,也会出现水肿(组织液积累)、黏液的产生和支气管炎等不良反应,并进一步出现炎症。

2. 大气污染治理基本方法

大气污染治理主要应从两个方面进行:一是从立法角度治理,即用法律限制或禁止污染物的产生和扩散;二是技术治理,即采用技术手段减少污染物的产生和扩散。技术治理的重点是控制污染源,主要技术方法有以下几种。

(1) 吸收净化

吸收净化是利用气体混合物中不同组分在吸收剂中的溶解度不同,或者与吸收剂发生选择性化学反应,从而将有害组分从气流中分离出来的过程。该方法具有捕集效率高、设备简单、一次性投资低等特点,因此,被广泛用于气态污染物的处理。例如,含 $SO_2$ 和 $H_2S$ 等污染物的废气,都可以采用吸收净化的方法。

(2) 吸附净化

当气体混合物与适当的多孔性固体接触时,利用固体表面存在的未平衡的分子引力或化学键力,把混合物中某一组分或某些组分吸附在固体表面上,这种分离气体混合物的过程称为吸附净化。广泛应用的吸附剂有:活性炭、活性氧化铝、硅胶和沸石分子筛等。

（3）催化转化

催化转化是指使气态污染物通过催化剂床层,发生催化反应并转化为无害物质或易于处理和回收利用的物质的方法。

（4）燃烧转化

燃烧法是通过热氧化作用将废气中的可燃有害成分转化为无害或易于进一步处理和回收物质的方法。例如,含烃废气在燃烧中被氧化成无害的 $CO_2$ 和 $H_2O$。

（5）冷凝转化

冷凝法是指利用气态污染物在不同温度及压力下具有不同的饱和蒸气压,通过降低温度和加大压力,使某些污染物凝结出来,以达到净化或回收的目的。

（6）生物转化

废气的生物处理是指利用微生物活动过程把废气中的气态污染物转化成危害小甚至无害的物质。生物处理不需要再生过程和其他高级处理,其处理设备简单、费用低,并可以达到无害化的目的。

## 4.5.2　水污染

水是人类重要的环境因素之一,也是人体的重要组成部分。人体内的含水量,成人约为体重的 $60\%$,儿童约为 $80\%$。人体的一切生理活动,如体温的调节、营养输送、废物排泄等都需要水来完成。如果长期饮用受到污染的水,就会引起某些疾病。

1. 水中污染物质对人体身体健康的危害

（1）金属类污染物

水中典型的金属类污染物有汞、镉、铅、铬等。这些金属物质会造成神经、骨骼、肌肉、呼吸系统、消化系统及生殖系统的多种疾病。

（2）非金属类污染物

水中典型的非金属类污染物为砷。水环境中含砷的污染物一般浓度不高,不易引起急性中毒。但由于砷可在人体中长期积累,从而导致慢性中毒。砷的毒性作用主要在于使细胞代谢失调,主要表现为对神经造成损害、运动功能失调、视力和听力障碍、肝脏损害等。

（3）有机类污染物

水中典型的有机类污染物有:有机氯化物(如氯仿、二噁英、多氯联苯等)、芳烃类、芳香胺类、酚类等。这类污染物多有致癌作用,并可引起神经系统、消化系统疾病。

（4）病菌类污染物

含病菌的污染物多来自医院的污水和生活污水。可引起各种疾病,对人类的健康危害极大。

　　2. 水污染的防治

　　所谓"防"即预防,就是要把工作做在发生污染之前,以实现不发生污染(零污染)或是将污染控制到最小范围、减少到最小量;所谓"治"即治理,是对污染源进行妥善处理,有效控制,确保污染源所排放的废水在排入水体环境之前至少要达到国家或地方规定的排放标准。

　　对于一般的实验室,要单独进行废水处理是有困难的。为了防止水污染,应将实验过程中产生的废水、废液收集起来,集中进行处理。千万不要将实验废水、废液随意倒入下水管道中。

### 4.5.3　化学废弃物处理

　　为了防止实验室化学品产生的环境污染,应当做好化学废弃物的处理工作,主要包括:

　　(1) 有毒气体必须经净化后才能排出。

　　(2) 过期的、不知名的固体化学药品也要妥善保存,统一处理,不得混入生活垃圾。

　　(3) 实验中产生的废液、废物应集中处理,不得任意排放或丢弃。

　　(4) 化学废液要用适当的容器盛装存放、定点保存,要酸、碱分类收集。

　　(5) 实验产生的废液(废酸、废碱等)和废弃固体物质不可直接倒入下水道或普通垃圾桶。

　　(6) 盛装化学品的空瓶,无论内部是否还有残存化学品,都要集中收集,统一处理,不能放入普通垃圾桶。

　　(7) 剧毒废液、盛放空瓶及与其接触的其他废物都要用保险柜保存,统一处理。

## 4.6　化学品的 MSDS 简介

　　MSDS(material safety data sheet)即化学品安全说明书,亦可译为化学品安全技术说明书或化学品安全数据说明书,是化学品生产商和进口商用来阐明化学品的理化特性(如 pH、闪点、易燃度、反应活性等)及对使用者的健康(如致癌、致畸等)可能产生的危害的一份文件。在欧洲,材料安全技术/数据说明书也被称为安全技术/数据说明书 SDS(safety data sheet)。国际标准化组织(ISO)采用 SDS 术语,美国、加拿大,澳洲及亚洲许多国家则采用 MSDS 术语。

### 4.6.1　MSDS 的作用

化学品安全说明书(MSDS)作为传递产品安全信息最基础的技术文件,其主要作用体现在:

(1) 提供有关化学品的危害信息,保护化学品的使用者。

(2) 确保安全操作,为制定危险化学品安全操作规程提供技术信息。

(3) 提供有助于紧急救助和事故应急处理的技术信息。

(4) 指导化学品的安全生产、安全流通和安全使用。

(5) 是化学品登记管理的重要基础和信息来源。

### 4.6.2　MSDS 的内容

MSDS 包含的规定内容有 16 项。

(1) 化学品及企业标识(chemical product and company identification)

主要标明化学品名称、生产企业名称、地址、邮编、电话、应急电话、传真和电子邮件地址等信息。

(2) 成分/组成信息(composition/information on ingredients)

标明该化学品是纯化学品还是混合物。纯化学品:应给出其化学品名称或商品名和通用名。混合物:应给出危害性组分的浓度或浓度范围。无论是纯化学品还是混合物,如果其中包含有害组分,则应给出化学文摘索引登记号(CAS 号)。

(3) 危险性概述(hazards summarizing)

简要概述该化学品最重要的危害和效应,主要包括:危害类别、侵入途径、健康危害、环境危害、燃爆危险等信息。

(4) 急救措施(first-aid measures)

指当作业人员意外受到伤害时,需采取的现场自救或互救的简要处理方法,包括:眼睛接触、皮肤接触、吸入、食入的急救措施。

(5) 消防措施(fire-fighting measures)

火灾和爆炸的数据通常包括闪点、燃点、空气中化学品自燃易燃性限制、化学品的物理和化学特殊危险性、适合的灭火介质、不适合的灭火介质及消防人员个体防护等方面的信息,包括:危险特性、灭火介质和方法、灭火注意事项等。

(6) 泄漏应急处理(accidental release measures)

指化学品意外泄漏后,现场可采用的简单而有效的应急措施、注意事项和消除方法,包括:应急行动、应急人员防护、环保措施、消除方法等内容。

(7) 操作处置与储存(handling and storage)

指化学品操作处置和安全储存方面的信息资料,包括:操作处置作业中的安全注意事项、安全储存条件和注意事项。

（8）接触控制/个体防护（exposure controls/personal protection）

指在生产、操作处置、搬运和使用化学品的作业过程中，为保护作业人员免受化学品危害而采取的防护方法和手段。包括：最高容许浓度、工程控制、呼吸系统防护、眼睛防护、身体防护、手防护、其他防护要求。

（9）理化特性（physical and chemical properties）

主要描述化学品的外观及理化性质等方面的信息，包括：外观与性状、pH、沸点、熔点、相对密度（水＝1）、相对蒸气密度（空气＝1）、饱和蒸气压、燃烧热、临界温度、临界压力、辛醇/水分配系数、闪点、引燃温度、爆炸极限、溶解性、主要用途和其他一些特殊理化性质。

（10）稳定性和反应性（stability and reactivity）

主要叙述化学品的稳定性和反应活性方面的信息，包括：稳定性、禁配物、应避免接触的条件、聚合危害、分解产物。

（11）毒理学资料（toxicological information）

提供化学品的毒理学信息，包括：不同接触方式的急性毒性（$LD_{50}$）、刺激性、致敏性、亚急性和慢性毒性，致突变性、致畸性、致癌性等。

（12）生态学资料（ecological information）

主要陈述化学品的环境生态效应、行为和转归，包括：生物效应（如 $LD_{50}$）、生物降解性、生物富集、环境迁移及其他有害的环境影响等。

（13）废弃处置（disposal）

适当的废物处理方法。

（14）运输信息

提供基本的运输要求，如运输名称和分类、包装要求和数量限制等。

（15）法规信息（regulatory information）

主要是化学品管理方面的法律条款和标准。

（16）其他信息（other information）

主要提供其他对安全有重要意义的信息，包括：参考文献、填表时间、填表部门、数据审核单位等。

## 4.6.3　MSDS 的编制和获取

（1）厂家自己编制。通常正规的化学/化工公司都会花相当的精力来维持与该公司经营相关的物料的 MSDS 数据库，原料的 MSDS 通常从供应商处获得，产品的 MSDS 一般由公司自己编制。当然不是每个公司都可以自行编制 MSDS，但是一些大的知名公司，如 DuPont、Rohm and Haas、BASF 等公司都维护着一个很大的 MSDS 数据库。另外,对于同一个产品,比如苯乙烯(styrene,ST),会有好几个版本的 MSDS,并且每个版本都不一样,之所以会有这样的情况是因为 ST 是一种基础化工原料,不止一家公司生产,而是有很多公司生产(比如 BASF、Dow Chemicals、Atofina 等),由于每个公司生产的原料成分配比等其他数据都不一致,所以出现了很多版本的 MSDS。如果遇到这样的状况,可以互相验证。一般情况下,大公司的 MSDS 是比较可靠的。当然,在查阅 MSDS 时,万一发现常识性的错误,应予以纠正。

(2) 可以向专业的第三方机构申请 MSDS 编制。当然,第三方机构的 MSDS 并不见得权威和正确。

(3) 网络上也有比较专业的 MSDS 数据库。专业 MSDS 数据库的主要功能是集合各家企业发布的 MSDS 数据,把相关数据集合到一起,通过一个搜索程序,为查询 MSDS 的企业或个人提供服务。这些专业数据库有的需要付费服务。一般网络上免费的是不可靠或者不全面的,可能无法通过海关或者船公司进出口。

(4) 向供货商索取相关产品的 MSDS。对于出售产品的工厂来说,提供 MSDS 就像提供产品的使用说明书一样,某种程度上可以说是它们的义务,所以客户也可以向供货商索要。

# 思　考　题

1. 化学品安全技术说明书国际上称作化学品安全信息卡,其简称是 MSDS 或 CSDS 吗?

2. 危险化学品,是否是指中华人民共和国国家标准 GB—86《危险货物分类与品名编号》规定的分类标准中的爆炸品,压缩气体和液化气体,易燃液体,易燃固体、自燃物品和遇湿易燃物品,氧化剂和有机过氧化物,毒害品,放射性物品和腐蚀品 8 类?

3. 有损身体健康的化学品是否分为两大类,一类是具有刺激性、腐蚀性的药物,一类是有毒化学药品?

4. 我国通用的化学试剂是否分为分析纯和化学纯两个等级? 试剂瓶的标签上相应的颜色标志是否分别是分析纯红色,化学纯蓝色?

5. 为什么实验室的所有化学品都应有台账和明显标签以标明化学品名称、质量规格及来货日期,最好还要有危险性质的明显标志?

6. 为什么盛装危险化学品的包装在经过处理之后,方可撕下标签,否则不能撕下相应的标签?

7. 为什么储存在冰箱内的所有容器应当清楚地标明内装物品的品名、储存日期和储存者的姓名？

8. 为什么可相互发生作用的药品不能混放，必须隔离存放？为什么易燃物、易爆物及强氧化剂只能少量存放？

9. 为什么强氧化剂和强还原剂必须分开存放，使用时轻拿轻放，远离热源？

10. 为什么易挥发化学品的保存应远离热源火源，于避光阴凉处保存，通风良好，不能装满？

11. 为什么遇火、遇潮容易燃烧、爆炸或产生有毒气体的危险化学品不得在露天、潮湿、漏雨或低洼容易积水的地点存放？

12. 乙醚、酒精、丙酮、二硫化碳、苯等有机溶剂易燃，为什么实验室不得存放过多？

13. 为什么易燃易爆试剂应放在铁柜中，并且柜的顶部要有通风口？

14. 为什么严禁在化验室内存放体积大于20L的瓶装易燃液体？

15. 为什么不可以用普通的冰箱储藏易燃易爆试剂？

16. 为什么不能在敞口容器中存放易燃易爆物质？

17. 为什么金属钠、钾应该存放在煤油中？

18. 钾、钠、三氯化磷、五氯化磷、浓硫酸等为什么使用时不准与水接触，不准放置于潮湿的地方储存？

19. 在蒸馏低沸点有机化合物时应采取哪种方法加热？（　　　　）

　　A. 煤气灯　　　B. 热水浴　　　　C. 电炉　　　　　D. 沙浴

20. 铝粉、保险粉自燃时如何扑救？

21. 容器中的溶剂或易燃化学品发生燃烧应如何处理？（　　　　）

　　A. 用灭火器灭火　　　　　　　　B. 加水灭火

　　C. 加沙子灭火　　　　　　　　　D. 用不易燃的瓷砖、玻璃片或抹布盖住瓶口

22. 溶剂溅出并燃烧应如何处理？（　　　　）

　　A. 马上使用灭火器灭火　　　　B. 马上向燃烧处盖沙子或浇水

　　C. 尽快移去邻近其他溶剂，关闭热源和电源，再灭火

　　D. 马上用石棉布盖住燃烧处

23. 下列粉尘中，哪些粉尘可能会发生爆炸？（　　　　）

　　A. 生石灰　　　B. 面粉　　　　C. 煤粉　　　　　D. 铝粉

24. 过氧化物、高氯酸盐、叠氮铅、乙炔铜、三硝基甲苯等易爆物质受振或受热后可能出现什么后果？

25. 为什么不可以在木质或塑料等不耐热实验台上使用加热电炉？

26. 为什么存有易燃易爆物品的实验室禁止使用明火，如需加热可使用封闭式电炉、加热套或可加热磁力搅拌器？

27. 为什么在使用一些固体化学试剂,如:硝化纤维、苦味酸、三硝基甲苯、三硝基苯等的时候,绝不能直接加热或撞击,并要注意周围不要有明火?

28. 比较常见的引起呼吸道中毒的物质,是否一般是易挥发的有机溶剂(如乙醚、丙酮、甲苯等)或化学反应产生的有毒气体(如氰化氢、氯气、一氧化碳等)?

29. 当有人呼吸系统中毒时,以下处理方法是否正确?迅速使中毒者离开现场,移到通风良好的环境,令中毒者呼吸新鲜空气,情况严重者应及时送医院治疗。

30. 一氧化碳泄漏,是否应先通风,以驱散一氧化碳气体,并切断一氧化碳泄漏源?

31. 为什么不可以用嘴、鼻和手直接接触试剂?

32. 铅被加热到多少温度以上就会有大量铅蒸气逸出,在空气中迅速氧化为氧化铅,形成烟尘,易被人体吸入,造成铅中毒?

33. 轻度、重度铅中毒的症状分别是什么?

34. Hg 中毒的症状是什么?

35. CO 急性中毒,应怎样紧急处置?

36. 剧毒化学品要按照"五双制"规定严格管理。"五双制"指的是什么?

37. $NaCN$,$KCN$,$As_2O_3$,$HgO$,$Na_3P$,$BaCl_2$,$BaSO_4$,$BeO$,$BeCl_2$,$V_2O_5$ 是否都是剧毒化学试剂?

38. 甲苯、苯、丙酮、甲醇、乙醇、甲醛、氯仿各属于何种级别的毒性?

39. $Cl_2$ 和 CO 作用生成的光气毒性比 $Cl_2$ 大还是小?

40. 氮氧化物主要伤害人体的眼、上呼吸道,还是呼吸道深部的细支气管、肺泡?

41. 对沾染过有毒物质的仪器和用具,实验完毕,是否应立即采取适当方法处理以破坏或消除其毒性?

42. 碱灼伤后,是否应立即用大量水洗,再以 1%～2% 硼酸液洗,最后用水洗?

43. 当皮肤沾上浓硫酸时,是否应立即用水冲洗,再用 3%～5% 的碳酸氢钠溶液清洗,最后用水洗?

44. 除高温以外,以下哪些物质会灼伤皮肤?(　　　)

 A. 液氮   B. 稀草酸   C. 强碱   D. 强氧化剂

 E. 溴    F. KBr 和 NaBr 溶液   G. 冰醋酸

45. 酸灼伤的处理顺序为(　　　)。

 A. 严重时消毒,擦干后涂烫伤膏 B. 立即用大量水洗

 C. 用水洗       D. 以 1%～2%$NaHCO_3$ 溶液清洗

46. 溴灼伤处理顺序为(　　　)。

 A. 涂甘油或烫伤膏    B. 立即用大量水清洗

 C. 用乙醇擦至灼伤处呈白色

47. 凡进行有危险性的实验,是否应先检查防护措施,确保防护妥当后,才可进行实验?

48. 凡涉及有害或有刺激性气体的实验,是否应在通风柜内进行,加强个人防护,不得把头部伸进通风柜内?

49. 倾倒液体试剂时,是否应沿玻璃棒徐徐倒出?

50. 在实验室进行有机合成时,加热或放热反应能不能在密闭的容器中进行?

51. 酒精灯不再使用时,是否应立刻用嘴吹气灭火?

52. 眼睛溅入化学试剂时,是否应以大量清水冲洗,并翻开上下眼皮继续缓缓冲洗数分钟后,速送医院诊治?

53. 打开封闭管或紧密塞着的容器时,是否应注意其内部是否有压力、容器口不得对人,避免发生喷液或爆炸事故?

54. 玻璃器具在使用前是否要仔细检查,避免使用有裂痕的仪器? 特别对于减压、加压或加热操作的场合,是否更要认真进行检查?

55. 做需要搅拌的实验时,找不到玻璃棒,是否可以用温度计代替?

56. 强氧化剂(如盐酸、硝酸、氯酸盐、过氧化物等)可不可以与强还原剂(如硫、硫化物、甘油等)混合?

57. 开启氨水、盐酸瓶,是否应该在通风柜中进行?

58. 离心管中样品盛放量是否可以超过离心管体积的3/4?

59. 处理有毒的气体、产生蒸气的药品及有毒的有机溶剂是否必须在通风柜内进行?

60. 实验过程中,是否应尽量避免实验仪器在夜间无人看管的情况下连续运转? 如果必须在夜间使用,是否应严格检查实验仪器的漏电保护装置及空气开关等是否工作正常?

61. 实验过程中,长时间使用恒温水浴锅时,是否应注意及时加水,避免干烧发生危险?

62. 腐蚀和刺激性药品,如强酸、强碱、氨水、过氧化氢、冰醋酸等,取用时,是否应尽可能戴上橡皮手套和防护眼镜? 倾倒时,是否应切勿直对容器口俯视? 吸取时,是否应该使用橡皮球?

63. 开启有毒气体容器时,是否应戴防毒用具、禁止手直接拿取上述物品?

64. 对产生少量有毒气体的实验,是否应在通风柜内进行? 通过排风设备将少量毒气排到室外(使排出气在外面大量空气中稀释),以免污染室内空气。产生毒气量大的实验,是否必须备有吸收或处理装置?

65. 水银温度计破了以后正确的处理方式是否是:洒落出来的汞必须立即用滴管、毛刷收集起来,并用水覆盖(最好用甘油),然后在污染处撒上硫磺粉,无液体后(一般约一周时间)方可清扫?

66. 水浴加热的上限温度是 100℃吗? 油浴加热的上限温度是 200℃吗? 用硅油作介质时,最高可加热到 300℃吗?

67. 为什么高速离心机的转头不能超过其额定转速使用?

68. 室温较高时,有些试剂,如氨水等,为什么打开瓶塞前,应先将试剂瓶在冷水中浸泡一段时间?

69. 天气较热时,打开腐蚀性液体瓶子,为什么应该用毛巾包住塞子?

70. 如在液氮罐中保存安瓿瓶,为什么应将其存放在液氮的气相中而不是液氮?

71. 离心过程中,若听到离心机有异常响声,怎么办?

72. 呼吸防护面具有大小之分,为什么应该选用符合自己脸型且通过密合度测试的呼吸防护具?

73. 有机溶剂只会经口鼻进入人体,为什么只要正确地使用呼吸防护面具,就可以有效防止其危害健康?

74. 为什么过期的、不知名的固体化学药品也要妥善保存,由学校统一处理?

75. 为什么实验中产生的废液、废物应集中处理,不得任意排放或丢弃?

76. 为什么化学废液要用适当的容器盛装存放、定点保存?

77. 为什么实验产生的废液(废酸、废碱等)和废弃固体物质不可直接倒入下水道或普通垃圾桶?

78. 为什么实验室的废液不可放入同一个废液桶中进行处理?

79. 为什么待处置的培养物和污染材料不可以和生活垃圾放在一起集中处理?

80. 为什么生物污染的液体在排放到生活污水管道之前必须进行污染清除处理?

81. 为什么酸、碱、盐水溶液使用后,均不可不经处理直接排入下水道?

# 参 考 文 献

[1] GB 12268—1990《危险货物品名表》.

[2] GB 15603—1995《常用危险化学品储存通则》.

[3] GB 17914—1999《易燃易爆商品储藏养护技术条件》.

[4] GB 17915—1999《腐蚀性商品储藏养护技术条件》.

[5] GB 17916—1999《毒害性商品储藏养护技术条件》.

[6] MARTIN A, HARBISON S A. An Introduction to Radiation Protection[M]. London, 1986.

[7] 周忠元,陈桂琴. 化工安全技术与管理[M]. 2 版. 北京:化学工业出版社,2002.

[8] 孙胜龙. 环境污染与控制[M]. 北京:化学工业出版社,2001.

[9] 路乘风,崔政斌. 防尘防毒技术[M]. 北京:化学工业出版社,2004.

[10] 许文. 化工安全工程概论[M]. 北京:化学工业出版社,2002.

［11］ 蒋军成，虞汉华. 危险化学品安全技术与管理［M］. 北京：化学工业出版社，2005.

［12］ 周忠元，陈桂琴. 化工安全技术与管理［M］. 北京：化学工业出版社，2001.

［13］ 张兆杰，王发现，曹志红，等. 压力容器安全技术［M］. 郑州：黄河水利出版社，2001.

［14］ 李训仁，文树德. 气体充装及气瓶检验使用安全技术［M］. 长沙：湖南大学出版社，2001.

［15］ 彭蔚华，熊大彬. 压力容器安全工程学［M］. 北京：航空工业出版社，1993.

［16］ 陈静生，陈昌笃，周振惠，等. 环境污染与保护简明原理［M］. 北京：商务印书馆，1981.

［17］ 孙道兴. 危险化学品安全技术与管理［M］. 北京：中国纺织出版社，2011.

［18］ 马良，杨守生. 化学危险品消防［M］. 北京：化学工业出版社，2005.

［19］ 王晶禹，王保国，张树海. 化学危险品储存［M］. 北京：化学工业出版社，2005.

［20］ 中国安全生产科学研究院. 危险化学品事故案例［M］. 北京：化学工业出版社，2005.

［21］ 中国安全生产科学研究院. 易燃液体安全手册［M］. 北京：中国劳动社会保障出版社，2008.

［22］ 中国安全生产科学研究院. 易燃固体、自燃物品和遇湿易燃物品安全手册［M］. 北京：中国劳动社会保障出版社，2008.

［23］ 王林宏，许明. 危险化学品速查手册［M］. 北京：中国纺织出版社，2007.

［24］ 中华人民共和国国务院令 第 344 号《危险化学品安全管理条例》. 2002.

［25］ 张荣. 危险化学品安全技术［M］. 北京：化学工业出版社，2005.

［26］ 清华大学实验室与设备处. 全校学生实验室安全课考试题库. 2007.

［27］ 清华大学材料学院. 实验室安全手册［M］. 北京：清华大学出版社，2015.

# 第5章 机械安全

机械是若干零部件连接而成的组合体,其中至少有一个零件是运动的,并有制动、控制和动力系统等。

机械安全是指在使用机械的过程中,使人的身心免受机械危害所采取的一切安全措施。机械安全是由组成机械的各部分和整机的安全状态、使用人的安全意识与动作及机器和人的和谐关系来保证的。

本章讲述机械性危害的总体安全问题、机械加工的安全问题、机械制造过程中(冷、热加工)的安全问题和起重机械安全问题。

## 5.1 机械性危害

机械产生的危害可分为两类:一类是机械性危害,如夹挤、碾压、剪切、切割、卷绕、刺伤、摩擦或磨损、飞出物打击、高压流体喷射、碰撞或跌落等;另一类是非机械危害,如电器危害(如电击伤)、灼烫和冷冻危害、噪声危害、振动危害、电离和非电离辐射危害、材料和物质产生的危害、未履行安全人机工程学原则而产生的危害等。由于非机械危害有些已经在前面的章节中讨论过或有些将在以后的章节中讨论,因此本章主要讨论机械性危害的安全问题。

### 5.1.1 机械性危害类型

机械性危害包括机械静止状态和运动状态下所呈现的各种危害。

1. 静态危害

静态危害是指机械处于静止不工作状态时可能产生的危险,主要表现形式有:

(1) 刀具的刀刃、机器设备突出部分(如表面螺栓、吊钩、手柄等)可能引起的刺伤、划伤、碰撞伤等。

(2) 毛坯、工具、设备边缘锋利飞边和粗糙表面(如铸造零件表面)等可能引起的刺伤、划伤、碰撞伤等。

(3) 在工作平台上引起滑跌、坠落等,尤其是平台有水或油时更为危险。

2. 运动状态下的危害

(1) 运动零部件的危害

① 人体的一部分卷进旋转着的机械部位(如车床、齿轮副、轧机、搅拌机、卡

盘、各种切削刀具、链条/链轮等)引起的危害。

② 旋转运动部件上突出物打击,如转轴上的键、联轴器螺栓等;旋转运动加工件打击,如伸出机床的细长加工件。

③ 孔洞部分的危害,如风扇、叶片、齿轮、飞轮等的孔洞带来的潜在危险。

④ 做直线运动的构件,如龙门刨床的工作台、升降式铣床的工作台的撞击。

⑤ 振动夹住危险,如振动体的振动引起被振动体部件夹住的危害。

(2) 飞出物打击危害

① 飞出的刀具或机械部件的打击,如未夹紧的刀片、破碎的砂轮片、齿轮齿断裂等。

② 飞出的铁屑或工件的打击。

### 5.1.2　机械性事故的原因

机械性安全隐患可存在于机器的设计、制造、运输、安装、使用、维护、报废等机器整个生命周期的各个环节,机械事故的发生往往是多种因素综合作用的结果。可以从机械的不安全状态、操作者的不安全行为和安全管理缺陷这 3 个方面查找机械性事故的发生原因。

#### 1. 机械的不安全状态

机械的安全状态是保证机械安全的重要前提和物质基础。机械的不安全状态是引发事故的直接原因之一。在机械的整个生命周期中,各个环节的安全隐患都有可能引发使用中的安全事故,如:设计过程中的设计不合理、计算错误、安全系数取值偏小、对使用条件估计不足等;制造环节中的加工质量差、偷工减料、以次充好等;安装运输过程中的野蛮作业,使机器的组成元件受到损伤而埋下隐患等;使用过程中缺乏必要的安全防护、润滑保养不良、零部件超过其使用寿命而未及时更换、不符合卫生标准的不良作业环境等,都可以造成机械伤害事故。

#### 2. 操作者的不安全行为

操作者的不安全行为是引发事故的另一个直接原因。操作者的行为受到生理、心理等多种因素的影响。缺乏安全意识和安全操作技能差,即安全素质不高是引发事故的主要人为原因。例如,不了解机器的性能及存在的危险、不按安全操作规程操作、缺乏自我保护意识和处理意外情况的能力等。在日常工作中,操作者的不安全行为还大量地表现在不安全的工作习惯上,如工具随手乱放、清理机器或测量工件不停机等。此外,指挥失误、操作失误、监护失误等也是操作者的不安全行为的常见表现形式。

3. 安全管理缺陷

安全管理缺陷是事故的间接原因,但在一定程度上又是主要原因。它反映了一个单位的安全管理水平。安全管理水平包括领导的安全意识、对设备的监管、对人员使用维护机械的安全技能进行教育和培训、安全规章制度的建立等。

# 5.2　机械安全状态的实现途径

机械安全状态的实现途径主要有两个,一个是机械的本质安全化,另一个是进行安全防护。机械的本质安全化是实现机械设备安全的最根本途径。所谓安全本质化是指在操作失误时,机械能自动保证安全;当机械出现故障时,能自动发现并自动排除,确保人身和设备安全。实现机械的本质安全需从机械的设计、制造、安装、调试、运行、维护、报废等各阶段考虑,其中最关键的是在设计、制造阶段采用的本质安全措施。

在使用阶段采用安全防护措施,对于保障机械安全也是非常重要的,它可以最大限度地减小危险,有时还是临时弥补机械本质安全缺陷的有效方法。

## 5.2.1　机械设计和制造的本质安全措施

1. 采用本质安全技术

本质安全技术也称为机械的固有安全技术,是指利用该技术进行机械预定功能的设计和制造,就可以同时满足机械自身安全的要求,而不需要采用其他安全防护措施。主要包括:

(1) 与功能匹配的合理结构,避免锐角、尖角、粗糙表面和凸出部分

在不影响预定使用功能的前提下,机械设备及零部件应尽量避免设计成易引起危险的锐边、尖角、粗糙或凹凸不平的表面和较突出部分。将锐边或尖角倒钝、折边或修圆,对可能引起刮伤的开口端进行包覆。

(2) 安全距离原则

利用安全距离来减小或消除机械危险有两种措施:一是防止触及危险部位的安全距离,使机械的有形障碍物与危险区的距离足够长,用来限制人体或人体某部位的运动范围;二是避免受挤压或剪切危险的安全距离,当两移动件相向移动时,可以通过增大相向运动物之间的最小距离,使人体可以安全地进入或通过,也可以减小运动件间的最小距离,使人的身体不能进入,从而避免危险。

(3) 限制有关因素的物理量

在不影响使用功能的前提下,根据各类机械的不同特点,限制某些可能引起危险的物理量值来减小危险。例如,限制运动件的质量和速度来减小运动件的动能;

将操纵力限制到最低值,使操纵件不会因破坏而产生机械危险;控制振动、噪声、过热或过低温等,使其低于安全标准中规定的允许指标等,减轻振动、噪声等非机械性危险和有害因素。

2. 使用本质安全工艺过程和动力源

对预定在有爆炸隐患场所使用的机械设备,应采用全气动或全液压控制系统和操纵机构或本质安全电气装置,限制最大压力不超过允许值,并在机械设备的液压装置中使用阻燃和无毒液体,或采用本质安全动力源。

3. 限制零件应力

机械零件选用的材料性能、设计规范、计算方法等都应符合机械设计与制造专业的标准或规范的要求,使零件的计算应力不超过允许值,保证安全系数,以防止零件由于应力过大而被破坏或失效,避免故障和事故的发生。

4. 履行安全人机工程学原则

所有的机械都是由人操纵和控制的,或者由人监督和维护。在机械设计中,通过合理分配人、机功能,使机械适应人体特性,使人、机界面设计和作业空间布置等方面符合人机工程学原则,提高机械设备的可操作性和可靠性,使操作者的体力消耗和心理压力降到最低,从而减少操作差错。

5. 设备使用的材料具有良好的安全卫生性能

制造机械的材料、机械使用的燃料和加工材料在使用期间不得危及工作人员的安全和健康。材料的力学性能,如拉伸强度、剪切强度、冲击韧性、屈服极限等,应能满足执行预定功能的载荷作用要求;材料应能适应预定的环境条件,如具有抗腐蚀性、耐老化、耐磨损等能力。

应避免采用有毒的材料或物质,应避免机械本身或由于使用某些材料而产生气体、液体、粉尘、蒸气或其他物质造成火灾或爆炸危险。若必须使用,则应采取可靠的安全卫生措施,以保障人员的安全和健康。

6. 设计控制系统的安全原则

机械在使用过程中,典型的危险情况有:意外启动、速度变化失控、运动不能停止、运动的机械零件或工件飞出、安全装置的功能受阻等。控制系统的设计应考虑各种作业的操作模式或采用故障显示装置,使操作者可以安全地采取措施。设备的操纵器、信号和显示器应满足安全要求原则。对于可能出现误动作的操纵器,应采取必要的保护措施,并遵循以下原则和方法。

(1)可编程软件的安全保护。在关键的安全控制系统中,如果采用可编程控制,则应注意采取可靠措施,防止因为储存程序被有意或无意改变而产生危险的误动作。建议采用故障检查系统来检查由于程序改变而引起的差错。

（2）重新启动原则。动力中断后重新接通时，如果设备自动启动将会产生危险，则应该采取措施，使动力重新接通时机械不会自动启动，只有再次操作启动装置后机械才能运转。这样可以防止失电后又通电，或在停机后人员没有充分准备的情况下，由于机械的自发启动产生危险。

（3）关键件的冗余原则。控制系统的关键零部件，可以通过备份的方法减小机械故障率，即当一个零部件失效时，用备份接替以实现预定功能。当控制系统与自动监控相结合时，自动监控系统应采用不同的设计工艺，以避免共因失效。对于设备关键部位的操纵器，一般应设电器和机械连锁装置。

7. 防止气动和液压系统的危险

采用热能、液压、气动等装置的机械，必须通过设计来避免由于这些能量意外释放而带来的各种潜在危险。

8. 预防电的危害

用电安全是机械安全的重要组成部分，机械中电气部分应符合有关电气安全标准的要求，预防电击、短路、过载、雷电、静电和电磁场等的危害。

9. 设备具有良好的可靠性

可靠性是用可靠度来衡量的。机械零部件的可靠度是指在规定的使用条件下和规定的期限内执行规定的功能而不出现故障的概率。可靠性应作为机械安全功能完备的基础。提高机械的可靠性可降低故障率，减小需要查找故障和检修的次数，减小因为失效而使机械产生危险的可能性，从而可以减小操作者面临危险的概率。

10. 设备具有良好的稳定性

设备不应在振动、风载或其他可预见的外在作用下倾覆或产生允许方位外的运动，即要具有好的稳定性。设备若通过形体设计和自身的质量分布不能满足或不能完全满足稳定性要求时，则需要设有安全技术措施，以保证其具有可靠的稳定性。

11. 采用先进的机电自动化技术

机械化和自动化技术可以使人的操作岗位远离危险或有害场所，从而减小工伤事故，防止职业病。例如，一些重要但危险的场合采用机器人或机械手。

12. 保证调试、检查及维修保养的安全

设备运行安全检查是设备安全管理的重要措施，是防止设备故障和事故发生的有效方法。设计机械时，应考虑一些易损坏零部件拆装和更换的方便性；提供安全接近或站立措施（如梯子、平台、通道）；将机械的调整、润滑、一般维修等操作点设置在危险区外，这样可以降低操作者进入危险区的必要性，从而降低操作者出现危险的概率。

### 5.2.2　机械的安全防护措施

1. 安全防护和安全防护装置

安全防护是指通过采用安全装置、防护装置或其他手段,对一些机械危险进行预防的安全技术措施,它的目的是防止机械运行时产生各种对人员的伤害事故。安全装置是指用于消除或减小机械伤害风险的单一装置或与防护装置联用的保护装置。防护装置是指通过设置物体障碍方式将人与危险隔离的专门用于安全防护的装置。安全装置和防护装置统称为安全防护装置。

安全防护的重点是机械的传动部分、其他运动部分、操作区、高空作业区、移动机械的移动区域及一些机械由于特殊危险形式需要采取的特殊防护等。为确保安全,机械的可动零部件都应有相应的安全防护装置,凡是人员易接触的可动零部件应尽可能封闭或隔离。对于操作人员在机械运行时可能触及的可动零部件,必须配置必要的安全防护装置。对于运行中可能超出极限位置的机械设备或零部件,应配置可靠的限位装置。若可动零部件所有的动载荷或势能可能引起危险,则必须配置限速、防坠落或防逆转装置。以操作者的操作站立位置所在的平面为基准,凡高度在 2m 之内的所有传动带、转轴、传动链、联轴节、带轮、飞轮、链轮、电锯等外露危险零部件及危险部位,都必须设置安全防护装置。

2. 安全防护装置的基本要求

安全防护装置在人与危险之间构成安全保障屏障,在减轻操作者精神压力的同时,也使操作者形成心理依赖。一旦安全防护装置失败,就会增加损伤或危害健康的风险。为了达到防护目的,安全防护装置必须达到以下若干基本要求。

(1) 结构尺寸和布局形式设计合理,具有初步的保护功能。

(2) 结构必须有足够的强度、刚度、稳定性,安装可靠,不易拆卸。

(3) 装置的外形结构应尽量平整、光滑,避免尖棱锐角。

(4) 满足安全距离要求,使人体各部位远离危险。

(5) 安全防护装置应与设备运转连锁,保证安全防护装置起作用之前,设备不得运转。

(6) 不影响正常操作,不得与机械任何可动零件接触。

(7) 对人的视线障碍要达到最小。

(8) 便于检查和维修。

采取的安全防护装置必须不影响机械的预定使用,而且方便使用。严禁出现为追求机械的最大效用而导致避开安全装置的行为,不应出现遗漏保护区的情况。

3. 安全装置

安全装置是通过自身的结构功能限制或防止机械的某种危险,限制运动速度、压力等危险因素。常见的安全装置有：

（1）连锁装置。通常把安全装置与设备运转连锁，以保证安全装置起作用以前，机械不能运转。

（2）止-动装置。一种手动操纵装置，只有当手对操纵器产生作用时，机器才能启动并保持运转；当手离开操纵器时，该操纵装置则恢复到停止位置。

（3）自动停机装置。一种利用光电、感应等的安全装置，当人或人的某一部位超越安全极限时，能使机器或零部件停止运转。

（4）机械抑制装置。一种机械障碍（如支柱、撑杆、止转棒等）装置。该装置靠其自身强度、刚度支撑在机构中，用来防止某种危险运动发生。

（5）运动控制装置。这种装置也称为行程限制器，只允许机械零部件在有限的距离内动作。

### 4. 防护装置

机械设备或车间常见的防护装置有防护罩、防护挡板、防护栏杆和防护网等。防护装置按使用方式分为固定式和活动式两种，其安全技术要求为：

（1）固定防护装置是指用永久固定方式或借助紧固件固定在所需要的地方，不用工具就不能将其移动或打开的防护装置。

（2）活动式防护装置或防护装置的活动体打开时，应尽可能地与被防护的机械借助铰链或导链保持连接，防止移动的防护装置或活动体丢失或不容易复原。

（3）活动防护装置出现丧失安全功能的故障时，被防护的危险机械的功能应不能执行或停止执行。

（4）机械进、出料口的开口部分在满足功能的要求下尽可能地小，避免工作人员在此接触危险。

（5）防护装置应能有效防止物件飞出，同时防护装置应是进入危险区的唯一通道。

## 5.2.3　采取安全措施应遵循的原则

安全措施包括设计阶段采取的安全措施和用户提供的补充防护措施。当设计阶段的安全措施不能满足要求时，则由用户采取补充防护措施以最大限度地减小遗留风险。机械系统的复杂性决定了消除或减小某一危险往往需要采取多种措施，才能达到机械安全的目的。无论采取何种安全措施，都应遵循以下原则。

### 1. 安全优于经济

当安全技术措施与其他利益发生冲突时，应以安全为重，安全第一。

2. 设计先于使用

安全决策应在机械的概念设计或初步设计阶段确定,以避免将危险遗留给用户或使用中,另外还可以减少安全整改造成的浪费。

3. 设计措施不应留给用户

应该在设计阶段采用的安全措施,决不能留给使用阶段来解决。只有当设计阶段采用的措施无效或不完全有效时,其遗留的风险才可以通过使用阶段采用补救安全措施来解决。

4. 设计缺陷不可用信息弥补

使用信息只起提醒和警告作用,不能用信息代替应由设计技术手段解决的安全问题。

5. 选择安全技术措施的顺序

应按照直接安全技术措施、间接安全技术措施、指示性技术措施和附加预防措施的顺序进行。

# 5.3　机械加工安全

## 5.3.1　冷加工安全

1. 车床

车床是指主要用车刀对旋转的工件进行加工的机床,常用于加工轴、盘、套和其他具有回转表面的工件,以圆柱体为主,是机械制造中使用最广的一类机床。在车床上还可用钻头、扩孔钻、铰刀、丝锥、板牙和滚花工具等进行相应的加工。

车床有多种类型,主要有普通车床(图 5-1)、转塔车床和回转车床、自动车床、多刀半自动车床、仿形车床、立式车床、铲齿车床、专门化车床、联合车床、马鞍车床、数控车床(图 5-2)等。

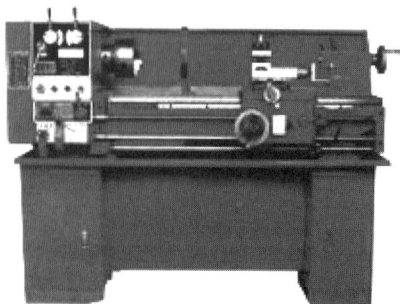

图 5-1　普通车床　　　　　　　　　图 5-2　数控车床

车削时应该注意的安全问题主要有：

(1) 认真执行《金属切削机床通用操作规程》的有关规定。

(2) 操作前要穿好工作服，袖口扣紧，上衣下摆不能敞开，留长发者要戴安全防护帽。操作车床时，必须戴好防护眼镜，严禁戴手套。要按规定润滑机床，检查各手柄是否到位，并开慢车试运转 5min，确认一切正常方能操作。

(3) 卡盘夹头要上牢，开机时扳手不能留在卡盘或夹头上。

(4) 工件和刀具装夹要牢固，刀杆不应伸出过长(镗孔除外)；转动小刀架要停车，防止刀具碰撞卡盘、工件或划破手。

(5) 工件运转时，操作者不能正对工件站立，要身不靠车床，脚不踏油盘。

(6) 高速切削时，应使用断屑器和挡护屏。

(7) 禁止高速反刹车，退车和停车要平稳。

(8) 清除铁屑，应用刷子或专用钩。

(9) 用锉刀打光工件，必须右手在前，左手在后；用砂布打光工件，要用"手夹"等工具，以防绞伤。

(10) 一切在用工具、量具、刃具应放于附近的安全位置，做到整齐有序。

(11) 车床未停稳，禁止在车头上取工件或测量工件。

(12) 车床工作时，禁止打开或卸下防护装置。

(13) 临近下班，应清扫和擦拭车床，并将尾座和溜板箱退到床身最右端。

2. 铣床

铣床是指主要用铣刀在工件上加工各种表面的机床。通常以铣刀旋转为主运动，工件(和)铣刀的移动为进给运动。铣床除能铣削平面、沟槽、轮齿、螺纹和花键轴外，还能加工各种曲面、齿轮等比较复杂的型面，效率较刨床高，在机械制造中得到广泛应用。铣床类型较多，最常见的为立式铣床(图 5-3)、龙门铣床(图 5-4)等。

图 5-3　立式铣床

图 5-4　龙门铣床

铣削时应该注意的安全问题如下。

(1) 认真执行《金属切削机床通用操作规程》有关规定。

(2) 加工工件时,工件应尽可能地放在工作台的中间位置,避免工作台受力不匀,产生变形。

(3) 工件对刀时,应采用手动进给。

(4) 工作台换向时,需先将换向手柄停在中间位置,然后再换向,不准直接换向。

(5) 加工任何工件时,严禁铣坏分度头或工作台面。

(6) 铣削加工时,选择合适的切削用量,防止机床在铣削中产生振动。

(7) 横梁或主轴箱根工件加工要求:调整好后,应锁紧牢靠,方可工作。

(8) 不准加工余量或重量超过规定的毛坯件。

(9) 工作后应将龙门、双柱、单柱、平面仿形铣床的工作台置于床身导轨的中间位置,升降台落到最低的位置上。

3. 刨床

刨床是用刨刀对工件的平面、沟槽或成形表面进行刨削的机床。刨床是通过使刀具和工件之间产生相对直线往复运动来达到刨削工件表面的目的。往复运动是刨床上的主运动。刨床除了有主运动,还有辅助运动,也叫进刀运动,刨床的进刀运动是工作台(或刨刀)的间歇移动。使用刨床加工,刀具较为简单,但生产率较低(加工长而窄的平面除外),因而主要用于单件、小批量生产及机修车间,在大批量生产中往往被铣床所代替。最常见的刨床为牛头刨床(图 5-5)和龙门刨床(图 5-6)。

图 5-5 牛头刨床

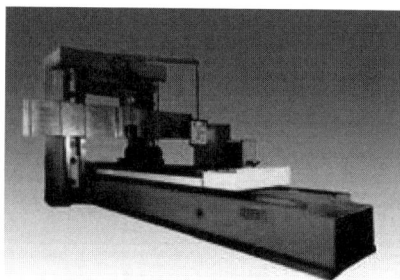

图 5-6 龙门刨床

刨削时应该注意的安全问题主要有：

（1）认真执行《金属切削机床通用操作规程》的有关规定。

（2）工作前，认真检查进给棘轮罩，应安装正确，紧固牢靠，严防进给时松动。

（3）空运转试车前，应先用手盘车使滑枕来回运动，确认情况良好后，再启动运转。

（4）横梁升降时需先松开锁紧螺钉，工作时应将螺钉拧紧。

（5）不准在机床运转中调整滑枕行程。调整滑枕行程时，不准用敲打方法来松开或压紧调整手把。

（6）滑枕行程不得超过规定范围。使用较长行程时不准开高速。

（7）工作台机动进给或用手摇动时，应注意丝杠行程的限度，防止丝杠、螺母脱开或撞击损坏机床。

（8）装卸虎钳时应轻拿轻放，以免碰伤工作台。

4. 钻床

钻床是指主要用钻头在工件上加工孔的机床。通常，钻头旋转为主运动，钻头轴向移动为进给运动。钻床结构简单，加工精度相对较低，可钻通孔、盲孔。更换特殊刀具，可扩孔、锪孔、铰孔或进行攻丝等加工。加工过程中工件不动，让刀具移动，将刀具中心对正孔中心，并使刀具转动（主运动）。

钻床类型很多，主要有立式钻床（图 5-7）、台式钻床、摇臂钻床（图 5-8）、深孔钻床、中心孔钻床、铣钻床、卧式钻床等。

图 5-7　立式钻床　　　　　　　图 5-8　摇臂钻床

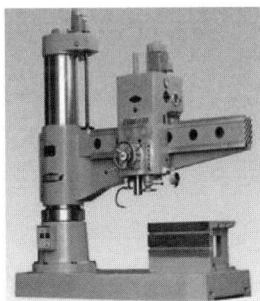

钻削时应注意的安全问题主要有：

（1）开钻前，钻床的工作台、工件、夹具、刀具，必须找正，紧固。

（2）工作前必须全面检查各个操作机构是否正常。

（3）正确选用主轴转速、进刀量，不得超载使用。

（4）超出工作台进行钻孔，工件必须平稳。

（5）钻床在运转及自动进刀时,不许变紧固、换速度,若变速只能待主轴完全停止才能进行。

（6）装卸刀具及测量工件,必须在停机后进行,不许直接用手拿工件钻削,不得戴手套操作。

（7）摇臂回转范围内不得有障碍物。

（8）工作中若发现有不正常的响声,必须立即停车检查,排除故障。

5. 镗床

用刀具在工件上对已有预制孔进行镗削加工的机床称为镗床,如图 5-9、图 5-10 所示。通常,镗刀旋转为主运动,镗刀或工件的移动为进给运动。镗床主要用于加工高精度孔或一次定位完成多个孔的精加工,此外,还可以从事与孔精加工有关的其他加工面的加工。使用不同的刀具和附件还可进行钻削、铣削、切削。它的加工精度和表面质量要高于钻床。镗床是大型箱体零件加工的主要设备。

图 5-9 立式镗床

图 5-10 卧式镗床

镗床的安全操作规程为:

（1）遵守铣镗工一般安全操作规程,按规定穿戴好劳动保护用品。

（2）检查操作手柄、开关、旋钮、夹具机构、液压活塞的连接是否处在正确位置,操作是否灵活,安全装置是否齐全、可靠。

（3）检查机床各轴有效运行范围内是否有障碍物。

（4）严禁超性能使用机床,按工件材料选用合理的切削速度和进给量。

（5）装卸较重的工件时,必须根据工件重量和形状选用合理的吊具和吊装方法。

（6）主轴转动、移动时,严禁用手触摸主轴及安装在主轴端部的刀具。

（7）更换刀具时，必须先停机，经确认后才能更换，更换时应注意防止刀刃的伤害。

（8）禁止踩踏设备的导轨面及油漆表面或在其上面放置物品，严禁在工作台上敲打或校直工件。

（9）对新的工件在输入加工程序后，必须检查程序的正确性，模拟运行程序是否正确，未经试验不允许进行自动循环操作，以防止机床发生故障。

（10）在工作中需要旋转工作台（B 轴）时，应确保其在旋转时不会碰到机床的其他部件，也不能碰到机床周围的其他物体。

（11）机床运行时，禁止触碰旋转的丝轴、光杆、主轴、平旋盘周围，操作者不得停留在机床的移动部件上。

（12）机床运转时，操作者不准擅自离开工作岗位或托人看管。

（13）若机床运行中出现异常现象及响声，应立即停机，查明原因，及时处理。

（14）当机床的主轴箱、工作台处于或接近运动极限位置时，操作者不得进入下列区域：

① 主轴箱底面与床身之间；

② 镗轴与工作台之间；

③ 镗轴伸出时，镗轴与床身或工作台面之间；

④ 工作台运动时，工作台与主轴箱之间；

⑤ 镗轴转动时，后尾筒与墙、油箱之间；

⑥ 工作台与前主柱之间；

⑦ 其他有可能造成挤压的区域。

（15）机床关机时，需将工作台退至中间位置，镗杆退回，然后退出操作系统，最后切断电源。

6. 磨床

磨床是利用磨具对工件表面进行磨削加工的机床。大多数磨床是使用高速旋转的砂轮进行磨削加工，少数使用油石、砂带等其他磨具和游离磨料进行加工，如珩磨机、超精加工机床、砂带磨床、研磨机和抛光机等。

磨床能加工硬度较高的材料，如淬硬钢、硬质合金等，也能加工脆性材料，如玻璃、花岗石。磨床能进行高精度和表面粗糙度很小的磨削，也能进行高效率的磨削，如强力磨削等。

磨床的种类很多，主要有外圆磨床、内圆磨床、坐标磨床、平面磨床（图 5-11）、无心磨床（图 5-12）、砂带磨床、珩磨机、研磨机、导轨磨床、工具磨床、多用磨床、专用磨床等。

图 5-11　平面磨床　　　　　　　　　图 5-12　无心磨床

磨削加工应用较为广泛,是机器零件精密加工的主要方法之一。但是,由于磨床砂轮的转速很高,砂轮又比较硬、脆,经不起较重的撞击,偶然的操作不当、撞碎砂轮会造成非常严重的后果。因此,磨削加工的安全技术工作显得特别重要。

磨削加工时,应注意如下一些安全技术问题。

(1) 必须采取可靠的安全防护装置,操作时要精神集中,保证万无一失。

(2) 磨削时,砂轮及工件上飞溅出的微细砂屑及金属屑会伤害工人的眼睛,工人若大量地吸入这种尘末,则对身体有害,应采取适当的防护措施。

(3) 开车前,应认真地对机床进行全面检查,包括对操纵机构、电气设备及磁力吸盘等卡具的检查。检查后,再经润滑、试车,确认一切良好,方可使用。

(4) 装卡工件时,要注意卡正、卡紧,以免出现工件松脱、飞出伤人或撞碎砂轮等严重后果。

(5) 开始工作时,应采用手调方式使砂轮缓慢与工件靠近,开始进给量要小,不许用力过猛,防止碰撞砂轮。

(6) 需要用挡铁控制工作台往复运动时,要根据工件磨削长度,准确调好,将挡铁紧牢。

(7) 更换砂轮时,必须先进行外观检查,看是否有外伤,再用木槌或木棒敲击,要求声音清脆确无裂纹。安装砂轮时,必须按规定的方法和要求装配,静平衡调试后进行安装,试车,一切正常后,方可使用。

(8) 操作者在工作中要戴好防护眼镜,修整砂轮时要平衡地进行,防止撞击。

(9) 测量工件、调整或擦拭机床都要在停机后进行。

(10) 用磁力吸盘时,要将盘面、工件擦净、靠紧、吸牢,必要时可加挡铁,防止工件移位或飞出。

（11）要注意装好砂轮防护罩或机床挡板，站位要侧过高速旋转砂轮的正面。

7. 冲压

冲制和压制的加工过程基本相同，不同的是，冲制的模具运动速度比较快、工件较小，而压制的模具运动速度较慢、工件一般较大。因此，虽然有时分别称为冲和压，但有时也统称为冲压。常见冲压设备如图 5-13～图 5-16 所示。

图 5-13　普通冲床

图 5-14　数控转塔冲床

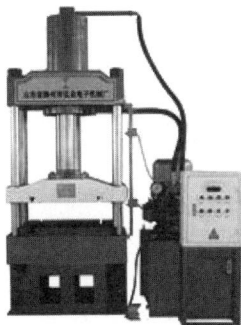

图 5-15　通用压力机

图 5-16　大型伺服压力机

在生产中，冲压生产主要是针对板材的，可通过模具做出落料、冲孔、成型、拉深、修整、精冲、整形、铆接及挤压件等，广泛应用于各个工业领域，如使用的开关插座、杯子、碗柜、碟子、电脑机箱，甚至导弹、飞机的零部件都可以用冲床或压床通过模具生产出来。

冲制和压制过程中的安全注意事项基本相同，主要有：

（1）启动设备前，要检查冲压机的操纵部分、离合器和制动器是否处于有效状态，安全防护装置是否完整好用，各部件有无异常。发现异常应立即采取必要措施，不得带病运转。

（2）正式作业前需经空转试车确认各部分正常后方可工作。

（3）暴露于冲压机之外的传动部件，必须安装防护罩，禁止在卸下防护罩的情况下开车或试车，严禁拆卸和损坏安全装置。

（4）开机前应清理工作台上一切不必要的物品，防止开车振落击伤人或撞击开关引起滑块突然启动。

（5）操作时要思想集中，严禁边谈边做。

（6）操作必须使用工具，严禁用手直接伸进模口取物；严禁将手和工具等物件伸进危险区内。模具卡住坏料时，只准用工具去解脱。

（7）在模口区调整工件位置或揭取卡在模内的工件时，手或脚必须离开开关或脚踏板。

（8）安装、拆卸模具时，必须先切断电源。

（9）一般禁止两人及两人以上同时操作机床。若需要时，必须有专人指挥并负责脚踏装置或开关的操作。

（10）每冲压完一个工件时，手或脚必须离开按钮或踏板，以防止误操作。

（11）绝对禁止同时冲压两层板料，禁止夹层进料冲压。

（12）必须清除前次冲压件或余料后才可进行第 2 次进料。

（13）突然停电或操作完毕应关闭电源，并将操纵器恢复到离合器空挡，制动器处在制动状态。

（14）发现机床运转异常或有异常声响（如连击声、爆裂声），应停止送料，检查原因。如系转动部件松动、操纵装置失灵、模具松动及缺损，应停车修理。

（15）对冲压机进行检修、调整及安装、调整、拆卸模具时，应在机床断开动力源（如电、气、液）、机床停止运转的情况下进行，并在滑块下加放垫块可靠支护。机床启动开关处挂牌通告警示。

（16）工作完毕后，应将模具和冲压床擦拭干净，整理就绪。下班前应将模具落靠，断开电源，并进行必要的清扫。

**8. 砂轮机和砂轮切割机**

砂轮机主要由基座、砂轮、电动机或其他动力源、托架、防护罩和给水器等组成，如图 5-17 所示，主要用于打磨金属零部件和刀具等。

砂轮较脆、转速很高，使用时应严格遵守安全操作规程。

（1）砂轮机的旋转方向要正确，只能使磨屑向下飞离砂轮。

（2）砂轮机启动后，应在砂轮机旋转平稳后再进行磨削。若砂轮机跳动明显，应及时停机修整。

（3）砂轮机托架和砂轮之间应保持 3mm 的距离，以防工件轧入造成事故。

（4）磨削时应站在砂轮机的侧面，且用力不宜过大。

图 5-17　砂轮机

（5）根据砂轮的使用说明书，选择与砂轮机主轴转数相符的砂轮。

（6）新领的砂轮要有出厂合格证或检查试验标志。安装前如发现砂轮的质量、硬度、粒度有问题和外观有裂缝等缺陷，不能使用。

（7）安装砂轮时，砂轮的内孔与主轴配合的间隙不宜太紧密，按松动配合的技术要求，一般控制在 0.05～0.10mm。

（8）砂轮两面要装有法兰盘，其直径不得少于砂轮直径的 1/3，砂轮与法兰盘之间应垫好衬垫。

（9）拧紧螺帽时，要用专用的扳手，不能拧得太紧，严禁用硬的东西锤敲，防止砂轮受击碎裂。

（10）砂轮装好后，要装防护罩、挡板和托架。挡板和托架与砂轮之间的间隙应保持在 1～3mm，并要略低于砂轮的中心。

（11）新装砂轮启动时，不要过急，先点动检查，经过 5～10min 试转后，才能使用。

（12）初磨时不能用力过猛，以免砂轮受力不均而发生事故。

（13）禁止磨削紫铜、铅、木头等东西，以防砂轮嵌塞。

（14）磨刀时，人应站在砂轮机的侧面，不准两人同时在一块砂轮上磨刀。

（15）打磨时间较长的刀具，应及时进行冷却，防止烫手。

（16）经常修整砂轮表面的平衡度，保持良好的状态。

（17）磨刀人员应戴好防护眼镜，禁止戴手套。

（18）吸尘机必须完好有效，如发现故障，应及时修复，否则应停止磨刀。

砂轮切割机的构造与砂轮机类似，如图 5-18 所示，只不过上面安装的不是砂轮而是砂轮片（很薄的砂轮），其作用不是磨削而是切割。使用砂轮切割机时，应注意的安全问题有：

（1）工作前必须穿着好劳动保护用品，检查设备是否有合格的接地线。

（2）要检查确认砂轮切割机是否完好，砂轮片是否有裂纹缺陷，禁止使用带病设备和不合格的砂轮片。

图 5-18　砂轮切割机

（3）切料时不可用力过猛或突然撞击，遇到有异常情况要立即关闭电源。

（4）被切割的料要用台钳夹紧，不准一人扶料，另外一人切料，并且在切料时人必须站在砂轮片的侧面。

（5）更换砂轮片时，要待设备停稳后进行，并要对砂轮片进行检查确认。

（6）操作中，机架上不准存放工具和其他物品。

9. 锯、錾、锉

锯、錾、锉(如图 5-19～图 5-21 所示)是钳工的重要工具，使用这些工具时，应注意的安全事项有：

（1）穿好工作服，扎紧袖口，长发者要戴好防护帽。

（2）钳工工作时，不可以戴手套。

（3）使用手锯时，安装锯条松紧要适当，锯削时速度不要过快，压力不要过大，以免锯条突然崩断弹出而发生伤人事件。

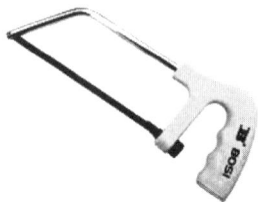

图 5-19　手锯　　　　　　　图 5-20　錾子　　　　　　图 5-21　整形锉刀

（4）当使用手锯锯工件快要锯断时，要及时用手扶住被锯下的部分，防止工件落下砸伤脚或损坏工件。

（5）錾子刃要磨锋利，以免錾削时打滑，并要及时磨去錾子头部明显的毛边。

（6）挥锤时要确保身后无人，以免锤子击伤人。

（7）在錾削特别容易飞溅的材料时，应适当减小锤击力度，操作时需戴防护眼镜。

（8）锤柄要安装牢固，如有松动应立即停止使用。

（9）切屑要用刷子清除，不得用手擦或用嘴吹。

（10）锉削时，禁止使用没有装手柄或手柄裂开的锉刀，也不可将锉刀当作拆卸工具或锤子使用。

（11）锉削时，如果暂时不使用锉刀，应将锉刀放在台虎钳工作台的右面，其手柄不可露出工作台面。

## 5.3.2　热加工安全

### 1. 铸造

铸造是将熔融金属浇注、压射或吸入铸型型腔中，待其凝固后而得到一定形状和性能铸件的方法（如图 5-22、图 5-23 所示）。常用的铸造方法有：砂型铸造、熔模铸造、壳型铸造、金属型铸造、压力铸造等。

图 5-22　浇注熔炼　　　　　　　　图 5-23　铸造砂箱

在砂型铸造加工过程中存在的不安全因素主要有：

（1）由于高温、高辐射热，易发生火灾及爆炸事故。

（2）由于工作环境恶劣，易发生砸伤、碰伤、烫伤、灼伤等事故。

（3）有害粉尘污染：在型砂和芯砂运输、加工过程中，打箱、落砂及铸件清理时，都会使作业地区产生大量的粉尘；在铸钢清砂过程中，常产生危害较大的矽尘，若没有有效的排尘措施，易患矽肺病。

（4）烟害：冲天炉、电弧炉的烟气中含有大量对人体有害的一氧化碳，在烘烤砂型或泥芯时也有一氧化碳排出。

（5）有害气体：在用焦炭熔化金属及烘烤铸型、浇包、浇注等过程中，会产生能引起呼吸道疾病的二氧化硫；当型芯干燥室受热达 200～250℃、浇注铁水型芯受热达 1000℃时,油质挥发出能引起急性结膜炎和上呼吸道炎症的丙烯醛蒸气;在浇注时,铸型、型芯和涂料中的各种有机物均能释放出大量的有害气体。

(6) 气候因素:在铸造生产过程中产生大量的热,特别是在夏天,车间内的温度经常达到 40℃以上,所以要注意改善劳动环境,防暑降温。

(7) 噪声:在清理工序中,清铲毛刺、清理铸件及铸件打箱时产生的噪声也是造成人身伤害的一种因素。

砂型铸造加工过程中的安全注意事项主要有:

(1) 铸造实习期间不准穿凉鞋、拖鞋,不准穿短裤,女生不准穿裙子。

(2) 不准随意乱动铸造车间的设备,对设备确实感兴趣的,必须首先告知师傅,经师傅批准后在师傅指导下,方可启动。

(3) 不准在车间打闹,不准随意攀登吊车、墙梯及其他设备,不准在吊车吊运物体运行线上行走或停留。

(4) 造型期间,在舂实砂型过程中手要离开砂箱,避免砸手。

(5) 造型时,不可用嘴吹分型砂。

(6) 起模针及气孔针在使用后,应注意针尖朝下放入工具箱内。

(7) 浇注期间,参加浇注的同学要平稳浇注,避免金属液飞溅,其他同学不准站在浇包近旁,也不可站在浇注同学的身旁。

(8) 浇注期间不准相互打闹,不准与正在浇注的同学或师傅交谈。

(9) 对刚浇注完的铸件,需待其冷却一定时间后再进行落砂清理。不可向刚浇注完的铸件上浇水或喷洒其他冷却物体以加速其冷却。

(10) 落砂和清理铸件时,必须戴防护手套。

2. 锻造

锻造是一种利用锻压机械对金属坯料施加压力,使其产生塑性变形以获得具有一定机械性能、一定形状和尺寸锻件的加工方法,是锻压(锻造与冲压)的两大组成部分之一。通过锻造可消除金属在冶炼过程中产生的铸态疏松等缺陷,优化微观组织结构,同时由于保存了完整的金属流线,锻件的机械性能一般优于同种材料的铸件。相关机械中负载高、工作条件严峻的重要零件,除形状较简单的可用轧制的板材、型材或焊接件外,大多采用锻件。

根据坯料的移动方式不同,锻造可分为自由锻(如图 5-24、图 5-25 所示)、镦粗、挤压、模锻、闭式模锻、闭式镦锻等。

在锻造生产中,易发生的外伤事故如下:

(1) 机械伤——由机器、工具或工件直接造成的刮伤、碰伤。主要有锻锤锤头击伤、锻造过程中打飞锻件造成伤人、辅助工具被打飞击伤、模具或冲头打崩损坏伤人、操作杆打伤人、操作杆或者锤杆断裂击伤。

图 5-24　空气锻锤

图 5-25　大型锻压机

（2）烫伤。

（3）触电。

锻造车间工伤事故的原因有：

（1）需要防护的地区、设备缺乏防护装置和安全装置。

（2）设备上的安全装置不完善或未使用。

（3）生产设备本身有缺陷或毛病。

（4）设备、工具损坏，或工作条件不适当。

（5）锻模和铁砧有毛病。

（6）工作场地组织和管理混乱。

（7）工艺操作方法及修理的辅助工作做得不适当。

（8）个人防护用具（如防护眼镜）有问题，工作服和工作鞋不符合工作条件。

（9）几个人协同作业时，彼此配合不协调。

（10）缺乏技术教育和安全知识，以致采用了不正确的步骤和方法。

锻造（自由锻、手锤锻造）的安全注意事项如下：

（1）操作前要穿戴好工作服、帽、鞋、手套和护脚布等防护用品，留有长发的女生要将长发挽起、固定后戴上工作帽。

（2）在铁砧、铁砧及空气锤旁的地面上，不得放置与工作无关的物件。

（3）开始操作前，必须检查空气锤上锤头和下铁砧是否稳固，砧面不得有油、水或氧化皮。必须检查手锤锤柄是否牢固，铁砧有无裂痕，使用的夹钳钳口是否能够稳固夹持工件。

（4）指导人员在操作示范时，学生应站在离锻打处一定距离的安全位置上，观察机器锻造时，站立的地方距离空气锤应不少于 1.5m。示范切断锻件时，所站位置应避开金属被切断时飞出的方向。

（5）操作时思想要高度集中，只准单人操作的空气锤，禁止其他人从旁帮助。

（6）严禁用手向上下锤头之间取放工具、模具等，严禁身体的任何部位进入锤头下方工作。

（7）空气锤严禁空击，严禁锻打未加热、终锻温度极低或过烧的锻件。

（8）两人手工锤锻时，严禁任何人站在挥锤者背后 2.5m 以内，两人动作必须高度协调，以免工作不一致造成人身伤害事故。

（9）要根据加热的坯料的形状选择夹钳，夹持牢固后方可锻打，以免坯料飞出伤人。手握夹钳姿势要正确，钳柄后端不得对准自己的腹部。

（10）锻造时，操作者应站在夹钳的两侧，不得将手指放在钳柄中间，不得将钳柄对着操作者的腹部，也不能将脚放在夹钳的下方。

（11）铁砧上的氧化铁皮要用扫帚扫除，不能用嘴吹或用手直接清除，不得将夹钳等工具乱扔、乱放。

（12）不要用手摸或脚踏未冷却透的锻件，以防烫伤人。加热后的材料或工件不得乱抛、乱放。

（13）因故障发生卡锤现象时，应立即切断动力源，必须在用安全栓支撑后使用工具解脱。

（14）工作结束后，应关闭空气锤电源，擦拭机器，加注润滑油。清除氧化皮和料头，熄灭加热炉中余火并切断相关电源，打扫实训场地。

3. 焊接

焊接是被焊工件的材质（同种或异种），通过加热或加压或两者并用，并且用或不用填充材料的方式，使工件的材质达到原子间的键和而形成永久性连接的工艺过程。

金属焊接方法有 40 种以上，主要分为熔焊、压焊和钎焊三大类，实验室中常用的为手弧电焊，典型的手弧焊机如图 5-26 所示。焊接时形成的接缝称为焊缝，焊缝的两侧在焊接时会受到焊接热作用，从而发生组织和性能的变化，这一区域被称为热影响区，如图 5-27 所示。

图 5-26 手弧焊机

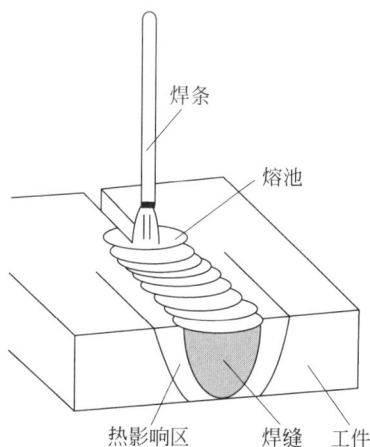

图 5-27 焊接与焊缝

（1）焊接的安全事故

焊接过程中的事故形式主要是：

① 火灾和爆炸；

② 皮肤烫伤和眼睛灼伤；

③ 触电。

其中，以火灾和爆炸危害最大。

（2）焊接火灾、爆炸事故的原因

① 焊接切割作业时，尤其是气体切割时，由于使用压缩空气或氧气流的喷射，使火星、熔珠和铁渣四处飞溅（较大的熔珠和铁渣能飞溅到距离操作点 5m 以外的地方），当作业环境中存在易燃、易爆物品或气体时，就可能会发生火灾和爆炸事故。

② 在高空焊接切割作业时，对火星所及范围内的易燃易爆物品未清理干净，作业人员在工作过程中乱扔焊条头，作业结束后未认真检查是否留有火种。

③ 气焊、气割的工作过程中未按规定的要求放置乙炔瓶，工作前未按要求检查焊（割）炬、橡胶管路和乙炔瓶的安全装置。

④ 气瓶存在制造方面的不足，气瓶的保管、充灌、运输、使用等方面存在不足，违反安全操作规程等。

⑤ 乙炔瓶、氧气瓶的气路有缺陷，使用中未及时发现和更换。

⑥ 在焊补燃料容器和管道时，未按要求采取相应措施。在实施置换焊补时，置换不彻底；在实施带压不置换焊补时压力不够，致使外部明火导入等。

（3）焊接安全措施

① 焊接切割作业时，要将作业环境 10m 范围内所有易燃、易爆物品清理干净，应注意作业环境的地沟、下水道内有无可燃液体和可燃气体，以及是否有可能泄漏可燃、易爆物质到地沟和下水道内，以免由于焊渣、金属火星引起灾害事故。

② 高空焊接切割时，禁止乱扔焊条头，对焊接切割作业下方应进行隔离，作业完毕应做认真细致的检查，确认无火灾隐患后方可离开现场。

③ 应使用符合国家有关标准、规程要求的气瓶，在气瓶的储存、运输、使用等环节应严格遵守安全操作规程。

④ 对输送可燃气体和助燃气体的气路应按规定安装、使用和管理，对操作人员和检查人员应进行专门的安全技术培训。

⑤ 焊补燃料容器和管道时，应结合实际情况确定焊补方法。实施置换法时，置换应彻底，工作中应严格控制可燃物质的含氧量；实施带压不置换法时，应按要求保持稳定的正压。工作中应严格控制其含氧量。要加强检测，注意监护，要有安全组织措施。

4．热处理

热处理是将金属材料或金属工件放在一定的介质内加热、保温、冷却，通过改变材料表面或内部的金相组织结构来控制其性能的一种金属热加工工艺。

热处理工艺一般包括加热、保温、冷却 3 个过程，有时只有加热和冷却两个过程。实验室中常用的热处理加热炉有箱式电炉、井式电炉等，如图 5-28、图 5-29 所示。

图 5-28　小型箱式电炉

图 5-29　井式电炉

热处理过程中的事故形式主要是：

（1）火灾；

（2）烫伤；

（3）触电。

热处理过程中的安全注意事项有：

（1）在操作前，首先要熟悉处理工艺规程和使用的设备。

（2）工作时，必须穿戴防护用品，如工作服、手套、防护眼镜等。

（3）严格按操作规程进行操作。

（4）未得到指导人员许可，不得擅自开关电源和使用各类仪器设备。

（5）工作场地严禁堆放易燃、易爆物品，并要保持通道畅通。

（6）仔细检查测温仪表、热电偶、电气设备的接地线是否完好。热处理仪表、仪器未经同意不得随意调整或使用。

（7）使用电阻炉前，必须仔细检查电源开关、插座及导线，保证绝缘良好，以防发生漏电、触电事故。

（8）检查炉膛内是否有其他工件，炉底板、电阻丝是否完好。

（9）必须在断电状态下往炉内装、取工件，并注意轻拿轻放，工件或工具不得接触或碰撞电热元件，更不允许将工件随意扔入炉内。

（10）箱式电阻炉使用温度不得超过额定值。

（11）不得随便触动设备危险区（如电炉的电源导线、配电屏、传动机构及电闸等），以免发生事故。

（12）凡经热处理的工件，不得用手去摸，以免工件未冷却而造成灼伤。严禁直接用手抓拿热处理工件，应按规定使用专用工具或夹具，并戴好防护手套，以防烫伤。

（13）在工作中应坚守岗位。

（14）操作结束后，应切断电源、整理工作场地，定期清理炉内脏物。

## 5.4　起重机械安全

### 5.4.1　起重机械及其事故

1. 起重机械

起重机械是以间歇、重复工作方式，通过起重吊钩或其他吊具起升、下降和搬运重物的机械设备。起重机械包括轻小起重设备、升降机和起重机。

轻小起重设备有千斤顶（包括螺旋千斤顶、齿条千斤顶、液压千斤顶等）、滑车、起重葫芦（包括手拉葫芦、手扳葫芦、电动葫芦、气动葫芦等）、绞车（包括卷筒式绞车、摩擦式绞车、绞盘等）和悬挂单轨系统。

2. 起重伤害事故

起重伤害事故，是指起重机械在作业过程中，由机具、吊物等引起的人身伤亡或设备损坏事故。起重作业属于特殊工种作业，也称危险作业。根据不完全统计，在事故多发的特殊工种作业中，起重作业发生事故的数量较高，事故后果严重，重伤、死亡人数比例大。

起重作业伤害事故的类型有：吊物打击、吊具打击、倒杆、摔臂、倾翻、相撞、挤压、触电、断绳、绳绞（击）、坠落等。

3. 起重作业事故的原因

起重作业伤害事故的原因是多方面的，归纳起来主要有：安全装置不完善、缺乏安全知识、操作技能差、对危险的认识不足、管理不严等。

（1）挤、砸伤事故

挤、砸伤事故包括吊具、吊载与地面物体之间挤伤，吊载旋转、翻倒砸伤，吊载撞击地面物体翻倒砸伤，被机体挤伤或与机体接触撞伤等，其原因如下：

① 起重机与建筑物或其他设施的安全距离不符合规定。

② 安全装置不全或部件失灵，致使起重机失控。

③ 作业场所堆放物过高，遮挡了司机视线。

④ 选择吊具、吊点不合适,捆绑方法不正确。

⑤ 起重工人违章作业。

⑥ 指挥人员指挥信号不当或司机误接受信号且误动作。

（2）失落事故

失落事故包括吊物、吊具、机体构件、工具、悬臂等物体掉落事故。造成这些事故的原因较多,常见的有吊挂不牢、起落吊不稳、起升钢丝绳破断、吊装钢丝绳破断、吊装钢丝绳脱钩、吊物零乱或捆扎不牢、吊具损坏、吊挂位置不当、吊物摆动过大、设备缺陷、运行不稳等。

（3）坠落事故

坠落事故多半发生从机体上坠落、被吊物碰落、与输送工具一起坠落等情况。坠落事故多为从事高空作业的载人吊箱脱绳、断绳等,人与箱体同时坠落而伤人。其原因包括设备有缺陷,检修人员精力不集中、确认不够,常从机器上坠落造成伤亡等。

（4）起重机的倾翻事故

倾翻事故主要发生在流动式起重机(如汽车起重机、轮胎起重机)及沿轨道运行的塔式起重机,露天工作的龙门起重机装卸桥有时也会发生倾翻。

流动式起重机发生倾翻事故的主要原因有:

① 超载使用。

② 违章操作,斜拉、斜吊、旋转过猛、过快。

③ 支腿没有处于全伸缩状态即起吊重物。

④ 作业场所土质松软或有暗沟,造成起重机支腿下沉。

⑤ 带载转弯时,过急、过小,因惯性作用造成翻车。

（5）起重机臂架折断事故

臂架折断事故也是流动式起重机常见的严重事故之一,其主要原因有:

① 起重机倾翻。起重机倾翻时,臂架较长,臂架可能先着地,也可能打在附近的建筑物上而折断。

② 超载使用。起重机的臂架是一个压弯构件,超载使用时,不仅可能使臂架局部因强度不够而破坏,更严重的是造成臂架因失稳而折断。

③ 吊重载时,操作过猛,可能造成臂架因失稳而折断。

④ 变幅钢丝绳断裂或固定不牢,钢丝绳从绳卡中脱出,使变幅钢丝绳失去作用,臂架坠落而折断。

⑤ 其他,如构件出现裂纹引起断裂。

（6）起重机触电事故

起重机上发生触电事故也是常见的,其产生原因有:

① 维修、保养人员在起重机械上带电作业,不小心碰到滑线等裸线而发生事故。也可能是当维修、保养人员在起重机上进行作业时,其他人员不知道起重机上有人,将开关合上,造成检修人员触电。

② 臂架式起重机在高压线附近作业,吊臂或绳索接触高压线造成触电事故。

③ 起重机供电电缆漏电,造成过路人员的触电事故。

### 5.4.2　实验室常用的起重机械及其安全注意事项

实验室中常用的起重机械有桥式起重机、电动葫芦、叉车等。

1. 桥式起重机安全

桥式起重机是桥架在高架轨道上运行的一种桥架型起重机,又称为天车(图 5-30)。桥式起重机的桥架沿铺设在两侧高架上的轨道纵向运行,起重小车沿铺设在桥架上的轨道横向运行,构成一矩形的工作范围,可以充分利用桥架下面的空间吊运物料,不受地面设备的阻碍。桥式起重机广泛应用在室内外仓库、厂房、码头和露天储料场等处。

图 5-30　桥式起重机

桥式起重机的安全注意事项如下:

(1) 使用前应确认所使用的起重机械有《特种设备使用登记证》和《检验合格证》,且在有效期范围内;操作者在使用起重机械前,应经过培训并考试合格,并得到设备负责人的许可。

(2) 工作中,桥架上不许有人或用吊钩运送人。

(3) 无论在任何情况下,起吊的重物下面严禁站人。

(4) 操作中必须精神集中,不许谈话、吸烟或做无关的事情。

(5) 车上要清洁干净,不许乱放设备、工具、易燃品、易爆品和危险品。

(6) 起重机不允许超负荷使用。

（7）下列情况下不许起吊：捆绑不牢；机件超负荷；信号不明；斜拉；埋压或冻在地里的物件；被吊物件上有人；没有安全保护措施的易燃品、易爆品和危险品；过满的液体物品；钢丝绳不符合安全使用要求；升降机构有故障。

（8）起重机在没有障碍物的线路上运行时，吊钩或吊具及吊物底面必须离地面 2m 以上。如果越过障碍物，需超过障碍物 0.5m 高。

（9）吊运小于额定起重量 50％的物件时，允许两个机构同时动作；吊运大于额定起重量 50％的物件时，则只可以一个机构动作。

（10）具有主、副钩的桥式起重机，不要同时上升或下降主、副钩(特殊例外)。

（11）不许在被吊起的物件上施焊、锤击及在物件下面工作(有支撑时可以)。

（12）必须在停电后，并在电源柜门上挂有停电作业的标志时，方可做检查或进行维修工作。若必须带电作业，需有安全措施保护，并设有专人照管。

（13）不许随便从车上往下扔东西。

（14）被吊物件不许在人或设备上空运行。

（15）起重机不允许互相碰撞，更不允许利用一台起重机去推动另一台起重机进行工作。

（16）吊运较重的物件、液态金属、易爆及危险品时，必须先缓慢地起吊离地 100～200mm，以测试制动器的可靠性。

（17）修理和检查用的照明灯，其电压必须在 36V 以下。

（18）桥式起重机所有电气设备的外壳均应接地。当小车轨道未焊接在主梁上时，应采取焊接地线措施。接地线可用截面积大于 75mm$^2$ 的镀锌扁铁、10mm$^2$ 的裸铜线或大于 30mm$^2$ 的镀锌圆钢。司机室或起重机体的接地位置应多于两处。起重机上任何一点到电源中性点间的接地电阻均应小于 4Ω。

（19）要定期做安全技术检查，做好预检预修工作。

2. 电动葫芦

电动葫芦简称电葫芦，是一种轻小型起重设备(图 5-31)。多数电动葫芦由人使用按钮在地面跟随操纵，也可在司机室内操纵或采用有线(无线)远距离控制。电动葫芦具有体积小、自重轻、操作简单、使用方便等特点，广泛用于工矿企业、仓储码头、实验室等场所。

电动葫芦使用注意事项如下：

（1）使用前应确认所使用的电动葫芦有《特种设备使用登记证》《检验合格证》，且在有效期范围内；在使用电动葫芦之前，应首先得到设备负责人的许可，操作者需经过培训并考试合格。

图 5-31　电动葫芦

（2）在操作者步行范围内和重物通过的路线上应无障碍物，电动葫芦运行轨道上应无异物。

（3）手控按钮在上下、左右方向应动作准确灵敏，电动机和减速器应无异常声响，制动器应灵敏可靠。

（4）上下限位器动作应准确，吊钩止动螺母应紧固，吊钩在水平和垂直方向转动应灵活，吊钩滑轮应转动灵活。

（5）钢丝绳应无明显缺陷，在卷筒上排列整齐，无脱开滑轮槽迹象，润滑良好。

（6）电动葫芦不适用于充满腐蚀性气体或相对湿度大于 85% 的场所，不宜吊运熔化金属或有毒、易燃和易爆物品。

（7）电动葫芦应由专人操纵，操纵者应充分掌握安全操作规程。

（8）无论在任何情况下，起吊的重物下面严禁站人。

（9）电动葫芦不得旁侧吊卸重物，禁止超负荷使用。

（10）在使用过程中，操作人员应随时检查钢丝绳是否有乱扣、打结、掉槽、磨损等现象，如果出现，应及时排除，并要经常检查导绳器和限位开关是否安全可靠。

（11）在日常工作中不得人为地使用限位器来停止重物提升或停止设备运行。禁止同时按下两个相反方向的按钮。

（12）使用过程中，发现故障应及时切断主电源。

（13）在使用过程中，绝对禁止在不允许的环境下及超过额定负荷和每小时额定合闸次数（120 次）的情况下使用。

（14）在使用中必须由专门人员定期对电动葫芦进行检查，发现故障及时采取措施，并仔细记录。

（15）电动葫芦不工作时，不允许将重物悬挂在空中，以防止零部件产生永久变形。

（16）工作完毕后，电动葫芦应停在指定的安全地方，关闭电源总开关。

3. 叉车

叉车是指对成件托盘货物进行装卸、堆垛和短距离运输、重物搬运作业的各种轮式搬运车辆。叉车属于物料搬运机械，是机械化装卸、堆垛和短距离运输的高效设备。

叉车虽然品牌众多，车型复杂，但总体可分成两大类：一类是电动叉车，另一类是内燃叉车，分别如图 5-32 和图 5-33 所示。由于叉车兼有起重和运输两种功能，所以要特别注意安全。

叉车的安全注意事项如下：

（1）操作人员必须经过相关部门考试合格，取得政府机构颁发的特殊工种操作证，方可驾驶叉车，并严格遵守各项安全操作规程。

图 5-32　电动叉车

图 5-33　内燃叉车

（2）车辆使用前，应严格检查，严禁带故障出车。

（3）起步前，观察四周，确认无妨碍行车安全的障碍后，先鸣笛，后起步。

（4）货叉上下严禁站人。

（5）叉车在载物起步时，驾驶员应先确认所载货物平稳可靠，起步时需缓慢平稳起步。

（6）行驶时，货叉底端距地面高度应保持 300～400mm，门架需后倾。

（7）行驶时不得将货叉升得太高。进出作业现场或行驶途中，要注意上空有无障碍物刮碰。

（8）卸货后应先降落货叉至正常的行驶位置后再行驶。

（9）转弯时，如附近有行人或车辆，应发出信号，禁止高速急转弯。

（10）非特殊情况，禁止载物行驶中急刹车。

（11）叉车运行时，载荷必须处在不妨碍行驶的最低位置，除堆垛或装车时，不得升高载荷。

（12）叉载物品时，应按需调整两货叉间距，使两叉负荷均衡，不得偏斜，物品的一面应贴靠挡货架，叉载的重量应符合载荷中心曲线标志牌的规定。

（13）载物高度不得遮挡驾驶员的视线。

（14）在进行物品的装卸过程中，必须用制动器制动叉车。

（15）叉车接近或撤离物品时，车速应缓慢平稳，注意车轮不要碾压物品、木垫等，以免碾压物飞起伤人。

（16）禁止高速叉取货物和用叉头与坚硬物体碰撞。

（17）叉车进行叉物作业时，禁止人员站在货叉周围，以免货物倒塌伤人。

（18）不准用制动惯性溜放物品。

（19）禁止货叉上物品悬空时离开叉车，离开叉车前必须卸下货物或降下货叉架，停车制动手柄拉死或压下手刹开关，发动机熄火，停电，拔下钥匙。

# 思 考 题

1. 操作机床前,为什么要穿好工作服,袖口扣紧,上衣下摆不能敞开,严禁戴手套,不得在开动的机床旁穿、脱换衣服?

2. 操作车床时,为什么必须戴好防护眼镜,留长发者要戴安全防护帽并将长发藏于防护帽中?

3. 车削开始前,为什么要进行极限位置检查? 车床极限位置检查的方法是什么?

4. 安装工件时,为什么工件要装正、夹紧,装、卸工件后必须及时取下卡盘扳手?

5. 启动车床前,为什么应检查车床各手柄是否处于正常位置?

6. 装卸刀具和切削工件时,为什么均要先锁紧方刀架?

7. 启动车床后,为什么不准离开机床,且要精神集中?

8. 在机床快速进给时,为什么要把手轮离合器打开?

9. 操作车床时,为防止切屑伤手,是否可以戴手套?

10. 操作车床时,是否可以用手摸旋转的工件和度量旋转的工件?

11. 在铣削中清理切屑时,应使用什么工具?

12. 铣削中要牢固安装刀具,刀头伸出部分的长度约为刀体高度的多少倍?(　　)

　　A. 1 倍　　　　B. 1.5 倍　　　　C. 2 倍　　　　D. 3 倍

13. 使用数控铣床时,是否可以在一人装夹工件时,另一人传输程序?

14. 铣床加工工作结束后,为什么工作台应停在中央位置、升降台应落到最低位置?

15. 操作者为什么不得站在牛头刨工作台前面?

16. 为什么牛头刨的工作台周围要设置障碍?

17. 刨削时,为什么工件、刀具及夹具必须进行牢固装夹?

18. 牛头刨工作台或龙门刨床刀架做快速移动时,为什么应将手柄取下或脱开离合器?

19. 新砂轮安装时,为什么一般应经过二次平衡?

20. 为什么严禁用手拿工件在磨床上进行磨削?

21. 磨床开车后,为什么应站在砂轮侧面,砂轮和工件应平稳地接触,使磨削量逐渐加大,不准骤然加大进给量?

22. 为什么不准用砂轮磨削铜、锡、铅等软质工件?

23. 使用钻床工作时,为什么应全面检查钻床、工具、夹具等,确认无误后方可进行?

24. 使用钻床钻孔时,工件是否需要牢固可靠地装夹?

25. 在钻床上钻削小工件,是否可以直接用手拿,而不必使用工具夹持?

26. 在钻床上工作时,是否可以戴手套进行工作?

27. 在钻床上工作时,如果钻头上缠有长铁屑,在不停车的情况下,是否可以用刷子或铁钩清除长铁屑?

28. 使用摇臂钻床工作结束时,为什么应将横臂降到最低位置,主轴箱靠近主轴,并且要夹紧?

29. 使用钻床钻孔时,是否身体与主轴应靠近些,这样工作起来比较方便?

30. 使用钻床时,如果工件材料较硬或钻孔较深,为什么应在工作过程中不断将钻头抽出孔外,排出铁屑,同时应使用冷却液润滑,必要时采用保护性卡头?

31. 开始冲压操作前,为什么应认真检查防护装置的完好性及离合器和制动装置的安全性?

32. 冲压小工件时,为什么不得用手送,应使用专用工具?

33. 在冲压过程中,为什么必须小心谨慎地控制脚踏开关,严禁外人在脚踏开关的周围停留?

34. 在冲压过程中,如果工件卡在模子里,是否可以直接用手取出?

35. 多人操作时,是否可以由多人控制脚踏开关的使用?

36. 在进行冲压操作时,无论是剪板、冲裁还是成型,为什么手绝对不允许放在刀口或模具之下?

37. 使用手锯时,为什么安装锯条松紧要适当,锯削时速度不要过快,压力不要过大?

38. 当使用手锯锯工件快要锯断时,为什么要及时用手扶住被锯下的部分?

39. 锉削时,为什么禁止使用没有装手柄或手柄裂开的锉刀,也不可将锉刀当作拆卸工具或锤子使用?

40. 钳工工作时,是否也应穿好工作服,扎紧袖口,长发者要戴好防护帽并将长发藏于防护帽中?

41. 钳工工作时,是否可以戴手套进行工作?

42. 铸造实习期间,为什么不准穿凉鞋、拖鞋,不准穿短裤,女生不准穿裙子?

43. 为什么不准随意乱动铸造车间的设备,对设备确实感兴趣的,必须首先告知师傅,经师傅批准后在师傅指导下方可启动?

44. 为什么不准在铸造车间打闹,不准随意攀登吊车、墙梯或者其他设备,不准在吊车吊运物体运行线上行走或停留?

45. 为什么造型期间,在舂实砂型过程中手要离开砂箱?

46. 为什么浇注的同学要平稳浇注,避免金属液飞溅,禁止在此期间相互打闹?

47. 浇注期间,其他同学是否可以不必让开通道,或可以站在浇注同学的身旁?

48. 是否可以向刚浇注完的铸件上浇水或喷洒其他冷却物体,加快其冷却?

49. 落砂和清理铸件时,为什么必须戴防护手套?

50. 造型时,为什么不可用嘴吹分型砂?

51. 起模针及气孔针在使用后,为什么应注意针尖朝下放入工具箱内?

52. 锻造实习期间,是否要穿好工作服、工作鞋?

53. 锻造操作前,为什么必须检查设备及工具,当工具开裂及铆钉松动时,不准使用?

54. 锻造操作时思想要集中,为什么掌钳者必须夹牢和放稳工件,并控制锤击方向?

55. 锻造时,为什么握钳者应将钳把置于体侧,不得正对腹部,或将手放入钳股之间?

56. 锻打时,为什么锻件应放在下抵铁中央,锻件及垫铁等工具必须放正、放平?

57. 锻造过程中,踩踏杆时,为什么脚跟不可悬空进行操作?

58. 锻造过程中,不锤击时,为什么脚不应踩在踏杆上?

59. 锻造实习中,为什么不得随意拨动锻压设备的开关和操纵手柄等?

60. 氧-乙炔火焰气焊与气割时,为什么其供气系统必须配置回火保险器?

61. 在进行气焊与气割操作时,为什么要正确选择和调整好气体减压器的工作压力?

62. 焊接场地在 10m 内,为什么禁止堆放易燃和易爆物品?

63. 焊工防护面罩可有效地进行哪些防护?

64. 焊接场地,为什么应预留安全通道并经常保持它的畅通?

65. 气焊与气割前,为什么必须检查输送气体的橡胶软管有无磨损、扎伤、老化、裂纹等现象,发现损坏应立即更新?

66. 激光焊接机床工作前,为什么需要首先打开水循环装置?

67. 焊接电弧所产生的弧光辐射可造成哪些伤害?(　　　　)
    A. 对人体眼睛的伤害　　　　B. 对人体皮肤的灼伤
    C. 场地火灾事故　　　　　　D. 急性电光性眼炎

68. 热处理操作时,为什么必须穿戴好必要的防护用品,如工作服、手套、防护眼镜等?

69. 在操作电炉时,为什么要注意不要触及电炉丝,开启炉门前要先切断电源?

70. 箱式电阻炉的外壳为什么必须可靠接地?

71. 热处理实验采用的淬火介质如水、矿物油、其他混合介质等,使用后是否可以直接排入下水道?

72. 什么是起重设备? 有哪些类型?

73. 实验室常用的起重设备有哪些？

74. 起重设备的常见事故是什么？产生的原因有哪些？

75. 使用起重设备应注意哪些事项？

# 参 考 文 献

[1] ARMNITAGE P，FASEMORE J. Laboratory Safety[M]. London，1977.

[2] PAL S B. Handbook of Laboratory Health and Safety Measures[M]. MTP Press Limited，1985.

[3] 李五一. 高等学校实验室安全概论[M]. 杭州：浙江摄影出版社，2006.

[4] 赵庆双，冯志林，裴志刚，等. 清华大学实验室安全手册[M]. 北京：清华大学出版社，2003.

[5] 王健石. 机械安全速查手册[M]. 北京：机械工业出版社，2009.

[6] 徐格宁，袁化临. 机械安全工程[M]. 北京：中国劳动社会保障出版社，2008.

[7] 孙桂林. 起重机械安全技术手册[M]. 北京：中国劳动社会保障出版社，2008.

[8] 全国机械安全标准化技术委员会. 机械安全标准汇编[M]. 北京：中国标准出版社，2007.

[9] 李孜军. 机械安全知识问答[M]. 北京：中国劳动社会保障出版社，2007.

[10] 王金华，郭兴铭. 机械安全技术[M]. 北京：化学工业出版，1996.

[11] 陈庆武. 机械安全技术[M]. 北京：中国劳动出版社，1993.

[12] 曾周良. 热加工安全技术[M]. 北京：航空工业出版社，1990.

[13] 王先逵. 机械加工工艺手册[M]. 北京：机械工业出版社，2008.

[14] 徐鸿本，曹甜东. 车削工艺手册[M]. 北京：机械工业出版社，2011.

[15] 彭云峰，郭隐彪. 车削加工工艺及应用[M]. 北京：国防工业出版社，2010.

[16] 凌二虎，徐浩. 车削加工禁忌实例[M]. 北京：机械工业出版社，2005.

[17] 郭开生，解伟坡. 现代铣削加工技术[M]. 北京：金盾出版社，2012.

[18] 姜全新，唐燕华. 铣削工艺技术[M]. 沈阳：辽宁科学技术出版社，2009.

[19] 任敬心，华定安. 磨削原理[M]. 北京：电子工业出版社，2011.

[20] 李伯民，赵波. 现代磨削技术[M]. 北京：机械工业出版社，2003.

[21] 张小亮，张浩. 刨工基本技术[M]. 北京：机械工业出版社，1999.

[22] 陈文. 刨工操作技术要领图解[M]. 济南：山东科学技术出版社，2005.

[23] 任兆应，张维纪. 实用钻孔技术[M]. 北京：金盾出版社，1997.

[24] 付振元. 论冲床的安全技术与安全管理.(清华大学图书馆电子资源)1983.

[25] 陶荣伟，邱立功. 钳工实用技术[M]. 长沙：湖南科学技术出版社，2012.

[26] 袁梁梁，伍忠. 钳工基本技能[M]. 武汉：华中科技大学出版社，2008.

[27] 李弘英. 铸造生产实用技术[M]. 北京：机械工业出版社，2010.

[28] 王文清，沈其文. 铸造生产技术禁忌手册[M]. 北京：机械工业出版社，2010.

[29] 王炎山. 锻压[M]. 北京：机械工业出版社，2002.

[30] 袁名炎，涂强. 锻压设备故障与排除方法[M]. 北京：航空工业出版社，1998.

[31]　李亚江. 先进材料焊接技术[M]. 北京：化学工业出版社,2012.

[32]　张毅. 焊接设备使用与维护[M]. 北京：化学工业出版社,2011.

[33]　陈祝年. 焊接工程师手册[M]. 北京：机械工业出版社,2010.

[34]　赵忠魁. 金属材料科学及热处理技术[M]. 北京：国防工业出版社,2012.

[35]　汪庆华. 热处理工程师指南[M]. 北京：机械工业出版社,2011.

[36]　马鹏飞,李美兰. 热处理技术[M]. 北京：化学工业出版社,2009.

[37]　张青,王晓伟,张瑞军. 起重机构造与使用维护手册[M]. 北京：化学工业出版社,2011.

[38]　王福锦. 起重机械事故预防与故障分析[M]. 北京：北京理工大学出版社,2008.

[39]　孙桂林. 起重机械安全技术手册[M]. 北京：中国劳动社会保障出版社,2008.

[40]　吕志信. 起重工安全操作技术问答[M]. 北京：中国计量出版社,2006.

[41]　清华大学实验室与设备处. 全校学生实验室安全课考试题库. 2007.

[42]　清华大学材料学院. 实验室安全手册[M]. 北京：清华大学出版社,2015.

# 第6章 高压容器安全

本章所讲的高压容器包括气瓶、压力容器、水热反应釜、空气压缩机等实验室中常用的盛装有高压气体的容器。而高压锅炉、高压管道、高液压设备等，未涉及。

## 6.1 气瓶使用安全

### 6.1.1 瓶装气体

瓶装气体分为单一气体、混合气体和特种气体三大类。

1. 单一气体

单一气体是指瓶内仅充装一种气体，又常被称为工业纯气。单一气体又可再分为永久性气体、液化气体和溶解气体3类。

（1）永久性气体

永久性气体是指临界温度小于−10℃的气体。这类气体在气瓶使用温度范围内，在充装、储运、使用过程中，不发生气、液相变，总是呈现气态。

（2）液化气体

液化气体是指临界温度大于或等于−10℃的气体。液化气体又可再细分为高压液化气体和低压液化气体两种。

① 高压液化气体

高压液化气体是指临界温度大于或等于−10℃且小于70℃的气体。高压液化气体在充装时为液态，在允许的工作温度下储存和使用时，气体在瓶内的状态会随着环境状态的变化而变化，即低于和等于临界温度时，瓶内的介质为气、液两态共存，高于临界温度时为气态。

② 低压液化气体

低压液化气体的临界温度大于或等于70℃，在气体充装、储运和使用过程中，瓶内气体均为气、液两相共存状态（主要是液态），液体的密度会随温度的变化而变化。

（3）溶解气体

在一定的压力下，溶解于气瓶内的溶剂中的气体称为溶解气体。目前我国的溶解气体只有一种，即溶解乙炔。

乙炔的临界温度为 36.3℃,其三相点压力较低,仅为 0.13MPa,常温下极易液化。由于加压的乙炔的热力学性质很不稳定,极易发生分解和聚合反应。当像永久气体或液化气体那样装瓶时,稍给能量,如过分振动撞击,则可发生爆炸。因此,必须将气态乙炔溶解于气瓶内的溶剂中。另外,乙炔瓶内还充填有硅酸钙质的多孔材料(孔隙率为 90%～92%),乙炔实际上是溶解在多孔材料内的溶剂中。据此,使乙炔稳定,从而达到安全充装、储运、使用的目的。

2. 混合气体

混合气体包括自然合成和人工配制的混合气(二元或多元混合气)。其中,含可燃气体组分在 2%(容积或质量)以上者为可燃性混合气;含自燃性气体组分在 0.5%(容积或质量)以上者为自燃性混合气;含剧毒气组分 0.5%(容积)以上者为剧毒性混合气;含腐蚀性气体组分时,无论其浓度多少,均视为腐蚀性混合气。

3. 特种气体

特种气体是指满足特种需要的气体,包括单一气体和混合气体。

特种气体有时也称为稀有气体,主要包括电子气体和标准气体两大类,它是集成电路制造和大型石油化工装置正常运行必不可少的重要材料。

(1) 电子气体:微电子技术,如集成电路制造、IC 生产线、硅片加工等微电子元件的加工,需要品种繁多的高纯、超高纯(组成的最低浓度为 $10^{-6}$ 量级)特种气体,故人们常把这种用于微电子技术的特种气体称作电子气体。

(2) 标准气体:标准气体属于标准物质。标准物质是高度均匀的,有良好的稳定性和量值准确的测量标准,它们具有复现、保存和传递量值的基本作用。在物理、化学、生物与工程领域中,用于校准测量仪器、评价测量的准确度和检验实验室的检测能力、确定材料或产品的特性量值及进行量值仲裁。

## 6.1.2　气瓶

1. 气瓶的结构

从结构上看,气瓶大致可分为无缝气瓶和焊接气瓶两类,分别如图 6-1、图 6-2 所示。实验室中所用的气瓶,多数为底部凹形的无缝气瓶。

2. 气瓶的材质

绝大多数气瓶是钢质的,即钢瓶。但也有铝合金气瓶、铜合金气瓶、镍合金气瓶及复合材料气瓶。

3. 气瓶的承受压力

气瓶的承受压力主要是指公称工作压力和水压试验压力,并据此将气瓶分为低压气瓶和高压气瓶两类,见表 6-1。

(a)底部形状：H形

(b)底部形状：凹形

(c)底部形状：凸形

(d)底部形状：凸形带底座

(e)端部形状：双口

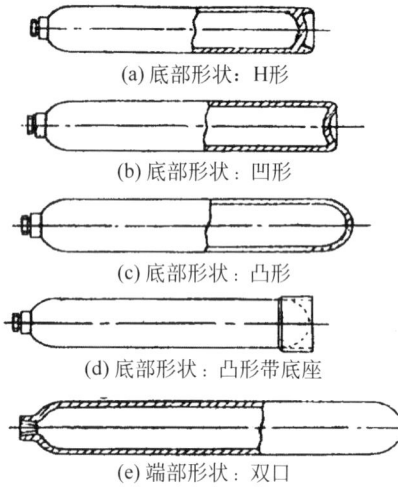

图 6-1　无缝气瓶的典型结构

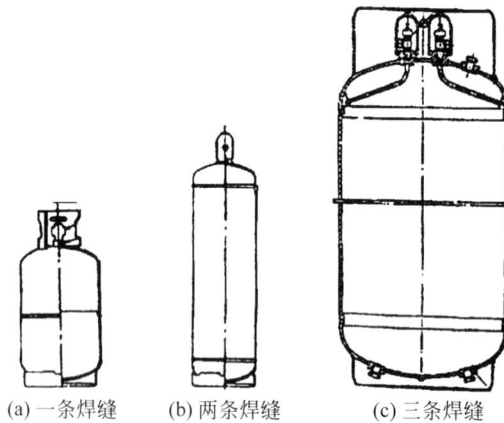

(a)一条焊缝　　　(b)两条焊缝　　　(c)三条焊缝

图 6-2　焊接气瓶的典型结构

表 6-1　气瓶压力系列

| 压力类别 | 低压气瓶 | 高压气瓶 |
| --- | --- | --- |
| 公称工作压力/MPa | 1,1.6,2,3,5 | 8,12.5,15,20,30 |
| 水压试验压力/MPa | 1.5,2.4,3,4.5,7.5 | 12,18.8,22.5,30,45 |

4. 气瓶的主要技术参数

气瓶的主要技术参数为公称工作压力、公称容积和直径。

（1）公称工作压力

气瓶的公称工作压力简称公称压力。对盛装永久气体的气瓶,公称工作压力是指在基准温度时(一般为 20℃)所盛装的气体的限定充装压力;对于盛装液化气体的气瓶,是指温度为 60℃时瓶内气体压力的上限值;对于盛装溶解乙炔气的气瓶,是指在充装量下,温度为 60℃时瓶内乙炔气的压力。

常用气体的气瓶的公称工作压力见表 6-2。盛装毒性为极度和高度危害的液化气体的气瓶,其公称工作压力的选用应适当提高。

表 6-2　常用气体的气瓶的公称工作压力

| 气体类别 | | 公称工作压力/MPa | 常用气体 |
|---|---|---|---|
| 永久气体<br>($t_c < -10℃$) | | 30 | 空气、氧、氢、氮、氩、氖、氪、氙、甲烷、煤气、天然气、氟气等 |
| | | 20 | |
| | | 15 | 空气、氧、氢、氮、氩、氖、氪、甲烷、煤气、三氟化硼、四氟甲烷、一氧化碳、一氧化氮、氘、氚等 |
| | | 20 | 二氧化碳、一氧化二氮、乙烷、乙烯、硅烷、磷烷、乙硼烷等 |
| | | 15 | |
| 液化气体<br>($t_c \geqslant -10℃$) | 高压液化气体<br>($-10℃ \leqslant t_c \leqslant 70℃$) | 12.5 | 氙、六氟化硫、氯化氢、乙烷、乙烯、三氟氯甲烷、六氟乙烷、三氟甲烷、氟乙烯等 |
| | | 8 | 六氟化硫、三氟氯甲烷、六氟乙烷、三氟甲烷、氟乙烯、偏二氟乙烯、三氟溴甲烷等 |
| 液化气体<br>($t_c \geqslant -10℃$) | 低压液化气体<br>($t_c > 70℃$) | 5 | 溴化氢、硫化氢、碳酰二氯、硫酰氟等 |
| | | 3 | 氨、二氟氯甲烷、三氟乙烷等 |
| | | 2 | 氯、二氧化硫、环丙烷、氯甲烷、氟化氢等 |
| | | 1 | 正丁烷、异丁烷、异丁烯、氯乙烷、甲胺、三氯化硼等 |

（2）公称容积和直径

气瓶的公称容积可分为 3 类:12L(含 12L)以下为小容积,12～100L(含100L)为中容积,100L 以上为大容积。我国在《钢质无缝气瓶》标准中规定了用于充装永久气体或高压液化气体的钢质无缝气瓶的公称容积范围为 0.4～80L;盛装低压液化气体或溶解乙炔气体的钢质焊接气瓶的容积范围为 10～1000L。各种钢瓶的类别及其公称容积见表 6-3。

表 6-3　钢瓶的类别及其公称容积

| 容积类别 | 容积(V)/L | 气瓶结构类型 | 充装气体种类 | 容积系列级别/L |
|---|---|---|---|---|
| 小容积气瓶 | V≤12 | 无缝气瓶 | 永久气体或高压液化气体 | 0.4,0.7,1,1.4,2,2.5,3.2,4,5,6.3,7.0,8,9,10,12 |
| | | 焊接气瓶 | 低压液化气体或溶解乙炔 | 10 |
| 中容积气瓶 | 12<V≤100 | 无缝气瓶 | 永久气体或高压液化气体 | 20,25,32,36,38,40,45,50,63,70,80 |
| | | 焊接气瓶 | 低压液化气体或溶解乙炔 | 16,25,40,50,60,80,100 |
| 大容积气瓶 | V>100 | 焊接气瓶 | 低压液化气体或溶解乙炔 | 150,200,400,600,800,1000 |

我国制造的溶解乙炔气瓶都是焊接结构的,而且将其公称容积定为 10~60L,分为 10L、16L、25L、40L、60L,参见 GB 11638—89。

5. 气瓶附件

气瓶附件是指瓶帽、瓶阀、安全装置和防震圈。

(1) 瓶帽

保护瓶阀用的帽罩式安全附件统称为瓶帽。其功能是：避免气瓶在搬运和使用过程中由于碰撞而损伤瓶阀,从而引起漏气、燃烧、爆炸等事故。

瓶帽按其结构形式可分为拆卸式和固定式两种,如图 6-3 和图 6-4 所示。

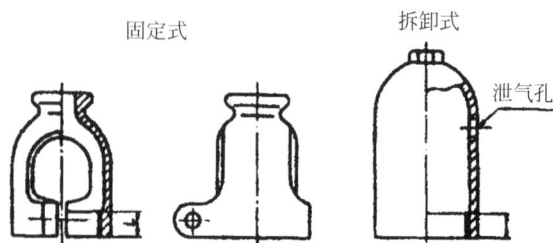

图 6-3　固定式和拆卸式瓶帽

气瓶在运输、储存过程中必须佩戴好瓶帽,若无用户特殊要求,按规定一般应配制固定式瓶帽。

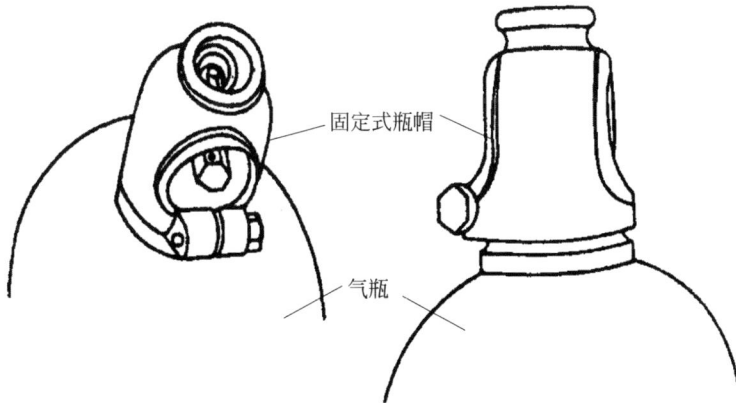

图 6-4　固定式瓶帽

（2）瓶阀

瓶阀是气瓶的主要附件，其作用是控制气体的进出。

我国气瓶瓶阀的标准有 6 种：GB 7517—1998《液化石油气瓶阀》、GB 10877《氧气瓶阀》、GB 10879《溶解乙炔气瓶阀》、GB 13438—1992《氩气瓶阀》、GB 13439—1998《液氯气瓶阀》、GB 17926—1999《压缩天然气瓶阀》。

按其结构，瓶阀分为销片式、套筒式、钩轴式、针形式、隔膜式和球压式等几种。

（3）安全装置

气瓶的安全装置主要有爆破片、易熔合金塞、弹簧泄放装置、复合式泄放装置等，其作用是：当气瓶的压力超出一定的范围时，安全装置可自动爆破或开启，使瓶内的气体泄放出来，从而降低气瓶内气体的压力，防止气瓶爆炸。

气瓶是否应该设置安全装置，在科技界是一个有争议的问题。有人认为设置是有益的，有人认为设置是有害的。世界各国做法也各不相同，我国目前还处于试验论证阶段。

（4）防震圈

防震圈是指气瓶上两个套在瓶体上部和下部的橡胶圈，其主要功能是使气瓶免受直接冲击。气瓶是移动式压力容器，它在充气、使用、搬运过程中，常因滚动、振动而相互碰撞或与其他物体碰撞，这不但会产生伤痕或变形，甚至还会导致物理性爆炸。防震圈还可以保护气瓶的漆色标志，可以减轻瓶身的磨损等。

防震圈的厚度一般不应小于 25～30mm，其套装位置一般与气瓶上、下端部距离各为 200～250mm。

6. 气瓶的颜色标志

气瓶的颜色标志是指气瓶的外表颜色、字样、字色和色环。其作用有两个：一是气瓶的种类识别依据,即通过不同的颜色标记能够非常明确、清晰地从气瓶外表迅速辨别出瓶内气体的性质(可燃性、毒性),避免错装和错用;二是防止气瓶锈蚀。

(1) 颜色标志

气瓶的颜色标志,应符合 GB 7144—1999《气瓶的颜色标志》要求。实验室常用气瓶的颜色标志见表 6-4。

**表 6-4 实验室常用气瓶的颜色标志**

| 气瓶 | 颜色 | 字样 | 字色 | 色环 |
|---|---|---|---|---|
| 氧气 | 淡蓝 | 氧 | 黑 | 白 |
| 氢气 | 淡绿 | 氢 | 大红 | 淡黄 |
| 氮气 | 黑 | 氮 | 淡黄 | 白 |
| 氩气 | 浅灰 | 氩 | 绿 | |
| 乙炔 | 白 | 乙炔 不可近火 | 大红 | |
| 氨气 | 浅黄 | 液氨 | 黑 | |
| 氯气 | 深绿 | 液氯 | 白 | |

(2) 字样

字样是指气瓶充装介质的名称、气瓶所属单位名称和其他内容的文字标识。介质名称一般用汉字表示,小容积的气瓶可用化学式表示。除表 6-4 所示的字样外,还应包括其他安全或使用注意事项,例如,溶解乙炔气瓶上的"不可近火"等。

(3) 色环

色环是区别充装同一介质,但具有不同公称工作压力的气瓶标志。凡充装同一介质且公称工作压力比规定起始级高一个等级的气瓶要加涂一道色环,高两个等级的加涂两道色环。

7. 气瓶的钢印标志

气瓶的钢印标志包括制造钢印标志和检验钢印标志,一般采用机械方法打印在瓶肩或护罩等不可拆卸部件上,形成永久性标志。

(1) 制造钢印标志

制造钢印标志是由制造厂打印的,内容包括设计、制造、充装、使用、检验等技术参数,一般打成圆扇形,项目和排列如图 6-5 所示。其中,序号所指如下:1 为充装气体名称或化学分子式;2 为气瓶编号;3 为水压试验压力(MPa);4 为公称工作压力(MPa);5 为实际重量(kg);6 为实际容积(L);7 为瓶体设计壁厚(mm);8 为单位代码和制造年月;9 为产品标准号;10 为气瓶制造单位;11 为监督检验标记。

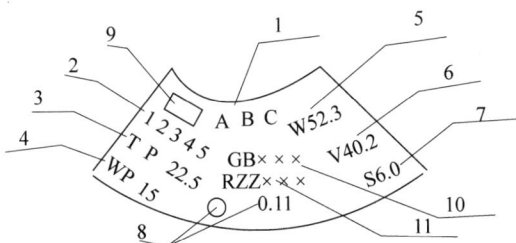

图 6-5　无缝气瓶制造钢印标志

（2）检验钢印标志

检验钢印标志是气瓶定期检验后，由检验单位打印的。检验钢印标志的项目和排列一般如图 6-6 所示。

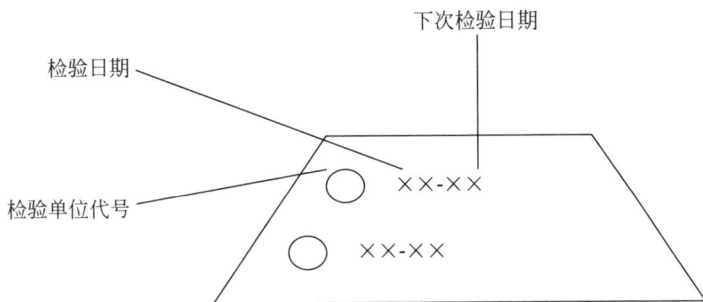

图 6-6　气瓶检验钢印

## 6.1.3　瓶装气体的主要危害

1. 爆炸与燃烧

储存在气瓶内的气体的压力较高，如氧气的压力为 15MPa，氢气的压力为 14MPa。当高压气瓶遇到高温或强烈碰撞时，会发生爆炸。易燃气体在空气中泄漏达到一定浓度时遇明火易发生爆炸和燃烧。

2. 中毒

瓶装气体中有一部分是毒性气体，有毒气体泄漏会造成人体中毒。

3. 腐蚀

瓶装气体多数为非腐蚀性气体，但由于瓶装工业气体往往不纯，结果本来属于非腐蚀性的气体变成了腐蚀性的甚至是强腐蚀性的气体。比如氯化氢，当无水时，它对普通钢瓶没有腐蚀性，但当含水量大于 0.03% 时，其腐蚀性就大大增加。事实说明，水分的影响是一个普遍性的问题，也就是说，气瓶的腐蚀性大多与气体的干燥程度有关。

### 6.1.4　常用瓶装气体的主要性质与危害

1. 氧气

(1) 主要性质

氧气是一种无色、无味、无嗅的气体,分子式为 $O_2$,相对分子质量为 31.998,气体相对密度为 1.105(空气为 1),熔点为 $-218.4℃$,沸点为 $-182.97℃$,临界温度为 $-118.4℃$,临界压力为 5.79MPa。

氧气的化学性质特别活泼,除贵金属金、铂及惰性气体外,所有元素都能与氧气发生反应。而且随着氧气纯度的提高,氧化反应越发激烈,一些在空气中不易燃烧的物质,在纯氧中却很容易燃烧。氧气具有强烈的助燃特性,是一种强氧化剂。

(2) 危害

氧气虽然是人类赖以生存的物质,但当人长时间在高浓度氧环境中吸入纯氧时,会引起"氧酸性中毒",易患富氧病。

液氧助燃性好,泄漏液氧遇可燃物时,容易引起燃烧和爆炸。

2. 氮气

(1) 主要性质

氮气是一种无色、无味、无嗅的气体,分子式为 $N_2$,相对分子质量为 28.013,气体相对密度为 0.967(空气为 1),熔点为 $-210.5℃$,沸点为 $-195.8℃$,临界温度为 $-147.05℃$,临界压力为 3.39MPa。

(2) 危害

氮气虽然无毒、无味,但它是一种能使人或动物窒息的气体。人长期处于氮含量高于 82% 的环境中,有发生缺氧窒息的危险。人处于氮含量高于 92% 的环境中,会因严重缺氧而在数分钟内窒息死亡。

3. 氢气

(1) 主要性质

氢气是一种无色、无味、无嗅的气体,分子式为 $H_2$,相对分子质量为 2.016,气体相对密度为 0.069(空气为 1),氢的熔点为 $-259.24℃$,沸点为 $-252.78℃$,临界温度为 $-240.0℃$,临界压力为 1.3MPa。

氢是世界上最轻的物质,分子运动速度很快,具有最大的扩散速度和较高的导热性,其导热能力是空气的 7 倍。

(2) 危害

氢气是一种可燃性气体,且具有扩散速度快、点火能量低等特点。当与空气或纯氧混合后,在有火源的条件下,极易发生燃烧或爆炸,且爆炸的威力十分巨大。使用时,应特别小心。

氢气虽然是一种无毒、无味、无嗅的气体,但它同氮气一样是一种窒息性气体。当空气中氢气的浓度达到 50% 时,就会使人昏睡;浓度达到 75% 时,就能使人窒息死亡。

4. 惰性气体

(1) 主要性质

惰性气体在常温下都是单原子气体,这是惰性气体独有的特性。

(2) 危害

惰性气体同氮气一样是窒息性气体,可引起急速窒息。储存和使用时,要保证足够地通风。

5. 二氧化碳

(1) 主要性质

二氧化碳气是一种无色、无味、无嗅的气体,分子式为 $CO_2$,密度为 1.977,气体相对密度为 1.53(空气为 1),熔点为 $-56.57℃$,沸点为 $-78.4℃$,临界温度为 $31.1℃$,临界压力为 7.38MPa。

(2) 危害

由于二氧化碳是一种无色、无嗅的气体,密度又大于空气,因此常常积聚于低洼之处。当二氧化碳浓度达到一定限量时,往往会不知不觉地使人、畜及其他动物中毒,甚至窒息死亡。

6. 氨气

(1) 主要性质

氨气是一种无色透明、带刺激性臭味的气体,分子式为 $NH_3$,相对密度为 0.5971(空气为 1),常压下的熔点为 $-77.74℃$,沸点为 $-33.41℃$,临界温度为 $132.5℃$,临界压力为 11.48MPa。

氨极易溶于水,常温常压下 1 体积水能溶解 900 体积的氨。通常将溶有氨的水称为氨水,呈弱碱性。氨气与氯气接触能发生自燃,并形成不稳定的、极易爆炸的氯化氢。

(2) 危害

氨(无水)挥发性大,刺激性强烈。氨气刺激鼻黏膜会引起窒息,能使咽喉发生红肿,引起咳嗽、声音嘶哑、肺气肿、肺炎。氨对神经系统也有刺激作用,并能破坏呼吸机能及血液循环。皮肤接触液氨会引起化学性灼伤,使皮肤生疮糜烂。液氨溅入人眼可引起冻伤,冻伤处变为苍白色。

7. 氯气

(1) 主要性质

氯气是一种黄绿色、带刺激性臭味的毒性气体,分子式为 $Cl_2$,相对密度为 2.49(空气为 1),常压下的熔点为 $-120℃$,沸点为 $-34.6℃$,临界温度为 $144℃$,临界压力为 7.76MPa。

氯气是一种化学性质很活泼的气体,在不同的温度下,能直接与许多金属、非金属及有机物反应,生成各种氯化物或含氯化合物。

(2) 危害

氯气主要对呼吸系统的黏膜有刺激作用,吸入后会引起咳嗽、气喘、窒息、眼睛和咽喉有灼伤感,严重的可致命。液氯或高浓度的氯气与皮肤或眼睛接触,可造成局部刺激,引起水泡或冻伤。

8. 乙炔气

(1) 主要性质

常温常压下纯乙炔是无色、无嗅的可燃气体,分子式为 $C_2H_2$,相对密度为 0.906(空气为 1),三相点的温度为 $-88.55℃$,临界温度为 $35.18℃$,临界压力为 6.19MPa。

气态乙炔如果很纯,有乙醚一样的香味;若不纯,则有近似大蒜一样的臭味。乙炔与空气或氧气混合,能在很宽的范围内形成爆鸣性气体。乙炔与氯气的反应非常激烈,甚至发生爆炸。因此,严禁乙炔与氯气接触。

(2) 危害

纯乙炔气体本身是没有毒性的,类似氢、氮对人体的影响,是一种窒息性气体。当空气中乙炔浓度达到 20% 以上时,由于空气中氧含量的减少会使人感到呼吸困难或头昏。乙炔浓度达到 40% 以上时,人会虚脱。此外,乙炔还有阻碍氧化的作用,使脑缺氧,引起昏迷麻醉。乙炔中含有较多杂质(如硫化氢、磷化氢等)时,则中毒症状加快。

## 6.1.5　气瓶爆炸典型事故

1. 氧气瓶爆炸

(1) 湖南益阳某造船厂

事故经过:1985 年 5 月 9 日,湖南益阳某造船厂驾船工从益阳市某制氧厂装运 6 只充装 15MPa 的氧气瓶运回船厂时,他把气瓶从坡度 30° 的河堤上往下滚,气瓶因相互碰撞而发生爆炸。一只气瓶粉碎性爆炸,大部分碎片落入江中;另一只气瓶飞起 20m 高,然后落入江中,还有一只落在木排上,此后又有两只气瓶发生了爆炸。

事故分析:事故原因为装运违反有关规定,错误地采用抛、滑、滚方式,导致气瓶相撞,造成事故。

(2) 南京某特种汽车制配厂等

事故经过:1988 年 5 月 9 日上午南京某特种汽车制配厂发生氧气瓶爆炸,当日下午南京玻璃厂又发生氧气瓶爆炸。共造成 2 人死亡,2 人受伤。爆炸气瓶均为南京钨钼丝厂氢氧站所充装。

事故分析:事故原因为氢氧混装,造成氧气瓶中混有氢气。

在事故调查处理过程中,另外又查找出 9 只气瓶含有氢氧混合的爆鸣性气体,及时采取了有效措施,有效防止了继续发生连环爆炸。

2. 氢气瓶爆炸

事故经过:1993 年 2 月 1 日扬州某制药厂发生氢气瓶爆炸,死亡 1 人。同年 11 月 27 日扬州市某卫生防疫站再次发生氢气瓶爆炸事故,检验科副科长当场死亡。两起事故中的两只爆炸气瓶均为扬州晶体管厂同一天充装。

事故分析:爆炸原因为气瓶中混入了氧气,形成氢氧混合的爆鸣性气体,同批次充装的气瓶均受到了污染,形成了爆炸危险。

在 2 月 1 日首起事故发生后,事故调查和处理部门当即封存了几乎所有可疑气瓶进行调查、分析,并从中找到了大量的氢氧混合的危险气瓶,大大减少了连环爆炸事故发生的可能性。但是扬州市某卫生防疫站的那只氢气瓶还是漏网了,最终该次事故未能幸免。

3. 乙炔气瓶事故

事故经过:1980 年 2 月 7 日,上海某厂运输科危险品仓库在装卸乙炔瓶时一只发生爆炸。瓶体被炸成 3 截,瓶上部飞出 11.6m,中部飞出 3.6m,爆炸气浪将仓库石棉瓦房顶全部掀飞,一扇门飞出 15m,办公室墙壁被炸成直径约 1.4m 的缺口,并使一只乙炔瓶飞出 15m,另一只乙炔瓶窜入办公室撞在更衣箱上,1 名仓库管理员当场死亡,1 名搬运工左腿被炸断。

事故分析:这只爆炸的气瓶系上海高压容器厂 1976 年出厂的氧气瓶,1979 年由某厂改成乙炔瓶,瓶内填料为活性炭,改装工艺(如充装密度、充装方法)也存在一定问题。容积 40L 的气瓶极限充装量为 4.8m³,而这只事故瓶容积为 38.5L,充装了 5.4m³,超装约 1m³。由于上述原因,加上运输过程中的激发能量,致使气瓶爆炸。

4. 液化石油气瓶事故

事故经过:2000 年 8 月 8 日,辽宁省葫芦岛市火车站小吃店的一只 YSP-50 液化石油气瓶爆炸,造成 5 人死亡,11 人受伤。这个小吃店除混凝土框架还在外,门窗和墙体均被炸毁;小吃店对面的长途汽车客运站大楼被炸得体无完肤;爆炸产生的巨大气浪将小吃店门前停放的出租汽车掀出数米远,其中一辆报废,另两辆严重损坏。

事故分析:液化石油气瓶因瓶阀松动而漏气,泄漏出的液化石油气与空气混合后遇明火而发生爆炸。

# 6.2 压力容器使用安全

## 6.2.1 压力容器基本知识

1. 压力容器

从广义上讲,容器器壁两边存在一定压力差的所有密闭容器均可称作压力容器。这里所说的压力容器,主要是指那些工作压力较大(工作压力是指容器在正常使用过程中所承受的最高压力载荷),容易发生事故且事故的危害性较大,须由专门机构进行监督,并按规定的技术管理规范进行制造和使用的容器。如图 6-7、图 6-8 所示。

图 6-7  卧式压力容器

图 6-8  立式压力容器

我国规定,同时具备以下 3 个条件的容器才属于《压力容器安全技术监察规程》的管制范围。

(1) 最高工作压力大于或等于 0.1MPa(不包括液体静压力,下同);

(2) 内直径(非圆形截面可指其最大尺寸)不小于 0.15m,且容积$\geqslant$0.025m$^3$;

(3) 盛装介质为气体、液化气体或最高工作温度高于或等于标准沸点的液体。

2. 压力容器的分类

压力容器的型式繁多,分类方法也有多种,常用的分类方法有以下几种。

(1) 按压力分类

按所承受压力 $p$ 的高低,压力容器可分为 4 类。

① 低压容器,$0.1\text{MPa}\leqslant p\leqslant 1.6\text{MPa}$。

② 中压容器,$1.6\text{MPa}\leqslant p\leqslant 10\text{MPa}$。

③ 高压容器,$10\text{MPa}\leqslant p\leqslant 100\text{MPa}$。

④ 超高压容器,$p\geqslant 100\text{MPa}$。

（2）按设计温度分类

按设计温度 $t$ 的高低,压力容器可分为:

① 低温容器,$t\leqslant -20℃$。

② 常温容器,$-20℃<t<450℃$。

③ 高温容器,$t\geqslant 450℃$。

（3）《压力容器安全技术监察规程》（简称《容规》）对压力容器的分类

《容规》中,根据容器的压力高低、介质的危险程度及在生产过程中的重要作用,将压力容器分为第 1 类压力容器、第 2 类压力容器、第 3 类压力容器 3 类。压力越高,介质危险程度越大,在生产中的作用越重要,级别越高。

第 3 类压力容器（代号Ⅲ）包括:

① 高压容器。

② 毒性程度为极度和高度危害的中压容器。

③ 易燃或毒性程度为中度危害介质且压力容积乘积 $PV\geqslant 10\text{MPa}\cdot\text{m}^3$ 的中压储存容器。

④ 易燃或毒性程度为中度危害介质且 $PV\geqslant 0.5\text{MPa}\cdot\text{m}^3$ 的中压反应容器。

⑤ 毒性程度为极度和高度危害介质且 $PV\geqslant 0.2\text{MPa}\cdot\text{m}^3$ 的低压容器。

⑥ 高压、中压管壳式余热锅炉,包括用途属于压力容器并主要按压力容器标准、规范进行设计和制造的直接受火焰加热的压力容器。

⑦ 中压搪玻璃压力容器。

⑧ 使用按相应标准中抗拉强度规定值下限大于或等于 540MPa 的强度级别较高的材料制造的压力容器。

⑨ 移动式压力容器,包括铁路罐车或汽车和罐式集装箱（介质为液化气体、低温液体罐）等。

⑩ 容积大于 $50\text{m}^3$ 的球形储罐、容积大于 $5\text{m}^3$ 的低温绝热压力容器。

第 2 类压力容器（代号Ⅱ）包括:

① 中压容器。

② 毒性程度极度和高度危害介质的低压容器。

③ 含有易燃介质或毒性程度为中度危害介质的低压反应容器和低压储存容器。

④ 低压管壳或余热锅炉。

⑤ 低压搪玻璃压力容器。

第1类压力容器(代号Ⅰ)包括除第3类、第2类低压容器之外的所有低压压力容器。

具体的分类方法可查《压力容器安全技术监察规程》。

## 6.2.2　压力容器事故与危害

### 1. 压力容器的潜在危害性

压力容器是一种具有潜在爆炸危害的特殊设备。把压力容器看作是一种特殊设备管理,不仅是因为它比较容易发生事故,更主要的是事故具有极大的危害性。压力容器发生事故,不仅设备本身遭到破坏,往往还会破坏周围的设备和建筑物,甚至诱发一连串恶性事故,如烫伤、烧伤、大面积中毒、严重的火灾、人员伤亡等。

压力容器的潜在危害性与其工作介质、工作压力和容积具有密切的关系。工作介质是液体的压力容器,由于液体的压缩性极小,因此在容器发生爆炸时其膨胀功及释放的能量很小,危害也小,所以一般不把工作介质为液体的压力容器列于作为特殊设备管理的压力容器范围之内。工作介质是气体的压力容器,因气体具有很大的压缩性,在容器发生爆炸时,瞬时卸压膨胀所释放的能量很大,危害性也很大。承载压力和容积相同的压力容器,工作介质为气体的要比介质为液体的爆破能量大数百倍至数万倍。例如,一个容积为 $10m^3$、工作压力为 1.1MPa 的容器,如果介质是空气,其爆破所释放的能量(气体绝热膨胀做的功)约为 $1.36 \times 10^7 J$;如果介质是水,则其爆炸时所释放的能量仅为 $2.2 \times 10^3 J$,前者为后者的 6200 倍。当然,这里所说的液体,是指常温下的液体,不包括最高工作温度高于其标准沸点(即标准大气压下的沸点)的液体和液化气体。因为这些介质虽然在容器中由于压力较高而绝大部分呈液态(实际上是气、液并存的饱和状态),但当容器爆炸时,容器内的压力降低,这些液体会立即汽化,体积急剧膨胀,所释放的能量也很大。

一般来说,工作压力越高或者容器的容积越大,则容器爆炸时气体膨胀所释放的能量也越大,事故的危害性越严重。

### 2. 压力容器爆炸事故的类型

压力容器的爆炸事故,按其原因可分为物理爆炸和化学爆炸两类。

物理爆炸是由容器内介质的物理变化(如液化气体超装及温度升高引起体积增大)引起超压和容器材料机械性能不足造成的事故。

化学爆炸是指容器内的介质发生剧烈的燃烧氧化反应或聚合放热反应(如混有爆炸气体并达到爆炸极限时或发生了非正常的化学反应使温度、压力迅速升高),由于化学反应能量来不及释放而引起的容器破坏。

3. 压力容器爆炸事故的危害形式

压力容器发生事故的危害形式主要有振动、碎片的破坏、冲击波、有毒物质的毒害及二次爆炸燃烧等。

（1）振动

压力容器发生爆炸时，都会发生巨大的响声，这种响声可使物体发生振动，设备损坏，也会伤及人的耳膜和内脏，危及人的生命。

（2）碎片的破坏

压力容器发生爆炸时，有些壳体可裂解为大小不等的碎块或碎片向四周飞散，这些具有较高速度或质量较大的碎片，在飞出的过程中具有较大的动能，可击穿房屋，损坏设备、管道及伤害人体，也可能引起连续爆炸或酿成火灾、中毒等。因此，压力容器就像一颗巨型炸弹，稍有不慎，就可能引爆，发生事故。

（3）冲击波危害

压力容器发生爆炸时，80%以上的能量都是以冲击波的形式向外扩散的。压力容器破裂时，容器内的高压气体大量冲出，使周围的空气受到冲击而发生扰动，使压力、温度、密度等发生突跃变化，这种扰动在空气中传播就成为冲击波。空气冲击波所产生的突跃变化，最显著的表现压力开始时突然升高，产生一个很大的正压力，接着又迅速衰减，在很短的时间内正压降为 0，而且还会继续下降至小于大气压的负压。如此反复循环数次，压力一次比一次小，直到趋于平衡。它像水波一样向外扩散，传播特性如图 6-9 所示。

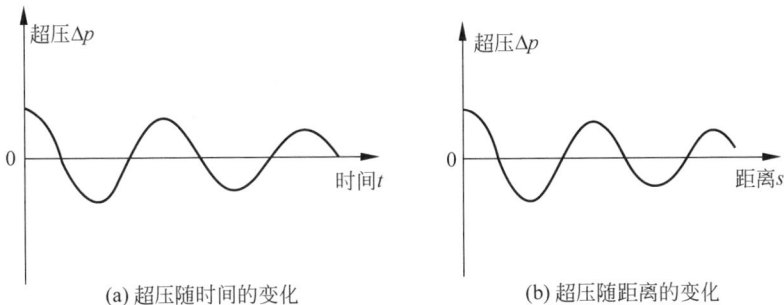

(a) 超压随时间的变化　　　　　　(b) 超压随距离的变化

图 6-9　爆炸冲击波的传播特性

冲击波的破坏作用主要由波阵面上的超压 $\Delta p$ 引起。在爆炸中心附近，空气冲击波波阵面上的超压 $\Delta p$ 可以达到几个甚至几十个大气压。在这样高的压力下，建筑物将被摧毁，设备、管道会遭到严重破坏，即便是 0.05 个大气压（0.005MPa）的超压，也会使门窗玻璃破碎。1 个大气压（0.1MPa）的超压就可以使人死亡，冲击波对建筑物和人体的伤害程度见表 6-5 和表 6-6。

表 6-5　冲击波超压 Δp 对建筑物的破坏作用

| 超压 Δp/MPa | 对建筑物的破坏情况 |
| --- | --- |
| 0.005～0.006 | 门窗玻璃部分破碎 |
| 0.006～0.015 | 受压面的玻璃大部分破碎 |
| 0.015～0.02 | 窗框破坏 |
| 0.02～0.03 | 墙体产生裂缝 |
| 0.03～0.05 | 墙体大裂缝、屋瓦掉下 |
| 0.05～0.07 | 木建筑厂房柱折断、房架松动 |
| 0.07～0.10 | 砖墙倒塌 |
| 0.10～0.20 | 防震钢筋混凝土结构破坏、小房屋倒塌 |
| 0.20～0.30 | 大型钢架结构破坏 |

表 6-6　冲击波超压 Δp 对人体的伤害作用

| 冲击波超压 Δp/MPa | 对人体的伤害作用 |
| --- | --- |
| 0.02～0.03 | 轻微损伤 |
| 0.03～0.05 | 听觉器官损伤或骨折 |
| 0.05～0.10 | 内脏损伤或死亡 |
| >0.10 | 大部分人员死亡 |

冲击波波阵面上超压的大小与产生冲击波的爆炸能量有关,在其他条件相同的情况下,爆炸能量越大,超压越高。

爆炸气体产生的冲击波是立体的,它以爆炸点为中心,以球面形状向外扩散。

(4) 毒害

如果压力容器内的介质为有毒介质,当容器破裂时,有毒介质外泄,部分介质会流入地沟,造成环境污染,部分介质汽化蒸发向外扩散,造成大面积毒害地区,使人和动植物中毒,甚至危害生命。表 6-7 列出了容器中经常充装的有害气体的危险浓度。

表 6-7　有害气体的危险浓度

| 有毒气体名称 | 吸入 5～10min 致死的浓度/% | 吸入 30～60min 致重病的浓度/% | 吸入 30～60min 致死的浓度/% |
| --- | --- | --- | --- |
| 氨 | 0.50 | | |
| 氯 | 0.09 | 0.0014～0.0021 | 0.0035～0.005 |
| 二氧化硫 | 0.05 | 0.015～0.019 | 0.053～0.065 |
| 硫化氢 | 0.08～0.10 | 0.036～0.050 | 0.042～0.060 |
| 二氧化氮 | 0.05 | 0.011～0.021 | 0.032～0.053 |
| 氟化氢 | 0.027 | 0.01 | 0.011～0.014 |

大多数液化气体生成的蒸气体积为液体的 200～300 倍,如液氯为 240 倍,液氨为 150 倍,氢氰酸为 200～370 倍,液化石油气为 180～200 倍。1000kg 液氯容器破裂时可酿成 86 000m³ 的致死伤亡区,5 500 000m³ 的中毒范围;1m³ 的氢氰酸可使 3700m³ 的空间变为中毒伤亡区。

(5) 二次爆炸燃烧

许多压力容器充装的是可燃液化气体,如液化石油气等。当容器破裂时,液化气大量蒸发,与周围空气混合,遇到明火,会在容器外发生二次爆炸,酿成更大的火灾事故。一个 15kg 民用液化石油气瓶爆炸破裂时,其燃烧范围可达 20m,一个 1000kg 的液化石油气罐破裂爆炸时,其燃烧范围可达 78m(以容器为中心,以 39m 为半径的半球形区域)。

## 6.2.3　压力容器事故预防

为了保证压力容器的安全使用,预防事故发生,主要从管理措施和技术措施两方面着手。

1. 压力容器管理

(1) 档案管理

技术档案是压力容器设计、制造、使用和检修全过程的文字记载,它向人们提供各过程的具体情况,通过它可以使压力容器的管理部门和操作人员全面掌握设备的技术状况,了解其运行规律。完整的技术档案是正确且合理使用压力容器的主要依据。因此,建立压力容器的技术档案是安全技术管理工作的一个重要基础工作。压力容器应逐台建立技术档案,技术档案应包括压力容器的原始技术资料、容器使用情况记录资料和容器安全附件技术资料等。

(2) 完善安全使用规章

压力容器的使用单位,在压力容器投入使用前,应按《压力容器使用登记管理规则》的要求,到安全监察机构或授权的部门逐台办理使用登记手续,取得使用证,才能将容器投入运行。

压力容器的使用登记管理,主要依据《锅炉压力容器安全监察暂行条例实施细则》和《压力容器使用登记管理规则》来进行。

为保证压力容器的安全和可靠运行,正确和合理地使用压力容器至关重要。建立和完善压力容器安全使用管理的各项规章制度,并有效地执行和落实,是确保压力容器使用安全的基本条件。压力容器的使用单位,应在压力容器管理和操作两方面,制定相应的规章制度。

2. 技术措施

(1) 正确操作

压力容器的合理使用对安全的影响极大。容器的使用单位除应设置专门管理机构和专职管理人员对容器进行安全技术管理、建立和健全安全管理制度外,还应对容器的操作人员提出具体要求,并在容器运行过程中从使用条件、环境和维修等方面采取控制措施,以保证容器的安全运行。

(2) 细心维护保养

压力容器的使用安全与其维护保养工作密切相关。维护保养的目的在于提高设备的完好率,使容器能保持在完好状态下运行,提高使用效率,延长使用寿命。

加强容器日常维护保养工作,才能使容器在稳定的完好状态下运行。

(3) 定期检验

为确保压力容器的正常运行,压力容器要定期检验,压力容器的定期检验是指在容器的设计使用期限内,每隔一定的时间,即采用适当有效的方法,对它的承压部件和安全装置进行检查或进行必要的检验。

(4) 配置有效的安全附件

由于安全附件对于保证压力容器的安全非常重要,下面单独列出一节加以介绍。

## 6.2.4  压力容器的安全附件

安全阀、爆破片和压力表是压力容器最重要的安全附件。

1. 安全阀

安全阀是压力容器上最常用的安全泄压装置,它通过阀的自动开启排出介质,以降低容器内的过高压力。

安全阀的优点是:只排出压力容器内的高于规定值的部分压力,当容器内的压力降到正常压力值时则自动关闭,使压力容器和安全阀重新工作,从而不会使压力容器一旦超压就需将全部介质排出而造成浪费和生产中断;安全阀的安装和调整比较容易。

安全阀的缺点是:密封性较差,即使比较好的安全阀在其正常工作的工作压力作用下也难免会有轻微的泄漏;由于弹簧等的惯性作用,阀门的开启有滞后现象,因而泄压反应较慢;当介质不洁净时,阀芯和阀座会粘连,致使安全阀达到开启压力时打不开或使安全阀关闭不严密,未达到开启压力就已泄漏。同时,安全阀对压力容器的介质有选择性,它适用于比较洁净的介质,如空气、水蒸气、水等,不宜用于有毒介质,更不适用于可能发生剧烈反应而使容器内压力急剧上升的介质。

　　通常按加载方式将安全阀分为重锤杠杆式安全阀和弹簧式安全阀两类。

　　重锤杠杆式安全阀利用重锤和杠杆来平衡作用在阀瓣上的力,通过调整重锤在杠杆上的位置或改变重锤的质量来调整校正安全阀的开启压力,如图 6-10 所示。重锤杠杆式安全阀的特点是结构简单、调整容易且比较准确、所加载荷不会随阀瓣的升高而显著增大、动作与性能不太受高温的影响。但其结构比较笨重,重锤与阀体的尺寸不相称、阀的密封性对振动较敏感,阀瓣回座时容易偏斜,回座压力比较低,有的甚至要降到正常工作压力的 70% 才能保持密封,这对压力容器的持续正常运行是不利的。

　　弹簧式安全阀利用弹簧被压缩的弹力来平衡作用在阀瓣上的力,通过调整螺母来调整安全阀的开启(整定)压力,如图 6-11 所示。弹簧式安全阀的特点是结构比较紧凑,灵敏度比较高,安置方位不受限制,对振动不敏感,但其所加载荷会随阀的开启而变化,阀上的弹簧会由于长期受高温的影响而弹力降低。弹簧式安全阀宜用于移动设备和介质压力脉动的固定设备。

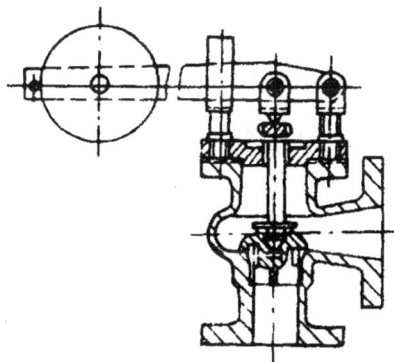

图 6-10　重锤杠杆式安全阀　　　　　　图 6-11　弹簧式安全阀

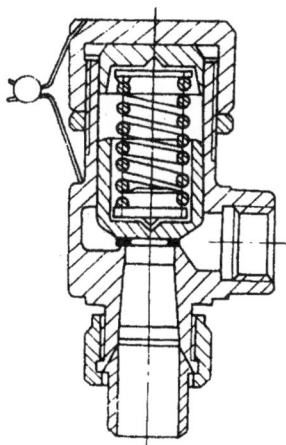

对安全阀有以下要求。

　　(1) 安全阀应选用经省级以上(含省级)安全监督机构批准的企业生产的合格产品。

　　(2) 对易燃介质或有毒程度为极度、高度或中度危害的介质的压力容器应在安全阀的排出口装设导管,将排放介质引到安全地点,并进行安全处理,不得直接排入大气。

　　(3) 移动式压力容器安全阀的开启压力应为罐体设计压力的 1.05～1.10 倍,安全阀的额定排放压力不得高于罐体设计压力的 1.2 倍,回座压力不应低于开启压力的0.8倍。

(4) 杠杆式安全阀应有防止重锤自由移动的装置和限制杠杆越出的导架,弹簧式安全阀应有防止随便拧动调整螺钉的铅封装置,静重式安全阀应有防止重片飞脱的装置。

(5) 新安全阀在安装之前,应根据情况进行调试后,才准许安装使用。

(6) 安全阀一般每年应至少校验一次。

2. 爆破片

爆破片又称为防爆膜、防爆片,是一种断裂型的泄压装置,它利用膜片的断裂来泄压,泄压后爆破片不能继续有效使用,压力容器也被迫停止运行。

(1) 爆破片的特点

与安全阀相比,爆破片有以下特点。

① 适用于浆状、有黏性、腐蚀性的介质,这种情况下安全阀不可靠。

② 惯性小,可对急剧升高的压力迅速做出反应。

③ 严密无泄漏,适用于盛装昂贵或有毒介质的压力容器。

④ 便于维护、更换。

(2) 爆破片的局限性

爆破片的局限性为:当爆破片爆破时,工艺介质损失较大,所以常与安全阀串联使用以减少工艺介质的损失;不宜用于经常超压的场合;爆破特性受温度及腐蚀介质的影响较大。

(3) 爆破片的结构形式

爆破片主要由一副夹盘和一块很薄的膜片组成。夹片用埋头螺钉将膜片夹紧,然后装在容器的接口法兰上。通常所说的爆破片已经包括了夹盘等部件,所以也称为爆破组合件。常见的爆破组合件有以下3种。

① 膜片预拱成形,并预先装在夹盘上的拉伸型爆破片,如图6-12(a)所示,这种爆破片的特点是爆破压力比较稳定,并且可以在很大的压力范围内使用。

② 利用透镜垫和锥形夹盘型式的爆破片,如图6-12(b)所示,可适用于高压场合。

③ 螺纹接头夹盘,如图6-12(c)所示,是通过螺纹套管和垫圈将膜片压紧,但膜片容易偏置,因而使用可靠性差。

(4) 爆破片适用的场所

由于爆破片的自身特点,在以下情况下应优先选用爆破片作为泄压装置。

① 工作介质为不洁净气体的压力容器

当气体混有黏性或粉状的物质、或容易产生结晶体时,对于这样的气体,如果采用安全阀为泄压装置,这些杂质或结晶体就会在长期运行过程中积聚在阀瓣上,使阀座产生较大的黏结力,或者堵塞阀的通道,减少气体对阀瓣的作用面积,使安全阀不能按规定的压力开启,失去安全阀泄压装置的应有作用。在这种情况下,安全泄压装置应采用爆破片。

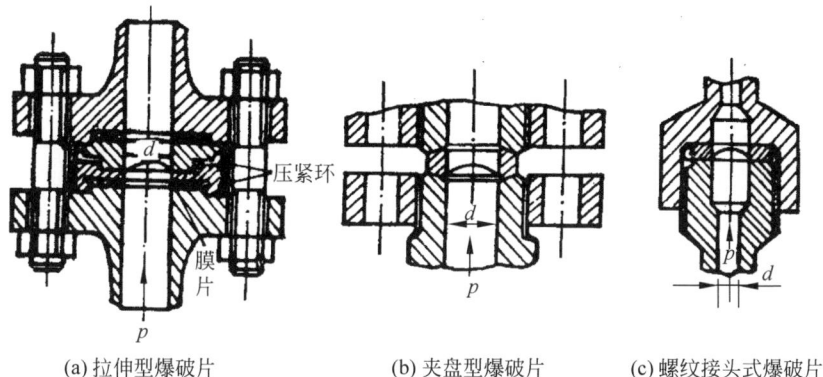

(a)拉伸型爆破片　　　　　　(b)夹盘型爆破片　　　　(c)螺纹接头式爆破片

图 6-12　爆破组合件的形式

② 由于物料的化学反应可能使压力迅速上升的压力容器

有些反应容器由于容器内的物料发生化学反应产生大量的气体,使容器内的压力升高。这样的压力容器常常由于操作不当,如投料的数量有误、原料不纯、反应速度控制不当等,发生压力骤增。在这种情况下,如果采用安全阀作为泄压装置,一般是难以及时泄放压力的。这种容器的安全泄压装置应采用爆破片。

③ 工作介质为剧毒气体的压力容器

盛装剧毒气体的压力容器,其安全泄压装置也应该采用爆破片,而不宜采用安全阀,以免安全阀泄漏而污染环境。

④ 工作介质为强腐蚀介质的压力容器

盛装强腐蚀性介质的压力容器的安全泄压装置也应选用爆破片。若选用安全阀,由于介质的腐蚀作用,使阀瓣与阀座关闭不严,产生泄漏,或使阀瓣与阀座黏结,不能及时打开,而使容器爆破。

(5)对爆破片的要求

对爆破片有以下要求。

① 爆破片应选用持有国家质量技术监督局颁发的制造许可证的单位生产的合格产品。

② 爆破片的选用必须符合压力容器的设计需要。

③ 对易燃介质或有毒程度为极度、高度或中度危害的介质的压力容器应在爆破片的排出口装设导管,将排放介质引到安全地点,并进行安全处理,不得直接排入大气。

④ 爆破片应定期更换,对于超过最大设计爆破力而未爆破的爆破片应立即更换;在苛刻条件下使用的爆破片装置应每年更换,一般爆破片应在 2～3 年内更换(制造单位明确可延长使用寿命的除外)。

(6) 爆破片的维护

爆破片在使用期间不需要特殊维护,但需要定期检查爆破片、夹持器及泄放管道。

① 对爆破片主要检查表面有无伤痕、腐蚀、变性,有无异物附在其上。必要时可用溶剂和水进行清洗,如果发现有腐蚀应及时更换。

② 对夹持器、真空托架,要检查腐蚀情况,接触表面有无损伤、异物。

③ 对泄放管道的检查包括:是否畅通,有无腐蚀,固定处是否牢固;还要检查拦截爆破片碎片装置的情况。

④ 由于物理、化学因素的作用,爆破片的爆炸压力会逐渐降低,因此在正常使用条件下,即使不破裂,也应定期(一般是一年一次)予以更换。

3. 压力表

压力表是一种测量压力大小的仪表,可用来测量容器内的实际压力值,操作人员可以根据压力表指示的压力对容器进行操作,将压力控制在允许的范围内。

(1) 压力表的结构和原理

压力容器使用的压力表主要是弹簧式压力表,如图 6-13 所示。

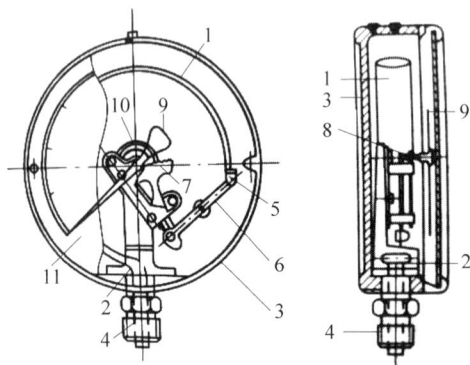

图 6-13　单弹簧式压力表

1—弹簧弯管;2—支座;3—表壳;4—接头;5—绞轴;6—拉杆;7—扇形齿轮;
8—小齿轮;9—指针;10—游丝;11—刻度盘

弹簧弯管由金属管制成,截面是扁平圆形,它的一端固定在支座上,与管接头连通;另一端是封闭的自由端,与拉杆连接。拉杆的另一端连接扇形齿轮,扇形齿轮又与中心轴上的小齿轮相连。压力表的指针固定在中心轴上。

当被测介质的压力作用于弹簧管的内壁时,弹簧管扁平圆形截面就有膨胀成圆形的趋势,从而由固定端开始向外移动,再经过拉杆带动扇形齿轮与小齿轮转动,使指针在表盘上向顺时针方向偏转一个角度。这时指针在压力表盘上指示的刻度值就是容器内的压力值。容器内的压力越大,指针偏转的角度就越大。当压力降低时,弹簧弯管试图恢复原状,加上游丝的牵制,使指针返回到相应的位置。当压力消失后,弹簧弯管恢复到原来的形状,指针也就回到始点。

(2) 对压力表的要求

① 压力表的选用

选用的压力表必须与压力容器内的介质相适应;低压容器使用的压力表的精度不得低于 2.5 级;中压及高压容器使用的压力表的精度不得低于 1.5 级;压力表刻度极限值应为最高工作压力的 1.5～3.0 倍,表盘直径不应小于 100mm。

② 压力表的检验

压力表在安装前应进行校验,在刻度盘上应画出指示最高工作压力的红线,注明下次校验的日期。压力表校验后应加铅封。

③ 压力表的安装

压力表的装设位置应便于操作人员观察和清洗,且应避免受到辐射热、冰冻或振动的不利影响;压力表与压力容器之间应装设三通旋塞或针形阀;用于水蒸气介质的压力表,在压力表和压力容器之间应装有存水管;用于具有腐蚀性或高黏度介质的压力表,在压力表和压力容器之间应装设能隔离介质的缓冲装置。

(3) 压力表的维护

在压力表的运行中应加强维护,压力容器使用人员应做好以下几项工作。

① 压力表应保持清洁,表盘上的玻璃要明亮清晰,使表盘内的指针指示的压力值能清楚可见。

② 压力表的连接管要定期吹洗,以免堵塞,特别是对用于较多的油污或其他黏性物质气体的压力表连接管,要经常检查压力表指针的转动与波动是否正常,检查连接管上的旋塞是否处于全开的状态。

③ 压力表必须定期校验,每年至少经计量部门校验一次。校验完毕,应认真填写校验记录和校验合格证并加铅封。如果在容器正常运行过程中发现压力表指针不正常或有其他可疑迹象,应立即检验校正。

(4) 压力表的更换

压力表有下列情况之一时,应停止使用并更换。

① 有限止钉的压力表,在无压力时,指针不能回到限止钉处;无限止钉的压力表,在无压力时,指针距零位置的数值超过压力表允许的误差。

② 表盘封面玻璃破裂或表盘刻度不清。

③ 封印损坏或超过校验有效期限。

④ 表内弹簧管泄漏或压力表指针松动。

⑤ 指针断裂或外壳腐蚀严重。

⑥ 其他影响压力表准确指示的缺陷。

# 6.3　水热反应釜使用安全

实验室中使用的水热反应釜一般达不到内径不小于 0.15m 且容积大于或等于 0.025m³ 的条件,所以不属于《压力容器安全技术监察规程》的管制范围。但是,由于其使用压力和使用温度都比较高,使用不当便会发生爆炸,实际上也是一种危险性极高的高压容器。

## 6.3.1　水热法与反应釜

### 1. 水热法

水热法是 19 世纪中叶地质学家们模拟自然界成矿作用而开始研究的一种化学合成方法。其原理是:利用高温高压的水溶液,使那些在大气条件下不溶、难溶的物质溶解或反应生成该物质的溶解产物,通过控制高压釜内溶液的温差,使溶液产生对流以形成过饱和状态而析出固体物质。

常压下,水在 100℃ 沸腾。因此,要通过上述水热法合成晶体,不能在开放体系中,而要在密封的反应釜中进行。反应釜不仅要有良好的密封性能,而且要有耐高温、耐高压及抗腐蚀的性能。反应釜内部充以水溶液后密封,水加热到 100℃ 以上就产生大量水蒸气,形成高压。温度越高,压力越大,由此满足晶体在模拟自然界生长条件下的生长。

水热反应依据反应类型的不同可分为水热氧化、水热还原、水热沉淀、水热合成、水热水解、水热结晶等,其中水热结晶用得最多。

水热法生长晶体可以看作是在实验室中模拟自然界热液成矿过程。自然界热液成矿是在一定的温度和压力下进行的,而且成矿溶液有一定的浓度和 pH。所以,实验室中进行水热法生长晶体也需要在一定的温度和压力下进行,并且要具有一定的溶液浓度和 pH,如生长祖母绿是在 600℃、$1.8 \times 10^8$ Pa、pH＝2.7 的条件下进行的;生长水晶是在 340℃、$1.5 \times 10^8$ Pa、强碱性溶液中进行的。

水热结晶主要是溶解-再结晶机理。首先,营养料在水热介质里溶解,以离子、分子团的形式进入溶液;然后,利用强烈对流(由釜内上下部分的温度差引起)将这些离子、分子或离子团输运到放有籽晶的生长区(低温区)形成过饱和溶液,继而结晶。

水热法生产的特点是粒子纯度高、分散性好、晶形好且可控制、生产成本低。用水热法制备的粉体一般无须烧结,这就可以避免烧结过程中晶粒长大及杂质容易混入等缺点。影响水热合成的因素有:温度、升温速度、搅拌速度和反应时间等。

2. 水热反应釜

水热法合成采用的主要装置为反应釜,在反应釜内悬挂种晶,并充填矿化剂。水热反应釜又称为聚合反应釜、消解罐、高压消解罐、高压罐、反应釜、压力溶弹、水热合成反应釜、消化罐、水热合成釜、实验用反应釜等。常见的水热反应釜外观如图 6-14 所示,其内部情况如图 6-15 所示。

图 6-14　水热反应釜外观　　　　图 6-15　水热反应釜内部情况示意图

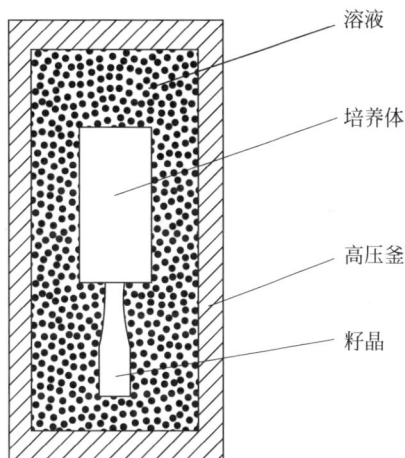

水热反应釜为可承受高温高压的钢制釜体,一般可承受 1100℃ 的温度和 1GPa 的压力(实际适用温度为 180℃,最高温度为 230℃),可手动螺旋紧固,具有可靠的密封系统和防爆装置。因为具有潜在的爆炸危险,故又名"炸弹"(bomb)。

反应釜的直径与高度比有一定的要求,对内径为 100～120mm 的高压釜来说,内径与高度比以 1:16 为宜。高度比太小或太大都不便控制温度的分布。由于内部要装酸性、碱性的强腐蚀性溶液,当温度和压力较高时,在反应釜内要装有耐腐蚀的贵金属或高分子材料内衬,如铂金、黄金或聚四氟乙烯(PTFE,简称 F4)内衬,以防矿化剂与釜体材料发生反应。也可利用晶体生长过程中釜壁上自然形成的保护层来防止进一步的腐蚀和污染,如在合成水晶时,由于溶液中的 $SiO_2$ 与

$Na_2O$ 和釜体中的铁能反应生成一种在该体系内稳定的化合物,即硅酸铁钠(锥辉石 $NaFeSi_2O_6$),它附着于容器内壁,从而起到保护层的作用。

水热反应釜应具备的性能为:抗腐蚀性好;无有害物质溢出;减少污染;使用安全;升温、升压后,能快速无损失地溶解在常规条件下难以溶解的试样及含有挥发性元素的试样;外形美观;结构合理;操作简单;可耐酸、碱等。

### 6.3.2　水热反应釜的安全事故与预防措施

1. 水热反应釜的事故与原因

水热反应釜发生的事故主要是爆炸,产生爆炸的原因可能有如下几点。

(1) 产品质量不合格

产品质量不合格的原因主要有:

① 材质不合格,使用的材料质量差。

② 设计尺寸不合格,尺寸不合理或厚度不够。

③ 加工不合格,存在加工缺陷,如裂纹、划痕等。

④ 未进行严格的产品检验,如探伤等。

(2) 使用不当

使用中的不当行为主要有:

① 使用了未定期检验的反应釜,这是因为反应釜使用一段时间后,会产生损伤。

② 内衬被破坏或应该使用内衬而未使用。

③ 加热温度过高。

④ 升温速率太快。

⑤ 温度控制不准或失灵。

⑥ 安全装置失效。

2. 水热反应釜的安全预防措施

(1) 必须使用具有高压容器生产资质的厂家生产的产品,并通过相应压力的安全检测,有产品出厂合格证,不得使用自行制作或无资质厂家生产的反应釜。

(2) 使用反应釜前,要在安全主管单位进行登记,确定安全责任人。

(3) 学生进行水热合成的实验必须得到导师的书面同意,并在导师的指导下进行。

(4) 实验期间,实验者不得离开,必须随时远距离监视实验的情况与变化。

(5) 必须使用带风机的低温烘箱加热,不得用高温炉加热。

(6) 最好采用双热电偶,一只为设备自带的温度测量与控制热偶,另外要加一只用于高压釜体温度测量、超温报警断电。

(7) 要保证加料系数小于 0.8。

（8）当反应物具有腐蚀性时要加保护内衬，保证釜体不受腐蚀。

（9）按照规定的升温速率升温至所需反应温度（低于规定的安全使用温度）。

（10）反应结束将其降温时，要严格按照规定的降温速率操作，以利于安全和反应釜的使用寿命。

（11）确认釜内温度低于反应物中溶剂沸点后，方能打开釜盖进行后续操作。

（12）每次水热合成后，要及时将反应釜清洗干净，以免锈蚀。釜体、釜盖线密封处要格外注意清洗干净，并严防将其碰伤损坏。

## 6.4 空气压缩机安全

### 6.4.1 空气压缩机

空气压缩机（air compressor）是气源装置中的主体，它是将原动机（通常是电动机）的机械能转换成气体压力能的装置，是压缩空气的气压发生装置。

空气压缩机的种类很多，按工作原理可分为容积式压缩机和速度式压缩机两种。容积式压缩机的工作原理是：压缩气体的体积，使单位体积内气体分子的密度增加以提高压缩空气的压力。速度式压缩机的工作原理是：提高气体分子的运动速度，将气体分子具有的动能转化为气体的压力能，从而提高压缩空气的压力。

现在常用的容积式压缩机有：活塞式空气压缩机（图 6-16）、回转式空气压缩机、螺杆式空气压缩机。常用的速度式压缩机有：回转式连续气流压缩机、离心式空气压缩机（图 6-17）、轴流式压缩机、喷射式压缩机等。

图 6-16　活塞式空气压缩机　　　　图 6-17　离心式空气压缩机

空气压缩机的额定排气压力分为低压（0.7～1.0MPa）、中压（1.0～10MPa）、高压（10～100MPa）和超高压（100MPa 以上），可根据实际需求来选择。实验室中的使用压力一般为 0.7～1.25MPa。

### 6.4.2　空气压缩机的燃烧和爆炸

在发生的空气压缩机(以下简称空压机)事故中,燃烧与爆炸是最常见和最严重的。空压机容易发生燃烧与爆炸事故的部位有储气罐、气体管路、汽缸、机身等。发生燃烧和爆炸的主要原因有:

(1) 油润滑压缩机中往往产生积碳问题,因为积碳不仅会使活塞环卡在槽内、气阀工作不正常及使气流通道面积减小增加阻力,而且在一定条件下会燃烧,导致空压机发生爆炸事故。

(2) 操作方面的原因。压缩机在用氢气、氧气负荷试车之前,没有用低压氮气将空气驱除干净而引起爆炸;因缺乏操作知识,开车后没有打开压缩机到储气罐的阀门,致使排气压力急剧升高导致爆炸。

(3) 由于压缩机高压级气阀不严密,使高压高温的气体返回汽缸,在排气阀附近产生高温,当有积碳存在时,即会引起爆炸。

(4) 环境温度过高。造成环境温度过高的因素有:夏季气温太高、空压机房通风散热不好、冷却不好、长时间超负荷运转等。

### 6.4.3　空气压缩机安全操作规程

空压机是实验室的重要设备之一,保持空压机安全操作是非常必要的。严格执行空压机操作规程,不仅有助于延长空压机的使用寿命,而且能够确保空压机操作人员的安全。应遵守以下安全操作规程。

(1) 在空压机操作前,应注意以下几个问题。

① 保持油池中润滑油在标尺范围内,空压机操作前注油器内的油量不应低于刻度线值。

② 检查各运动部位是否灵活,各连接部位是否紧固,润滑系统是否正常,电动机及电器控制设备是否安全可靠。

③ 空压机操作前应检查防护装置及安全附件是否完好齐全。

④ 检查排气管路是否畅通。

⑤ 接通水源,打开各进水阀,使冷却水畅通。

(2) 空压机操作时,应注意长期停用后首次起动前,必须注意有无撞击、卡住或响声异常等现象。

(3) 机械必须在无载荷状态下起动,待空载运转情况正常后,再逐步使空气压缩机进入负荷运转。

(4) 空压机操作时,正常运转后应经常注意各种仪表读数,并随时予以调整。

(5) 空压机操作中,还应检查下列情况:

① 电动机温度是否正常,各仪表读数是否在规定的范围内。

② 各机件运行声音是否正常。

③ 吸气阀盖是否发热,阀的声音是否正常。

④ 空压机各种安全防护设备是否可靠。

(6) 空压机操作 2h 后,需将油水分离器、中间冷却器、后冷却器内的油水排放一次,储风筒内油水每班排放一次。

(7) 空压机操作中发现下列情况时,应立即停机,查明原因,并予以排除。

① 润滑油或冷却水中断。

② 水温突然升高或下降。

③ 排气压力突然升高,安全阀失灵。

④ 负荷突然超出正常值。

⑤ 机械响声异常。

⑥ 电动机或电器设备等出现异常。

(8) 空压机停车后,关闭冷却水进水阀门。

(9) 如因电源中断停车时,应使电动机恢复到启动位置,以防恢复供电时,由于启动控制器误动作而造成事故。

(10) 电动机部分的操作需遵照电动机的有关规定执行。

(11) 内燃机部分的操作需遵照内燃机的有关规定执行。

(12) 空压机操作停车 10 日以上时,应向各摩擦面注以充分的润滑油。停车一个月以上作长期封存时,除放出各处油水,拆除所有进、排气阀并吹干净外,还应擦净汽缸镜面、活塞顶面、曲轴表面及所有非配合表面,并进行油封,油封后用盖盖好,以防潮气、灰尘浸入。

(13) 移动式空气压缩机每次在拖行前,应仔细检查走行装置是否完好、紧固。拖行速度一般不超过 20km/h。

(14) 空压机操作时,所设储风筒、安全阀及压力表等安全附件必须符合有关压缩空气储气筒安全技术的要求。

(15) 空压机的空气滤清器需经常清洗,保持畅通,以减少不必要的动力损失。

(16) 当空压机操作喷砂除锈等灰尘较大的工作时,应使机械与喷砂场地保持一定距离,并采取相应的防尘措施。

## 6.4.4　空气压缩机的噪声防治

噪声是空气压缩机产生的重大环境污染,必须加以控制。空气压缩机噪声的控制主要采用消声器、消声坑道和隔声技术等方式。

1. 安装空压机消声器

主要噪声源是进、排气口,应选用适宜的进、排气消声器。空压机进气噪声的频谱呈低频特性,进气消声器应选用抗性结构或以抗性为主的阻抗复合式结构。空压机的排气气压大,气流速度高,应在空压机排气口使用小孔消声器。

2. 设置空压机消声坑道

消声坑道为地下或半地下的坑道,坑道壁用吸声性好的砖砌成。把空压机的进气管和消声坑道连接,使空气通过消声坑道进入空压机。采用消声坑道可使空压机的进气噪声大大降低,使用寿命也比一般消声器要长。

3. 建立隔声罩

在空压机的进、排气口安装消声器或设置消声坑道以后,气流噪声可以降到80dB(A)以下,但空压机的机械噪声和电机噪声仍然很高,因此还应在空压机的机组上安装隔声罩。

4. 悬挂空间吸声体

在高大空旷的厂房中,空压机站的混响很重。若在厂房顶棚分散悬挂吸声体,厂房的噪声可降低3～10dB(A),混响时间降低5～10s。

# 思　考　题

1. 实验室常用的气体有哪些? 哪些是危险气体?
2. 实验室常用的气瓶有哪些? 基本构造是什么? 压力是多大?
3. 气瓶使用前应进行哪些安全检查?
4. 怎样防止气体外泄? 怎样防止气体倒灌?
5. 为什么瓶内气体不得用尽,必须留有剩余压力?
6. 气瓶的放置地点为什么不得靠近热源?
7. 气瓶竖直放置时,应采取哪些防止倾倒措施?
8. 为什么氢气和有毒气体等的钢瓶应贴有明显标志,放在远离火源的地方,均需有专人保管,使用后要及时登记备查?
9. 停止使用高压气瓶时,为什么不应先关减压阀,再关总阀?
10. 易燃气体气瓶与明火距离应不小于多少米?
11. 使用钢瓶中的气体时,要用减压阀(气压表),为什么各种气体的气压表不得混用?
12. 只要耐压标准相同,就可以根据需要向实验室中的气瓶改装其他种类的气体吗?

13. 我国气体钢瓶常用的颜色标记中,氮气的瓶身和标字颜色分别为(　　)。

　　A. 黑　蓝　　　　B. 黄　黑　　　　C. 黑　黄　　　　D. 蓝　黑

14. 作业场所液化气浓度较高时,应该佩戴(　　)。

　　A. 面罩　　　　　B. 口罩　　　　　C. 眼罩　　　　　D. 防毒面罩

15. 当油脂等有机物玷污氧气钢瓶减压阀时,应立即用什么洗净?(　　)

　　A. 乙醇　　　　　B. 四氯化碳　　　C. 水　　　　　　D. 汽油

16. 可燃性及有毒气体钢瓶一律不得进入实验楼,存放此类气体钢瓶的地方应注意什么问题?(　　)

　　A. 阴凉通风　　　B. 严禁明火　　　C. 有防爆设施　　D. 密闭

　　E. 单独并固定存放

17. 在 $N_2$,$F_2$,$O_2$,$H_2$,$CO_2$,$N_2O$,$Cl_2$,$C_2H_2$,$Ar$,$CO$,$He$ 几种气体中,有毒气体是(　　);易燃气体是(　　);助燃气体是(　　);不可燃气体是(　　)。

　　A. $H_2$,$CO$,$C_2H_2$　　　　　　　　B. $N_2$,$Ar$,$He$,$CO_2$

　　C. $O_2$,$N_2O$　　　　　　　　　　　D. $H_2$,$N_2$,$F_2$,$C_2H_2$

　　E. $F_2$,$Cl_2$,$CO$,$C_2H_2$

18. 大量集中使用气瓶时应注意以下哪些问题?(　　)

　　A. 没必要设置符合要求的集中存放室

　　B. 根据气瓶介质情况采取必要的防火、防爆、防电打火(包括静电)、防毒、防辐射等措施

　　C. 通风要良好,要有必要的报警装置

19. 什么是压力容器注册登记制度?

20. 为什么压力容器必须首先经过特种设备管理部门检验并且合格后才能使用?

21. 为什么压力容器要严格按照规程操作?

22. 压力容器的主要安全附件有哪些?怎样使用和保养?

23. 怎样选择压力容器上的压力表等级?(　　)

　　A. 选择的压力表必须与压力容器的介质相适应

　　B. 低压容器使用的压力表精度不低于2.5级

　　C. 中压及高压容器使用的压力表精度不低于1.5级

24. 下面写出的高、中、低压容器的工作压力范围是否正确?(　　)

　　A. 低压容器:$0.1\text{MPa} \leqslant p < 1.6\text{MPa}$

　　B. 中压容器:$1.6\text{MPa} \leqslant p < 10\text{MPa}$

　　C. 高压容器:$10\text{MPa} \leqslant p < 100\text{MPa}$

25. 以下压力容器按工作温度的区分(低温、常温、高温)是否正确?(　　　)

　　A. 低温容器≤−20℃　　　　　　　　B. −20℃≤常温容器≤450℃

　　C. 高温容器≥450℃

26. 安全阀的作用是怎样实现的?(　　　)

　　A. 安全阀是通过作用在阀瓣上两个力的平衡来开启或关闭,实现防止压力容器超压的问题

　　B. 安全阀是通过爆破片破裂时泄放容器的压力,实现防止压力容器的压力继续上升的问题

27. 新购买的压力容器,其随容器带有的文件至少应有(　　　)。

　　A. 产品合格证　　　　　　　　　　　B. 质量证明书

　　C. 竣工图　　　　　　　　　　　　　D. 安装及使用维修说明

　　E. 监督检验证明　　　　　　　　　　F. 压力容器登记卡

28. 什么是水热反应釜? 水热反应为什么要用高压釜?

29. 水热反应釜的构造是什么?

30. 水热反应釜的最高使用温度是多少?

31. 应该用什么方法加热水热反应釜? 为什么不能用高温加热炉加热水热反应釜?

32. 水热反应釜爆炸的原因有哪些? 怎样预防?

33. 什么是空气压缩机? 其压力一般是多少?

34. 空气压缩机的常见事故是什么? 产生的原因有哪些?

35. 空气压缩机安全操作规程的主要内容有哪些?

36. 怎样防止空气压缩机的噪声污染?

# 参 考 文 献

[1]　ARMNITAGE P, FASEMORE J. Laboratory Safety[M]. London, 1977.

[2]　PAL S B. Handbook of Laboratory Health and Safety Measures[M]. MTP Press Limited, 1985.

[3]　李五一. 高等学校实验室安全概论[M]. 杭州:浙江摄影出版社,2006.

[4]　宋光积. 消防安全教育读本[M].北京:中国劳动社会保障出版社,2005.

[5]　赵庆双,冯志林,裴志刚,等. 清华大学实验室安全手册[M]. 北京:清华大学出版社, 2003.

[6]　郑端. 危险品防火[M]. 北京:化学工业出版社,2002.

[7]　许文. 化工安全工程概论[M]. 北京:化学工业出版社,2002.

[8]　蒋军成,虞汉华. 危险化学品安全技术与管理[M]. 北京:化学工业出版社,2005.

[9]　张兆杰,王发现,曹志红,等. 压力容器安全技术[M]. 郑州:黄河水利出版社,2001.

［10］　李训仁,文树德. 气体充装及气瓶检验使用安全技术［M］. 长沙：湖南大学出版社,
　　　　2001.

［11］　彭蔚华,熊大彬. 压力容器安全工程学［M］. 北京：航空工业出版社,1993.

［12］　林志宏,刘新宇. 气瓶安全技术与管理［M］. 沈阳：辽宁科学技术出版社,2007.

［13］　王俊,姜德春. 气瓶检验安全技术［M］. 大连：大连理工大学出版社,2003.

［14］　张新建,张兆杰. 气瓶充装安全技术［M］. 郑州：黄河水利出版社,2003.

［15］　马世辉. 压力容器安全技术［M］. 北京：化学工业出版社,2012.

［16］　刘道华. 压力容器安全技术［M］. 北京：中国石化出版社,2009.

［17］　杨启明. 压力容器与管道安全评价［M］. 北京：机械工业出版社,2008.

［18］　李国成,刘仁桓. 压力容器安全评定技术基础［M］. 北京：中国石化出版社,2007.

［19］　谭蔚. 压力容器安全管理技术［M］. 北京：化学工业出版社,2006.

［20］　刘湘秋. 常用压力容器手册［M］. 北京：机械工业出版社,2004.

［21］　李贵忠. 内燃机与空压机［M］. 北京：地质出版社,1986.

［22］　张军. 空气压缩机司机［M］. 北京：煤炭工业出版社,2005.

［23］　徐少明,金光熹. 空气压缩机实用技术［M］. 北京：机械工业出版社,1994.

［24］　何雪梅,沈才卿. 宝石人工合成技术［M］. 北京：化学工业出版社,2005.

［25］　张玉龙,唐磊. 人工晶体［M］. 北京：化学工业出版社,2005.

［26］　清华大学实验室与设备处. 全校学生实验室安全课考试题库. 2007.

［27］　清华大学材料学院. 实验室安全手册［M］. 北京：清华大学出版社,2015.

# 第7章 辐射安全

随着核能和无线电技术的广泛使用,它们一方面给人类的生活、工作带来极大的便利,同时也产生了新的辐射污染。

根据能量大小,可将辐射分为电离辐射与非电离辐射。电离辐射是指能在生物质中产生离子对的辐射。非电离辐射,其能量小于电离辐射,在生物质中不产生电离。对实验室工作人员危害最大的是电离辐射,所以本章主要讲述电离辐射安全问题,同时也对非电离辐射安全问题进行简单介绍。

## 7.1 电 离 辐 射

现代人类受到的电离辐射有两类,一类是天然电离辐射,另一类是人工电离辐射。在实验室中,实验人员接触到的主要是人工电离辐射。

### 7.1.1 天然电离辐射

天然电离辐射的来源主要有 3 个。

1. 宇宙辐射

宇宙辐射来自星际空间和太阳,它是由能量范围很宽的贯穿辐射组成的。大气对宇宙辐射有吸收作用,从而使得海拔低的地方的辐射量比海拔较高的地方要低。例如,在赤道海平面处测得的射线平均剂量率为 $0.23Sv/a$,而在海拔 $3000m$ 高处测得的射线平均剂量率为 $0.56Sv/a$。

2. 陆地上的辐射

地层中的岩石和土壤中含有少量的放射性元素。不同岩石的放射性元素含量有很大的不同。花岗岩地区的放射性元素浓度远远高于砂岩和石灰岩地带。

3. 体内辐射

人体内含有微量放射性同位素,如 $^{14}C$ 和 $^{40}K$。$^{14}C$ 和 $^{40}K$ 在软组织中产生的剂量率分别约为 $10Sv/a$ 和 $0.2Sv/a$。

## 7.1.2　人工电离辐射

人工电离辐射是指由人工放射源产生的辐射,主要的人工放射源有放射性元素、射线装置、原子反应堆、核实验等。另外,X 射线也有很强的伤害作用,所以也将它归为电离辐射,X 射线机则归为射线装置。在一般的实验室中,主要的人工电离辐射源为放射性元素和射线装置。

1. 放射性元素

放射性元素包括放射源和非密封放射性物质两种,放射源是指除研究堆和动力堆核燃料循环范畴的材料以外,永久密封在容器中或者有严密包层并呈固态的放射性材料。非密封放射性物质是指非密封在包壳里或者非紧密地固结在覆盖层里的放射性物质。

放射源种类很多,按射线类别分为:α 源、β 源、γ 源等,典型放射源的外形及内部结构分别如图 7-1～图 7-4 所示。

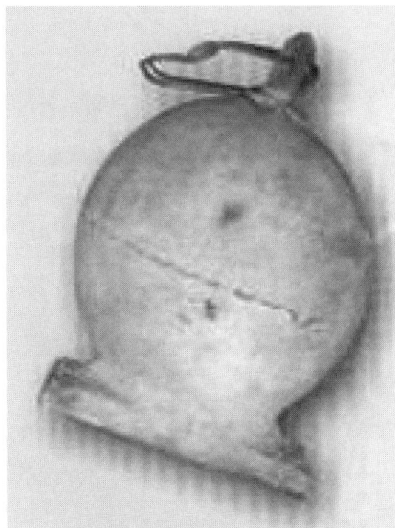

图 7-1　球形放射源

图 7-2　桶形放射源

2. 射线装置

射线装置是指 X 射线机、加速器、中子发生器及含放射源的装置。

(1) X 射线机。高速电子轰击靶物质时,会产生 X 射线,如图 7-5 所示。X 射线是波长比较短的电磁波,其波长范围为 $10^{-10} \sim 10^{-12}$ m。实验室中,不仅是 X 光机可以产生 X 射线,许多电子设备都会多多少少产生 X 射线。由于波长短、能量高,X 射线具有很强的穿透力和杀伤力。

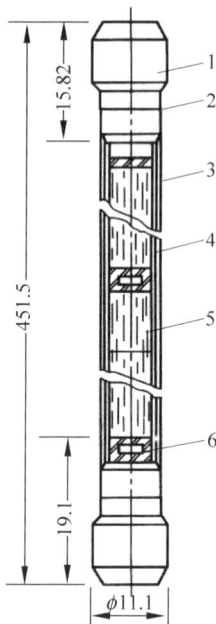

图 7-3　<sup>60</sup>Co 放射源内部结构示意图(单位:mm)

1—端帽;2—焊缝;3—外壳;

4—内壳;5—<sup>60</sup>Co 源;6—垫块

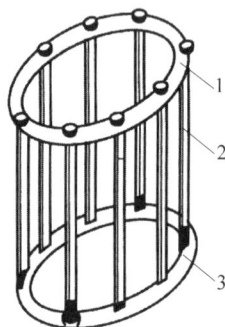

图 7-4　环状放射源内部结构示意图

1—支撑架;2—源管;3—底座

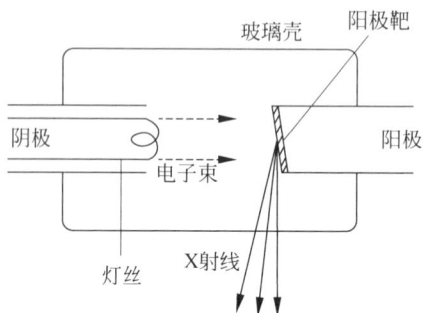

图 7-5　X 射线管结构及 X 射线产生原理

现代科学仪器中有许多利用高速电子流的设备或器件,例如电子显微镜、电子轰击炉、阴极射线管、高压整流管、真空开关、高频发射管、电视显像管等,均会产生 X 射线。

(2)加速器。加速器是一种使带电粒子增加速度(动能)的装置。粒子增加的能量一般都在 0.1MeV 以上。加速器的种类很多,有回旋加速器、直线加速器、静电加速器、粒子加速器、倍压加速器等，如图 7-6、图 7-7 所示。加速器可用于原子核实验、放射性医学、放射性化学、放射性同位素的制造、非破坏性探伤等。

图 7-6　中国科学院原子能所建成 700eV 质子静电加速器

图 7-7　欧洲同步辐射加速器

（3）中子发生器。中子发生器是一种能够产生大量中子的装置。目前，最常用的中子发生器是密封管型中子发生器和考克饶夫特-瓦尔顿型中子发生器，分别如图 7-8、图 7-9 所示。它们都是使用强束流的质子或氘核撞击氚靶而产生快中子，反应式为

$$\begin{matrix} {}^{2}_{1}\text{H} + {}^{3}_{1}\text{H} \longrightarrow {}^{4}_{2}\text{He} + {}^{1}_{0}\text{n} + 17.6(\text{MeV})，\quad \text{T(d,n)} \end{matrix} \qquad (7\text{-}1)$$

（4）含放射源的装置。实验室中常用的含放射源的装置有同位素辐照装置、射线探伤仪、射线治疗仪、射线成像仪等。

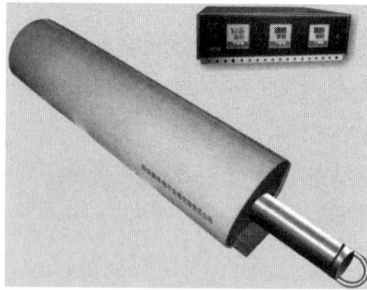

图 7-8 密封管型中子发生器

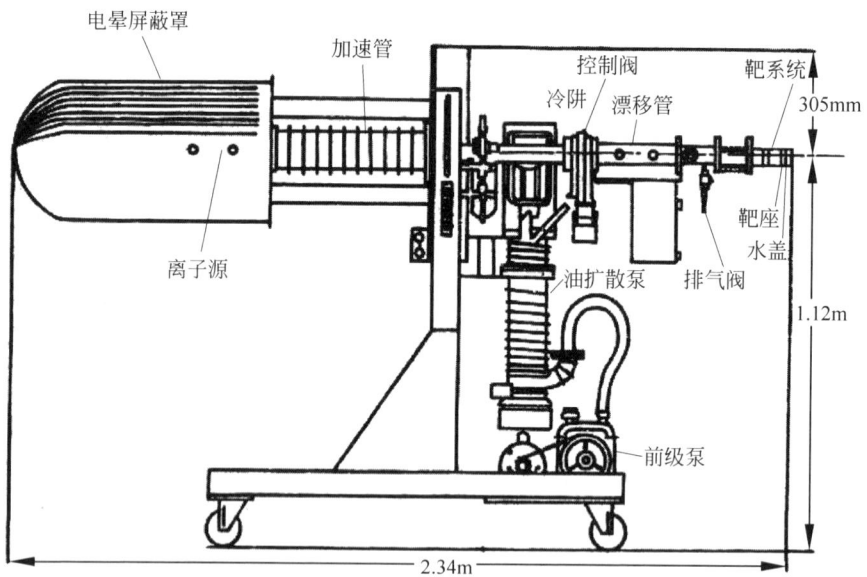

图 7-9 考克饶夫特-瓦尔顿型中子发生器

## 7.1.3 α、β、γ 射线和中子的危害

1. α 射线

α 射线质量大且带电荷多,穿透物质的能力弱,射程短。它对人体不会造成外照射(放射性物质在生物体外所产生的照射)危害。但如果进入人体,则会造成危害性很大的内照射(放射性物质进入生物体内所引起的照射,主要途径是通过饮食、呼吸和皮肤创口渗入等进入)。

2. β 射线

β 射线穿透能力比 α 射线要强,高能的 β 粒子在空气中的射程可达几米。因此,β 射线对人体可以构成外照射危险。但它很容易被有机玻璃、塑料及其他材料屏蔽。其内照射危害比 α 射线要小。

3. γ 射线

与 α 射线、β 射线相比,γ 射线的穿透能力最强。所以,γ 射线是外照射中最主要的防护对象。但是,由于 γ 射线是不带电的光子,不能直接引起电离,所以它对人体内照射的危害反而比 α 射线、β 射线都要小。

4. 中子

中子是一种穿透能力很强的不带电电离粒子。一般认为中子对人体的危害比 γ 射线要大,所以,中子和 γ 射线是辐射防护中考虑的两种主要辐射。

## 7.2　电离辐射的物理量

### 7.2.1　照射量及其单位

照射量是表示放射射线或 X 射线在空气中引起电离数量的量,其专用单位是伦琴(简写为伦,符号为 R),相当于在每千克空气中产生一种符号离子的电荷为 $2.58 \times 10^{-4}$ C。由于一个离子(每种符号)携带的电量为 $1.602 \times 10^{-19}$ C,故 1R 的照射量产生的离子对的数量为 $1.61 \times 10^{15}$ 离子对/千克空气。

在空气中产生 1 个离子对所需的平均能量是 $5.4 \times 10^{-18}$ J,所以 1R 的照射量相应于空气吸收的能量是 0.008 69J/kg 空气。

在某些很局限的范围内,现在仍然采用伦琴表示辐射量,但是准确地说,它不适于作为一种辐射单位,这是因为它只能用于放射射线或 X 射线对空气的效应。而通常人们最关心的介质是人体组织,沉积在人体中的能量一般比沉积在空气中的要多。为了克服这种困难,引入了辐射吸收剂量这一概念。

### 7.2.2　吸收剂量及其单位

吸收剂量是对所有类型的电离辐射在任何介质中的能量沉积的度量。吸收剂量的原有单位是拉德(符号 rad),其定义是 0.01J/kg 的能量沉积。

由于 1R 的照射量在空气中沉积的能量为 0.008 69J/kg,在组织中的沉积能量为 0.009 6J/kg,故 1R 给出的吸收剂量为

$$1R = 0.869 rad \text{（空气中）} \tag{7-2}$$

$$1R = 0.96 rad \text{ （组织中）} \tag{7-3}$$

由此可见,在许多场合下,以伦琴为单位的照射量和以拉德为单位的吸收剂量的数值相近。应该注意的是,提到吸收剂量时,往往要指明介质。

在国际单位制(SI)中,吸收剂量的单位是戈瑞(Gy),其定义是 1J/kg 的能量沉积。因而,

$$1Gy = 1J/kg = 100rad \tag{7-4}$$

可以看出,1R 的照射量相当于空气中 0.008 69Gy 的吸收剂量。

### 7.2.3 剂量当量及其单位

虽然吸收剂量是一个很有用的物理量,但现已查明在生物学系统中,当不同类型的辐射产生同样大小的吸收剂量时,并不一定产生同样程度的损伤作用。例如,已经发现,0.01Gy 的快中子吸收剂量产生的生物学损伤与 0.1Gy 的 γ 辐射吸收剂量产生的生物学损伤相同。如果想把不同辐射的剂量相加起来以求出在生物学上有意义的总剂量,则必须考虑这种生物学效应的差别。为此,引入一个能够反映特定类型辐射引起损伤能力的品质因数($Q$)。品质因数乘吸收剂量得出的量称为剂量当量,它的原有单位是雷姆(符号 rem)。

$$剂量当量(雷姆) = 吸收剂量(拉德) \times Q \tag{7-5}$$

在国际单位制中,剂量当量的单位是希沃特(Sievert),简写为希(符号 Sv),它与戈瑞的关系是

$$剂量当量(希沃特) = 吸收剂量(戈瑞) \times Q \times N \tag{7-6}$$

其中,$N$ 是另一个修正系数,它包括了诸如吸收剂量率和分次辐射等因素的影响。目前,国际放射防护委员会(ICRP)指定 $N$ 的值为 1。由于 1Gy=100rad,所以 1Sv=100rem。

### 7.2.4 剂量率及其单位

戈瑞和希沃特都是表示在任一时间间隔内接受到的辐照量的单位。而在控制辐射危害时往往需要知道的是接受辐照的速率,即剂量率。剂量率用戈瑞/小时来表示。剂量、剂量率和时间之间的关系是

$$剂量 = 剂量率 \times 时间 \tag{7-7}$$

## 7.3 电离辐射的生物危害

### 7.3.1 电离辐射与细胞的相互作用

细胞主要是由水组成的,在水中的电离辐射将使分子发生变化并形成一种对染色体有害的化学物质,使细胞的结构和功能发生变化。在人体内,这些变化能显示出临床症状,如放射性病、白内障或在以后较长时期内出现癌症病变。

产生电离辐射损伤的过程很复杂,通常认为有 4 个阶段。

1. 最初的物理阶段

只能持续很短的时间(约 $10^{-16}$ s)。在这一瞬间能量沉积在细胞内并引起电离。在水中这个过程可写为

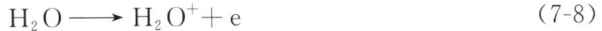

$$H_2O \longrightarrow H_2O^+ + e \tag{7-8}$$

2. 物理-化学阶段

大约持续 $10^{-6}$ s。在这一阶段,离子与其他水分子相互作用形成一些新的产物。例如,正离子分解:

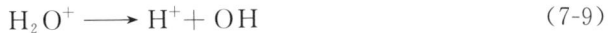

$$H_2O^+ \longrightarrow H^+ + OH \tag{7-9}$$

负离子(就是电子)附着在中性水分子上,然后使它分解:

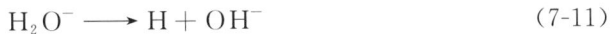

$$H_2O + e \longrightarrow H_2O^- \tag{7-10}$$

$$H_2O^- \longrightarrow H + OH^- \tag{7-11}$$

H 和 $OH^-$ 称为自由基,它们有不成对的电子,在化学上是很活泼的。还有一种反应产物是过氧化氢 $H_2O_2$,它是强氧化剂,其生成过程为

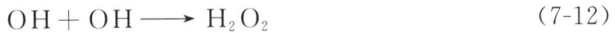

$$OH + OH \longrightarrow H_2O_2 \tag{7-12}$$

3. 化学阶段

持续几秒钟,在此期间,反应产物与细胞的重要有机分子相互作用。自由基和氧化剂可能破坏构成染色体的复杂分子,例如,它们可能附着在分子上并破坏长分子链中的键。

4. 生物阶段

在这个阶段,时间长短从几十分钟到几十年,依特定的症状而定。上面讨论的一些化学变化可能以多种方式影响单个细胞,例如它们可能导致:

(1) 细胞早期死亡。

(2) 阻止细胞分裂或延迟细胞分裂。

(3) 细胞永久性变形,一直可持续到子代细胞。

## 7.3.2　电离辐射的人体危害

电离辐射对人体的危害是由单位细胞受到损伤所致。这些效应可分为两类,即躯体效应和遗传效应。躯体效应是由人体普通细胞受到损伤引起的,并且只影响受照射的人体本身。而遗传效应是由性腺中的细胞受到损伤引起的,遗传效应不仅影响受照射的人体本身,而且还会影响受照射人员的子孙后代。

1. 电离辐射的躯体效应

(1) 早期效应

电离辐射的早期效应是指在急性照射(也就是在几小时内接受较大剂量)之后

几小时到几周内就能出现的效应。在人体的一些器官内,由于细胞死亡、阻碍细胞分裂或延缓细胞分裂等原因而使细胞群严重减少,就会发生这种效应。主要是由骨髓、肠胃或神经肌的损伤引起的,其损伤程度取决于接受剂量的大小。急剧地接受1Gy以上的吸收剂量几小时后,由于肠的内膜细胞损伤会引起恶心和呕吐,这称为放射病。吸收剂量超过2Gy时,可能在受照射后10～15天内死亡。

当剂量超过10Gy时,存活的时间急剧下降到3～5天,这个天数一直保持到达到高得多的剂量为止。在这个剂量区间内,辐射剂量使得肠的内膜细胞严重减少,严重的损伤发生在肠内膜,然后是受细菌的严重感染,这个区域称为胃肠致死区。

剂量更高时,存活时间就更短了。然而,实验发现:即使使用500Gy以上的剂量照射,动物也并不是立即死亡。

急性超剂量照射后立即呈现出来的另一种效应是红斑,也就是皮肤变红。皮肤在人体的表面,比人体大多数其他组织更易于受到较多的辐射,对β射线和低能X射线更是如此。一次照射大约3Gy剂量的X射线即会引起红斑,若剂量更大,将会出现其他症状,如色素发生变化、起水疱和溃疡等。

实验室的照射水平都远远低于产生早期效应的水平。只有在不太可能发生的重大核事故中,才可能接受上述那样高的剂量。

(2) 晚期效应

20世纪初期,像放射学专家和他们的病人这样一类人,受过相当高水平的剂量照射,他们患某种癌症的概率比没有受照射的人要高是很明显的。最近,有人详细研究了受原子弹辐射照射的群体和受辐射治疗照射的病人,以及受职业照射特别是铀矿照射的工人人群。研究表明,辐射可诱发癌症。

癌是人体器官内细胞的过度增生现象。由于从受照射到出现癌症之前有一个长而可变的潜伏期(5～30年),而且辐照诱发的癌症与自发产生的癌症不能区分,使得对癌症增加的危险度的估计十分困难。一般认为,对电离辐射而言,可以假定任何剂量,无论小到什么程度,都会带来某种危险度,并且假定剂量与危害之间呈线性关系,将已知剂量水平时的危险度外推即可估计出任何剂量时的危险度。例如,如果10mSv剂量当量所产生的附加癌症度在1万人中有1人,那么,100mSv剂量当量所产生的附加癌症度就是1000人中有1人。

电离辐射可能引起的另一种晚期效应是眼部白内障。一般认为,引起白内障的阈剂量大约是15Sv,低于这个剂量时不会产生白内障。因此,要制定一个剂量限定值,使得终身工作期内眼晶体所受的总剂量低于这个值,这样就能避免辐射造成的白内障。

　　动物实验表明,辐射照射会减少预计的个体寿命,但并不呈现出任何特殊辐射诱发症状。对受过相当高剂量照射的人群进行的观察表明,即使真的发生寿命缩短现象,也是很轻微的,肯定小于 1 年/Sv。

　　**2. 电离辐射的遗传效应**

　　电离辐射的遗传效应是由损伤了生殖细胞,使遗传基因产生突变引起的。

　　卵子受精后发育为胎儿,胎儿具有来自父母双方的两套互补的基因。一般认为基因有两类,一类基因是显性的,另一类基因是隐性的,显性基因决定了胎儿独特的特性。

　　很多疾病与隐性基因有关,然而只有当父母有相同的隐性基因时,才能显现出来。自发的基因突变是世界上很大一部分人患 500 多种由遗传效应引起的缺陷或疾病的原因。

　　电离辐射能诱发与天然突变无法区分的基因突变。已突变的基因一般是隐性的,所以通常假定所有的突变都是有害的。但是这并不完全是真实情况,因为人类通过一系列突变而获得目前的高级状态。然而,这种情况是在漫长的岁月里发生的,在同一时期内从人种中被排除的有害突变数不胜数。

　　由于电离辐射能使突变率增高,所以它将增加未来后代中遗传异常的人数。很明显,过分遗传损伤的后果是很严重的,因而要严格控制实验人员的辐射照射。

　　生殖腺受电离辐射而引起的遗传效应的危险度是很不确定的。国际放射防护委员会(ICRP)估计,在双亲之一受照射后,最初两代的严重遗传性疾病危险度大约为每毫希沃特每百万人中是 10 人,对所有子孙的遗传性疾病的危险度大约是该值的 2 倍。

## 7.3.3　电离辐射危害典型案例

　　**1. 加拿大萤石矿**

　　加拿大的一个萤石矿由于矿井中氡的浓度较高,导致 1952—1961 年间在该矿井中工作 1 年以上的人中有 51 人死亡,其中肺癌 23 人,较一般男性工人高28.8 倍。

　　**2. 居里夫人**

　　镭的发现者居里夫人在长期的研究中,骨髓受到过量照射,因再生障碍性贫血而离开人世。

　　**3. X 射线技师**

　　1885 年,在伦琴发现 X 射线的第 2 年,人们就发现操作 X 射线管的技师的皮肤出现损伤。一些早期从事 X 射线相关研究的人员,由于对其危害没有充分认识,他们中不少人付出了不小的代价。

4. 某大学实验室放射性污染

2001 年 10 月,某大学一实验室的一名即将退休的教授在进行氧化铥辐照效应实验时违反相关规定,造成实验人员身体损伤和实验室大面积放射性污染。

5. 北京××建设公司射线烧伤事故

1989 年 5 月,北京××建设公司调整实验所,在进行射线探伤时,使用已发现输源不畅的设备,导致源被搜出,由于平时缺乏应急处理的教育和训练,又无必备的设备,工作人员在慌忙中徒手将此源抛至 3m 以外,后又徒手装入铅罐内,致使手部受到照射,造成急性放射性烧伤。

# 7.4　电离辐射的探测与防护

## 7.4.1　电离辐射的探测

1. 一般原理

由于人体不能直接感觉出电离辐射,因而人们对这种类型的危害感到忧虑不安。电离辐射的感知必须依靠专门的探测装置,其原理是根据辐射的物理和化学效应,这些效应包括:

(1) 气体中的电离。

(2) 某些固体中的电离和激发。

(3) 化学系统的改变。

(4) 中子活化。

保健物理检测仪上使用的探测器大多数基于气体的电离。某些晶体在射线作用下会显示出电导率增大的效应及与激发有直接关系的一些效应,包括闪烁效应、热释光效应和照像效应等。也有的采用测量化学变化的探测器,但这类探测器对辐射很不敏感。探测中子的方法与中子引起的火花反应有关。

2. 常用探测器

(1) 盖格-米勒计数器(G-M 计数器)

G-M 计数器利用气体放电原理进行辐射测量。

辐射在气体中的吸收会导致气体分子的电离而产生离子对,离子对由一个负离子(电子)和一个正离子组成。在两个靠得很近的平板电极之间加上适当的电压,就能把负离子吸引到正电极,把正离子吸引到负电极。正负离子流构成了电流,它可以作为该气体体积中辐射强度的一种量度。

G-M 计数器很坚固,而且输出电路较简单,所以被广泛应用于监测设备。在实际应用中,G-M 计数器一般都做成圆柱形,外壁是负极,中心丝是正极。整个计数器被密封在玻璃或金属管内,其中充以特殊的气体。

(2) 电导率探测器

固体电导率探测器的原理是电离改变了固体的电导率,而在结构上与气体电离系统相似。例如,硫化镉(CdS)探测器就很像一个电离室,它以平均电流方式运行,其某些应用适宜于测量 γ 射线剂量率。固体电导率探测器的主要优点是体积比气体电离室小得多,灵敏度却高得多。

像气体探测系统一样,某些固体探测器可以以脉冲的形式工作,熟知的有硅和锗探测器。这两种探测器输出脉冲的大小都正比于探测器内部沉积的能量。

(3) 闪烁探测器

闪烁探测器的原理基于探测电子由激发态返回到价态时发射荧光辐射。对探测器材料的要求是闪烁过程应非常快,一般约为 $1\mu s$。一般用光电倍增管来探测这些闪烁。光电倍增管首先将荧光转换成电脉冲,然后再放大。脉冲幅度正比于带电粒子或光子在晶体中沉积的能量。测量 γ 射线最常用的闪烁体是碘化钠(NaI)晶体,其大小通常是 $50mm \times 50mm$。探测 α 离子射线一般用硫化锌(ZnS)晶体。

(4) 热释光探测器

热释光探测器利用的是电子捕获过程。选择那些在电离辐射的照射下被捕获的电子在普通温度下处于稳定状态的材料制作探测元件。探测元件经照射之后再被加热到某个合适的温度(通常约为 200℃),则陷落的电子就释放出来并返回价带,同时发射出可见光光子。因此,如果在暗处加热探测元件,并在测量电路中加入光电倍增管,则测得的光输出就正比于探测器接受的辐射剂量。最常用的探测元件材料是氟化锂、氟化钙、硼酸锂等。

应当注意,前面介绍的方法大多仅适于测量辐射强度(即剂量率),而热释光探测器测量的是在照射期间累积的总剂量。

(5) 活化效应探测器

活化效应探测器主要用于中子辐射的监测。

许多元素受中子轰击后会产生放射性核素,这种现象被称为活化效应。测量活化的程度就能估计出入射中子的剂量。在大多数情况下,这种方法并不是很灵敏,因而主要用途是估计大的事故剂量。适用于测量快中子的方法是采用发生下述反应的硫片:

$$^{32}S(n,p) \longrightarrow ^{32}P \quad (P \text{ 即磷})$$

用到的其他反应还有：

$$^{115}In(n,\gamma)\longrightarrow^{116}In \quad (In 即铟)$$

$$^{197}Au(n,\gamma)\longrightarrow^{198}Au \quad (Au 即金)$$

磷-32、铟-116、金-198 都是 β 放射体，可以采用合适的测量系统进行计量。

活化效应的另一种情况是受到较大中子照射的人本身将呈现出轻微的放射性，测量这种放射性就能估计出人所受的照射剂量。例如，人体内的钠活化后变成 $^{24}Na$，反应式为

$$^{23}Na(n,\gamma)\longrightarrow^{24}Na$$

$^{24}Na$ 是一种 β 放射体。人体受中等程度的中子剂量照射后，直接用一个灵敏的探测器(如 G-M 探头)对着人体就能测出钠-24 蜕变的辐射。

3. 常用个人剂量监测仪

个人剂量监测仪是工作人员随身携带的用于测量体外受照射剂量的仪器，有多种类型，见表 7-1。常见的监测仪如图 7-10 所示，个人辐射监测片如图 7-11 所示。

表 7-1　个人剂量监测仪

| 探测仪器 | 探测的辐射 | 测量范围 | 牢固程度 | 湿度影响 | 辅助设备 |
|---|---|---|---|---|---|
| 笔型电离室 | X，γ | 0～200mR | 中等 | 中等 | 读数装置 |
| | | 0～20R | | | |
| | | 0～100R | | | |
| 直读式笔型剂量计 | X，γ | 0～300mR | 小 | 中等 | 充电器 |
| 测热中子笔型电离室 | $n_{th}$ | 0～$10^8$ n/cm² | 中等 | 中等 | 读数装置 |
| | | 0～120mrem | | | |
| 胶片襟章 | β，X，γ，n | 10mR～100R（三片组合） | 大 | 大 | 显影设备，黑度计 |
| 荧光玻璃剂量计 | X，γ，n | ＞10mR | 大 | 小 | 荧光测量仪，玻璃清洗设备 |
| 热释光剂量计 | X，γ， | 0.5mR～$10^4$R | 大 | 小 | 热释光测量设备 |
| 个人辐射报警器 | X，γ | 10mR～5R | 小 | 中等 | |
| G-M 计数管型袖珍监测器 | X，γ | | 小 | 中等 | |

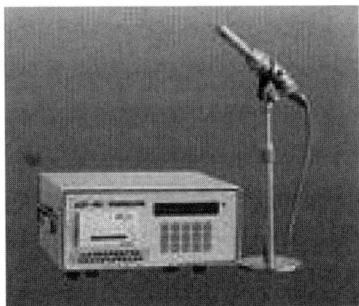

图 7-10　常见的辐射监测仪

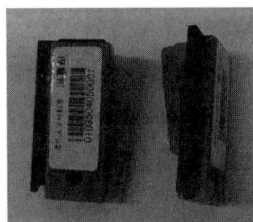

图 7-11　个人辐射监测片

## 7.4.2　电离辐射的防护

1. 放射防护的原则

国际放射防护委员会(ICRP)1977 年第 26 号出版物中提出了防护的 3 项基本原则:放射实践的正当化原则、放射防护的最优化原则和个人剂量限制原则。

(1) 放射实践的正当化原则

在做任何放射性工作时,都应当进行代价和利益的分析;要求对于任何放射实践,其对人群和环境可能产生的危害比起个人和社会从中获得的利益来应当是很小的,即当效益明显大于付出的全部代价时,进行的放射性工作才是正当的,是值得进行的。

(2) 放射防护的最优化原则

应使放射性和照射量达到尽可能低的水平,避免一些不必要的照射;要求在对放射实践选择防护水平时,必须在放射实践带来的利益与付出和健康损害的代价之间权衡利弊,以期用最小的代价获取最大的净利益。

(3) 个人剂量限制原则

在放射实践中,不产生过高的个体照射量,保证任何人的危险度不超过某一数值,即必须保证个人所受的放射性剂量不超过规定的相应限值。ICRP 规定工作人员全身均匀照射的年剂量当量限制为 50mSv,广大居民的年剂量当量限值为 1mSv。在我国放射卫生防护基本标准中,工作人员的年剂量当量限值采用了 ICRP 推荐规定的限值,为防止随机效应,规定放射性工作人员全身受到均匀照射时的年剂量当量不超过 50mSv,公众中个人受照射的年剂量当量应低于 5mSv。当长期持续受放射性照射时,公众中个人在一生中每年全身受照射的年剂量当量限值不应高于 1mSv(0.1rem),且以上这些限制不包括天然本底照射和医疗照射。

个人剂量限制是强制性的,必须严格遵守。各种民政部门规定的个人剂量限值是不可接受的剂量范围的下界,而不是可以允许接受的剂量的上限。即使个人所受剂量没有超过规定的相应的剂量当量限值,仍然必须按照最优化原则考虑是否要进一步降低剂量。规定的个人剂量限值不能作为达到满意防护的标准或设计指标,只能作为以最优化原则控制照射的一种约束条件。

2. 辐射防护的基本方法

(1)时间防护

时间防护就是以减少工作人员受照射的时间为手段的一种防护方法。减少受照射时间的方法有:提高操作技术的熟练程度、减少在辐射场的不必要停留等。为此,在操作放射性物质的工作中,对于每一项新操作,必须先反复进行模拟实验,证明切实可行之后才能正式进行。对于辐射场剂量较强处的操作,特别是像 Co60 辐照源或治疗机的倒源或检修等,必须选择操作技术熟练的人员去完成。当操作遇到意外情况,需要研究对策和做准备工作时,必须及时离开辐射场,以减少不必要的照射。

(2)距离防护

对于点状源,照射量率是与距源的距离的平方成反比的。对于非点状源,虽然照射量率不再与距源的距离的平方成反比,但也总是随着距离的增加而减小。因此,距离越远,照射量率越低,在相同的时间内受到的照射量也越小。在实际工作中,采用机械操作或使用长柄的工具操作等都是距离防护的具体应用。为了操作正确无误,又能尽量缩短操作时间,这些工具的柄不能太长,否则就不灵活。使用这些工具的人,应当经过适当的训练后才正式操作。用机械化和自动化代替手工操作,自然是更有效的距离防护方式。

时间防护和距离防护虽然最经济,但毕竟有限,因为有时候空间没有这么大,或操作时必须接近辐射源等,因而屏蔽防护是最常用的防护方法。

(3)屏蔽防护

屏蔽防护是在辐射源和工作人员之间设置由一种或几种能减弱射线的材料构成的物体,从而使穿透屏蔽物入射到工作人员的射线减少,以达到降低工作人员所受剂量的目的。屏蔽防护中的主要技术问题是屏蔽材料的选择、屏蔽厚度的计算和屏蔽体结构的确定。

屏蔽材料的选择首先要考虑的是射线与物质的作用形式。表 7-2 列出了根据作用形式,各种射线的屏蔽材料的选择原则。

表 7-2　各种射线的屏蔽材料的选择原则

| 射线种类 | 与物质作用的主要形式 | 屏蔽材料种类 | 屏蔽材料举例 |
| --- | --- | --- | --- |
| α | 电离和激发 | 一般物质 | 一张纸 |
| β | 电离和激发,韧致辐射 | 轻物质＋重物质 | 铝或有机玻璃＋铁、铅 |

| 射线种类 | 与物质作用的主要形式 | 屏蔽材料种类 | 屏蔽材料举例 |
| --- | --- | --- | --- |
| γ | 光电效应,康普顿效应,电子对效应 | 重物质 | 混凝土 |
| 中子 | 弹性效应,非弹性散射,吸收 | 轻物质 | 水、石蜡 |

注：韧致辐射是高速电子与物质原子核或其他带电粒子的电场作用而被减速或加速时所伴生的电磁辐射,通常所说的 X 射线就是高速电子流打在用金属钨制成的靶上产生的一种韧致辐射。

在选择材料时,还要考虑材料的经济价值、易得程度、屏蔽体容许占据的空间、支撑物能否承受、屏蔽材料的结构强度及吸收辐射后是否产生感生放射性或其他毒性物质等。

3. 个人防护用品和个人卫生

个人防护用品主要有工作服(包括工作帽)、工作鞋、手套、口罩及特殊的防护用品等。特殊防护用品在处理事故或检修情况下使用。

放射性工作人员的工作服一般采用白色棉织品做成。合成纤维织品具有静电作用,容易吸附空气中的放射性微尘,因而不宜采用。丙级实验室水平的操作,大体上用白大褂(包括工作帽)即可;乙级实验室水平的操作,宜采用上、下身联合工作服;甲级实验室水平的操作,应将个人衣服(包括袜子)全部换成工作服。

一般情况下,医用乳胶手套和塑料手套都能满足操作放射性物质的要求,尺寸选型要合适。手套清洗时,一般应戴在手上进行,不宜脱下来清洗。

个人防护用品要经常清洗和更换。清洗后放射性物质污染仍超过控制水平的防护用品就不能再用。清洗没有明显放射性物质污染的个人防护用品的洗涤水一般可以直接排入本单位的工业下水道;有明显污染的个人防护用品应在专门地方清洗,洗涤水要根据具体情况做妥善处理。

一切放射性工作用的实验室,都应明确规定在放射性场所使用过的工作服、鞋和手套等防护用品的存放地点。未经防护人员测量并同意,绝对不准将个人防护用品穿戴出放射性工作场所或移至非放射区使用。

放射性工作人员的个人卫生主要有两方面：一是离开工作场所时,应仔细进行污染测量并洗手。在甲级、乙级工作场所操作的人员,工作完毕应进行淋浴。二是放射性工作场所内严禁进食、饮水、吸烟和存放食物。

4.《××大学实验室安全手册》中有关放射性防护安全的规定

(1) 使用放射性同位素或射线装置的人员必须是年满 18 岁的、高中以上文化水平、体检符合放射工作职业要求的正式职工。

(2) 放射工作人员必须掌握并遵守放射防护知识和有关法规,经培训、考试合格,取得《放射卫生防护知识培训证》和《放射工作人员证》方可上岗操作。

(3) 购买放射源、放射性同位素及射线装置必须向学校放射性防护室申请并批准备案,经北京市卫生局、公安局审批,办理准购证后到指定厂家购买;放射源必须按规定妥善保管,不得丢失。

(4) 学生做放射性实验前,必须接受防护知识培训和安全教育,指导教师对学生负有监督和检查的责任。

(5) 放射实验必须在经过申请并经主管部门批准的放射性实验室操作,严格执行操作规程,避免空气污染、表面污染及外照射事故的发生。

(6) 放射工作人员必须正确佩戴个人剂量计,接受个人剂量监督。

(7) 严格区分放射性与非放射性废物,妥善保存实验产生的放射性废物,在适当的时候由学校放射性防护室组织处理。

(8) 放射工作人员可以享受放射性营养保健。

(9) 放射工作人员可以参加学校组织的疗养,因事故受应急照射、超剂量照射的工作人员,可及时安排疗养。

5. 实验操作注意事项

在进行与放射性有关的实验时,应该做到:

(1) 在正式操作以前,必须做好充分的准备工作。如制定操作程序和安全操作规程;准备齐全操作中所需的工具、器皿和试剂,并放在顺手而安全稳妥的地方;佩戴好个人防护用品及必要时佩戴个人剂量计;还应做好对事故的预想,确定好对策措施等。

(2) 开瓶、分装等可能产生放射性气体和气溶胶的操作,必须在通风柜或工作箱内进行。一切开放型放射性同位素的操作,均应在瓷砖、塑料或不锈钢等易于去污的材料铺成的工作台面或搪瓷盘上进行。台面和搪瓷盘上可再铺以吸水纸,这对操作放射性同位素更有好处。

(3) 吸取放射性溶液时,应当用适当的吸液器(如洗耳球或注射器等),绝对不可用嘴吸取。任何情况下都不得以裸露的手直接拿取放射性样品或有放射性沾染的物件。

(4) 放射性物质的操作,应与其他有害化学品的操作一样,一般不应由一个人单独进行。

(5) 操作伴有较强外照射的放射性物质时,要尽量采取屏蔽或使用长柄操作器械等防护措施。

(6) 工作场所要经常进行湿式清扫,清扫用具不能与非放射区的混用。

(7) 采用新的技术和操作方法时,应反复实验证明切实可行并用非放射试样操作熟练后,才能开始正式操作。

6. 放射性废物的处理

（1）放射性废气的净化与排放

所有操作放射性物质的工作场所都可能有放射性物质逸散出来，进入周围的环境中。其中的放射性物质可以以放射性气溶胶或气态放射性成分的形式存在。

气溶胶粒子的粒径为 $10^{-3} \sim 10^{-2} \mu m$。在空气净化系统中，一般使用过滤器与高效过滤器组成的净化系统来滤除气溶胶粒子。高效过滤器也称为绝对过滤器，它的过滤效率要求不低于 $99.97\%$（对于 $0.3\mu m$ 粒径的粒子）。

对于含短寿命放射性核素的放射性气体，可以经过一定时间的储留，使其衰减值达到无害水平。对于含寿命不很短放射性核素的放射性气体，通常采用吸附或吸收过程来脱除。

废气经过净化后，通过烟囱排入大气。

（2）放射性废液的处理

放射性废液的处理一般都要经过净化浓集与固化包装两步。常用的净化浓集过程有蒸发、离子交换和化学沉积等。净化浓集过程中产生的浓集物，如蒸残液、再生液和淤泥等，都必须转变成稳定的固体形式。常用的固体化方法有水泥固化、沥青固化、塑料固化和玻璃固化等。

（3）放射性固体废物的处理

放射性固体废物处理的目标是减容和提高稳定性。常用的处理方法有压缩和焚烧。可燃的和不可燃的固体废物都可以用压缩方法减容，但对于可燃废物来说，焚烧方法的减容效果更好。可燃固体废物在焚烧后，其中的放射性核素大部分集中在残留的灰分中，将灰分小心收集后，进行适当的固化处理。

需要指出的是：各个实验室一般都不处理放射性废物，而是将放射性废液、放射性固体废物分别收集、暂存后交给有资质的专业厂家进行处理。因此，对于实验室来讲，主要的工作是按照有关规定做好放射性废物的收集、暂存。

## 7.5　非电离辐射

电磁波的波谱如图 7-12 所示，其中的 γ 射线、X 射线可以产生电离，其危害已归于电离辐射，其他的电磁波因不能产生电离，称为非电离辐射。非电离辐射中，产生较大危害的主要是紫外线、微波、无线电波、激光等。其中，无线电波辐射又被称为电磁辐射，无线电波辐射和微波辐射又被合称为射频辐射。

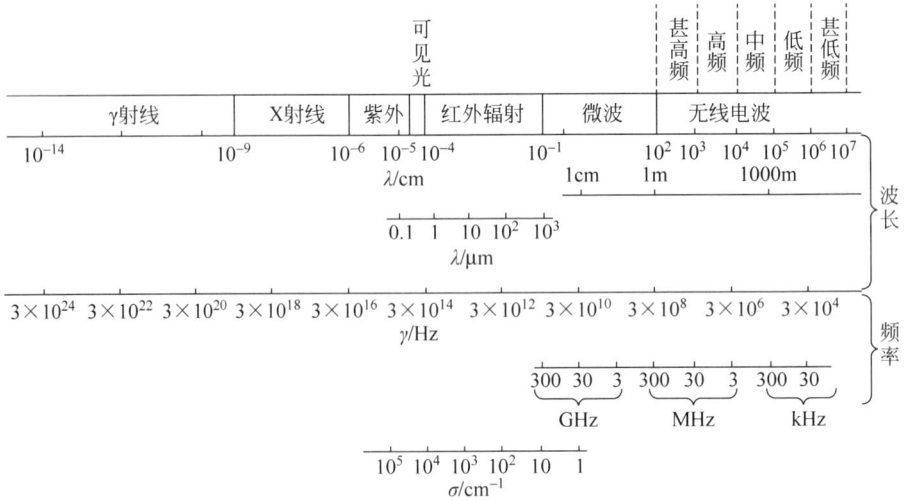

图 7-12　电磁波谱

## 7.5.1　紫外线

紫外线是在电磁波谱中介于 X 射线和可见光之间的频带,波长 $\lambda$ 的范围约为 $10\sim400\text{nm}$。自然界中的紫外线主要来自太阳辐射。对于温度达到 1200℃ 以上的炽热物体,辐射光谱中都可出现紫外线,物体温度越高,紫外线波长越短,强度越大。在实验室中,紫外线主要来源于火焰、高温炉、电弧、紫外灯等,常见紫外线的波长为 $220\sim290\text{nm}$。

不同波段的紫外线对人体产生的生物效应是不同的,按其生物学作用,有人将 $\lambda=180\sim400\text{nm}$ 的紫外线分为 3 个波段。

(1) 长波紫外线。$\lambda=320\sim400\text{nm}$,在此范围内的紫外线的生物作用很弱,又称为晒黑线。

(2) 中波紫外线。$\lambda=275\sim320\text{nm}$,受到中波紫外线的照射,可引起皮肤强烈刺激,严重情况时出现红斑,又称为红斑线。

(3) 短波紫外线。$\lambda=180\sim275\text{nm}$,短波紫外线主要作用于组织蛋白类脂质。在实验室中,对人体产生危害的主要是短波紫外线,又称为杀菌线。

紫外线可以直接对人眼和皮肤造成伤害。眼睛暴露于短波紫外线时,能引起结膜炎和角膜溃疡,即电光眼炎,这种电光眼炎多产生于电焊过程。此外,当紫外线与沥青等化学物质同时作用于皮肤时,可能引起严重的光感性皮炎,出现水肿及红斑。

实验室中,为了防止紫外灯的伤害,应该做到:

（1）紫外灯安装符合规定,安装位置距操作台面 60~90cm。

（2）房间有人时,一定要关闭紫外灯。

（3）不可以在开启的紫外灯下工作。

（4）紫外线消毒时,不能同时开启日光灯和紫外灯。

（5）墙面涂以黑色,以吸收紫外线。

（6）眼睛不直视紫外灯。

为了防止电焊紫外线的伤害,经常采取的措施有:

（1）有关人员在工作时应佩戴防护面罩或眼镜。

（2）在工作场所设置障碍。

（3）防止电焊过程中有沥青等化学物质存在。

## 7.5.2　射频辐射

由于微波和无线电波对人体的危害及防护措施大多是相同或相似的,所以微波辐射和无线电波辐射常被通称为射频辐射。但是由于微波的频率比无线电波更高,所以微波的某些危害比无线电波更大并更突出。

### 1. 射频辐射对人体的危害

电磁场具有能量,人体长期在高强度的射频照射下会受到不同程度的伤害。不同频段的射频辐射对人体的伤害不同。电磁波的生物学作用一般随着波长的减小而增强,即在一定条件下,波长越短,对人体的伤害越严重,其规律是:微波>甚高频>高频>中频>低频>甚低频。

甚低频、低频波的波长长、能量低,对人体的伤害较小。

中频、高频波段的电磁辐射对人体的主要作用是引起中枢神经系统的机能障碍和以交感神经疲乏、紧张为主的植物神经紧张失调,临床症状表现主要为神经衰弱,其中以头昏、头胀、失眠多梦、疲劳无力、记忆力减退、心悸等最为严重。

甚高频波与微波的频率高,辐射能量大,故对人体的危害也比中频、高频波更为严重。它们除了能引起比较严重的神经衰弱症状外,最突出的是植物神经机能紊乱,临床表现主要为心血管系统的反应,其中以副交感紧张反应为多,如心动过缓、血压下降或心动过速、血压增高等。心电图检查可见窦性心率不齐,ST-T 段下降等。此外,更需要特别注意微波的以下危害。

（1）微波的致热危害

无论在何种频率和强度的微波辐射致热作用下,均可发现白细胞的某些变异,生化检验可以发现血浆蛋白、组织胺的含量及酶活动性的某些改变。厘米波可以影响植物神经系统,如表现出心动过缓和低血压。在高强度厘米波辐射作用下可发现心率不正常,表现为心率不稳定或明显的心动过缓,并有明显的、持续的血压偏低。毫米波的低强度辐射也可有心血管效应,血管扩张过低和心动过缓。

微波对眼睛的致热危害主要是晶体混浊和自发白内障发生率增多,亦可使角膜、虹膜、前房和晶体同时受到伤害,造成视力完全丧失。微波的致热作用还会损害人体的生殖系统。

(2) 微波非致热危害

人体暴露在强度不大的微波辐射环境中,当体温还没有明显的升高时,往往已经出现了某些生理反应,例如,眼睛有色视野缩小、心率和血压发生变化、嗜睡等。微波辐射还可引起射频幻听现象,在低强度微波辐射下,可引起人的恶心、胃纳缩小等消化系统症状,并出现代谢紊乱。

① 对神经系统的危害。强烈的微波辐射可破坏脑细胞使大脑皮质细胞活动能力减弱,使已形成的条件反射受到抑制。反复经受一定强度的微波辐射可引起神经系统机能紊乱,长期在微波环境下工作与生活的人员会出现疲劳、头痛、嗜睡、记忆力减退、工作效率低、食欲不振、眼内疼痛、手发抖、心电图与脑电图变化、甲状腺活动增强、血清蛋白增加、脱发、嗅觉迟钝、性功能衰退等症状。

② 对血液的作用。强微波照射可引起血液内白细胞和红细胞数的减少,并使血凝时间缩短。长时间的微波照射,又可引起白细胞的增加。

③ 微波对胚胎的作用。微波照射鸡蛋,发现胚胎后部区域的发育受到抑制,使眼、脑、心的发育缓慢或停止,并可出现畸形。

2. 射频辐射的防护

为了防护射频辐射,主要采取以下措施。

(1) 屏蔽

屏蔽包括电场屏蔽和磁场屏蔽。屏蔽的基本原理是:屏蔽体在电磁辐射场源作用下可产生感应电荷或电流,限制电磁波传播。

(2) 吸收

吸收装置是利用特殊材料制成的屏蔽装置。吸收材料大致可分为两类:一类是谐振型吸收材料,另一类是匹配型谐振材料。吸收材料的种类很多,如在塑料、橡胶、陶瓷等材料中加入铁粉、石墨、木炭和水等,可制成吸收材料。

(3) 接地

包括高频接地和屏蔽接地。屏蔽接地可提高屏蔽效能。

(4) 抑制辐射

合理选择或调整高频馈线、工作线圈等辐射源的布置和方位,并采用其他类似方法抑制高频设备对外辐射。

(5) 个人防护

这里所说的个人防护,主要是指对微波的防护。微波的波长较短,穿防护服、

戴防护帽等有一定的防护效果,常用的微波个人防护用品有:

① 微波防护服

一般是用化学镀金属导电布做成的防护服,也有用不锈钢丝编织布做成的防护服。其主要功能是防止微波辐照,可根据需要做成防护大衣、夹克衫、西服、帽子、裙子、背心、手套、袜子、鞋等。

② 防护眼镜

通常是采用镀锌膜玻璃制成普通眼镜,还有一种是微波防护套镜,适合于戴眼镜的工作人员,套镜可以插在原来的眼镜上。

③ 微波防护面罩

在一些场强较大的场所,由于工作需要,务必要特别注意保护整个头部时,要采用防护面罩(头盔、防护帽)。它是由屏蔽布或有屏蔽作用的其他材料制成。

(6) 加强防护知识的宣传

电磁波的危害不易被人们所感知,也就不易被人所认识和重视。一旦受其影响或危害,有时会感到偶然或意外,甚至惊慌。因此,加强防护知识的宣传有重要的实际意义。

### 7.5.3　激光

激光是由受激发射的光放大产生的辐射,英文名为 laser,是取自英文 light amplification by stimulated emission of radiation 的各单词首字母组成的缩写词,意思是"通过受激发射光扩大"。

1. 激光的特点

(1) 定向发光

普通光源是向四面八方发光,要让发射的光朝一个方向传播,需要给光源装上一定的聚光装置。激光器发射的激光,天生就是朝一个方向射出,光束的发散度极小,大约只有 0.001 弧度,接近平行。1962 年,人类首次使用激光照射月球,地球离月球的距离约 $3.8 \times 10^5 \mathrm{km}$,但激光在月球表面的光斑不到 2km。若以聚光效果很好、看似平行的探照灯光柱射向月球,其光斑直径将覆盖整个月球。

(2) 亮度极高

在激光发明前,人工光源中高压脉冲氙灯的亮度最高,与太阳的亮度不相上下,而红宝石激光器的激光亮度能超过氙灯的几百亿倍。因为激光的亮度极高,所以能够照亮远距离的物体。

(3) 颜色极纯

光的颜色由光的波长(或频率)决定。一定的波长对应一定的颜色。太阳辐射出的可见光段的波长分布范围在 $0.76 \sim 0.4 \mu \mathrm{m}$ 之间,对应的颜色从红色到紫色共

7 种颜色,所以太阳光谈不上单色性。发射单种颜色光的光源称为单色光源,它发射的光波波长单一。比如氦灯、氖灯、氖灯、氢灯等都是单色光源,只发射某一种颜色的光。单色光源的光波波长虽然单一,但仍有一定的分布范围。如氖灯只发射红光,单色性很好,被誉为单色性之冠,但波长分布的范围仍有 0.000 01nm,因此若仔细辨认氖灯发出的红光,仍包含几十种红色。由此可见,光辐射的波长分布区间越窄,单色性越好。

激光器输出的光的波长分布范围非常窄,因此颜色极纯。以输出红光的氦氖激光器为例,其光的波长分布范围可以窄到 $2 \times 10^{-9}$ nm,是氖灯发射的红光波长分布范围的万分之二。由此可见,激光器的单色性远远超过任何一种单色光源。

(4) 能量密度极大

光子的能量是用 $E = h\nu$ 来计算的,其中,$h$ 为普朗克常量,$\nu$ 为频率。由此可知,频率越高,能量越高。激光频率范围为 $3.846 \times 10^{14} \sim 7.895 \times 10^{14}$ Hz。激光光子的能量并不算很大,但是它的能量密度很大(因为它的作用范围很小,一般只有一个点),可在短时间内聚集起大量的能量。

2. 激光危害

使用激光器时可能产生的危害主要有:对眼睛的伤害、对皮肤的伤害、火灾危害、化学危害和电气危害等。

(1) 激光对眼睛的危害

在激光对人体的伤害中,对眼睛的伤害最为严重。波长在可见光区和近红外区的激光,人眼屈光介质的吸收率较低,透射率高,而屈光介质的聚焦能力(即聚光力)强。强度高的可见光或近红外光进入眼睛时可以透过人眼屈光介质,聚集光于视网膜上。此时,视网膜上的激光能量密度及功率密度提高到几千甚至几万倍,大量的光瞬间照射于视网膜上,导致视网膜的感光细胞层温度迅速升高,从而使感光细胞凝固变性、坏死而失去感光的作用。激光聚于感光细胞时产生过热而引起的蛋白质凝固变性是不可逆的损伤。一旦损伤就会造成眼睛的永久失明。激光的波长不同,对眼球作用的程度不同,其产生后果也不同。远红外激光对眼睛的损害主要以角膜为主,这是因为这类波长的激光几乎全部被角膜吸收,所以角膜损伤最为严重,主要引起角膜炎和结膜炎,患者感到眼睛痛、异物样刺激、怕光、流眼泪、眼球充血,视力下降等。当发生远红外光损伤时,应遮住保护伤眼,防止感染发生,对症处理。紫外激光对眼的损伤主要是角膜和晶状体,此波段的紫外激光几乎全部被眼的晶状体吸收,而中远红外激光以角膜吸收为主,因而可致晶状体及角膜混浊。

(2) 激光对皮肤的伤害

严重暴露于强红外波段激光下可能造成皮肤烧伤,而紫外激光可能造成烧伤、皮肤癌和皮肤角质老化。

（3）激光的火灾危害

染料激光器中的溶剂是易燃的,高压脉冲和灯的闪烁可能会引发火灾。激光工作过程中激光的直接照射及连续红外激光的反射光意外照射,都有可能引燃易燃物品,引起火灾。

（4）激光的化学危害

激光系统中的一些物质,如染料、准分子等,具有一定的毒性,可能对人体造成危害。此外,激光导致的化学反应可能产生有毒粒子或气体,对人体产生毒害。

（5）电气危害

在激光使用过程中,遇到最多的电气危害是电击。激光设备中的高压系统和高压电容器会造成致命电击。

3. 激光器的安全等级

通常按可能引起的危害的严重程度,将激光器分成 4 级。

（1）第 1 级（Class I/1）：低输出激光器（功率小于 0.4mW）,例如激光教鞭。另外,实验室中的一些分析仪器和设备,虽然其中的激光器功率可能远高于 0.4mW,但由于光束是被完全地封闭在设备内部,且激光暴露与设备运行是互锁的,不会有暴露的激光束,因此,设备不会产生任何生物性危害,这些分析仪器和设备的激光器也被归入此等级中。

（2）第 2 级（Class II/2）：低输出激光器（功率为 0.4～1mW）,如激光指示器。不会伤害皮肤,不会引起火灾。由于眼睛反射行为可以防止一些眼睛伤害,所以这类激光器不被视为危险设备。因为,当眼睛遇到明亮光线时会自动眨眼,或者转动头部以避开这些强光线,这就是所谓的反射行为或反射时间。在这段时间内（<0.25s）,激光不会对眼睛造成伤害。但持续暴露在激光束前会伤害眼睛。

（3）第 3 级（Class III/3）：中高输出激光器（功率为 1～500mW）。又分为第 3a 级和第 3b 级两个次级。第 3a 级（Class IIIa）功率为 1～5mW,不会灼伤皮肤,注视这种光束几秒钟会对视网膜立即造成伤害。第 3b 级（Class IIIb）：输出功率为 5～500mW。在功率比较高时,这类激光器能够烧焦皮肤。暴露下会对眼睛立即造成损伤。

（4）第 4 级（Class IV/4）：高输出连续激光（功率大于 500mW）。这类激光会烧灼皮肤,即使散射的激光、反射光也会对眼睛和皮肤造成伤害（一个 1000W 的二氧化碳激光器可以在一块钢板上打孔,设想如果照射到眼睛上会怎样）。

4. 激光的安全防护措施

（1）一般安全措施

① 除非得到允许,否则不要使用激光或靠近激光工作。

② 除非得到允许,否则不要进入激光器正在运作的房间或其范围。

③ 在给激光器通电前,要确认该设备预定的安全防护装置得到正确使用,包括:不透明挡板、非反射防火表面、护目镜、面具、门连锁和为防备有毒物质进行的通风设备。

④ 确保脉冲激光器不会在不经意下通电,在激光器无人看管之前,将电容器放电,并关闭电源。

⑤ 不要直接注视激光光束,在激光调试和激光操作过程中佩戴合适的护目镜。激光调试程序必须在最低的激光功率下进行。

⑥ 限制跟激光设施的接触,一个办法是明确指定有权进出安装激光器的房间的人员。

⑦ 当激光器工作时,不要无人看管。

⑧ 摘下任何珠宝首饰,以避免对激光的无意反射。

⑨ 每个激光设备均需设置名册,列明所有获权人员(包括管理人员、操作人员、调校检查人员、维修保养人员),所有获权人员必须经过培训、考试并获得上岗资格后才能上岗工作。

⑩ 激光器每年进行一次安全检查,激光获权人员每两年再进行一次培训。

(2) 不同安全级别激光器的安全措施

第1级(Class Ⅰ/1)

不需要任何防护措施。

第2级(Class Ⅱ/2)

① 绝对禁止任何人长时间注视激光光源。

② 除非基于有益的目的并且照射强度和持续时间不超过允许的上限,否则严禁将激光对着人的眼睛。

③ 这类激光器应给出黄色警示标志,如图 7-13 所示。

图 7-13　可见波长激光的警告标签

第 3 级（Class Ⅲ/3）

第 3a 级（Class Ⅲa）激光器应该有：

① 激光放射指示灯,表明激光器是否在工作。

② 应该使用电源钥匙开关,阻止他人擅自使用。

③ 应该贴有危险警示标志。

第 3b 级（Class Ⅲb）激光器必须具备：

① 激光放射指示灯,表明激光器是否在工作。

② 应该使用电源钥匙开关,阻止他人擅自使用。

③ 启动电源后,有 3～5s 的延迟时间,以便使操作者离开光束路径。

④ 装有急停开关,以便随时关闭激光光束。

⑤ 在激光器上必须贴有红色的危险警示标志(250mW 照射一张红纸,不到 2s 就可点燃)。

⑥ 当使用激光时,在场的所有人员都要戴上保护眼镜,所有的保护眼镜都要清楚地标明所过滤的激光的波长和光密度。

⑦ 所有保护皮肤的衣服不能是易燃的。

第 4 级（Class Ⅳ/4）

对这类激光,必须具备比 3b 级更为严格的要求。

① 在第 3 级中列出的所有措施都适用于第 4 级。

② 对这些激光的操作必须在一个局部封闭的范围内、一个受控的工作场所内或者直接把光束引到外面的空间。如果完全的局部封闭是不可能的,门内的激光操作应当在一个不透光的房间内,该房间的出入口应安装有连锁,保证门开着的时候激光不能发出能量。

③ 对所有工作在受控区内的工作人员,合适的眼睛保护措施是必需的。

④ 如果激光光束的能量足以造成严重的皮肤或火灾威胁,在激光光束和人、可燃物品之间必须有保护措施。

⑤ 在可能的情况下,操作监视设备和其他监视设备应选择遥控装置。

⑥ 光快门、光偏振片、光滤波器仅允许授权的个人使用,光泵体系中的闪光灯不允许照射到任何可视区域。

（3）其他安全措施

① 使用脉冲激光器时,在允许靠近电容器前,要确保每个电容器都已经放电、短路并接地。

② 使用含氯和氟的激光器时,应将氯和氟储存在通风良好的地方,以最大程度地降低氯和氟的有害作用。

③ 医疗激光器的操作人员必须接受过足够和适当的临床指导训练,以保护病人和员工的健康和安全。

# 思 考 题

1. 什么是电离辐射? 什么是非电离辐射?

2. 电离辐射能产生哪些生物危害?

3. 电离辐射的警告标志是什么?

4. 《电离辐射防护与辐射源安全基本标准》(GB 18871—2002) 是否适用于微波、紫外线、可见光及红外辐射等对人员可能造成危害的防护?

5. 《放射性同位素与射线装置安全许可管理办法》是什么时间开始实施的?

6. 我国正在执行的《放射性同位素与射线装置安全和防护条例》是中华人民共和国国务院令第多少号?

7. 什么是放射源? 什么是放射性同位素? 什么是射线装置?

8. 参照国际原子能机构的有关规定,根据对人体健康和环境的潜在危害程度,从高到低将放射源分为哪 5 类?

9. 根据对人体健康和环境的潜在危害程度,非密封源工作场所从高到低分成哪3 类?

10. 甲级非密封源工作场所的安全管理参照哪一类放射源? 乙级和丙级非密封源工作场所的安全管理参照哪类放射源?

11. 根据对人体健康和环境可能造成危害的程度,射线装置从高到低分为哪 3 类?

12. 能量大于 100MeV 的加速器是哪一类射线装置?

13. X 射线行李包检查装置、牙科 X 射线机、X 射线摄影装置和其他高于豁免水平的 X 射线机是哪一类射线装置?

14. 安全检查用加速器、中子发生器和放射治疗用 X 射线、电子束加速器是哪一类射线装置?

15. 放射性同位素存放时,需要采取哪些有效的安全措施? 是否需要指定专人负责保管?

16. 开放型操作的放射化学实验室进行日常地面、桌面清洁时,为什么必须采用湿式操作或湿式打扫卫生方式,而禁止使用扫帚、吸尘器等设备?

17. 中华人民共和国卫生部令(第 55 号)《放射工作人员职业健康管理办法》自什么时间起开始施行?

18. 外照射防护的一般方法有哪 3 种?

19. 在考虑辐射防护时,是否要求剂量当量越低越好,以避免确定性效应的发生同时减少随机性效应发生的概率?

20. 为了保障安全,在放射化学实验室内做实验一般都要戴手套,但有些动作是不能戴手套的,哪些动作是不能戴手套完成的?

21. 当皮肤受到微量污染时,怎样去除污染?

22. 从事辐射工作的人员是否必须通过辐射安全和防护专业知识及相关法律法规的培训和考核? 其中辐射安全关键岗位是否应当由注册核安全工程师担任?

23. 辐射事故,是指放射源丢失、被盗、失控,或者放射性同位素和射线装置失控导致人员受到意外的异常照射吗?

24. 加速器在加高压出束时会产生哪些射线?

25. 所有操作或接触放射性核素的实验室人员是否应接受放射性基础知识、相关技术和放射性防护的指导和培训?

26. 在批准使用放射性核素之前,是否必须取得放射性培训合格资质,实行持证上岗制度,并佩戴个人专用的辐射剂量计(dosemeter)?

27. 购买放射性核素时是否必须向同位素实验室负责人申请、办理登记手续? 是否购买、领取、使用、归还放射性同位素时应正确登记、认真检查,做到账物相符?

28. 放射性同位素能否与易燃、易爆、腐蚀性物品等一起存放?

29. 进入同位素实验室之前和实验结束后为什么要用同位素探测仪检查污染状况?

30. 对已污染的仪器、器械、台面等为什么要贴标签说明?

31. 反应堆运行人员是否主要会受到中子、γ 产生的外照射?

32. 为什么不可以用眼睛近距离直观放射源?

33. 为什么不可以用手触摸放射源表面?

34. 为什么使用 α,β 源时要使用镊子,并特别注意镊子尖端不要划伤放射源表面?

35. 为什么不可以在放射性实验室内吃东西、喝水?

36. 为什么实验暂时不使用的放射源不能随便放置,要放在老师指定的有防护的区域内?

37. 为什么离开放射性实验室前必须洗手?

38. 为什么实验完毕,要关好电源,整理好仪器设备,并且向教师交还放射源?

39. 加速器是否必须安装安全连锁装置?

40. 加速器在加高压出束时,为什么不能进入加速器室?

41. 在进行加速器实验时为什么必须佩戴个人剂量计或个人剂量报警仪?

42. 下列核素(物质)是超铀元素化学实验室中经常操作的物质。请指出哪些核素(物质)会产生较强 γ 射线,需要考虑专门的 γ 屏蔽问题? (　　　)

A. 天然铀 B. 低浓缩铀

C. 长期存放的钍及其子体 D. Pu 及其子体

43. 放射化学实验室需要操作多种放射性物质。根据放射性核素半衰期长短不同,含有这些核素的废物一般要求分开存放。短半衰期废物在存放一定时间后,经过测量低于放射性豁免值时可以作为一般废物处理。一般而言,短半衰期废物的存放时间一般要求多久?(　　)

A. 存放至实验结束 B. 存放1周左右

C. 存放1~2个月 D. 10个半衰期以上

44. 《电离辐射防护与辐射源安全基本标准》(GB 18871—2002)涉及的豁免一般准则是:(　　)

A. 被豁免实践或源对个人造成的辐射危险足够低,以至于再对它们加以管理是不必要的

B. 被豁免实践或源引起的群体辐射危险足够低,在通常情况下再对它们进行管理控制是不值得的

C. 被豁免实践和源具有固有安全性,能确保准则 A 和 B 始终得到满足

45. 放射化学实验室操作的 Pu,Am,Np 等的同位素多属于极毒放射性核素,这些核素对人体的最大威胁体现在(　　)。

A. 化学毒性 B. 中子流

C. 强 α 射线 D. 强 γ 射线

46. 电磁辐射对人体有哪些危害?

47. 在电磁辐射的防护方面有哪些措施?

48. 依据《电磁辐射防护规定》(GB 8702—88),输出功率等于和小于(　　)的移动式无线电通信设备,如陆上、海上移动通信设备和步话机等可以免于管理。

A. 15W B. 5W C. 30W D. 60W

49. 高压线辐射场强与气候变化的关系是(　　)。

A. 雨天辐射场强高,晴天辐射场强低

B. 雨天辐射场强低,晴天辐射场强高

C. 没有差别 D. 没有辐射

50. 《电磁辐射防护规定》(GB 8702—88)或《环境电磁波卫生标准》(GB 9175—88)适用的最低频率点为(　　)。

A. 100kHz B. 3000kHz C. 10kHz D. 1kHz

51. 下面哪些事物不会产生电磁辐射。(　　)

A. 树木 B. 笔记本电脑 C. 高压线 D. 手机

52. 以下哪个不是减少电磁辐射的方法?(　　)

　　A. 用布覆盖辐射源　　　　　　　B. 对辐射源进行屏蔽

　　C. 辐射源远离敏感物体或人　　　D. 尽量缩短处于辐射区的时间

53. 实验室的微波炉使用时应注意哪些内容?(　　)

　　A. 微波炉开启后,会产生很强的微波辐射,操作人员应远离

　　B. 严禁将易燃易爆等危险化学品放入微波炉中加热

　　C. 实验用微波炉严禁加热食品

　　D. 对密闭压力容器使用微波炉加热时应注意严格按照安全规范操作

54. 为什么紫外线消毒时不能同时开启日光灯和紫外灯?

55. 为什么不能在开启的紫外灯下工作?

56. 紫外线消毒方便、实用,但不能彻底灭菌,特别是对哪类细菌的灭菌效果较差?

57. 紫外线透过物质能力怎样?是否适用于室内空气或物体表面的消毒?

58. 激光机床工作时,为什么不可以直接观察加工部分?

59. 激光机床工作时,为什么人的皮肤不可以直接接触激光的光束?

60. 激光机床工作时,为什么操作者要戴防护眼镜?

# 参 考 文 献

[1] FLYNN A M, THEODORE L T. Health, Safety and Accident Management in the Ehemical Process Industry. 2002.

[2] GB 8702—88《电磁辐射防护规定》.

[3] GB 9175—88《环境电磁波卫生标准》.

[4] GB/T 15313—2008《激光术语》.

[5] GB 18217—2000《激光安全标志》.

[6] GB 7247.1—2001《激光产品的安全 第 1 部分 设备分类、要求和用户指南》.

[7] GB/T 18490—2001《激光加工机械安全》.

[8] MARTIN A, HARBISON S A. An Introduction to Radiation Protection[M]. London: Chapman and Hall,1986.

[9] R. F. 博格斯. 中子发生器运行中的辐射安全问题[M]. 北京:原子能出版社,1981.

[10] 中华人民共和国国家标准(GB 18871—2002)《电离辐射防护与辐射源安全基本标准》.

[11] 《中华人民共和国放射性污染防治法》. 2003.

[12] 中华人民共和国国务院令　第 449 号《放射性同位素与射线装置安全和防护条例》. 2005.

[13] 中华人民共和国卫生部令　第 55 号《放射工作人员职业健康管理办法》. 2007.

[14] 赵庆双,冯志林,裴志刚,等. 清华大学实验室安全手册[M]. 北京:清华大学出版社, 2003.

［15］　陈静生,陈昌笃,周振惠,等. 环境污染与保护简明原理[M]. 北京:商务印书馆,1981.

［16］　江藤秀雄. 辐射防护[M]. 北京:原子能出版社,1986.

［17］　陈万金,陈燕俐,蔡捷. 辐射及其安全防护技术[M]. 北京:化学工业出版社,2005.

［18］　李德平,潘自强. 辐射防护手册(第三分册,辐射安全)[M]. 北京:原子能出版社,1990.

［19］　刘林茂,刘雨人,景士伟. 中子发生器及其应用[M]. 北京:原子能出版社,2005.

［20］　俞誉福. 环境放射性概论[M]. 上海:复旦大学出版社,1993.

［21］　北京放射卫生防护所. 2004.

［22］　紫外线杀菌灯[S]. GB 19258—2003.

［23］　家用和类似用途电器的安全微波炉,包括组合型微波炉的特殊要求. GB 4706.21—2008.

［24］　微波和超短波通讯设备辐射安全要求. GB 12638—1990.

［25］　刘亚宁. 电磁生物效应[M]. 北京:北京邮电大学出版社,2002.

［26］　刘文魁,庞东. 电磁辐射的污染及防护与治理[M]. 北京:科学出版社,2003.

［27］　吴强. 实验室激光安全手册.(南开大学电子资源)2009.

［28］　清华大学实验室与设备处. 全校学生实验室安全课考试题库. 2007.

［29］　清华大学材料学院. 实验室安全手册[M]. 北京:清华大学出版社,2015.

# 第8章 生物安全

本章主要介绍生物安全与生物危害、微生物危害、微生物危害的防护、生物安全柜、生物实验室安全守则、生物安全常用术语等内容。

## 8.1 生物安全与生物危害

### 8.1.1 生物安全

所谓生物安全,是指人们对动物、植物、微生物等生物体给人类健康和自然环境可能造成的危害及防范。

生物安全是一个系统的概念,即从实验室研究到产业化生产,从技术研发到经济活动,从个人安全到国家安全等整个过程中的安全性问题,主要内容包括:

(1) 外来物种迁入导致我国生态系统的不良改变或破坏;

(2) 人为造成的环境剧烈变化危及生物的多样性;

(3) 在科学研究、开发生产和应用中,危险的病原体和经遗传修饰的生物体等可能对人类健康、生存环境造成的危害等。

对于从事科学研究的实验室,主要的生物安全问题是上面的第3条,即经遗传修饰的生物体和危险的病原体等可能对人类健康、生存环境造成的危害及与实验动物有关的危害。

### 8.1.2 生物危害及生物危险标志

生物危害是指在一定的时间和空间内,自然生物或人工生物及其产品对人类健康和生态系统可能产生的危害。

实验室中的生物危害,是指动物、植物、微生物等生物体对操作人员和环境造成的危害,其中最主要的是微生物的危害。

为了起到警示作用,在进行有生物危险操作的实验室入口处,根据一些国家标准的规定,必须鲜明地标示出所接触的病原体的名称、危险度及预防措施负责人姓名,并标示出国际生物危险标志图,如图8-1所示。

生物危险

**非工作人员严禁入内**

| 实验室名称 | 预防措施负责人 | |
| --- | --- | --- |
| 接触病原体名称 | 紧急事故时联络处 | |
| 危险度 | | |

图 8-1 实验室入口处标志实例

# 8.2 微生物危害

## 8.2.1 微生物危害度分级及遗传基因重组操作的生物危险度标准

### 1. 微生物危害度分级

在世界卫生组织(WHO)2003年出版的《生物安全手册》修订版中,将感染性微生物的危险度分为4级,见表8-1。表8-2列出了各级病原体的分类,其中,1级危险度最低,4级最高。

**表 8-1 WHO修订的微生物危害等级(2003年)**

| 1级 | (个人或群体感染危险性很低或没有)不会造成人、畜生病的微生物 |
| --- | --- |
| 2级 | (有一定个人感染的危险,群体感染危险性低)可能造成人、畜生病的病原体,但不会对实验室工作人员、群体、家畜或环境造成严重危害。若暴露于实验室中,可引起严重感染,但有有效的预防和治疗措施,感染扩散的危险有限 |
| 3级 | (个人感染危险性高,群体感染危险性低)一般会引起人、畜严重疾病的病原体,但一般不会发生从一个人传染给另一个人的情况,有有效的预防和治疗措施 |
| 4级 | (个人感染与群体感染危险性均高)一般会引起人、畜严重疾病的病原体,并能直接或间接地从一个人传染给另一个人,没有有效的预防与治疗措施 |

表 8-2　病原体的分类(国外)

| 级别 | 危险程度 | 代表性微生物 |
|---|---|---|
| 1 | 微度危险性 | 生物制品、菌苗、疫菌生产用各种减毒、弱毒菌种及不属于下述 3 类的各种低致病性的微生物菌种 |
| 2 | 低度危险性 | 脑膜炎奈瑟氏菌、肺炎双球菌、葡萄状球菌、链球菌、淋病奈瑟氏菌及其他致病性奈瑟氏菌、百日咳博德特氏菌、白喉棒杆菌及其他致病性棒杆菌、流感嗜血杆菌、沙门氏菌、志贺氏菌、致病性大肠埃希氏菌、小肠结肠炎耶尔森氏菌、空肠弯曲菌、酵米面黄杆菌、副溶血性弧菌、变形杆菌、李斯特氏菌、铜绿色假单孢菌、气肿疽肿菌、产气荚膜梭菌、破伤风梭菌及其他致病梭菌；<br>钩端螺旋体、梅毒螺旋体、雅司螺旋体；<br>乙型脑炎病毒、脑心肌炎病毒、淋巴细胞性脉络丛脑膜炎病毒及未列入一、二类的其他虫媒病毒、新比斯(Sindbis)病毒、滤泡性口炎病毒、副流感病毒、呼吸道合胞病毒、腮腺炎病毒、麻疹病毒、脊髓灰质炎病毒、腺病毒、柯萨奇(A 及 B 组)病毒、艾柯(ECHO)病毒及其他肠道病毒、疱疹类病毒(包括单纯疱疹、巨细胞、EB 病毒、水痘病毒、狂犬病固定毒、风疹病毒)；<br>致病性支原体、黄曲霉、杂色曲霉、梨孢镰刀菌、蛙类霉菌、放线菌属、奴卡氏菌属、石膏样毛癣菌(粉型)、孢子丝菌 |
| 3 | 中度危险性 | 土拉弗朗西斯氏菌、布氏菌、炭疽芽孢菌、肉毒梭菌、鼻疽假单胞菌、麻风分枝杆菌、结核麻风分枝杆菌；<br>狂犬病毒(街毒)、森森脑炎病毒、流行性出血热病毒、国内尚未发现病人而在国外引起脑脊髓炎及出血热的其他虫媒病毒、登革热病毒、甲/乙型肝炎病毒；<br>各种立克次体(包括斑疹伤寒、Q 热)；<br>鹦鹉热、乌疫衣原体、淋巴肉芽肿衣原体；<br>马纳青霉、北美芽生菌、副球孢子菌、新型隐球菌、巴西芽生菌、烟曲霉、着色霉菌 |
| 4 | 高度危险性 | 鼠疫耶尔森氏菌、霍乱弧菌(包括 EL-tor 弧菌)；<br>天花病毒、黄热病毒(野毒株)、新疆出血热(史里米亚刚果出血热)病毒、东西方马脑炎病毒、委内瑞拉马脑炎病毒、拉沙热(Lassa)病毒、马堡(Marburg)病毒、埃博拉(Ebola)病毒、猴疱疹病毒(猴 B 病毒)；<br>粗球孢子菌、荚膜组织胞浆菌、杜波氏组织胞浆菌 |

2. 遗传基因重组操作的生物危险度标准

国外在进行重组遗传基因的实验时,对于 DNA 载体,根据其病原性、生产毒素的能力、寄生性、定着性、致癌性、耐药性、产生变态反应、产生扰乱物质代谢的体系、成为扰乱生态体系的原因等程度,而决定其生物危险级别,一般来说,可参考表8-3所列的标准。

**表 8-3 遗传基因重组操作的生物危险度标准(据大谷明)**

| DNA 的载体 | 危险度级别[①] |
|---|---|
| 1. 灵长类的癌及致癌性 | P4 |
| 2. 灵长类以外的哺乳类及鸟类 | P3 |
| 3. 变温脊椎动物,无脊椎动物病毒,植物病毒 | |
| 4. 在 3 类中没有被微生物污染的生殖细胞和胚胎 | P2 |
| 5. 无脊椎动物及植物 | |
| 6. 若干低等真核生物及原生动物 | P1 |
| 7. 噬菌体 | |

① 指在生物学隔离的级别为 B1 级条件下,物理学隔离的危险度。

## 8.2.2 微生物危害的途径

微生物危害的途径主要有气溶胶的吸入、经口进入、经皮肤接触和外伤侵入,其中最主要的是气溶胶的吸入。

### 1. 气溶胶的发生与吸入

气溶胶是悬浮于气体介质中的粒径为 $0.001 \sim 100 \mu m$ 的固态、液态微小粒子形成的相对稳定的分散系。吸入含有病原微生物的气溶胶是产生微生物危害的最重要的途径。

气溶胶主要产生于各种实验操作中,容易发生气溶胶的实验室操作有:

(1) 吸球操作。吸球是微生物学方面最基本的器具,用吸球操作时,可导致气溶胶发生,例如由吸管中向外排液,用力过猛则会使液滴飞溅,弹离液体或固体培养基表面,释放出大量微粒;或者,当吸管末端含有物快排尽时,可能产生气泡,尤其是富含蛋白性的悬液更易形成气泡,而气泡破裂即形成气溶胶。

(2) 离心沉淀时,沉淀管装量太满,管盖未盖或盖不严,以及离心操作过程中离心管破裂,都可导致气溶胶散播。

(3) 注射操作时,当抽吸后或者拔出时,注射器针头由于颤动而散发液体颗粒,形成气溶胶。

(4) 用接种针去蘸液体时,液柱破裂,形成气溶胶。

(5) 镜检图片时,液丝断裂,形成气溶胶。

（6）传染性材料倾注出来,形成气溶胶。

（7）打开培养皿盖时,盖内壁往往有传染性的凝结水薄膜,因破裂而散播气溶胶。

（8）开安瓿时,如瓿内为液体,则当锉刀锉断瓿颈后,即可能产生气溶胶;如瓿内为干燥的活菌或菌种,特别是用真空熔封的,更易产生气溶胶。

（9）机械振荡和超声振荡,或者研磨、浸解、拔出研磨柱时,都可形成气溶胶。

（10）装有液体容器的破损或液体溢出,形成气溶胶。

（11）用超声波清洗机清洗污染器具时,也可能产生大量气溶胶。

（12）在粗糙的培养基表面涂布菌液时,形成气溶胶。

（13）高压灭菌器在灭菌前的排气,形成气溶胶。

（14）从玻璃瓶或离心管上拔出棉塞时,形成气溶胶。

（15）开启装有传染源的容器(如果容器内的压力与大气压不一致),形成气溶胶。

（16）动物鼻孔接种,形成气溶胶。

（17）从动物或胚胎卵采集感染组织或液体,形成气溶胶。

2. 经口进入

由于实验人员的认识不足,在实验室吸烟、饮食及用污染的手指接触嘴唇等,造成感染。如果能认真遵守实验室的基本要求,这种事故是不会发生的。

3. 经皮肤接触

通过皮肤接触发生微生物感染,也是产生微生物危害的重要途径。

4. 外伤侵入

打开安瓿或接触其他有破损缺口的容器时,常常有被划伤和感染的危险。对动物接种、注射,通过容器的橡皮塞盖或穿过动物组织移出培养物或体液等操作过程,常常容易发生被动物抓伤、针头戳伤等事故,继而引起感染。

# 8.3　微生物危害的防护

防止微生物危害的方法主要有隔离、消毒灭菌、规范操作、免疫预防、个人防护、正确处理废弃物等。

## 8.3.1　隔离

隔离的手段主要有两种:生物隔离和物理隔离。

1. 生物隔离

在微生物实验操作中,使用在通常环境条件下生命力弱的微生物变异菌株,称为生物隔离。这是重组遗传基因的研究工作开展以后产生的概念,就是以原核生物和低等真核生物作为实验宿主时,在培养装置以外的自然条件下其生存力非常低,而根据重组 DNA 自身内的能力就可以防止其扩散传播。

根据安全性,生物隔离分为两级或三级,例如,日本分为 B1 和 B2 两级,前者的危险度高于后者。

2. 物理隔离

将微生物隔离于一定的空间的方法称为物理隔离。它主要是指在气密性结构内采用负压通风,以达到防止气溶胶扩散污染的目的。

根据美国国立卫生研究所 NIH 标准,物理隔离分为 4 级,分别为 P1、P2、P3 和 P4 这 4 级,见表 8-4,并成为国际上通行多年的分级标准。与此对应的"生物实验室安全水平",也分为 4 级,分别为 BSL-1、BSL-2、BSL-3 和 BSL-4,而对于"动物实验室安全水平",则分为 ABSL-1、ABSL-2、ABSL-3 和 ABSL-4 这 4 级。

表 8-4　各级物理隔离的要求

| 级别 | 要求 |
| --- | --- |
| P1 | 通常的微生物实验室,对外人的进入不特别禁止 |
| P2 | 禁止外人进入实验区域,可能发生气溶胶的实验在Ⅱ级生物安全柜中进行 |
| P3 | 由双重门或气闸室隔离外部的实验区域,非本处工作人员禁止入内。平时抽外部空气送入实验室,并通过高效过滤器把室内空气排到室外去。在Ⅱ级生物安全柜中进行实验 |
| P4 | 采用在独立的建筑物内用隔离区和外部隔断的构造。根据相应的隔离等级使室内保持负压。在密闭型(即Ⅲ级)生物安全柜内做实验。非本处工作人员禁止入内 |

物理隔离还有一次隔离和二次隔离之分。

(1) 一次物理隔离

在使用病原体的实验室中,为了减少实验人员接触病原体的危险,采取把病原体隔离于一定空间内的措施,即是一次隔离。一次隔离也就是病原体和实验者之间的隔离,以防止实验人员被感染为目的。

一次隔离主要有 3 种方式,即生物安全柜和隔离器方式、系列生物学安全柜方式和罩式防护衣方式。

① 生物安全柜和隔离器方式

所谓生物安全柜,实质上是一种负压过滤排气柜,它本身也有部分隔离和完全隔离之分。由于生物安全柜在生物安全中非常重要,将专门在 8.4 节中对其进行较为详细的介绍。

除生物安全柜外,动物实验室临时盛放动物用的隔离器(柜)也能起到一次隔离的作用。

② 系列生物学安全柜方式

系列生物安全柜是把许多台单体Ⅲ级生物安全柜按需要连接成一个密闭的整体，从而把一切在其中进行的操作以及病原体等污染物封闭起来，简称 GBL。一般用于 BSL-4 级实验室。

③ 罩式防护衣方式

这种方式是美国疾病控制中心（CDC）最初采用的，是在航天服的基础上改良而成的。由于它是把操作人员封闭起来形成一次隔离，与上述 GBL 方式的考虑正好相反。

穿着罩式防护衣的情况可如图 8-2 所示。由图 8-2 可以看出，设在顶棚上的导管和防护衣内部相通，给防护衣供气，从而保持衣内为正压。工作完毕以后，首先用药液淋浴穿在身上的防护衣以除去其外表面的污染。随后进行清水淋浴水洗，用干燥空气吹干，此时方可脱下防护衣。脱下防护衣的操作人员再进行正常淋浴，然后才可离开实验室。

图 8-2　美国疾病控制中心的一个实验室

从理论上讲，在罩式防护衣的一次隔离条件下，操作人员完全可以在实验室开放状态下进行工作。但是为了把污染区域控制在最小限度，与 BSL-3 级实验室一样，同样要采用部分隔离的Ⅱ级生物安全柜。所以，对于 BSL-4 级实验室来说，如果采用罩式防护衣方式，则除了穿防护衣和建筑物的功能需要满足 P4 的标准外，其余实验操作与 BSL-3 级的一样。

（2）二次物理隔离

为了防止病原体从实验室漏到外部环境中去，而把实验室与外界隔断，即是二次隔离。二次隔离也就是实验室与外界之间的隔离，以防止实验室外的人被感染为目的。

　　由于生物危险的事例几乎都发生在实验室中,所以一次隔离实行得越严格充分,则实行二次隔离的必要性就越可以减少。

　　图 8-3、图 8-4 所示为二次隔离的两种模式。在二次隔离的情况下,生物安全柜和穿罩式防护衣的人都处于负压实验室(隔离区)内。过渡区最好把隔离区围起来,呈负压,如图 8-4 所示。在气压不同的区域之间应设有气闸室,如图 8-5 所示。它的两边设有连锁式门,一边开时另一边就关着,所以可以维持压差。气闸室内安有紫外灯,用来消毒,向外排风要通过高效空气过滤器除菌。

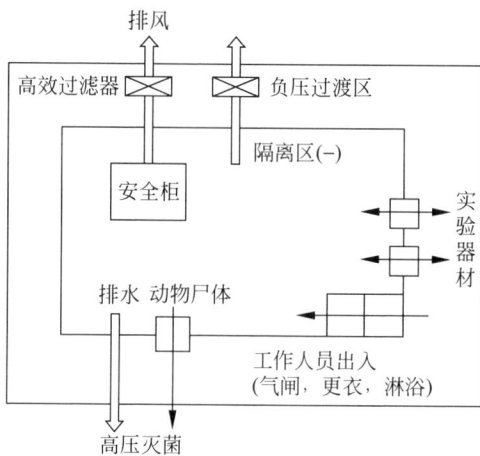

图 8-3　二次隔离模式之一

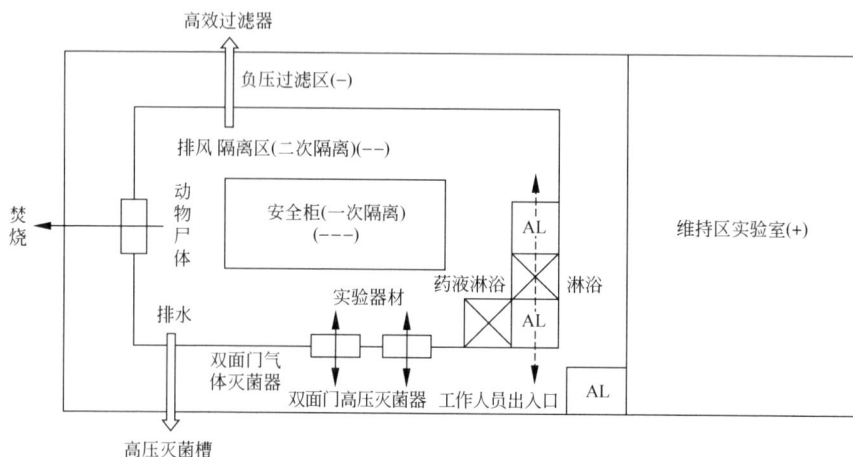

＋常压;－,－－,－－－负压程度;AL 气闸或缓冲

图 8-4　二次隔离模式之二

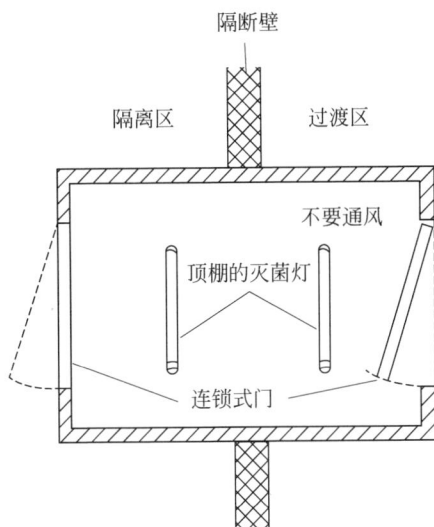

图 8-5　气闸室原理

3. 生物实验室的安全级别、适用范围和隔离技术要求

BSL-1～BSL-4 生物实验室的安全级别、适用范围和隔离技术要求分别如下。

(1) BSL-1

BSL-1 适合于非常熟悉的病原,该病原不会经常引发健康成人疾病,对实验人员和环境的潜在危险小。实验室不必和建筑物中的一般区域分开。一般按照标准的微生物操作程序,在开放的实验台面上开展工作。不要求、一般也不使用特殊的遏制设备和设施。实验人员在实验室程序方面受过特殊训练,由受过微生物学或相关科学一般训练的科学工作者监督实施。

实验室有可上锁的门,有洗手池,室内要便于清洗,台面应能防水、耐热、耐腐蚀。实验台、安全柜以及设备之间的空间应便于清扫,窗户应装窗纱。

(2) BSL-2

BSL-2 与 BSL-1 类似,适合于对人和环境有中度潜在危险的病原。与 BSL-1 的区别在于:

① 实验人员均接受过病原处理方面的特殊培训,并由有资格的科学工作者指导。

② 进行实验时,限制人员进入实验室。

③ 对于污染的锐器,要特别注意。

④ 某些可能产生传染性气溶胶或飞溅物的过程,应在生物安全柜中或其他物理遏制设备中进行。

安装生物安全柜时,要考虑房间通风和排风,应远离门、行走区和气流的涡流区,还应有冲眼设施。

（3）BSL-3

BSL-3 应用于临床、诊断、教学、研究或生产设施。在该级别实验室中开展有关内源性和外源性病原的工作,若因暴露而吸入该病原,会引发严重的可能致死的疾病。实验人员应在处理致病性和可能使人致死的病原方面受过专门训练,并由对该病原工作有经验的、有资格的科学工作者监督。

实验室应设在建筑物的一端或一侧,并且设在人员走动少的区域。为了防止随便进入实验室,应经由有两边门的缓冲室进入实验室。应有隔离走廊。洗手池龙头应该是免接触型的。所有表面除与 BSL-2 相同以外,缝隙均应密封。应为无外窗房间,内窗均为密封。实验室内有消毒设施,废弃物应密封后不通过公共渠道运出,还应有冲眼设施。

（4）BSL-4

BSL-4 比 BSL-3 要求更严,有些危险的外源性病原具备因气溶胶传播而致实验室感染和导致生命危险疾病的高度个体风险,有关工作应在 BSL-4 中开展。工作人员应受过特殊和全面的训练。应建在独立的建筑物中,宜有环形隔离走廊。实验在Ⅲ级生物安全柜中进行,或穿罩式防护衣在Ⅱ级生物安全柜中进行。还应有冲眼和紧急冲洗设施。

各级别的生物安全实验室为保护人身安全而应该采用的生物安全柜的级别见表 8-5。

表 8-5　各级别的生物安全实验室应采用的生物安全柜级别

| | |
|---|---|
| BSL-1 级生物安全实验室 | 一般无须使用生物安全柜,或使用Ⅰ级生物安全柜 |
| BSL-2 级生物安全实验室 | 当可能产生微生物气溶胶或出现溅出操作时,应使用Ⅰ级生物安全柜;当处理高浓度或大容量感染性材料时,均应使用部分或无循环风的Ⅱ级生物安全柜 |
| BSL-3 级生物安全实验室 | 所有涉及感染材料的操作必须使用Ⅱ级生物安全柜;若涉及处理化学致癌剂、放射性物质和挥发性溶媒,为防止这些物质的积累,则只能使用Ⅱ-B 级全排风生物安全柜或Ⅲ级生物安全柜 |
| BSL-4 级生物安全实验室 | 必须使用Ⅲ级生物安全柜或其系列生物安全柜。当人员穿着正压防护衣时,可使用Ⅱ-B 级全排风生物安全柜 |

## 8.3.2　消毒和灭菌

消毒是采用各种物理、化学、生物等手段减少细菌芽孢除外的微生物的过程,而灭菌则是杀灭和去除全部微生物的过程,两者之间有共同点又有一定的差别。

1. 消毒

消毒有物理方法、化学方法及生物方法。由于生物方法是利用生物因子去除病原体,作用缓慢,而且消毒不彻底,一般不用于传染疫源地消毒,故消毒主要应用物理及化学方法。

(1) 物理消毒法

物理消毒法主要有机械消毒、热力消毒、辐射消毒、过滤消毒等方法。

① 机械消毒

一般应用肥皂刷洗、流水冲净,可消除手上绝大部分甚至全部细菌,使用多层口罩可防止病原体自呼吸道排出或侵入。应用通风装置过滤器可使手术室、实验室及隔离病室的空气保持无菌状态。

② 热力消毒

包括火烧、煮沸、流动蒸气等消毒方法。热力消毒能使病原体蛋白凝固变性,失去正常的代谢机能。

(a) 火烧

凡经济价值小的污染物、金属器械和尸体等均可用此法,简便经济、效果稳定。

(b) 煮沸

耐煮物品及一般金属器械均可用此法。100℃煮沸 1~2min 即完成消毒,但芽孢则需较长时间。炭疽杆菌芽孢须煮沸 30min,破伤风芽孢需 3h,肉毒杆菌芽孢需 6h。金属器械消毒可加 1%~2%碳酸钠或 0.5%软肥皂等碱性剂,可溶解脂肪,增强杀菌力。棉织物加 1%肥皂水 15L/kg,有消毒去污的功效。煮沸消毒时,物品不可超过盛装容器容积的 3/4,应浸于水面下,注意留空隙,以利对流。

(c) 流动蒸气消毒

相对湿度 80%~100%,温度近 100℃,利用水蒸气在物品表面凝聚,放出热能,杀灭病原体。当蒸气凝聚收缩产生负压时,促进外层热蒸气进入补充,穿至物品深处,加速热量传递,促进消毒。

③ 辐射消毒

有非电离辐射消毒与电离辐射消毒两种。非电离辐射消毒用紫外线、红外线和微波,其中红外线和微波主要依靠产热杀菌。电离辐射消毒用 γ 射线、X 射线、高能离子束等。电离辐射设备昂贵,对物品及人体有一定伤害,故使用较少。

目前应用最多的辐射消毒为紫外线消毒。紫外线可引起细胞成分,特别是核酸、原浆蛋白和酸发生变化,导致微生物死亡。紫外线波长范围为 10~400nm,用于杀灭微生物的波长为 200~300nm,以 250~265nm 作用最强。对紫外线耐受力以真菌孢子最强,细菌芽孢次之,细菌繁殖体最弱,仅少数例外。紫外线穿透力差,300nm 以下紫外线不能透过 2mm 厚的普通玻璃。空气中尘埃及水分可降低其杀菌效果。紫外线对水的穿透力随深度和浊度而降低。紫外线消毒因使用方便,对药品无损伤,故广泛用于空气及一般物品表面消毒。紫外线照射人体能发生皮肤红斑、紫外线眼炎和臭氧中毒等,故使用时,人应避开或采用相应的保护措施。

日光曝晒亦依靠其中的紫外线,但由于大气层中的散射和吸收功能,日光中的紫外线仅 39% 可达地面,故日光曝晒仅适用于耐力低的微生物,且需较长时间。

④ 过滤消毒

采用过滤器进行消毒的方法称为过滤消毒。过滤消毒除实验室应用外,仅换气的建筑中可采用,一般消毒工作难以应用。

(2) 化学消毒

化学消毒法就是使用各种化学消毒剂进行消毒,根据对病原体蛋白质作用的不同,化学消毒剂分为以下几类。

① 凝固蛋白消毒剂,包括酚类、酸类和醇类等消毒剂。

(a) 酚类

主要有石炭酸、来苏、六氯酚等。酚类具有特殊气味,杀菌力有限,可使纺织品变色,橡胶类物品变脆,对皮肤有一定的刺激。

石炭酸(carbolic acid):无色结晶,有特殊臭味,受潮呈粉红色,但消毒力不减。对细菌繁殖型,采用 1:80～1:110 溶液,20℃、30min 可杀灭,但不能杀灭芽孢和抵抗力强的病毒。加肥皂可皂化脂肪,溶解蛋白质,促进其渗透,加强消毒效应,但毒性较大,对皮肤有刺激性,具有恶臭,不能用于皮肤消毒。

来苏(煤酚皂液)(lysol):以 47.5% 甲酚和钾皂配成。红褐色,易溶于水,有去污作用,杀菌力较石炭酸强 2～5 倍。常用为 2%～5% 水溶液,可用于喷洒、擦拭、浸泡容器及洗手等。对细菌繁殖型,10～15min 可杀灭,对芽孢效果较差。

六氯酚(hexochlorophane):双酚化合物,微溶于水,易溶于醇、酯、醚,加碱或肥皂可促进溶解,毒性和刺激性较小,杀菌力较强。主要用于皮肤消毒。以 2.5%～3% 六氯酚肥皂洗手可减少皮肤细菌的 80%～90%,有报告称可产生神经损害,故不宜长期使用。

(b) 酸类

对细菌繁殖体及芽孢均有杀灭作用,但易损伤物品,故一般不用于实验室消毒。

5% 盐酸可消毒洗涤食具、水果,加 15% 食盐于 2.5% 溶液可消毒皮毛及皮革。

乳酸常用于空气消毒,100m³ 空间用 10g 乳酸熏蒸 30min,即可杀死葡萄球菌及流感病毒。

（c）醇类

乙醇（酒精）75％浓度可迅速杀灭细菌繁殖型,对一般病毒作用较慢,对肝炎病毒作用不肯定,对真菌孢子有一定杀灭作用,对芽孢无作用。用于皮肤消毒和体温计浸泡消毒。因不能杀灭芽孢,故不能用于手术器械浸泡消毒。

异丙醇（isopropylalcohol）对细菌杀灭能力大于乙醇,经肺吸收可导致麻醉,但对皮肤无损害,可代替乙醇应用。

② 溶解蛋白消毒剂

主要为碱性药物,常用的有氢氧化钠、石灰等。

（a）氢氧化钠

白色结晶,易溶于水,杀菌力强,2％～4％溶液能杀灭病毒及细菌繁殖型,10％溶液能杀灭结核杆菌,30％溶液能于 10min 内杀灭芽孢,因腐蚀性强,故极少使用,仅用于消灭炭疽菌芽孢。

（b）石灰

遇水可产生高温并溶解蛋白质,杀灭病原体。常用 10％～20％石灰乳消毒排泄物,用量需 2 倍于排泄物,搅拌后作用 4～5h。20％石灰乳用于消毒炭疽菌污染场所,每 4～6h 喷洒 1 次,连续 2～3 次。刷墙 2 次可杀灭结核芽孢杆菌。因性质不稳定,故应用时应新鲜配制。

③ 氧化蛋白类消毒剂

包括含氯消毒剂和过氧化物类消毒剂。因消毒力强,故目前在医疗防疫工作中应用最广。

（a）漂白粉

漂白粉的主要成分为次氯酸钙$[Ca(OCl)_2]$,一般含有效氯 25％～30％。$Ca(OCl)_2$性质不稳定,可为光、热、潮湿及 $CO_2$ 所分解,故应密闭保存于阴暗干燥处,时间不超过 1 年。$Ca(OCl)_2$ 可渗入细胞内,氧化细胞酶的硫氢基因,破坏胞浆代谢。酸性环境中杀菌力强而迅速,高浓度能杀死芽孢,粉剂可用于粪、痰、脓液等的消毒。每升加干粉 200g,搅拌均匀,放置 1～2h,尿每升加干粉 5g,放置 10min即可。10％～20％乳剂除消毒排泄物和分泌物外,可用以喷洒厕所、污染的车辆等。如存放日久,应测实际有效氯含量,校正配制用量。漂白粉精的粉剂和片剂含有效氯可达 60％～70％,使用时可按比例减量（所谓有效氯,定性地说,是指含氯化合物中所含有的氧化态氯。定量地说,是指含氯化合物中所含氧化态氯的氧化能力相当于同质量纯净氯的氧化能力的百分比）。

（b）氯胺-T

氯胺-T 为有机氯消毒剂,含有效氯 24％～26％,性能较稳定,密闭保持 1 年,仅丧失有效氯 0.1％。氯胺-T 微溶于水（12％）,刺激性和腐蚀性较小,作用较次氯酸缓慢。0.2%有效氯 1h 可杀灭细菌繁殖体,5%有效氯 2h 可杀灭结核杆菌,杀灭芽孢需 10h 以上。各种铵盐可促进其杀菌作用。1%~2.5%溶液对肝炎病毒亦有作用。活性液体需用前 1~2h 配制,时间过久,杀菌作用降低。

(c) 二氯异氰脲酸钠

又名优氯净,为应用较广的有机氯消毒剂,具有高效、广谱、稳定、溶解度高、毒性低等优点。水溶液可用于喷洒、浸泡、擦抹,亦可用干粉直接消毒污染物,处理粪便等排泄物,用法同漂白粉。直接喷洒地面,剂量为 10~20g/m²。与多聚甲醛干粉混合点燃,气体可用熏蒸消毒,可与 92 号混凝剂(以羟基氯化铝为基础加铁粉、硫酸、双氧水等合成)以 1:4 混合成为"遇水清",作饮水消毒用。并且,可与磺酸钠配制成各种消毒洗涤液,如涤静美、优氯净等。对肝炎病毒有杀灭作用。此外,还有氯化磷酸三钠、氯溴二氰脲酸等,效用相同。

(d) 过氧乙酸

亦名过氧醋酸,为无色透明液体,易挥发,有刺激性酸味,易溶于水和乙醇等有机溶剂,具有漂白和腐蚀作用,是一种高效、速效消毒剂。性能不稳定,遇热、有机物、重金属离子等易分解。0.01%~0.5%、0.5~10min 可杀灭细菌繁殖体,1%浓度 5min 可杀灭芽孢,常用浓度为 0.5%~2%,可通过浸泡、喷洒、擦抹等方法进行消毒,在密闭条件下进行气雾(5%浓度,2.5mL/m²)和熏蒸(0.75~1.0g/m³)消毒。

(e) 过氧化氢

3%~6%浓度溶液 10min 可以消毒。10%~25%浓度 60min 可以灭菌,用于不耐热的塑料制品、餐具、服装等消毒。180~200mL/m³、30min 能杀灭细菌繁殖体;400mL/m³、60min 可杀灭芽孢。

(f) 高锰酸钾

1%~5%浓度浸泡 15min,能杀死细菌繁殖体,常用于食具、瓜果消毒。

④ 阳离子表面活性剂

主要有季铵盐类,高浓度时凝固蛋白,低浓度时抑制细菌代谢。有刺激性小、无漂白及腐蚀作用,无臭、稳定、水溶性好等优点。但杀菌力不强,尤其是对芽孢效果不佳,受有机物影响较大,配伍禁忌较多,为其缺点。国内生产有新洁尔灭、消毒宁(度米芬)和消毒净,以消毒宁杀菌力较强,常用浓度为 0.05%~0.1%,可用于皮肤、金属器械、餐具等消毒。不宜作排泄物及分泌物消毒使用。

⑤ 烷基化消毒剂

(a) 福尔马林

为 34%~40%甲醛溶液,有较强大的杀菌作用。1%~3%溶液可杀死细菌繁殖体,5%溶液 90min 会杀死芽孢,室内熏蒸消毒一般用 20mL/m³ 加等量水,持续

10h,消除芽孢污染,则需 80mL/m³,24h,适用于皮毛、人造纤维、丝织品等不耐热物品。因其穿透力差,刺激性大,故消毒物品应摊开,房屋需密闭。

（b）戊二醛

作用似甲醛。在酸性溶液中较稳定,但杀菌效果差,在碱性液中能保持 2 周。为提高杀菌效果,通常 2％戊二醛内加 0.3％碳酸氢钠校正 pH 值（杀菌效果增强,可保持稳定性 18 个月）。无腐蚀性,有广谱、速效、高热、低毒等优点,可广泛用于细菌、芽孢和病毒消毒。不宜用作皮肤、黏膜消毒。

（c）环氧乙烷

低温时为无色液体,沸点为 10.8℃,故常温下为气体灭菌剂。其作用为:通过烷基化破坏微生物的蛋白质代谢。温度升高 10℃,杀菌力可增强 1 倍以上,相对湿度 30％灭菌效果最佳。具有活性高、穿透力强、不损伤物品、不留残毒等优点,可用于纸张、书籍、布、皮毛、塑料、人造纤维、金属品的消毒。因穿透力强,故需在密闭容器中进行消毒。须避开明火以防爆。消毒后通风,防止吸入。

⑥ 其他消毒剂

（a）碘

通过卤化作用,干扰蛋白质代谢。作用迅速而持久,无毒性,受有机物影响小。常用的有碘酒、碘伏（碘与表面活性剂的不定型结合物）。常用于皮肤黏膜消毒、医疗器械应急处理。

（b）洗必泰

为双胍类化合物,对细菌有较强的消毒作用。可用于手、皮肤、医疗器械、衣物等消毒,常用浓度为 0.021％～0.1％。

2. 灭菌

灭菌是指经确认使产品无活微生物的过程。常用的灭菌方法有高温灭菌和低温灭菌两种,高温灭菌属物理灭菌,低温灭菌属化学灭菌。

（1）高温灭菌

高温灭菌又分为干热灭菌和湿热灭菌两大类。在相同温度下,后者效力较前者要大。

干热灭菌法的杀菌作用是通过脱水干燥和大分子变性而实现的。一般细菌繁殖体在干燥状态下,80～100℃经 1h 即被杀死;芽孢则需经 160～170℃、2h 才死亡。

干热灭菌法又包括焚烧、烧灼、干烤等。

① 焚烧:这是一种彻底的灭菌方法,但仅适用于废弃物品或尸体等。

② 烧灼:直接用火焰灭菌,适用于微生物学实验室的接种环、试管口等的灭菌。

③ 干烤：用烤箱灭菌。一般加热至160～170℃经2h。适用于高温下不变质、不蒸发的物品,如玻璃器皿、瓷器等。

湿热灭菌法主要包括：

① 巴氏灭菌法,用较低温度杀灭液体中的病原菌或特定微生物,而仍保持物品中所需的不耐热成分不被破坏的灭菌方法,主要用于牛乳等灭菌。

② 煮沸法,适用于应急需要的情况下,金属器械、玻璃及橡胶类物品的灭菌。在水中煮沸至100℃后,持续15～20min。该方法可杀灭一般细菌。针对带芽孢的细菌需每日至少煮沸1～2h,连续3天才符合要求。如在水中加入碳酸氢钠,使其成为2%的碱性溶液,沸点可提高到105℃,灭菌时间可缩短至10min,并可防止金属物品生锈。压力锅内蒸气压力可达127.5kPa,锅内最高温度可达124℃左右,10min即可灭菌,是目前效果最好的煮沸灭菌方法。高原地区气压低,沸点低,故海拔高度每增高300m,需延长煮沸灭菌时间2min,应用压力锅煮沸灭菌可保证灭菌质量。

煮沸灭菌法注意事项：物品必须完全浸没在水中,才能达到灭菌目的；橡胶和丝线类物品应在水煮沸以后再放入,持续煮沸15min即可取出使用,以免煮沸过久影响质量；玻璃类物品要用纱布包好,放入冷水中煮沸,以免骤热而破裂；如为玻璃注射器,应拔出其内芯,将针筒和内芯配对包好,再煮沸灭菌；锐性器械不宜用煮沸灭菌,以免变钝；灭菌时间从煮沸后计算,如中途加入其他物品,应重新计算时间；煮沸灭菌器的盖应严密关闭,以保持沸水的温度。

③ 高压蒸气灭菌法是一种最有效的灭菌方法,用于耐高温、耐湿物品的灭菌。常用的压力蒸气灭菌器根据排放冷空气的方式和程度不同,分为下排气式压力蒸气灭菌器和预真空压力蒸气灭菌器。灭菌是在一个密闭蒸锅(高压蒸气灭菌器)内进行的,如图8-6所示。加热时蒸气不能外溢,容器内温度随蒸气压的增加而升高,杀菌力也大为增强。通常在1.05kg/cm² 的压力下,温度达121.3℃,维持15～30min,可杀死包括细菌芽孢在内的所有微生物。此法适用于耐高温和不怕潮湿物品的灭菌。

高压蒸气灭菌的注意事项如下：包裹不应过大、过紧,一般应小于30cm×30cm×50cm；高压锅内的包裹不要排得太密,以免妨碍蒸气透入,影响灭菌效果；压力、温度和时间达到要求时,指示带上和化学指示剂即应出现已灭菌的色泽或状态；易燃、易爆物品,如碘仿、苯类等,禁用高压蒸气灭菌；锐性器械,如刀、剪不宜用此法灭菌,以免变钝；瓶装液体灭菌时,要用玻璃纸和纱布包扎瓶口；如有橡皮塞时,应插入针头排气；应有专人负责,每次灭菌前,应检查安全阀的性能,以防压力过高发生爆炸,保证安全使用；注明灭菌日期和物品保存时限,一般可保留1～2周。

图 8-6　小型高压蒸气灭菌器

（2）低温灭菌

低温灭菌技术是指用来处理不耐受湿热的医疗器械与物品的一类灭菌方式的总称，目前使用的低温灭菌主要是化学灭菌法，使用的灭菌剂有戊二醛、过氧乙酸、环氧乙烷、过氧化氢低温等离子体、低温蒸气甲醛等。

① 戊二醛灭菌法

戊二醛有杀菌谱广、高效、腐蚀性弱、稳定性好等优点，且价格低廉，容易获得，目前国内已广泛应用于医疗器械、内镜、呼吸治疗设备、透析设备、麻醉设备等的消毒和灭菌。

研究发现，戊二醛类灭菌剂活性易受 pH 值、温度、配方种类、放置时间、使用时出现浓度稀释、戊二醛自身发生交联反应、特殊不敏感病原体等众多因素影响，在临床使用中值得注意。

由于戊二醛浓度＜1％时许多病原菌会产生耐药性，所以在临床使用中，常见的浓度为 2％。但是，由于使用中很多因素，如潮湿的器械在使用中的稀释作用等的影响，每天使用前监测戊二醛的浓度是否符合国家相关标准也是非常必要的。

2％戊二醛溶液对人的皮肤黏膜有明显的刺激作用，对眼睛、上呼吸道刺激较重，而且有过敏反应和全身性不良反应的个案报道。临床使用中应加强个人防护，尤其是对眼睛和呼吸道的防护，如应配备防止泼溅的眼罩、室内配备有良好的通风设施等。由于考虑戊二醛职业安全因素，在欧洲部分国家禁止使用戊二醛，临床也逐渐出现用邻苯二醛（OPA）和过氧乙酸（PAA）加以替代。

② 过氧乙酸灭菌法

过氧乙酸可极快地杀灭各种微生物，杀菌谱包括细菌芽孢。与大多数液态灭菌剂不同,过氧乙酸在有机物环境中活性不会受到影响。另外,过氧乙酸职业安全水平较高,无暴露浓度的限制值。过氧乙酸最大的缺点在于其腐蚀性,造成橡胶老化等。在欧洲目前使用的主要是三元包装的过氧乙酸,其中一个包装为防腐剂成分,可以显著地减少腐蚀现象,可用于内镜的消毒和灭菌。

③ 环氧乙烷气体灭菌法

目前有两种环氧乙烷灭菌剂:环氧乙烷/氟利昂混合气体与 100%纯环氧乙烷气体。环氧乙烷作为灭菌剂的优点是高效,穿透性很强,没有管腔长度、形状、大小的限制,可以灭菌结构复杂的物品,可以穿透现用的包装材料,灭菌机制为烷基化反应,对器械没有腐蚀,与现有的器械灭菌方法兼容,成本低廉,机器成本低,日常使用成本低,装载率高,无基建要求,包装材料可选范围广,完善的监测手段,最快的生物监测(4h),由几十年使用经验可知,几乎可用于所有医疗用品的灭菌,可用于多种医疗器械和设备的灭菌。此外,环氧乙烷的监测体系比较完备,有专门具备针对性的国际标准 ISO 11138-2 来提供保证。

但是,由于环氧乙烷稳定,需要延长通风时间去除残留的环氧乙烷,物品周转慢。

④ 过氧化氢等离子灭菌法

过氧化氢等离子体是 20 世纪 90 年代开始面世的一项新低温灭菌技术。等离子体被认为是液态、气态、固态之外的第 4 种状态,它是某些中性气体分子在强电磁场作用下,产生连续不断的电离而形成的正、负离子和中性粒子的综合体。低温等离子体灭菌器内的过氧化氢蒸气在高频电磁场作用下形成等离子体,等离子体中有自由基 HO、过羟自由基 $HO_2$、激发态 $H_2O_2$、活性氧原子 O、活性氢原子 H 等,活性基极易与微生物体内蛋白质和核酸物质发生反应,等离子体成分可直接氧化蛋白质链中的氨基糖,使微生物死亡。

过氧化氢等离子气体灭菌系统的优点是:快速杀菌作用,$H_2O_2$ 易分解,没有排气时间,物品周转快,最后的分解产物无毒(理论上),没有安装要求,不需要通风管道。缺点是:穿透性差;为氧化反应,对器械的材质有严格的限制,成本昂贵,灭菌时器械绝对干燥、不能上油;过氧化氢的毒性以及在等离子化过程中产生的紫外线具有一定的危害。

⑤ 甲醛气体灭菌法

甲醛对所有微生物都有杀灭作用,其灭菌效果可靠,使用方便,对消毒、灭菌物品基本无损害。

低温甲醛蒸气灭菌可用于不耐热耐湿物品的灭菌。低温甲醛蒸气灭菌相对应的生物监测国际标准是 ISO 11138-5。低温蒸气甲醛:甲醛气体($CH_2O$)(2%~5%)+低温蒸气(50~80℃),在少数北欧国家使用,如德国、瑞典、挪威、芬兰等。

优点：可与高压蒸气灭菌锅复合使用，基本没有腐蚀性，但需注意甲醛纯度，残留相对少，但仍需长时间冲洗去除，循环时间相对少，7～8h。

缺点：穿透性有限，为环氧乙烷的 1/60；毒性强（甲醛为较高毒性的物质，在我国有毒化学品优先控制名单上甲醛高居第 2 位）。

## 8.3.3　规范操作

人为的错误、技术掌握不当及错误地使用设备，均可导致发生实验室事故和受到病原体感染。为了避免安全事故，必须建立微生物实验室安全技术规范，并严格按照规范的要求进行操作，主要的安全技术操作规范如下。

1. 实验室标本的安全处置技术

标本的收集、转移和接收不当是导致工作人员被感染而又往往容易被忽略的一个重要的危险因素。装标本的容器通常采用玻璃或塑料容器，必须坚固、无裂口，加盖或加塞后应无泄漏，容器外壁不应沾染其他物质。容器上应有正确标签，以便识别，容器最好再用塑料袋包装并加封。随附的标本说明书不应包在容器内，应分别装在另一封套内。

有传染性或可疑传染性标本如需要转移或运输时，必须采用两级容器，内有固定支架以保持容器直立。此两级容器的材料可用塑料或金属制成，必须能够经受高温或化学物质的消毒处理。

常规接收大量标本的实验室，应有专用的房间或指定的区域，不应与一般实验室或其他操作区混在一起。

接收和启封标本时，人员应注意可能影响健康的危险性，对有破损的容器，应由专业人员协同处置，并准备好消毒剂。对有"有感染危险"标志的容器，最好在生物安全柜中启封和处置。

2. 使用试管和移液辅助器的技术

严禁用口含吸管吸取液体，应使用移液辅助器。所有吸管口均需加棉花塞。对有传染源的液体，不可在其中用空气吹，亦不可用吸管抽吸混合或强烈排出。在移液时，当有感染性物质偶有溅出时，为防止其扩散，应立即用浸过消毒剂的布或水纸处理，并立即将其进行高温消毒。最好使用全刻度吸管，可免去最后一滴的排出。污染的吸管使用后，立即全部浸入装有消毒剂的、不会破损的容器中，在清洗处理前应浸泡 18～24h。在生物安全柜内应放置使用吸管的容器，吸管不可放在生物安全柜外。装有皮下注射用针头的注射器不可用于移液。

3. 防止感染性材料扩散的技术

移种微生物的接种杆上的环应全封闭，杆长度不超过 6cm。用接种环转移感染性材料,接种环通过煤气灯火焰时,感染性物质有溅出的危险,最好使用一次性接种环,可避免用火焰消毒。

不要用玻璃片做氧化酶试验,应该用试管或盖玻片。另一种方法是用装有过氧化氢的微量血压计试管直接接触细菌集落(colony,在体外培养基中由一个祖先细胞增殖形成的细胞团)。

废弃的标本和培养物应放置于不泄漏的容器内,例如实验室用的塑料袋。每次工作结束后,必须用适当的消毒剂对工作区进行消毒。

### 4. 防止感染性材料的食入及与皮肤和眼睛接触的技术

在进行微生物操作时,大的颗粒或微滴易于散落在工作台表面或工作人员手上,所以应经常洗手,并避免用手接触口和眼。在实验室内绝不可吃食物和喝饮料,亦不可将食物或饮料储藏于实验室内。不可在实验室内吸烟、嚼口香糖和使用化妆品。

### 5. 使用匀浆器、振荡器及超声波仪器的技术

所使用的杯子或瓶子及盖子不得有裂纹或变形,瓶盖必须封闭。在进行匀浆、振荡和超声波处理时,容器内部会产生压力,推荐采用聚四氟乙烯为材料的容器,并在这些设备上加坚固的外罩,以防止感染性物质传播。操作完毕后,应在生物安全柜内开启容器。

### 6. 使用冰箱和低温冰柜的注意事项

冰箱和低温冰柜均应定期化冻和清洁,并将破损的试管和安瓿等及时处理掉。操作时应戴面罩和厚橡皮手套,清洁后应对柜内部进行消毒。所有放在冰箱和冰柜内的容器必须有明确的标签,包括内容物的名称、日期、存放人姓名等,没有标签或标签含糊不清的存放物均应做高压消毒处理。除非有防爆装置并在冰箱上有防爆安全标志,冰箱内不得放置易燃溶液。

### 7. 开启含有感染性冻干材料安瓿的技术

由于压力降低,在开启含冻干物质的安瓿时,其部分内容物可能溅出于空气中,因此应在生物安全柜内开启这类安瓿。开启安瓿可依下列步骤来操作。

(1) 先将安瓿外面进行消毒。

(2) 持软棉花垫握住安瓿,以保护手不受损伤。

(3) 用烧红的玻璃棒接触安瓿的上端,使之破碎。

(4) 小心处理破碎的安瓿玻璃,应作为污染物消毒。

(5) 向安瓿内缓慢加入复溶液,避免产生泡沫。

(6) 混匀后用移液器、有辅助装置的吸管或接种环取出安瓿的内容物。

8. 含感染性材料安瓿的存放

含感染性材料的安瓿绝不可浸入液氮中,因为当取出安瓿时,若安瓿有裂纹或封闭不严密,则会发生爆炸。必须存放于深冷低温下的安瓿,应存放在液氮的气相中。有感染性材料的安瓿一般可放在低温冰柜或干冰中。工作人员从冷藏条件下取出安瓿时,对眼、手部应有保护措施,取出后应将安瓿外部消毒。

## 8.3.4　人工免疫预防

为了尽可能地避免意外事故和保护实验室工作人员的安全,尤其是在高危害级别实验室中,对有可能被病原微生物感染的工作人员应作人工免疫预防。

1. 人工免疫预防的概念与分类

人工免疫预防是指通过人工免疫使人增强或获得对某些病原体或细胞(如肿瘤细胞)特异性抵抗力的方法。

人工免疫包括人工主动免疫和人工被动免疫。

(1) 人工主动免疫

这是指通过接种疫苗使机体产生特异性免疫力(如对某种病原体的免疫力)的方法。用于人工主动免疫的、含有具有抗原性物质的生物制品被称为疫苗。

(2) 人工被动免疫

这是指给机体注射含特异性抗体的免疫血清等生物制品,以治疗或预防感染性疾病或其他疾病的方法。

2. 常见人工主动免疫疫苗

(1) 灭活疫苗

灭活是指用物理或化学手段杀死病毒、细菌等,但是不损害它们体内有用抗原的方法。用灭活的病原体制成的疫苗称为灭活疫苗,又称为死疫苗。伤寒、百日咳、霍乱、钩端螺旋体病、流感、狂犬病、乙型脑炎的病原体均已被制成了灭活疫苗。

(2) 减毒活疫苗

减毒活疫苗是用减毒或无毒力的活病原微生物制成的疫苗。活疫苗的免疫效果良好、持久,但有减毒活疫苗恢复毒力、在接种后引发相应疾病的报道。免疫缺陷者和孕妇一般不宜接受活疫苗接种。卡介苗、麻疹病毒、脊髓灰质炎病毒活疫苗是常用的减毒活疫苗。

(3) 类毒素疫苗

类毒素疫苗是采用细菌类毒素制成的疫苗。类毒素是经甲醛处理的、失去毒性但保留免疫原性的细菌外毒素。接种类毒素可诱生机体产生相应外毒素的抗体,这种抗体被称为抗毒素。抗毒素可中和外毒素的毒性,常用于制剂的有破伤风类毒素和白喉类毒素等。

（4）亚单位疫苗

亚单位疫苗是采用病原体能引起保护性免疫应答的成分制成的疫苗,例如,采用从乙型肝炎患者血浆中提取的乙型肝炎病毒表面抗原制成的乙型肝炎疫苗;采用从细菌中提取的多糖成分制备的疫苗,如脑膜炎球菌、肺炎球菌、b 型流感杆菌的多糖疫苗。

（5）基因工程疫苗

基因工程疫苗是采用重组 DNA 技术和细菌发酵或细胞培养技术生产的蛋白多肽类疫苗。如将乙型肝炎病毒表面抗原基因克隆入表达载体,再将此表达载体转入细菌或真核细胞,然后培养的细菌或细胞生产乙型肝炎病毒表面抗原,这种乙型肝炎病毒表面抗原就是一种基因工程疫苗。

（6）DNA 疫苗

DNA 疫苗是携带能引起保护性免疫反应的抗原基因的真核细胞表达质粒。这种质粒在直接接种机体后,可使能引起保护性免疫反应的抗原基因表达出相应的蛋白多肽,后者可刺激机体的免疫系统发生免疫应答。

3. 常见的用于人工被动免疫的制剂

（1）抗毒素

抗毒素是用细菌外毒素或类毒素免疫动物而制备的免疫血清,具有中和外毒素的作用。破伤风抗毒素是临床上常用的一种用于预防破伤风的抗毒素。抗毒素多为马血清。该制剂对人而言属异种蛋白,反复多次使用可能引起超敏反应。

（2）人免疫球蛋白制剂

人免疫球蛋白制剂是从大量混合血浆或胎盘中分离而制成的免疫球蛋白浓缩剂。该制剂含多种病原体的抗体。肌肉注射此制剂可对甲型肝炎、丙型肝炎、麻疹、脊髓灰质炎等病毒感染有应急预防的作用。

4. 人工免疫预防的策略

人工免疫预防策略的制定可参考下列因素。

（1）实验室的危害级别。

（2）已知所接触的病原微生物的危害程度。

（3）所采用的疫苗或免疫血清对所要预防的传染病的特异性、有效性和安全性。

（4）平衡免疫预防的利弊。

对于明确有感染危险的工作人员应进行免疫预防,例如病毒性肝炎、黄热病、狂犬病、脊髓灰质炎、破伤风等。对有些疫苗的效果和多次使用可能产生副反应者（如霍乱、土拉热、伤寒等）,则应在充分考虑其利弊的情况下使用。

### 8.3.5　个人防护

实验室工作人员必须养成安全的卫生和操作习惯,做好个人防护,如:

(1) 禁止在实验室内保存和食用食品和饮料。

(2) 禁止在实验室吸烟。

(3) 保存和使用牙刷、化妆品等必须在污染区之外的更衣室中。

(4) 在操作中或洗手前禁止用手去摸口、眼、鼻、脸等,以防感染。

(5) 手表、戒指等由于在机械操作时容易发生危险,所以不要穿戴和使用。

(6) 不要把公共图书、文件等带到实验区。

(7) 实验结束后,要立即洗手,即使戴橡胶手套也必须清洗。

(8) 有创伤、擦伤、皮肤病等疾病的人员,在没有痊愈时,不得进行接触一定危险度的病原体操作。

### 8.3.6　正确排风和处理废水及废弃物

1. 排风必须经过除菌灭菌处理

(1) BSL-2～BSL-3 级生物安全实验室的排风口处必须设置国标中 B 类及其以上的高效过滤器;B 类高效过滤器就是按我国标准,钠焰法效率不低于 99.99% 的过滤器,在此级别以上的过滤器就是 C 类高效过滤器,钠焰法效率不低于 99.999%。

(2) BSL-4 级生物实验室在排风口处设置第 1 道 B 类及以上的高效过滤器,还要设置第 2 道 B 类及以上的高效过滤器。

(3) 特别严格的,上述第 2 道高效过滤器改用火焰焚烧装置。

2. 来自污染区和半污染区的各种废水和废弃物都要消毒灭菌处理

BSL-3 级的要经化学灭菌,BSL-4 级的要经高温灭菌处理。

将要丢弃的所有生物安全实验室的物品都可称为废弃物。废弃物处理的首要原则是所有感染性材料必须在实验室内清除污染、高压灭菌或焚烧。废弃物在被丢弃前应遵循以下原则:

(1) 按规定程序对污染物进行有效的清除或消毒。

(2) 对未清除污染或未消毒灭菌的物品,按规定的方式和要求,请专业处理公司进行处理。

(3) 在丢弃已清除污染的物品时,要考虑丢弃物对可能接触到丢弃物的人员造成的危害。

特别是 BSL-3～BSL-4 级生物安全实验室的培养物、储存物、垃圾以及其他规定的废弃物的处理必须以安全为目的,首先应就地灭菌,不能就地灭菌的,必须置于坚固、防漏和有盖的容器中,密封运出实验室。

# 8.4　生物安全柜

所谓生物安全柜,是指为了操作人员及其周围人员的安全,把此处处理病原体时发生的污染气溶胶隔离在操作区域的第 1 道防御装置,简称生物安全柜或安全柜。

## 8.4.1　生物安全柜的分级

根据欧盟、美国已有的以及我国正在编制的生物安全柜标准,将生物安全柜分为 3 级,见表 8-6。

表 8-6　生物安全柜分级表

| 级别 | 类型 | 排风 | 循环空气比例/% | 柜内气流 | 吸入口风速/(m/s) | 防护对象 |
|------|------|------|---------------|----------|-----------------|----------|
| Ⅰ级 | | 可向室内排风 | — | 乱流 | ≥0.38 | 使用者 |
| Ⅱ级 | A1 型 | 可向室内排风 | 70 | 单向流 | ≥0.38 | 使用者和样品 |
| | A2 型 | 可向室内排风 | 70 | 单向流 | ≥0.50 | |
| | B1 型 | 不可向室内排风 | 30 | 单向流 | ≥0.50 | |
| | B2 型 | 不可向室内排风 | 0 | 单向流 | ≥0.50 | |
| Ⅲ级 | | 不可向室内排风 | 0 | 乱流 | 无吸入口,当一只手套筒取下时,手套口风速≥0.70 | 首先是使用者,有时也兼顾样品 |

## 8.4.2　Ⅰ级生物安全柜

Ⅰ级生物安全柜是从其前面开口吸入空气,经排风口把由高效过滤器处理过的空气排走,如图 8-7(a)所示,图 8-7(b)所示为实物照片。当操作区既高又深时,为防止后下角出现涡流,可按图 8-7(c)所示结构设计。

一般情况下,开口平均风速取 0.38m/s 以上,在处理化学物质时,加以适当的挡板,把开口面积减为一半,开口平均风速即可达到 0.76m/s 以上。仅从生物学方面考虑,排风可以排到室内。

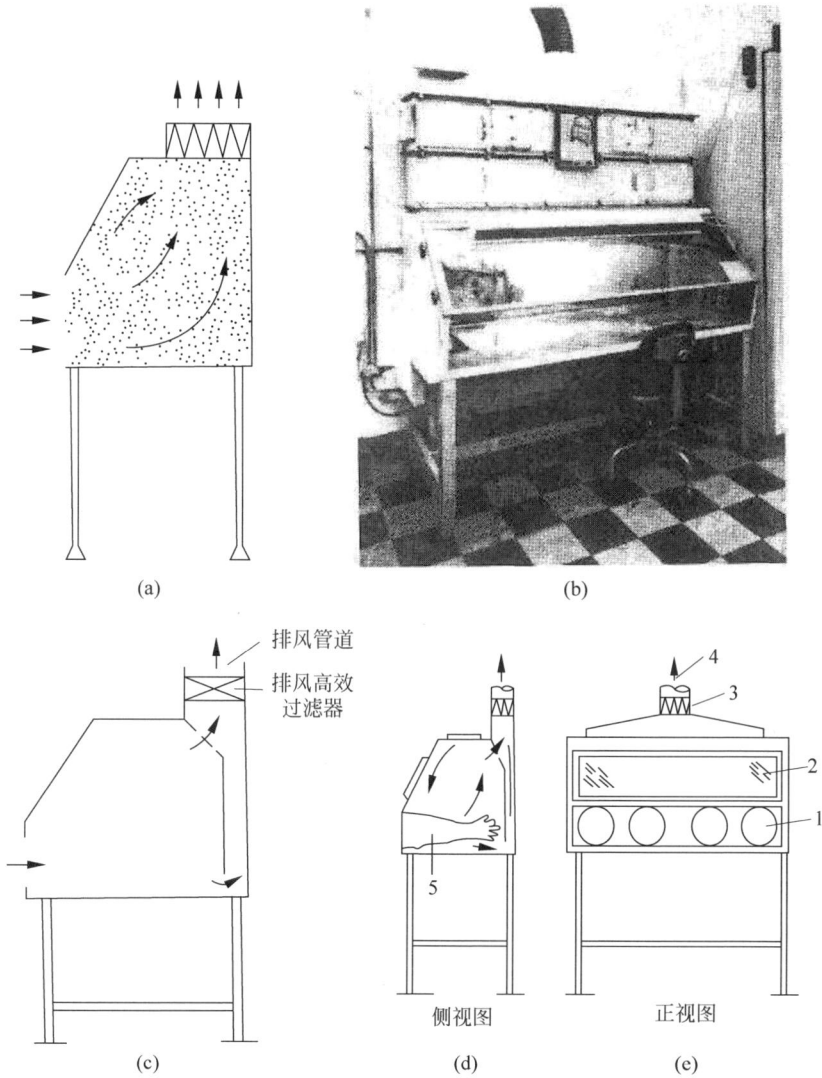

图 8-7　Ⅰ级生物安全柜

1—前端开口；2—视窗；3—排风高效过滤器；4—排风道；5—操作手套

　　Ⅰ级生物安全柜供给操作区的空气来自室内，所以不能进行需要无菌洁净条件的操作。但是，这种安全柜对于医院等作为一般检查的生化和血清学检验是适合的。同时，它也可以存放能产生大量气溶胶的设备（如离心机、超声波清洗机等）。当然，此时需要有针对性的合适的构造。例如，对于离心机，必须能使离心室和电机隔离开来，使离心机转动时产生的风不至于影响安全柜的性能。

Ⅰ级生物安全柜的前端也可以留有 2～4 个圆形连接长袖手套的开口,如图 8-7(d)和图 8-7(e)所示。

Ⅰ级生物安全柜内气流流向状况如图 8-8 所示。

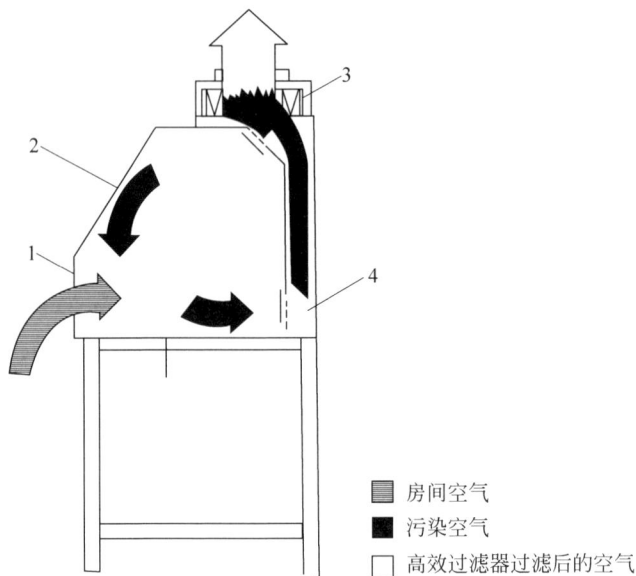

■ 房间空气
■ 污染空气
□ 高效过滤器过滤后的空气

图 8-8　Ⅰ级生物安全柜内气流流向状况示意图
1—前端开口;2—视窗;3—排风高效过滤器;4—排风道

### 8.4.3　Ⅱ级生物安全柜

1. Ⅱ-A 级生物安全柜

这是微生物学上用得最多的一种安全柜,与Ⅰ级安全柜一样,Ⅱ-A 级生物安全柜从前面开口吸入空气并由排风高效过滤器进行排风处理,以防止气溶胶的外逸。但是,在操作区内则通过高效过滤器送出垂直向下流动的洁净空气,这在洁净技术中称为垂直单向流,通常也称为垂直层流。

由于吸入口吸引的影响,开口的下部与上部相比,实现垂直平行流是困难的,如图 8-9(a)所示,工作面上的流线一部分弯曲向前面入口,一部分弯曲向内侧。

这里产生了两个概念:负压污染区和正压污染区。

图 8-9(a)所示的安全柜中工作面及其上方一定高度内,处于风机吸入端的负压区,而高效过滤器出风面下方一段距离内仍处于出风动压作用下,因此,工作时的污染物不可能上扬,只能被吸下排,达到风机吸入口处负压最大。所以,安全柜内自出风面下方一定距离至风机吸入口的污染区为负压污染区。负压污染区的污染不会外泄。

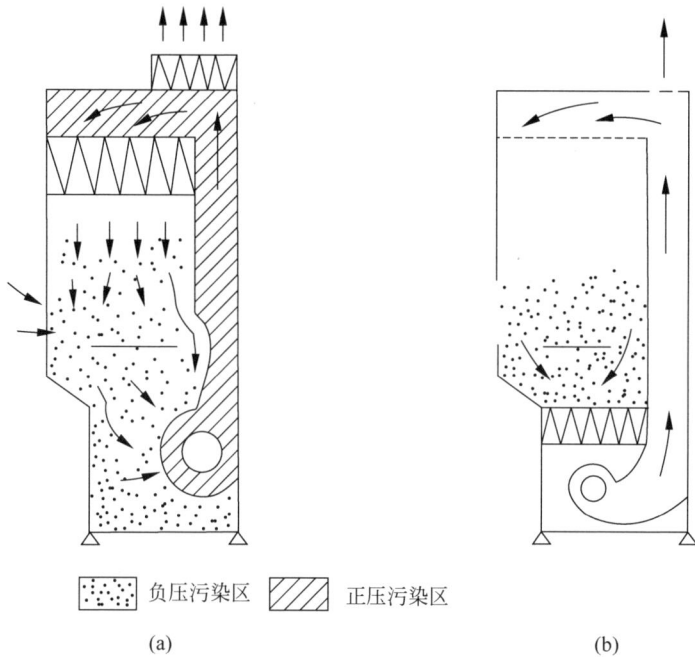

负压污染区 ▨ 正压污染区

(a)                              (b)

图 8-9 Ⅱ-A 级生物安全柜

污染物被风机吸入从风机出口压出,此处正压最大,沿着管道输送到高效过滤器进风面,此处具有可克服高效过滤器阻力并以一定速度排出的正压。这段区域充满了污染物,又是正压,称为正压污染区。正压污染区内的污染有可能外泄。

图 8-9(b)中,被风机吸入的是经过高效过滤器过滤后的干净气流,只有在高效过滤器吸入面及其上部一定空间充满污染并且是负压时,属于负压污染区。所以,这种结构无正压污染区,比图 8-9(a)所示的结构更安全。

由于这种级别安全柜使用 70% 左右的循环风,所以不适于用来操作危险程度高的化学物质,当不在柜内处理有害化学物质时,这种安全柜可以直接向实验室内排风,从空调负荷和管道布置上看,这种室内循环方式是有利的。

Ⅱ 级 A1 型生物安全柜(如图 8-10 所示)只采用一台引风机,驱动工作台内空气在回风过滤器与排风过滤器之间循环。在风机和两台过滤器之间的空气是有污染的。

台式 Ⅱ 级 A2 型生物安全柜气流流向状况如图 8-11 所示。Ⅱ 级 A2 型生物安全柜利用 70% 的循环空气,30% 经排风过滤器过滤后排至室外。台式工作空间中操作所产生的污染气溶胶和从室内吸入的空气混合,进入回风道 6。与 Ⅱ 级 A1 型生物安全柜不同的是,Ⅱ 级 A2 型生物安全柜的回风道始终处于负压状态,安全性高于 Ⅱ 级 A1 型生物安全柜。

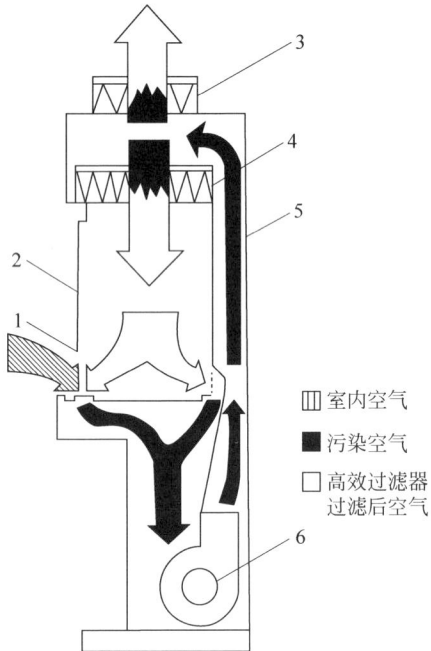

图 8-10　Ⅱ级 A1 型生物安全柜气流流向示意图

1—前端开口；2—前端视窗；3—排风高效过滤器；4—送风高效过滤器；5—后部风道；6—风机

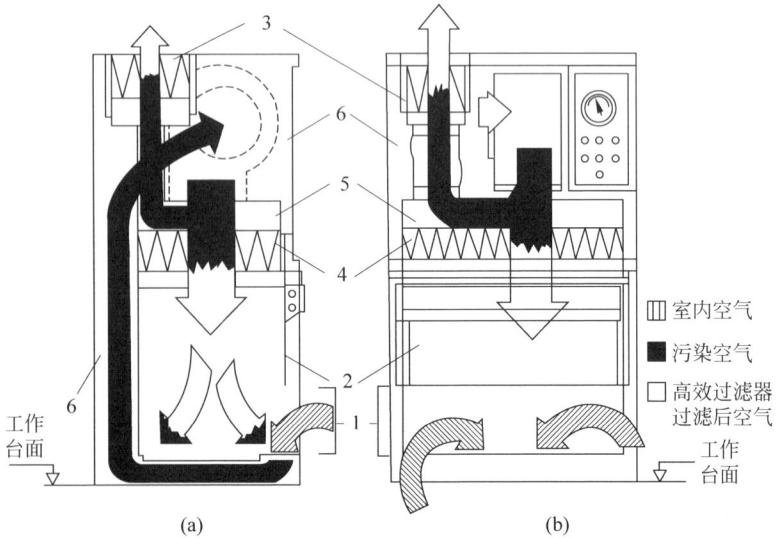

(a)　　　　　　　　　　　(b)

图 8-11　台式Ⅱ级 A2 型生物安全柜气流流向示意图

1—前端开口；2—工作视窗；3—排风高效过滤器；4—送风高效过滤器；5—正压风道；6—负压风道

2. Ⅱ-B 级生物安全柜

Ⅱ-B 级生物安全柜比Ⅱ-A 级生物安全柜能够达到更高的安全度,其原因有以下几点。

(1) 前面开口平均风速达到 0.5m/s 以上。

(2) 没有正压污染区。

(3) 循环风减少到 30%,甚至减少到 0。

由于Ⅱ-B 级生物安全柜可以处理更危险的病原体和化学物质,所以排风必须排至室外,排风管道采用密封式连接,并且是负压管道。在设置多台安全柜时,要各自使用独立的管道而不要用公共管道。

Ⅱ-B 级生物安全柜又分为 B1 型和 B2 型两种。

图 8-12 所示为 B1 型生物安全柜气流流向示意图。经下部风机排出的空气一部分经排风高效过滤器排出,另一部分经送风过滤器又送至柜内。操作空间后面中部和中部以下都开有吸气口,在系统排风机作用下也排出一些空气,以避免死角。图 8-13 所示为 B1 型的另一种结构,少了一道高效过滤器。

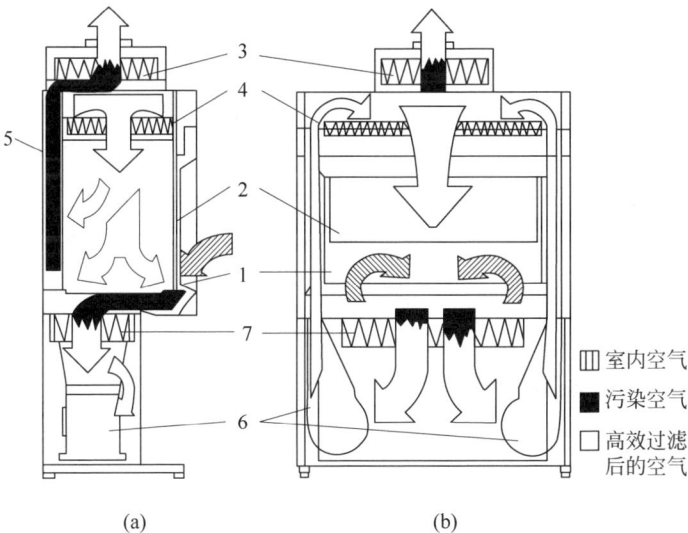

(a)　　　　　　　　(b)

图 8-12　Ⅱ级 B1 型生物安全柜气流流向示意图

1—前端开口;2—工作视窗;3—排风高效过滤器;4—送风高效过滤器;5—负压排风道;6—风机;
7—附加的送风高效过滤器

图 8-14 所示为Ⅱ级 B2 型生物安全柜气流流向示意图,是全排风的。由于排风机(未画出)的抽取,操作空间的污染空气和室内空气被吸入负压排风道 5,自带

送风机将从室内吸入的空气经高效过滤器后送至操作空间。图 8-15 所示为全排风、带风机的 Ⅱ 级 B2 型污染区示意图。

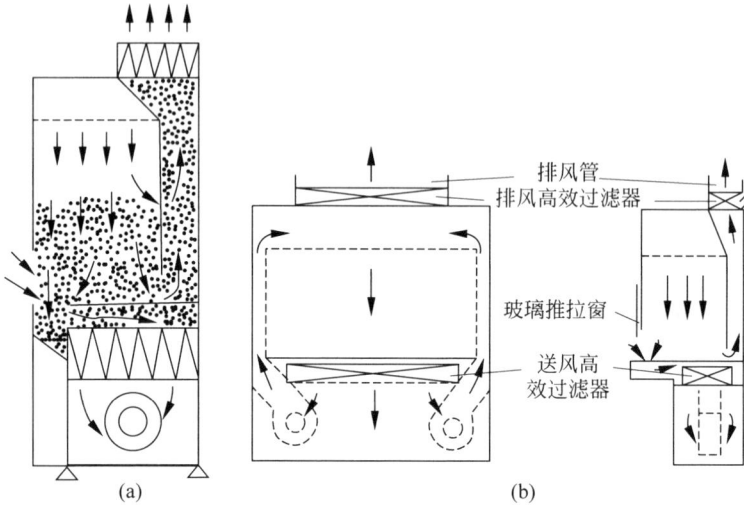

图 8-13　另一种 Ⅱ 级 B1 型生物安全柜气流流向示意图

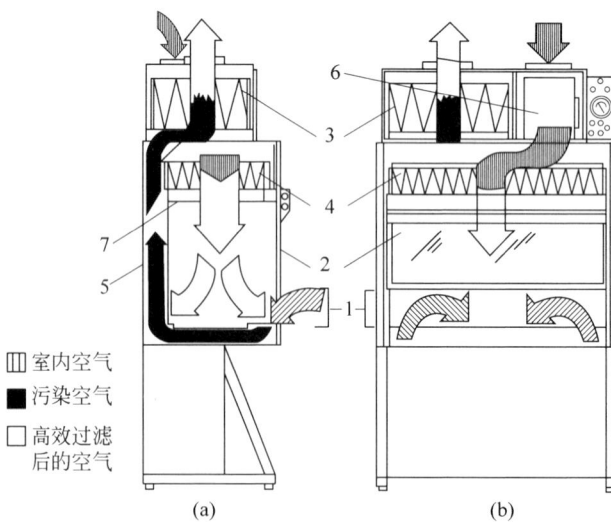

图 8-14　Ⅱ 级 B2 型生物安全柜气流流向示意图
1—前端开口；2—工作视窗；3—排风高效过滤器；4—送风高效过滤器；5—负压排风道；6—风机；7—过滤器网

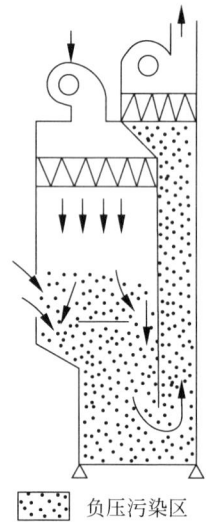

图 8-15　全排风、带风机的 Ⅱ 级 B2 型污染区示意图

Ⅱ级 A 型和Ⅱ级 B 型安全柜的异同见表 8-7。

表 8-7　Ⅱ级 A 型和Ⅱ级 B 型安全柜的比较

| 项目 | | Ⅱ-A 级 | Ⅱ-B 级 |
|---|---|---|---|
| 正压污染区 | | A1 有，A2 无 | 无 |
| 前面遮挡结构 | | 开启固定型或垂直开启推拉型窗 | |
| 前面开口高度/mm | | 200 | |
| 操作区送风速度/(m/s) | | ≥0.23 | |
| 循环风比例/% | | 70 | 30～0 |
| 排风 | | A1 室内，A2 室外 | 室外 |
| 使用对象 | 一般病原体 | 1～3 级 | 1～3 级 |
| | 重组遗传基因 | P1～P3 级 | P1～P3 级 |
| | 化学致癌剂 | A1 不可，A2 可（低浓度时） | 可（低浓度时） |
| | 放射性物质 | A1 不可，A2 可（低剂量时） | 可（低剂量时） |
| | 挥发性溶媒 | A1 不可，A2 可（低浓度时） | 可 |

注：推拉窗的构造必须能固定其位置或设有对非规定位置能报警的装置。

## 8.4.4　Ⅲ级生物安全柜

Ⅲ级生物安全柜适用于在病原病毒、病原细菌、病原寄生虫以及重组遗传基因等实验方面具有最高危险度的操作。操作人员通过设于完全封闭的负压柜体上的长橡胶手套，在安全柜的密闭操作区进行感染动物的饲养和解剖、组织材料的处理、病原体的培养、显微镜观察和离心操作等一切实验工作。

Ⅲ级生物安全柜的高效过滤器，有的国家的标准要求对 $0.3\mu m$ 微粒有 $99.997\%$ 以上的效率，即比普通高效过滤器高出一个档次，相当于我国国家标准中的 C 级过滤器。

Ⅲ级生物安全柜（如图 8-16 所示）的进风通过高效过滤器自上而下送风进入柜内，而排风则由两组串联的高效过滤器处理后才能排放。柜内的负压差一般保持在 $-125Pa$ 左右。全部的操作都必须通过长筒手套进行，所有进出的物料都必须通过双扇门灭菌锅或盛满消毒剂的浸泡槽。

Ⅲ级生物安全柜分为两种形式：单体形式和系列形式。仅用一台生物安全柜的称为单体形式，如图 8-17 所示；将多台生物安全柜连接起来使用的称为系列形式，如图 8-18 所示。系列型生物安全柜简写为 GBL，在其末端装有两面门的高压灭菌器，实验器材不能直接从安全柜中取出，而是要在高压灭菌锅灭菌后取出。

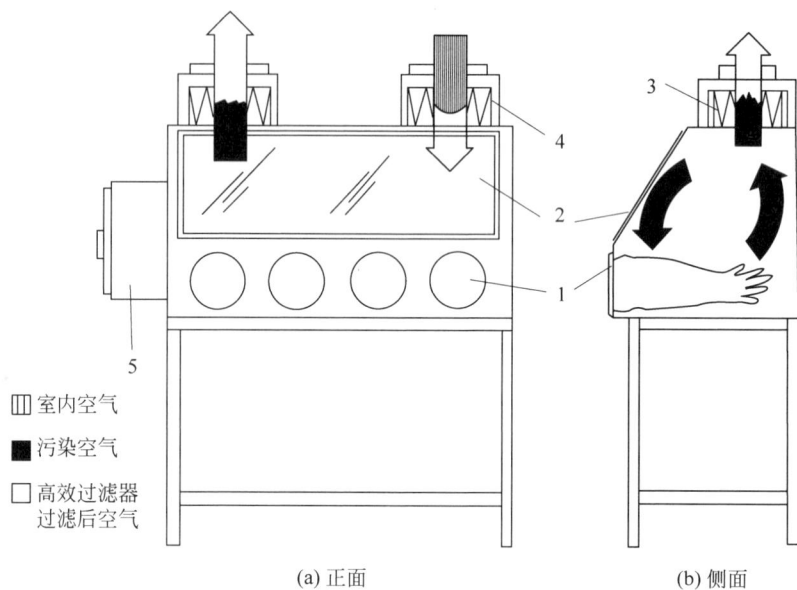

(a) 正面　　　　　　　　　　　　　　　(b) 侧面

图 8-16　Ⅲ级生物安全柜原理

1—手套及手套固定口；2—工作视窗；3—排风高效过滤器；4—送风高效过滤器；

5—双扇灭菌锅或传递窗

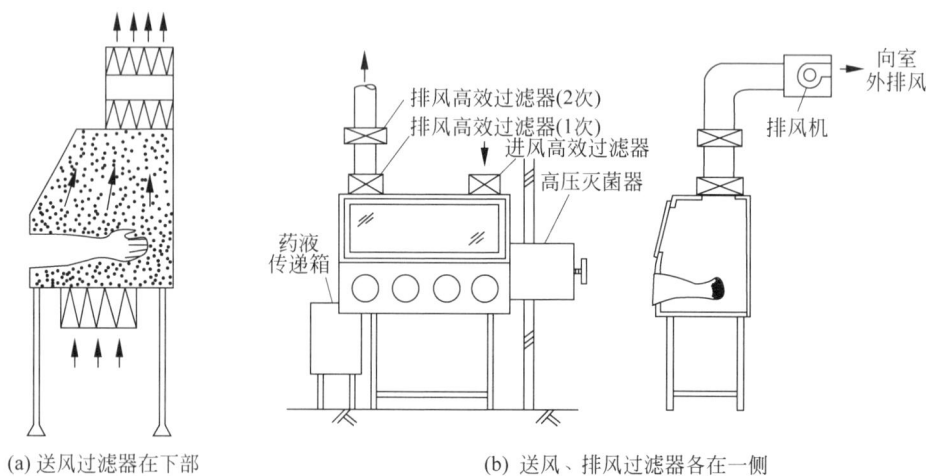

(a) 送风过滤器在下部　　　　　　(b) 送风、排风过滤器各在一侧

图 8-17　单体型Ⅲ级生物安全柜构造

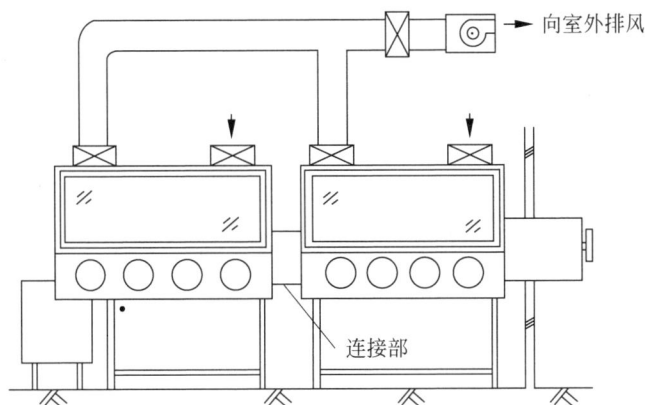

图 8-18　系列型Ⅲ级生物安全柜

在采用Ⅲ级生物安全柜时,由于病原体完全被封闭在手套箱式装置之中,所以实验室可不受污染,无须特别的防护工作服、手套和面具之类的装备。

## 8.5　生物实验室安全守则

(1) 实验人员必须熟悉仪器、设备性能和使用方法,按规定要求进行操作。

(2) 微生物室应保持室内通风良好,避免不必要的污染。

(3) 凡接触微生物的实验,实验人员都应小心操作,确保安全,有条件的必须在无菌室超净工作台操作;实验后必须用酒精消毒手和台面。

(4) 在无菌室操作时,必须穿工作服、戴工作帽及口罩,使用前必须经紫外线照射或其他方法消毒,才可使用,操作必须严格无菌操作,以免污染。

(5) 不使用无标签(或标志)容器盛放的试剂、试样。

(6) 实验中产生的废液、废物应集中处理,不得任意排放;所用的培养物、被污染的玻璃器皿及阳性的检验标本,都必须用消毒水泡过夜或煮沸或高压蒸气灭菌等方法处理后再清洗。

(7) 在实验室中使用手提高压灭菌锅时,必须熟悉操作过程,操作时不得离开,时刻注意压力表,不得超过额定范围,以免发生危险。

(8) 严格遵守安全用电规程。不使用绝缘损坏或接地不良的电器设备,不准擅自拆修电器。

(9) 不准穿戴工作服装、手套等实验室中的防护用品进入办公室或休息室。

(10) 不准把食物、食具带进实验室。实验室内禁止吸烟。

（11）实验室应配备消防器材。实验人员要熟悉其使用方法并掌握有关的灭火知识。

（12）实验结束，人员离室前要检查水、电、燃气和门窗，确保安全。

（13）实验人员必须洗手及消毒后方可离开。

# 8.6 常用术语

（1）生物安全（biosafety）：指由动物、植物、微生物等生物体给人类健康和自然环境可能造成的安全问题。

（2）生物因子（biological agents）：包括通过进行基因修饰、细菌培养和生物体内寄生的，可能致人、动物感染、过敏或中毒的一切微生物和其他生物活性物质。

（3）微生物（microorganism）：能够复制或传递基因物质的细菌或非细胞的微小生物实体。

（4）病原体（pathogens）：能够引发人和动物、植物传染病的生物因子。

（5）生物危险（bio-hazard）：由生物因子形成的潜在危险。

（6）危险废物（hazardous waste）：有潜在生物危险、可燃、易燃、易爆、腐蚀、有毒、放射和破坏作用的，或对人和环境有损害的一切废物。

（7）微生物危险评估（hazard assessment for microbes）：对实验微生物和毒素可能给人或环境带来危害所进行的评估。

（8）污染（contamination）：物质或事物由外来的物质或因子而造成的不希望的影响。

（9）消毒（disinfection）：减少细菌芽孢除外的微生物的数量，不需要杀灭或清除全部微生物的过程。

（10）灭菌（sterilization）：杀灭和清除全部微生物的过程。

（11）感染（infection）：微生物或其代谢产物侵入机体引起的病理生理变化。

（12）实验室生物安全防护（biosaety containment of laboratory）：实验室工作人员在处理病原微生物、含有病原微生物的实验材料或寄生虫时，为确保实验对象不对人和动物造成生物伤害，确保周围环境不受其污染，在实验室和动物实验室的设计与建造、使用个体防护装置、严格遵守标准化的工作及操作程序和规程等方面所采取的综合防护措施。

（13）物理防护设备（physicfal containment device）：用于防止病原微生物逸出和对操作者实施防护的物理或机械设备。

（14）屏障（barrier）：屏障是物理防护的常用方法，通过采用封闭设备和隔离设施构建而成。根据它们所处的地位和作用，设有一级屏障和二级屏障。

（15）一级屏障（primary barrier）：也称为一级隔离，是操作对象和操作者之间的隔离，包括各级生物安全柜、动物隔离器和个人防护设备等。

（16）二级屏障（secondary barrier）：也称为二级隔离，是生物实验室和外部环境的隔离，包括建筑结构、通风空调、给水排水、电气和控制系统。

（17）气溶胶（aerosol）：悬浮于气体介质中的粒径一般为 $0.001 \sim 100\mu m$ 的固态、液态微小粒子形成的相对稳定的分散体系。

（18）生物安全柜（biosafety cabinet，BSC）：防止操作过程中含有危害性或未知性生物微粒气溶胶散逸的空气净化安全装置；通常分为Ⅰ级、Ⅱ级和Ⅲ级。

（19）生物安全实验室（biosafety laboratory）：通过防护屏障和一系列安全措施达到生物安全要求的生物实验室和动物实验室。

（20）主实验室（main room）：主实验室是生物安全实验室中污染风险最高的房间，通常是生物安全柜或动物隔离器所在的房间。

（21）缓冲室（buffer room）：有相应洁净级别的、进出两门不同时开启的面积一般不小于 $2m^2$ 的气闸式房间。

（22）污染区（contamination zone）：生物安全实验室中被致病因子污染风险最高的区域。

（23）半污染区（semi-contamination zone）：生物安全实验室中具有被致病因子轻微污染风险的区域，也称为过渡区。

（24）清洁区（non-contamination zone）：生物安全实验室中无被致病因子污染风险的区域。

（25）洁净室（clean room）：空气悬浮粒子浓度受控达到规定洁净度级别标准的房间，并有控制污染的能力。

（26）空气吹淋室（air shower）：利用高速洁净气流吹落并清除进入洁净室人员表面附着粒子的小房间，又称风淋室。

（27）传递窗（pass box）：在洁净室隔墙上设置的传递物料和工器具的开口。两侧装有不能同时开启的窗扇。

（28）洁净工作台（clean bench）：能够保持操作空间所需洁净度的工作台。

（29）通风柜（chemical hood）：通过管道直接或经净化后排出操作化学药品时所产生的有害或挥发性气体、气溶胶和微粒的通风装置。

（30）生物洁净室（biological clean room）：洁净室空气中悬浮微生物控制在规定值内的限定空间。

（31）高效空气过滤器（high efficiency particulate air filter，HEPT filter）：按照《高效空气过滤器性能实验方法》（GB 6165）检测，效率不低于 99.9% 的空气过滤器，其中，效率 99.9% 的为 A 类高效过滤器，不低于 99.99% 的为 B 类高效过滤器，不低于 99.999% 的为 C 类高效过滤器。

　　(32) 实验动物(laboratory animals):指经人工饲育、对其携带微生物实行控制、遗传背景明确或者来源清楚的用于科学研究、教学、生产、检定以及其他科学实验的动物。

# 思　考　题

1. 什么是生物安全?

2. 什么是生物因子? 生物因子的危险程度分为几级?

3. 对人类而言,生物威胁的来源主要有哪些?

4. 实验室生物安全防护的目的是什么? 实验室生物安全防护的内容主要包括哪些?

5. 生物安全的防护水平共分成几级? 各级是怎样划分的?

6. 当实验室活动涉及传染性或潜在传染性生物因子时,为什么需要进行危害程度评估? 危害程度评估主要包括哪些内容?

7. 实验室为什么应时常监测生物安全柜以确保其设计性能符合相关要求,并应保存检查记录和任何功能性测试结果,以及在安全柜上标记检查证明?

8. 为什么在冰箱或其他冷藏库中储存的所有容器必须清楚地标明内部物品、存储时间和存储人姓名,而没有标签或废弃的物品应当进行高压灭菌后清除?

9. 如何判定生物安全柜对工作人员的防护能力? 如何判定生物安全柜交叉污染防护性能?

10. 生物安全柜使用前或使用后,应至少让生物安全柜工作多长时间来完成"净化"?

11. 操作者在双臂进出生物安全柜时,应迅速地出入柜门的开口还是应该垂直缓慢地出入柜门的开口?

12. 生物安全柜使用过程中,柜内的设备和物品应尽量多放些好还是尽量少放些好?

13. 生物安全柜使用过程中,应在柜内的哪一个部位操作?

14. 在 BSL-3 实验室中必须安装哪种生物安全柜?

15. 在 BSL-3 实验室中工作时为什么必须戴手套(两副为宜)? 为什么一次性手套必须先消毒后才能丢弃?

16. BSL-3 实验室与一般生物洁净室有什么不同?

17. 实验结束后,生物安全柜内使用过的仪器、设备以及可能被污染的物品应怎样处置?

18. 什么叫消毒? 消毒的方法有哪些? 最常用的消毒方法是什么?

19. 什么是消毒剂? 常用的消毒剂有哪些?

20. 为什么采用紫外光消毒时,不能同时开启日光灯和紫外灯?

21. 为什么不可以在开启的紫外灯下工作?

22. 实验室进行房间和仪器设备消毒时,常用什么方法?

23. 什么叫灭菌? 灭菌方法有哪些? 最常用的灭菌方法是什么?

24. 什么是干热灭菌? 干热灭菌通常在什么容器中进行? 使用温度通常为多少? 时间为多少?

25. 什么是湿热灭菌? 湿热灭菌通常在什么容器中进行?

26. 湿热灭菌和干热灭菌相比,各有什么特点?

27. 高压灭菌锅灭菌时,为什么不可以尽可能多地放置物品?

28. 高压灭菌锅灭菌时,待灭菌的物品为什么不可以与含有腐蚀性抑制剂或化学试剂的物质放在一起灭菌?

29. 高压灭菌液体终止时,为什么不可以尽快地取出灭菌液体而快速排气使压力迅速降低?

30. 湿热灭菌最高温度通常为多少? 时间为多少?

31. 在 BSL-3 实验室中,为什么必须配备有效的消毒剂、眼部清洗剂或生理盐水?

32. 乙醇对活性细菌、真菌和脂类病毒起作用,对芽孢有无作用?

33. 过氧化氢和过氧乙酸是否可以用于实验室工作台表面以及金属器械的消毒?

34. 开启冻干物质安瓿瓶时,由于压力降低,其部分冻干物可能会溅出,为什么应在生物安全柜内操作?

35. 在生物医学实验室中进行有害微生物和转基因操作,为什么应在生物安全柜内操作?

36. 生物材料在匀浆或搅拌后,为什么应在生物安全柜内开启?

37. 当移液器吸头中含有液体时,为什么不可以将移液器水平放置?

38. 移液器在吸取不同液体时,为什么需要更换移液器吸头?

39. 开动离心机时,应该怎样调速?

40. 乙醚、乙醇等挥发性试剂为什么不能放入普通冰箱中存放?

41. 一次性用品,包括注射器及针头用过后经消毒可以重复使用吗?

42. 为什么已污染的仪器、器械、台面等要做标签说明,不得有掩盖?

43. 为什么初次进入实验室的操作人员应了解实验室具体的潜在危险,认真阅读、理解安全手册和操作手册?

44. 为什么在生物医学实验室中工作一定要穿工作服?

45. 为什么禁止在生物实验室吃、喝、化妆?

46. 为什么操作人员在离开实验室工作区之前以及接触过传染性物质和动物之后必须洗手?

47. 为什么夏季天气热时也不可以在实验室工作区穿露有脚趾的鞋?

48. 为什么实验过程中严禁经口使用吸管?

49. 工作人员在进入 BSL-3 实验室工作区之前,为什么应在专用的更衣室(或缓冲间)穿着背开式工作服或其他防护服? 为什么工作完毕后必须脱下工作服,不得穿工作服离开实验室?

50. 生物医学实验室中个人防护用品包括哪些?

51. 生物医学实验室内任何死亡动物尸体、组织碎块应怎样处理?

52. 所有不再需要的样本、培养物和其他生物性材料应怎样处理?

53. 有毒实验废弃物应怎样处理?

54. 液体和固体垃圾是否需要分开放置?

55. 污染的(感染的)锋利物品,如注射针头、解剖刀片和碎玻璃应怎样处理?

56. 生物实验室的实验废液应怎样处理?

57. 一些低毒、无毒的实验废液是否可以不经处理,直接由下水道排放?

58. 为什么实验废弃的生物活性实验材料特别是细胞和微生物(细菌、真菌和病毒等)必须及时灭活和消毒处理?

59. 为什么固体培养基等要采用高压灭菌处理?

60. 为什么未经有效处理的固体废弃物不能作为日常垃圾处置?

61. 微生物实验中,一些受污染或盛过有害细菌和病菌的器皿,如果不再使用,应怎样处理?

62. 微生物实验中不要的菌种等,应怎样处理?

# 参 考 文 献

[1] DIANE O. FLEMING, DEBRA L. HUNT. 生物安全[M]. 北京:中国轻工业出版社, 2010.

[2] GB 19489—2004 实验室生物安全通用要求[S].

[3] GB 19258—2003《紫外线杀菌灯》.

[4] 世界卫生组织. 实验室生物安全手册[M]. 3 版. 2004.

[5] 马连山,牛胜田. 实验室生物安全手册[M]. 北京:人民卫生出版社,1985.

[6] 赵庆双,冯志林,裴志刚,等. 清华大学实验室安全手册[M]. 北京:清华大学出版社, 2003.

[7] 陈静生,陈昌笃,周振惠,等. 环境污染与保护简明原理[M]. 北京:商务印书馆,1981.

[8] 北京放射卫生防护所. 放射卫生防护培训教材. 2004.

[9] 许钟麟,王清勤. 生物安全实验室与生物安全柜[M]. 北京:中国建筑工业出版社,2004.

[10] 朱守一. 生物安全与防止污染[M]. 北京:化学工业出版社,1999.

[11] 李劲松. 生物安全柜应用指南[M]. 北京:化学工业出版社,2005.

［12］　郭秀静. 三种常用低温灭菌方法研究现状［J］. 护理研究,2006,20(6)：1425-1426.

［13］　张正焘,黄靖雄. 合理使用低温灭菌资源［J］. 中华医院感染学杂志,2010,20(14)：2179-2180.

［14］　清华大学实验室与设备处. 全校学生实验室安全课考试题库. 2007.

［15］　王志成,平琳,李慧. 安全化学［M］. 郑州：黄河水利出版社,2004.

［16］　刘静玲,孙刚龙. 环境污染与控制［M］. 北京：化学工业出版社,2001.

［17］　徐涛. 实验室生物安全［M］. 北京：高等教育出版社,2010.

［18］　李勇. 实验室生物安全［M］. 北京：军事医学科学出版社,2009.

［19］　叶冬青. 实验室生物安全［M］. 北京：人民卫生出版社,2008.

［20］　颜光美,余新炳. 实验室生物安全［M］. 北京：高等教育出版社,2008.

［21］　余丽芸,曹宏伟,王景伟. 生物安全［M］. 哈尔滨：哈尔滨地图出版社,2006.

［22］　马文丽,郑文岭. 实验室生物安全手册［M］. 北京：科学出版社,2003.

［23］　刘谦,朱鑫泉. 生物安全［M］. 北京：科学出版社,2001.

［24］　俞咏霆,李太华,董德祥. 生物安全实验室建设［M］. 北京：化学工业出版社,2006.

［25］　沈伟. 消毒方法与应用［M］. 上海：复旦大学出版社,2011.

［26］　周尚汉. 消毒实用技术［M］. 北京：军事医学科学出版社,2004.

［27］　陈建文,蔡晨波. 灭菌、消毒与抗菌技术［M］. 北京：化学工业出版社,2004.

［28］　孙俊. 消毒技术与应用［M］. 北京：化学工业出版社,2003.

［29］　袁洽劻. 实用消毒灭菌技术［M］. 北京：化学工业出版社,2002.

［30］　曾新安,陈勇. 脉冲电场非热灭菌技术［M］. 北京：中国轻工业出版社,2005.

［31］　清华大学材料学院. 实验室安全手册［M］. 北京：清华大学出版社,2015.

# 第9章 室内环境安全

粉尘、噪声和空气污染会严重危害实验室的室内环境安全与实验人员身体健康。由于这些危害往往是慢性的,所以容易被人们忽视,从而对实验人员造成渐进式的严重伤害。本章主要讲述粉尘、噪声和空气污染产生的原因、危害及防护方法,以期对这些危害有更深入的了解,提高保护实验人员身体健康的意识和能力。

## 9.1 粉尘的危害与防护

### 9.1.1 粉尘的分类

粉尘是指在实验过程中产生并能长时间悬浮于空气中的固体粒子。其粒径大都在 $0.25 \sim 20 \mu m$,其中绝大部分为 $0.5 \sim 5 \mu m$。粉尘的分类有多种方法,常见的分类方法如下。

1. 以形成粉尘的物质分类

根据形成粉尘的物质不同,可将粉尘分为:

(1) 无机性粉尘。包括矿物性粉尘,如黏土粉尘、石英粉尘、滑石粉尘等;金属性粉尘,如铜粉尘、铁粉尘、铅粉尘、锌粉尘、铝粉尘;人工无机性粉尘,如水泥粉尘、玻璃粉尘、金刚砂粉尘等。

(2) 有机性粉尘。包括植物性粉尘,如棉粉尘、麻粉尘、木材粉尘、茶叶粉尘等;动物性粉尘,如毛发粉尘、骨质粉尘、角质粉尘等;人工有机性粉尘,如合成纤维粉尘、有机染料粉尘等。

(3) 混合性粉尘。指由上述两类粉尘的两种和多种粉尘构成的混合物,如在用砂轮磨削金属时的粉尘中,既包括金刚砂粉尘又包括金属粉尘。

2. 按粉尘的颗粒尺寸分类

按粉尘的颗粒尺寸不同,可将粉尘分为:

(1) 可见粉尘。用肉眼可以分辨的粉尘,粒径大于 $10 \mu m$。

(2) 显微粉尘。指粒径为 $0.25 \sim 10 \mu m$,可用一般光学显微镜观测的粉尘。

(3) 超显微粉尘。指粒径小于 $0.25 \mu m$,只有在超倍显微镜或电子显微镜下才可以见到的粉尘。

3. 从卫生角度进行分类

从卫生角度,可将粉尘分为:

(1) 可吸入粉尘。指能进入人的细支气管到达肺泡的粉尘,其粒径在 $5\mu m$ 以下。

(2) 不可吸入粉尘。指一般不能进入人的细支气管的粉尘,其粒径在 $5\mu m$ 以上。

4. 按燃烧和爆炸性质分类

根据燃烧和爆炸性质的不同,可将粉尘分为:

(1) 易燃易爆粉尘。如煤粉尘、硫磺粉尘、亚麻粉尘等。

(2) 非易燃易爆粉尘。如石灰石粉尘、铁氧体粉尘等。

## 9.1.2　实验室粉尘产生的过程

实验室中容易产生粉尘的过程主要有:

(1) 固体物质的机械破碎过程。如用鳄式破碎机破碎物料、用球磨机研磨物料等过程。

(2) 固体表面的加工过程。如用砂轮机磨削样品或用喷砂清理样品表面的氧化皮等。

(3) 粉状物料的储运、装卸、混合、干燥、筛分及包装过程,如用振动筛筛分物料、陶瓷原料烧结前的混合等。

(4) 粉状物料的成型过程。如用模压机对陶瓷粉进行模压成型等。

(5) 物质的加热和燃烧过程。如煤在燃烧后就夹杂有大量的粉尘,金属的冶炼和焊接过程也会产生大量的粉尘。

## 9.1.3　粉尘对人体的危害

1. 粉尘引发的疾病的类型

粉尘主要可引发以下疾病。

(1) 呼吸系统疾病

一个成年人每天大约需要 $12m^3$ 的空气,以便从中获得所需要的氧气。如果实验场所的空气中含有大量的粉尘,那么在这种环境下工作的人员吸入肺部的粉尘量就多。当吸入的粉尘量达到一定数量时,就会产生呼吸系统疾病,常见的呼吸系统疾病有以下几种。

① 尘肺

粉尘会引起肺组织发生纤维化病变,使肺部组织逐渐硬化,失去正常的呼吸功能,即所谓尘肺。

② 肺粉尘沉着症

有些粉尘,特别是金属性粉尘,如钡、铁和锡等粉尘,长期吸入后可沉积在肺组织中,主要产生一般的异物反应,也可继发轻微的纤维化病变,对人体的危害比尘肺小。

③ 有机性粉尘引起的肺部疾患

许多有机性粉尘吸入肺泡后可引起过敏反应,如吸入棉尘、亚麻或大麻粉尘后可引起棉尘病。长期吸入木、茶、枯草、麻、咖啡、骨、羽毛、皮毛等粉尘可引起支气管哮喘。

(2) 其他系统疾病

接触粉尘除可引起上述呼吸系统的疾病外,还可引起眼睛及皮肤的病变。如粉尘落在皮肤上可堵塞皮脂腺而引起皮肤干燥,继发感染时可形成毛囊炎、脓皮病等。也有一些腐蚀性和刺激性的粉尘,如铬、石灰等粉尘,作用于皮肤可引起某些皮肤病变和溃疡性皮炎。

2. 尘肺

尘肺是粉尘所引起的疾病中最严重和最普遍的疾病,所以对其进行更进一步的了解是很有实际意义的。

(1) 尘肺的类型

根据产生尘肺的粉尘的种类不同,一般将尘肺分为以下几种。

① 矽肺

矽肺是尘肺中最严重的一种,它是由于吸入含结晶型游离二氧化硅粉尘所引起的一种尘肺。矽肺是一种慢性进行型的疾病,其发病一般比较缓慢,其发病工龄多在接触矽尘后 5~10 年,有的可长达 15~20 年,这与吸入的粉尘浓度及粉尘中游离二氧化硅含量有关。但在吸入高浓度和高游离二氧化硅含量的粉尘时,其发病和进程可以很快,一般在 1~2 年内可以发病,称为"急性矽肺"。

矽肺合并肺结核的频率较高,也可并发肺及支气管感染、自发气胸和肺心病等。

② 矽酸盐肺

矽酸盐肺是由长期吸入含有硅酸盐的粉尘引起的尘肺。其中最常见的有石棉肺、滑石肺、云母尘肺等。

③ 炭素尘肺

长期吸入炭素粉尘可以引起炭素尘肺,如煤尘肺、石墨尘肺、炭黑尘肺和活性炭尘肺等。

④ 金属尘肺

长期吸入某些金属性粉尘也可引起尘肺,如铝尘肺等。

⑤ 混合性尘肺

由于吸入游离二氧化硅和其他粉尘而引起的尘肺称为混合性尘肺,如煤矽肺、铸工尘肺等。总之,尘肺是一个总的名称,习惯上吸入什么粉尘致病,诊断时就称什么尘肺。

(2) 尘肺的症状

因为人的肺脏的代偿功能较强,所以尘肺病人的早期症状是不太明显的。由定期检查所发现的早期尘肺病人,往往没有任何自觉症状,即使病情发展已有一定的程度,仍可保持一定的健康水平和劳动能力。随着病情的发展,自觉症状日趋明显。常见的症状是气短、胸闷、胸疼、咳嗽。晚期尘肺和伴有并发症的病人往往会有体重减轻、体力衰弱、盗汗、心悸等症状。

(3) 影响尘肺发病的因素

尘肺病人从接触粉尘到发病的时间短的为半年,长的可达 10～20 年。影响发病的因素主要有粉尘致病成分含量、粉尘的粒径和吸入量、劳动强度、个人身体状况和个人防护好坏等。

① 粉尘致病成分含量

实验研究和卫生学调查表明,粉尘中致病成分含量越高,发病时间越短,病变速度越快,危害性越大。如吸入含游离二氧化硅 70% 以上的粉尘后,往往形成以结节为主的弥散性纤维化病变,而且发展很快,又易于融合。当粉尘中游离二氧化硅含量低于 10% 时,则病变以间质性为主,发展较慢,且不易融合。

② 粉尘的粒径

人体的呼吸器官对粉尘有一定的防御能力。随吸气进入呼吸道的粉尘并不完全进入肺泡(肺泡的直径为几个到几十个微米),而是大部分被阻留在鼻腔中或黏附在各级支气管的黏膜上,随着呼气和痰液排出体外,仅有很少一部分粒径较小的尘粒进入肺泡而沉积在肺部。粉尘粒径越小,在空气中停留的时间越长,通过呼吸道进入肺部的可能性越大。此外,粒径越小,粉尘的比表面积越大,化学活性越强,导致肺组织纤维化的作用越明显。所以,粉尘的粒径越小,对人体的危害越大。医学解剖发现,死于矽肺的人的肺组织的尘粒中,有 95%～99% 的粒径都小于 $5\mu m$。所以,现在一般认为 $5\mu m$ 以下的尘粒对人体的危害最大。

③ 粉尘的吸入量

粉尘的吸入量与实验人员工作地点的空气中的粉尘浓度和接触粉尘的时间成正比。粉尘浓度越高,从事粉尘实验的时间越长,则吸入量越多,就越容易得尘肺病。

④ 劳动强度

人的呼吸量是随着劳动强度的增加而增加的。这是因为在劳动过程中,人体内新陈代谢所消耗的能量来源于氧气参加的生物化学反应,劳动强度越大,消耗的能量越多,氧气的需要量也就越多。据推算,在含尘浓度相同的实验环境中,从事中度和重度劳动的人员吸入的粉尘量相应增加 $1.5\sim3$ 倍。由此可见,劳动强度是影响矽肺发病的重要因素。

⑤ 个人身体状况和个人防护好坏

因为粉尘是通过人体起作用而引起矽肺病的,所以人体本身的一些因素也影响矽肺病的发生与发展。一般来说,体质差的、患有各种慢性病(如支气管炎、肺部疾病、心脏病等)的人员比较容易发病。此外,不注意个人防护(如不戴防尘口罩等)的人员也容易发病。

需要特别指出的是,虽然每个人的体质不同,抵抗力不同,但如果吸入肺部的粉尘过多,体质差异也就不明显了。因此,在影响尘肺发病的各种因素中,起决定作用的还是粉尘的性质和吸入量。

## 9.1.4 粉尘对设备磨损和产品质量的影响

1. 粉尘对机器设备的磨损

含尘气流在运动时与壁面冲撞,产生切削和摩擦,引起磨损。含尘气流中的粉尘磨损性与气流速度的 $2\sim3$ 次方成正比,气流速度越高,粉尘对壁面的磨损越严重。气流中的粉尘浓度越高,磨损性也越强。但当粉尘的浓度达到某一程度时,由于粉尘粒子之间的相互碰撞,反而减轻了与壁面的碰撞摩擦。

空气机械,如通风机、鼓风机、空气压缩机、燃气透平等,由于通过该种机械的空气中存在悬浮粉尘而严重降低其运行寿命。一般对高压鼓风机、空气压缩机械,要求进入的空气中含尘量低于每立方米数毫克至微克的数量级。

含尘空气中的尘粒降到机器的转动部件上,将加速机件的磨损,影响机器工作精度,甚至使小型精密仪表的部件卡住而不能工作。目前一般认为 $5\sim10\mu m$ 粒径的粉尘磨损性不严重,微细粉尘比粗粉尘的磨损性要小,但在一些现代产品,如光学仪器、微型电机、微型轴承中都特别重视微细粉尘的玷污和磨损。在外径小于 $9mm$ 的微型轴承中,若进入尘埃,会使扭矩增大,引起噪声和振动。

2. 粉尘对产品质量的影响

环境污染不仅能影响产品的外观,还能造成产品质量的下降。例如,石膏粉产品在生产过程中被烘炉黑烟污染,不仅外观受影响,质量也要下降。

在电子产品中,即使是 $0.3\mu m$ 的尘粒落到刻线间距只有亚微米的加工表面上,也会对产品造成危害,如出现针孔、短路等,轻则影响产品性能,重则使产品报废。

很多现代的药品、针剂产品,其纯度已由"化学纯"时代进入了"电子纯"时代。

在这种条件下生产的针剂,可以不用皮试而直接注射。对于药品、针剂,生产中防止尘埃的可能污染已得到了高度重视。

### 9.1.5　粉尘的抑制

粉尘的抑制需要从多方面进行,主要有如下两种措施。

1. 技术措施

技术措施一般包括以下 5 个方面。

(1) 改革工艺,采用新技术

改革工艺设备和工艺操作方法、采用新技术是消除和减少粉尘危害的根本途径。在工艺改革中,首先应当采用使实验过程不产生粉尘的工艺设备,其次才是产生粉尘后通过治理减少其危害。例如,用压力铸造、金属模铸造代替砂型铸造,用磨液喷射加工取代磨料喷射加工,可以从根本上消除粉尘危害。

(2) 湿法作业

湿法作业是一种简便、有效的防尘措施。水对大多数粉尘有良好的亲和力,如将物料的干法破碎、研磨、筛分、混合改用湿法操作,可以减少粉尘的产生和飞扬。

(3) 密闭尘源

密闭尘源是防止粉尘外逸的有效方法,可使实验地点的粉尘大为降低。在密闭通风下采用计算机控制,不但可以防止粉尘危害,而且可以极大地提高实验效率和产品质量。

(4) 通风除尘

通风除尘就是用通风的方法,把从尘源处产生的含尘气体经除尘器净化后排入大气。通风除尘是目前应用较广、效果较好的一种防尘措施。

(5) 个人防护

个人防护是防尘技术措施中的重要辅助措施。从事粉尘作业人员佩戴的防尘口罩、防尘面具、防尘头盔是保护器官不受粉尘侵害的个人防尘用具,也是防止粉尘侵入人体的最后一道防线。实验室不仅要发给实验人员符合国家标准要求的防尘用具,而且要教育实验人员认真佩戴和正确使用。在含尘浓度很高的实验场所,坚持佩戴防尘用具,对保障实验人员的身体健康,防止尘肺病的发生具有特殊的意义。

2. 组织管理措施

(1) 做好预防

尘肺是难以医治的,但是可以预防的。做好预防工作的关键是领导,特别是主要领导。

（2）加强防尘教育

通过宣传教育，不断提高师生员工对防尘工作的必要性的认识，是做好防尘工作的思想基础。特别是对教师的教育，最为重要。只有在他们切实认识到防尘工作的重要性，掌握预防粉尘危害所需要的知识和本领的基础上，才能结合本实验室的具体情况，采取切实可行的措施，把防尘工作做好。

（3）加强维护管理

防尘设备投入使用后，必须有专人负责管理、定期维修，这样才能使设备经常保持良好的运行状态，发挥其应有的效能。

## 9.1.6 个人防尘用具

保护呼吸器官的个人防尘用具种类较多，大体可分为过滤式和隔离式两大类。

### 1. 过滤式个人防尘用具

过滤式防尘用具是过滤被粉尘污染了的空气，使之净化后供人呼吸的用具。过滤式防尘用具分为自吸式和送风式两种。

（1）自吸式

自吸式防尘用具依靠人体呼吸器官吸气，例如各种防尘口罩，如图 9-1 所示。

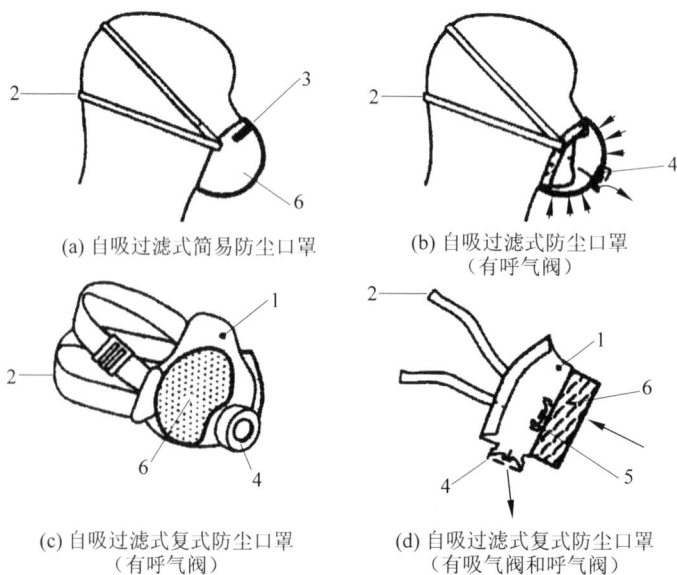

(a) 自吸过滤式简易防尘口罩　　(b) 自吸过滤式防尘口罩
　　　　　　　　　　　　　　　　　　（有呼气阀）

(c) 自吸过滤式复式防尘口罩　　(d) 自吸过滤式复式防尘口罩
　　　（有呼气阀）　　　　　　　　　（有吸气阀和呼气阀）

图 9-1　自吸式防尘用具

1—面罩底座；2—头带；3—调节阀；4—呼气阀；5—吸气阀；6—滤料（过滤器）

（2）送风式

送风式防尘用具是利用微型风机抽吸含尘空气，例如送风口罩、送风面罩、送风头盔等，如图 9-2 所示。含尘空气由一个高效率、低噪声的轴流风扇吸入，先经过预过滤器除去较粗尘粒以保护风扇，然后进入效率不低于 95％并能除去 0.5μm 以上尘粒的主过滤器进行精净化。洁净空气沿头盔进入面罩，让使用者获得所需的新鲜空气，并在口、鼻等部位保持微小的正压。呼出的污浊空气从面罩和颈部的孔隙处排出。由于采用机械送风，故没有呼吸阻力，使用者感到比较舒适。这种送风头盔的送风量为 180L/min，风扇电动机组的噪声不大于 70dB(A)，整个头盔的质量（不包括蓄电池）为 900g 左右，标准蓄电池的质量约为 550g。

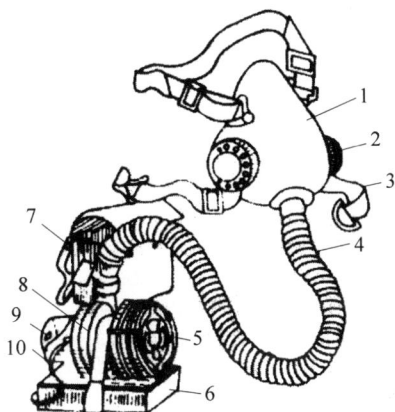

图 9-2　AH-1 型送风头盔

1—半面罩；2—呼吸阀；3—系带；4—导气管；5—过滤器；6—电池；

7—口罩；8—风机；9—开关；10—电动机

2. 隔离式个人防尘用具

隔离式个人防尘用具可将人的呼吸器官与染尘空气隔离，由人自行吸入洁净地带的空气，或用自备的空气呼吸装置供给洁净空气，也可以由空气压缩机供给新鲜空气，例如送风面罩、隔离式送风头盔等。图 9-3 所示为铸件喷砂人员使用的隔离式送风帽盔，它由帽盔、前后披巾、眼窗、呼吸阀、进风管等组成，送入帽盔的是经过减压和净化的压缩空气。

3. 关于纱布口罩

目前许多实验室仍在发放和使用纱布口罩作为防尘用具。应该说，纱布口罩有一定的防尘作用。但是，即使是 12 层厚的纱布口罩，其防尘效果也是很差的。据测定，对滑石粉尘，纱布口罩的阻尘率只有 60％～80％，而对人体危害最大的

5μm 以下的粉尘,其阻尘率只有 10% 左右。其次,从纱布口罩的造型看,纱布贴敷在口鼻部,真正起到阻尘作用的只限于两个鼻孔区域。这样不仅大大减少了口罩的过滤面积,而且在鼻梁两侧和口罩四周边缘处,侧漏情况也相当严重(可达 10%~20%)。由此可见,纱布口罩不能起到有效的防尘作用,不能确保从事粉尘实验人员的健康,因此不能作为防尘口罩使用。

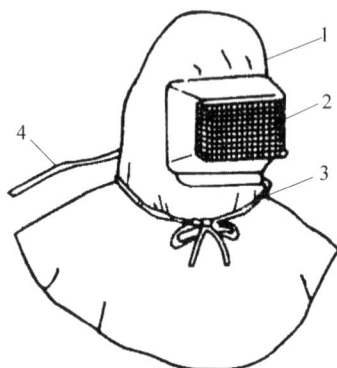

图 9-3 隔离式送风头盔
1—帽盔;2—眼窗;3—系带;4—进风管

# 9.2 噪声危害与防治

## 9.2.1 噪声

噪声是指人们不需要的声音。噪声可以由自然现象产生,也可由人类活动产生。噪声可以是杂乱无序的宽带声音,也可以是节奏和谐的乐音。当声音超过人们生活和社会活动所允许的程度时就成为噪声。

1. 噪声的类型

噪声可归纳为 4 类。

(1) 过响声。如飞机起飞时的轰鸣声。

(2) 妨碍声。此种声音虽不太响,但对人的日常生活产生妨碍。

(3) 不愉快声。如汽车刹车声、刮金属声等。

(4) 无影响声。人们可以认为正常的声音,如风声、雨声等。

2. 噪声产生的机理

噪声产生的机理有两种。

(1) 气体振动

当气体中有了涡流或发生了压力突变等情况时,就会引起气体的扰动,并产生空气动力性噪声。常见的有风机和空气压缩机产生的噪声。

（2）机械噪声

在撞击、摩擦机械力或电磁力作用下，金属、轴承、齿轮等固体零部件发生振动，就会产生机械噪声。如轧钢机、砂轮等产生的噪声。

3. 噪声强弱的表示

声波是疏密波，它使空气时而变密时而变疏。空气变密，压强就升高；空气变稀，压强就降低。这样，由于声波的存在，气压产生高低的起伏。气压的大小用垂直于声波传播方向上的单位面积上的压力表示，单位是牛顿/平方米（$N/m^2$）。正常人耳刚刚能听到的声音的声压称为听阈声压，是 $2 \times 10^{-5} N/m^2$。普通说话声的声压为 $2 \times 10^{-2} \sim 7 \times 10^{-2} N/m^2$，载重汽车、摩托车噪声的声压为 $0.2 \sim 0.8 N/m^2$。强噪声，如凿岩机、风铲的声音，声压为 $20 N/m^2$，此类声压使人耳产生疼痛的感觉，称为痛阈声压。声压是最常用的表示声音强弱的物理量。

声波作为一种波动形式，具有一定的能量。人们也常常用能量的大小来表示声波的强弱，并称为声强。声强是单位时间内通过垂直于声波传播方向上单位面积的声能量，单位是瓦/平方米（$W/m^2$）。从听阈到痛阈，声强的变化范围为 $10^{-12} \sim 1 W/m^2$。

从听阈到痛阈，声压的绝对值之比为 $10^6 : 1$，即有百万倍的差别；声强的绝对值之比为 $10^{12} : 1$，即有亿万倍的差别。因此，用绝对值来表示声音的大小是很不方便的。于是人们引入一个成倍比关系的对数量——声级，来表示声音的大小。声级包括声压级和声强级两种，单位是分贝（符号 dB），它们的数学表达式分别为

声压级 $L_P$：

$$L_P = 20 \lg (P/P_0) \quad (dB) \tag{9-1}$$

其中，$P_0 = 2 \times 10^{-5} N/m^2$，也称为基准声压（听阈）；$P$ 是被测声压。

声强级 $L_I$：

$$L_I = 10 \lg (I/I_0) \quad (dB) \tag{9-2}$$

其中，$I_0 = 10^{-12} W/m^2$，也称为基准声强（听阈）；$I$ 是被测声强。

从听阈到痛阈，声压的变化范围是 $2 \times 10^{-5} \sim 20 N/m^2$，声强的变化范围是 $10^{-12} \sim 1 W/m^2$，将它们分别代入式（9-1）和式（9-2），则可得到声压级和声强级的变化范围都是 $0 \sim 120 dB$。$0 dB$ 则是正常人耳刚能听到的声音。

人耳对声音的感受不仅和声级有关，而且和频率有关。声级相同而频率不同的声音，听起来很可能是不一样响的。如 K250 空压机机体噪声和小轿车噪声，声级都是 120 dB，可是前者是高频，后者是特低频，听起来前者比后者响得多。人耳对高频声音，特别是 2000～5000 Hz 的声音很敏感，而对低频声音不敏感。

　　在声学测量仪器中,为了模拟人耳听觉的特性,设置了 A、B、C 这 3 种计数网络,对接收的声音进行不同程度的滤波。A 网络将通过的声音的低频滤掉相当大的一部分,这正与人耳对噪声的感受一样,由 A 档所测得的噪声值较为接近人耳对声音的感觉。因此,在噪声测量中,人们往往就用声级 A 表示噪声的大小,称为分贝 A。一些声源的 A 声级值见表 9-1。

表 9-1　一些声源的 A 声级值

| 声级值/dB | 声音(噪声)大小 |
| --- | --- |
| 20～30 | 轻声耳语,很安静的房间(夜) |
| 40～60 | 普通室内声音 |
| 60～70 | 普通谈话声 |
| 80 | 大声谈话,收音机,公共汽车内,一般街道噪声 |
| 90 | 载重汽车,空压机站,泵房,很吵的马路 |
| 100～120 | 织布机、电锯 |
| 110～120 | 柴油发动机,大型球磨机 |
| 120～130 | 高射机枪、螺旋桨飞机 |
| 130～140 | 高压大流量放风,风洞,喷气飞机,大炮发射 |
| 160 以上 | 火箭、导弹、飞船发射 |

## 9.2.2　噪声的危害

1. 对人体的生理影响

(1) 对听力的损伤

　　噪声直接的生理效应是引起听力疲劳直至耳聋。人在较强噪声(90dB 以上)的环境下长期生活和工作,会出现听力下降的现象。人在听到强烈声音时都会有耳聋的感觉,这是暂时的现象,在安静环境下会恢复原状。这是由噪声引起的听力疲劳现象,这种现象称为暂时性听力偏离(暂时性听阈改变),属于噪声性听力损害的一种。但是,如果长期工作在强噪声环境中,耳朵会越来越聋,并且再也不会恢复,形成永久性听力偏移(永久性听阈改变),即噪声性耳聋。它是由暂时性听力偏移尚未恢复的状态下继续受到强烈噪声的反复作用而引起的。人耳在某一频率下的听力损失的程度可用听阈升高的分贝数来表示。当听力损失在 10dB 以内时,属正常情况。听力损失在 30dB 以内,谈话还不困难,叫轻度耳聋;听力损失在 60dB 以内,听力障碍就比较明显了,叫中度噪声性耳聋;当听力损失在 60dB 以上,就听不到普通的谈话声;当听力损失在 80dB 以上,就完全丧失听觉能力,即使在耳边大声说话也毫无感觉。过去人们常把耳聋看作是人体衰老的现象,其实人老不一定耳聋,噪声是人体听力减退直至耳聋的重要原因。比如,人耳突然处在高强度噪声(140~160dB)下,常常会引起鼓膜破裂,双耳听力可能完全失去。

(2) 对睡眠的干扰

睡眠对人来说是非常重要的。但噪声会影响人的睡眠的质量和时间,断续的噪声比连续的噪声影响更大。老年人和病人对噪声干扰较敏感。当睡眠受到噪声干扰后,身体健康和工作效率都会受到严重影响。研究表明,连续噪声可以加快从熟睡到清醒的回转,使人多梦;突然的噪声可以使人惊醒。一般来说,40dB 的连续噪声可使 10% 的人受到影响,70dB 的连续噪声可使 50% 的人受到影响,而突发的噪声在 40dB 时可使 10% 的人惊醒,到 60dB 时可使 70% 的人惊醒。

(3) 对神经系统的影响

噪声可使大脑皮层的兴奋与压抑失去平衡,引起头晕、耳鸣、多梦、失眠、心慌、记忆力减退、注意力不集中等症状。临床上称为"神经衰弱症",也称为"神经官能症"。这种症状只靠药物治疗效果往往很差,但脱离噪声环境,症状就会明显好转。

(4) 对心血管系统的影响

噪声可使交感神经紧张,从而出现心跳加快、心律不齐、心电图 T 波升高或缺血性改变、传导阻滞、血管痉挛、血压变化等症状。

(5) 对消化系统的影响

长期暴露在噪声环境中的人,其消化功能有明显的变化。一些研究指出,在某些吵闹的工业行业里,溃疡病的发病率比安静环境里高 5 倍。在高至 80dB 的噪声环境中,肠蠕动要减少 30%,随之而来的是胀气和肠胃不舒适的感觉,当噪声停止时,肠蠕动由于过量补偿,其节奏大大加快,幅度也增加,结果是会引起消化不良。

2. 对人体心理的影响

噪声对人体的心理影响是指对人们行为的影响,通常是指烦恼与工作效率的降低。吵闹的噪声常常使人讨厌、烦恼、精神不易集中,影响工作效率、妨碍休息。通常当噪声低于 50dB 时,人们认为环境是相当安静的;当噪声高到 80dB 左右时,就感到比较吵闹了;当噪声达到 120dB 时,简直令人难以忍受。

3. 对谈话的干扰

噪声对谈话的影响来自噪声对听力的影响。这种影响轻则降低通话效率,重则损伤人们的语言听力。一般来说,噪声对通话引起的干扰并不十分明显,但在工作时,这种干扰常会导致事故的发生。平常一般谈话时,在 1m 远处的声级约为60dB,大声谈话则可达 72dB。如果环境噪声等于或小于这些数值,交谈就没有困难。但当噪声高于这些数值时,交谈就会受到干扰。当然,交谈者距离越近,容许的环境噪声越高,电话通信也是如此。噪声在 72~78dB 时,打电话就感到困难。

在更高噪声环境中,打电话就不可能了。

4. 对儿童和胎儿的影响

在噪声环境下,儿童的智力发育缓慢。有调查表明,在吵闹环境下,儿童智力发育比安静环境中低20%。噪声对胎儿的不良影响主要表现在对胎儿发育、胎儿反应以及致畸作用等方面。

5. 对建筑结构和仪器设备的危害

强噪声会损害建筑物,比如抹灰开裂、墙裂缝、瓦和玻璃损坏等。实验结果表明,当噪声强度达到140dB时,对建筑物的轻型结构开始有破坏作用,160~170dB的噪声能使窗玻璃破碎。另外,强噪声会使自动化机器设备和仪器受到干扰、失效以致损坏,直接或间接地造成经济损失。实践证明,噪声超过150dB就会对电子元件和仪器设备有影响。

6. 对动物的影响

噪声对动物的影响包括听觉器官、内脏器官和中枢神经系统的病理性改变和损伤。据有关资料认为,120~130dB的噪声可引起动物听觉的病理性变化;150dB以上的噪声能使动物的各类器官发生损伤,严重的可能造成死亡。

7. 案例

1961年11月,日本东京某幢12层楼顶有个青年纵身跳下,自杀身亡。经调查,他既不是失业,也不是失恋,而是因为受不了噪声的危害。他家附近整日整夜有机器的轰鸣和怪叫以及火车的振动和吼叫,终于使他狂躁发疯,跳楼身亡。

噪声"杀人"现象不仅发生在日本,世界各地的类似报道也屡见不鲜,这就要求受害者用各种方法来保护自己。

### 9.2.3　噪声的防治

1. 控制声源

控制声源是噪声控制的根本方法。运转的机器设备和交通工具是产生噪声的主要来源,控制它们产生噪声有两种方法:一是改变结构、提高部件的加工精度和装配质量、采用合理的操作方法,可显著降低源强;二是采用吸声、隔声、减振、安装消声器等技术,将设备做成低噪声的整机,如图9-4所示。

2. 控制传播途径

噪声在传播过程中,一旦遇到障碍物,就会被障碍物吸收、折射、反射或绕射。所以可以在噪声传播的途径中利用障碍物将噪声反射回声源,起到隔音作用;采用吸声材料黏附在墙上,既吸收又反射。

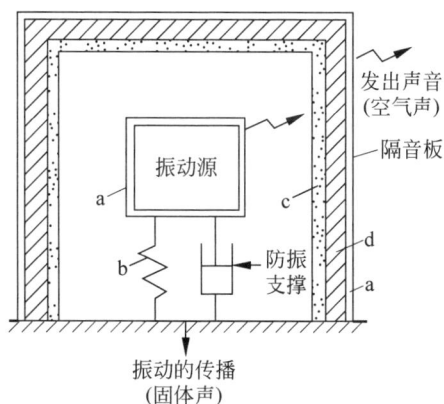

图 9-4　降低噪声示意图

a—减振材料；b—弹性材料；c—吸音材料；d—隔音材料

3. 受主保护

为了防止噪声对人的危害，可采取以下个人防护措施。

（1）减少在噪声环境中的暴露时间。

（2）佩戴护耳器，如耳塞、耳罩、防声盔等，如图 9-5～图 9-7 所示。

图 9-5　蘑菇形防护耳塞图

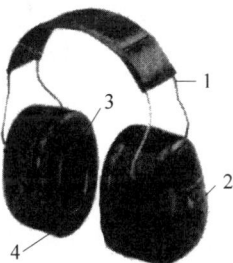

图 9-6　耳罩示意图

1—弓形连件；2—耳罩外壳；

3—耳罩内腔；4—密封垫圈

图 9-7　耳罩与安全帽联合

## 9.3　室内空气污染与防治

室内空气污染（indoor air pollution，IAP）主要是指由于各种原因导致的室内空气中有害物质超标，进而影响人体健康的室内环境污染行为。

据统计，人们每天平均大约有 80％ 以上的时间在室内度过。因此，室内空气质量对人体健康的关系就显得更加密切和重要。虽然室内污染物的浓度往往较低,但由于接触时间很长,故其累积接触量很高。因此,室内环境质量的好坏直接影响人体健康。

环保工作者提醒人们:室内空气污染程度常常比室外空气污染严重 2～3 倍,在某些情况下,甚至可达 100 多倍。在室内可检测出 300 多种污染物,68% 的人体疾病都与室内空气污染有关。

### 9.3.1 室内空气污染的特点

室内空气污染物来源广泛、种类繁多。在现代建筑设计中,越来越考虑能源的有效利用,使得室内与外界的通风换气非常少,在这种情况下,室内和室外就变成两个相对不同的环境。因此,室内空气污染有其自身的特点,主要表现为如下几点。

1. 潜伏性

很多室内空气污染物在短期内就可对人体产生极大的危害,而有的则潜伏期很长。通常情况下,潜伏时间都在 3～15 年。比如放射性污染,潜伏期长达几十年之久。

2. 累积性

室内环境是人们生活、工作的主要场所。人的一生中至少有一半的时间在室内度过,这样长时间暴露在有污染的室内空气环境中,污染物对人体的累积危害就更为严重。

3. 多样性

室内空气污染物种类繁多,有物理污染、化学污染、生物污染等,如甲醛、氨、苯、甲苯、一氧化碳、二氧化碳、氮氧化物、二氧化硫等;还有放射性污染物,如氡及其子体。

### 9.3.2 实验室内空气污染的来源

实验室内空气污染的主要来源有如下几类。

1. 实验用品

做实验时所用到的各种用品,如化学试剂、生物试剂及生物体,是各种专业实验室的空气污染的重要来源。

化学化工类实验室,以及冶金、材料、纺织印染、药物、环境等实验室内,经常储存和使用各种化学试剂,如 $HCl$、$H_2SO_4$、$HNO_3$ 等强酸和各种有机溶剂(如醇、苯、醚、酮、烃、醛等)。这些化学试剂很容易挥发到空气中,污染实验室的空气,如

图 9-8 所示。即使一些挥发性不强的固体化学试剂，也会或多或少地向外散发一定的气味，造成一定的空气污染。

医学、病理学、生物等实验室易产生生物污染物。例如，实验室饲养和使用的小动物，会使微生物大量繁殖，这些微生物散发到空气中后，造成空气污染。

2. 建筑材料

某些水泥、矿渣砖、石灰等建筑材料的原材料中，本身就含有放射性镭。待建筑物落成后，镭的衰变物氡（$^{222}$Rn）及其子体就会释放到室内空气中，造成污染。室

图 9-8　有机物挥发示意图

外空气中氡含量为 10Bq/m³ 以下，室内严重污染时可超过数十倍。

氡是由镭衰变产生的自然界唯一的天然放射性惰性气体，它没有颜色，也没有任何气味，但这种嗅不到的污染比嗅得到的更可怕，如图 9-9 所示。常温下氡及子体在空气中能形成放射性气溶胶而污染空气，并容易被呼吸系统截留，在局部区域不断积累而诱发肺癌。

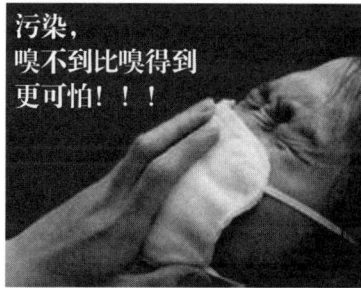

图 9-9　氡气没有气味示意图

3. 装修装饰材料

装修装饰材料会释放有害气体，如甲醛、甲苯、二甲苯、$CS_2$、三氯甲烷、三氯乙烯、氯苯等，其中最值得注意的污染物是甲醛。

甲醛是一种无色、有强烈刺激性气味的气体。其球棍模型和结构简式如图 9-10、图 9-11 所示。甲醛易溶于水、醇和醚，通常以水溶液形式出现，35%～40%的甲醛水溶液叫作福尔马林，是一种常用的防腐剂。

甲醛除具有较强的黏合性能外，还具有加强板材的硬度及防虫、防腐的功能，所以室内的天花板、墙壁贴面使用的塑料、隔热材料及塑料家具中一般都含有甲醛。甲醛是一种无色易溶的刺激性气体，当室内含量为 0.1mg/m³ 时就有异味和

不适感；0.5mg/m³ 时可刺激眼睛引起流泪；0.6mg/m³ 时引起咽喉不适或疼痛；浓度再高可引起恶心、呕吐、咳嗽、胸闷、气喘甚至肺气肿；30mg/m³ 时可当即导致死亡。长期接触低剂量甲醛还可引起慢性呼吸道疾病、染色体异常，甚至引起鼻咽癌。

图 9-10　甲醛分子的球棍模型　　　　图 9-11　甲醛的结构简式

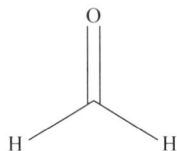

4. 实验设备与办公设备

许多实验设备在运行的过程中会释放出各种污染物，如润滑油蒸发出油蒸气、燃料燃烧产生的烟尘、加热实验中被加热物释放出的气体、电弧或电火花所产生的污染物等。

此外，一些办公设备，如复印机、打印机也会产生空气污染。有调查结果表明，在一些经常使用复印机的地方，臭氧浓度足以危害人体健康。臭氧具有很强的氧化作用，其氧化产生的氮氧化物对人的呼吸道具有很强的刺激性。臭氧比重大、流动缓慢，如果复印室内通风不良，容易使操作人员产生"复印机综合症"，主要症状是咽喉干燥、咳嗽、头晕、视力减退等，严重者可导致中毒性水肿和神经系统方面的病变。

5. 人体

人呼吸时需吸入空气，在肺泡内氧气被摄取，然后排出含有高浓度二氧化碳及其他一些有毒、有害气体。研究发现，人肺可排出 20 余种有毒物质，其中 10 余种含有挥发性毒物。因此，人们在拥挤、空气不流通的房间内，常感到眩晕、呼吸困难，严重者出现胸闷、出虚汗、恶心等症状。

咳嗽咳出的痰液中常带有病菌和病毒，打一个喷嚏，可能会喷射出数百万个悬浮颗粒，这些颗粒可以带有数千万个以上的病菌和病毒。

6. 香烟

香烟中含有尼古丁、焦油。尼古丁可兴奋神经，收缩血管，升高血压和减少组织血液供应，会通过增加心率提高氧消耗量；焦油含多种有机化合物，其中含有微量苯并芘、苯蒽等物质，苯并芘具有较强的致癌作用，其他几种虽然没有明显的致癌性,但有增加致癌物质的作用。另外,在香烟的烟气成分中,含有一氧化碳、丙烯醛、氰氢酸、氨等刺激性气体,这些有害气体对人体的肺脏及支气管黏膜的纤毛上皮细胞有严重的损害作用。世界卫生组织公布的资料表明,65 岁以下男性 90% 的肺癌死亡、75% 的慢性支气管炎和肺气肿的死亡是由吸烟所致。

7. 从室外进入室内的污染物

室外环境中的一部分有害因子也能通过各种适当的介质进入室内,常见的包括以下几种情况。

(1) 当大气中的污染物高于室内浓度时,可通过门窗、缝隙等途径进入室内。例如颗粒物、$SO_2$、$NO_2$、多环芳烃以及其他有害气体。

(2) 土壤中或天然水体中可含一种革兰氏阴性的杆菌,称为军团杆菌。可随空调冷却水、加湿器用水甚至淋浴喷头的水柱进入室内形成气溶胶,进入人体呼吸道造成肺部感染,称为军团病(嗜肺炎军团杆菌病)。

(3) 从房基土壤中扩散到室内。在地层深处含有铀、镭、钍的土壤和岩石中,人们可以发现高浓度的氡。这些氡可以通过地层断裂带进入土壤和大气层。建筑物建在这种土壤和岩石上面,氡就会沿着地层的裂缝扩散到室内。对北京地区地质断裂带所进行的相关检测表明,3 层以下住房室内氡含量较高。

(4) 人为带入。服装、用具等可将工作环境或其他室外环境中的污染物,如铅尘带入室内。

总之,室内空气污染物的来源很广、种类很多,对人体健康可以造成多方面的危害。而且,污染物往往是若干种类同时存在于室内空气中,同时作用于人体而产生联合有害影响。

### 9.3.3 室内空气污染的控制

室内空气质量好坏直接影响到人们的生理健康、心理健康和舒适感。为了提高室内空气质量,改善居住、办公、实验条件,增进身心健康,必须对室内空气污染进行控制。控制室内空气污染的基本原理是控制污染源,常用的方法有以下几种。

1. 减少和消除污染源

减少和消除污染源是预防室内空气污染的基础,主要包括以下几个方面。

(1) 选择好的地理环境,选用环保建筑材料和环保装修装饰材料

实验室的室内空气质量的控制要从实验室设计建设阶段开始。设计时要就实验室建筑物的各项环境指标进行考察,包括环境地理位置、形态、资源的消耗、直接环境负荷、室外环境质量等。设计前,要对建筑场地的地表土壤中天然放射性核素

和土壤氡浓度水平进行测定。

设计和施工人员要按有关规定选择建筑装修材料。在建筑施工和室内装饰装修时,要选择无毒害、无污染、无放射性、有利于环境保护和人体健康的建筑材料。如使用无毒、低污染的建筑涂料,无毒、无污染、无异味的壁纸,绿色木质人造板材和绿色非人造板材,绿色塑料门窗,绿色管材,绿色地面装饰材料,不含尿素的混凝土抗冻剂,代替黏土砖的环保墙体材料,无辐射的石材。避免使用有放射性的花岗岩材料和会导致室内高浓度挥发性有机物的材料。在装修过程中,要注意填平、密封地板和墙上的所有裂缝,地下室和一楼以及室内氡含量比较高的房间更要注意,这种做法可以有效减少氡的析出。

实验室建成和装修后,要进行室内空气质量检测,验收合格后才能安排入住。入住前,最好再进行一段时间的陈化和烘赶。所谓陈化,就是让污染物释放一段时间再进入;所谓烘赶就是在入住之前,在建筑物中维持一段时间的较高温度,并进行正常的通风,以促进污染物的释放和去除。

(2) 选用环保家具和办公设备

要选择环保家具,最好有国家认定的质量认定书。要注意家具的甲醛释放量,以及苯、甲苯、二甲苯和漆酚等挥发性有机物的释放量。

要选择健康环保的复印机、打印机、显示器等。如选用无辐射的 LCD(液晶显示器)显示器取代有辐射的 CRT(阴极射线管)等。LED (light emitting diode)技术又称发光二极管,它可直接在低压条件下产生高亮光源,避免了传统激光打印机工作时因高压所产生的臭氧污染。

2. 通风换气

解决室内空气污染最有效的途径就是通风,通风形式有渗漏通风、自然通风和机械通风等几种。

(1) 渗漏通风

所有的建筑结构都有通透性,即建筑物的壳体有许多进气和出气的渠道,如窗户、门、电线出入口的管道的缝隙以及一些进出封口等。室内外的空气可以通过这些渠道进行交换。这种交换受建筑物的密封度的影响很大,建筑物的密封度越高,渗漏通风越困难。因此,对于实验室来讲,为了控制室内污染,不高度密封且保持适当的渗漏是有益的。

另外,渗漏通风受室内外温差、风速等因素的影响。通常在寒冷和刮风气候下换气率高,而在温和天气、室内外温差小时,换气率低。

(2) 自然通风

最简单的自然通风方法是开窗户通风,如图9-12所示。开窗通风可以始终保持实验室内具有良好的空气质量。即使在冬季,也应该每天至少早、午、晚开窗10min 左右。

对于实验室这样一个特殊的工作场所,一般情况下,晚上门窗处于关闭状态,此时空气中的挥发性有机污染物的浓度逐渐增加。在第二天早晨上班时,通过开窗户进行自然通风,用室外的新鲜空气来稀释室内空气中的污染物,改善实验室内的空气质量,是最方便、快捷、有效的方法。

（3）机械通风

实验室中的机械通风一般是安装排气扇(如图 9-13 所示),将室内的污染空气排出室外。排风扇的换气方式有排出式、吸入式、并用式 3 种。排出式从自然进风口进入空气,通过排风扇排出污浊空气;吸入式通过换气扇吸入新鲜空气,从自然排气口排出污浊空气;并用式是吸气与排气均由换气扇来完成。当实验室中有多台设备,且每台设备的局部排风量不需要很大时,出于经济上的考虑,往往用管道将它们连成整体,组成局部排风系统(如通风柜、集气罩等),如图 9-14～图 9-17 所示,整个系统共用一台净化设备和风机。

图 9-12　开窗通风

图 9-13　排风扇通风

图 9-14　全钢通风柜

图 9-15　智能通风柜

图 9-16　大型固定集气罩

图 9-17　可伸缩小型集气罩

3. 空气净化

（1）物理净化

物理净化的方法有过滤、吸附、冷凝等方法。

① 过滤净化

按所选过滤材料的不同，可分为粗过滤、中效过滤、高效过滤。目前工业废气处理中广泛应用的几种高效过滤材料，如微孔滤膜、多孔陶瓷、多孔玻璃、合成纤维等都可以应用到室内空气的治理上。

在室内气体过滤中，滤材的选择最为关键，应用不同类型的过滤材料可以滤去空气中不同粒径的微粒。合成纤维过滤材料不耐油雾和潮湿，性能不稳定；纤维素过滤材料易燃烧，使用受限；用玻璃纤维制成的高效过滤材料是一种新型过滤材料，可有效地过滤 $0.3\mu m$ 以上的可吸入颗粒物、烟雾、灰尘、细菌等，过滤效率可达 $99.97\%$ 以上，在空气净化领域得到广泛应用。

② 吸附净化

吸附净化是用吸附剂将污染空气中有害气体吸附、固定在其表面上，从而达到净化空气的目的。吸附净化中常用的吸附剂有活性炭、分子筛、活性氧化铝、硅胶等，其中最常用的是活性炭。

活性炭是利用木炭、竹炭、各种果壳和优质煤等作为原料，通过物理和化学方法对原料进行破碎、过筛、催化剂活化、漂洗、烘干和筛选等一系列工序加工制造而成的多孔固体材料。

活性炭在短时间内能吸附一定的细菌和尘土及有害气体，价格低廉。但无选择吸附，对水的吸附率为 $45\%$，一般一个月后就能达到饱和状态而需更换，无法再生利用。达到饱和后，不但不能杀菌而且容易成为细菌的繁衍体，必须及时更换。更换下来的达到饱和状态的活性炭，要做无菌处理。

③ 非平衡等离子净化（低温等离子净化）

非平衡等离子内部的电子温度远高于离子温度，系统处于热力学非平衡状态，其表观温度很低,所以又被称为低温等离子体。低温等离子体内部富含电子,同时又产生—OH 等自由基和氧化性极强的 $O_3$,从而达到处理空气中较低浓度的挥发性有机物和微生物的目的。

低温等离子体可对有毒有害气体及活体病毒、细菌等进行快速降解,从而高效杀毒、灭菌、去异味、消烟、除尘,且无毒害物质产生,可人机共存,净化时无须人员离开,节能、操作方便、无辐射,应用前景广阔。

④ 负离子净化

带有负电的离子或原子团称为负离子,负离子借助凝结和吸附作用,极易与空气中微小污染颗粒相吸,成为带电的大离子而沉降下来。负离子还能使细菌蛋白质表层的电性颠倒,促使细菌死亡,达到消毒和灭菌的目的。

研究表明,在一定的实验条件下,负离子的除菌效果超过浓度为 3% 的过氧乙酸。有报道,用人工负离子发生器作用 2h,空气中的悬浮颗粒、细菌总数和甲醛的浓度等都有明显的下降。

但是,由于负离子只是附着灰尘,不能清除灰尘,随着人的活动,这些沉淀的灰尘又会飞扬到空中。同时,负离子发生器往往伴有臭氧的产生,产生臭氧污染。这些都是使用负离子发生器应该注意的地方。

此外,和负离子净化作用类似的还有臭氧净化、紫外线净化等方法,由于它们已经在"生物安全"一章中叙述过,这里不再重复。

(2) 化学净化

① 化学清除剂

使用化学试剂进行消毒是最常用的消毒方法之一,有关这方面的内容可见"生物安全"一章,这里不再重复。

对于室内甲醛,可以采用喷雾的方法,将甲醛清除剂喷射到室内空气中,以除去其中的甲醛。对于装修后或装修中各种胶合板、细木工板、家具内部的甲醛,除醛处理是:用涂刷、搽涂、喷涂等方法均匀地将甲醛清除剂涂在污染物表面,用量为 $30 \sim 80 \mathrm{g/m^2}$,污染严重的每隔 $2 \sim 3 \mathrm{h}$ 再涂刷一次。

② 催化分解

可以利用贵重金属铂在常温下把甲醛分解成二氧化碳和水,使室内空气中的污染物,如苯系物、卤代烷烃、醛、酸、酮等降解。采用光催化降解法,也非常有效。例如,利用太阳光、卤钨灯、汞灯等作为紫外光源,使用锐钛矿型纳米 $TiO_2$ 作为催化剂。但光催化必须依靠紫外线的照射才能产生作用,同时,紫外线对人体、塑料有一定的伤害。

最近有人研制了一种新型催化剂——磷酸二氧化钛化合物。将这种催化剂涂在室内的墙壁上或家具上,可通过还原在短时间内分解建材和家具释放的甲醛、乙醛等挥发性有机物。这种催化剂和光催化剂的作用原理不同,并不需要紫外线的照射,在暗室内也能起到除污的作用。涂布时不需要用黏合剂,具有耐水、耐擦、不损坏内墙等优点。

(3) 植物净化

吊兰(如图 9-18 所示)、芦荟、虎尾兰能适量吸收室内甲醛等污染物质,改善室内空气污染状态;茉莉(如图 9-19 所示)、丁香、金银花、牵牛花等花卉分泌出来的杀菌素能够杀死空气中的某些细菌,抑制结核、痢疾病原体和伤寒病菌的生长,使室内空气清洁卫生。但植物本身吸附、杀菌作用较为微弱,一般作为辅助方式。

图 9-18　吊兰

图 9-19　茉莉

### 9.3.4　洁净室的污染与净化

1. 洁净室的定义与作用

洁净室(clean room)又称为无尘室或超净室、超净间等,如图 9-20、图 9-21 所示。它是污染控制的基础设施,没有洁净室,污染敏感零件不可能批量生产。

图 9-20　洁净室内中间走廊

清华大学纳米科技中心100级洁净区的光刻间

图 9-21　洁净室内工作间

洁净室最主要的作用是控制产品(如硅芯片等)所接触的大气的洁净度以及温湿度,使产品能在一个良好的环境空间中生产、制造。

2. 洁净室的类型

按用途不同,洁净室可分为工业洁净室和生物洁净室两类。

(1) 工业洁净室

以无生命微粒的控制为对象。主要控制空气尘埃微粒对工作对象的污染,内部一般保持正压状态。它适用于精密机械工业、电子工业(半导体、集成电路等)、宇航工业、高纯度化学工业、原子能工业、光磁产品工业(光盘、胶片、磁带生产)、LCD(液晶玻璃)、电脑硬盘、电脑磁头生产等多行业。

(2) 生物洁净室

主要控制有生命微粒(细菌)与无生命微粒(尘埃)对工作对象的污染,又可分为:

① 一般生物洁净室:主要控制微生物(细菌)对工作对象的污染。同时,其内部材料要能经受各种灭菌剂侵蚀,内部一般保证正压。实质上是内部材料要能经受各种灭菌处理的工业洁净室。例如,制药工业、医院(手术室、无菌病房)、食品、化妆品、饮料产品生产、动物实验室、理化检验室、血站等。

② 生物学安全洁净室:主要控制工作对象的有生命微粒对外界和人的污染。内部要保持与大气的负压。例如,细菌学、生物学、生物工程(重组基因、疫苗制备)实验室以及洁净实验室等。

3. 洁净室等级标准(国内和国外标准对比)

洁净室等级标准见表 9-2 和表 9-3。

表 9-2　ISO/DIS 14644-1 洁净室和洁净区按空气中悬浮粒子浓度的分级

| ISO 分级 | 大于或等于表中所列粒径悬浮粒子最大允许浓度/(颗/m³) | | | | | |
|---|---|---|---|---|---|---|
| | $0.1\mu m$ | $0.2\mu m$ | $0.3\mu m$ | $0.5\mu m$ | $1\mu m$ | $5\mu m$ |
| ISO 1 级 | 10 | 2 | 0 | 0 | 0 | 0 |
| ISO 2 级 | 100 | 2 | 10 | 4 | 0 | 0 |
| ISO 3 级 | 1000 | 237 | 102 | 35 | 8 | 0 |
| ISO 4 级 | 10 000 | 2370 | 1020 | 352 | 83 | 0 |
| ISO 5 级 | 100 000 | 23 700 | 10 200 | 3520 | 832 | 29 |
| ISO 6 级 | 1 000 000 | 237 000 | 102 000 | 35 200 | 8320 | 293 |
| ISO 7 级 | | | | 352 000 | 83 200 | 2930 |
| ISO 8 级 | | | | 3 520 000 | 832 000 | 29 300 |
| ISO 9 级 | | | | 35 200 000 | 8 320 000 | 293 000 |

表 9-3　中国《药品生产质量管理规范》(1992 年修订)

| 洁净级别 | 活粒数/m³ $\geqslant 0.5\mu m$ | 活微生物数/m³ $\geqslant 5\mu m$ | 沉降菌数/m³ | 浮游菌数/m³ |
|---|---|---|---|---|
| 100 级 | $\leqslant 3500$ | 0 | $\leqslant 1$ | $\leqslant 5$ |
| 10 000 级 | $\leqslant 350 000$ | $\leqslant 2000$ | $\leqslant 3$ | $\leqslant 100$ |
| 100 000 级 | $\leqslant 3 500 000$ | $\leqslant 20 000$ | $\leqslant 10$ | $\leqslant 500$ |

4. 洁净室污染源

(1) 发尘源

洁净室内的发尘量若来自设备,可考虑通过局部排风排除,不流入室内;产品、材料等在运送过程中的发尘量与人体发尘量相比,一般极小,可忽略;由于金属半壁(彩钢夹心板)的应用,来自建筑表面的发尘量也很少,一般占 10% 以下;发尘主要来自人,占 90% 左右。在人的发尘量上,由服装材料和样式等因素决定的发尘量为:

材质:棉质发尘量最大,以下依次为涤纶、去静电纯涤纶、尼龙。

样式:大挂式发尘量最大,上下分装型次之,全罩型最少。

活动:动作时的发尘量一般达到静止时的 3～7 倍。

清洗:用溶剂洗涤的发尘量降至用一般水清洗的 1/5。

室内维护结构表面发尘量,以地面为准,大约相应 8m² 地面时的表面发尘量与一个静止的人的发尘量相当。

（2）发菌源

工作人员产生的发菌源主要有：

① 皮肤：人类通常每 4 天完成一次皮肤的完全脱换，人类每分钟脱落约 1000 片皮肤（平均大小为 $30\mu m \times 60\mu m \times 3\mu m$）

② 头发：人类的头发（直径为 $50 \sim 100\mu m$）一直在脱落。

③ 口水：包括钠、酶、盐、钾、氯化物及食品微粒。

④ 日常衣物：微粒、纤维、硅土、纤维素、各种化学品和细菌。

⑤ 人类静止和坐立每分钟将产生 10 000 个大于 $0.3\mu m$ 的微粒。

⑥ 人类在头部和躯干做动作时每分钟将产生 1 000 000 个大于 $0.3\mu m$ 的微粒。

⑦ 人类以 0.9m/s 的速度行走时每分钟将产生 5 000 000 个大于 $0.3\mu m$ 的微粒。

分析国外实验资料，可以看到：

① 洁净室内当工作人员穿无菌服时：静止时的发菌量一般为 $10 \sim 300$ 个/（min·人）；躯体一般活动时的发菌量为 $150 \sim 1000$ 个/（min·人）；快步行走时的发菌量为 $900 \sim 2500$ 个/（min·人）；咳嗽一次一般为 $70 \sim 700$ 个/（min·人）；喷嚏一次一般为 $4000 \sim 62\,000$ 个/（min·人）。

② 穿平常衣服时发菌量为 $3300 \sim 62\,000$ 个/（min·人）。

③ 发菌量与发尘量之比为 $1 : 500 \sim 1 : 1000$。

④ 手术中人员发菌量为 878 个/（min·人）。

由此可知，洁净室内穿无菌衣人员的静态发菌量一般不超过 300 个/（min·人），动态发菌量一般不超过 1000 个/（min·人），以此作为计算依据是可行的。

5. 洁净室的空气净化

洁净室的空气净化方法有以下 5 种。

（1）整体净化

整体净化可分为单向流型、乱流型和混合流型。

① 单向流型

单向流是指空气由室内的一侧全面地以同速流向另一侧，使室内产生的尘粒或细菌不会向四周扩散而被平推出室外，以达到良好的除污效果。

在洁净室内，从送风口到回风口，气流流经途中的断面几乎没有什么变化，加上进风静压箱和高效过滤器的均压均流作用，全室断面上的流速比较均匀，因而至少在工作区内流线单向平行，没有涡流。这也就是单向流洁净室的特点。这里的流线单向平行，是指流线彼此平行，方向单一。

在单向流洁净室内,干净气流不是一股或几股,而是充满全室断面,所以这种洁净室不是靠洁净气流对室内脏空气的掺混稀释作用,而是靠洁净气流推出作用将室内脏空气沿整个断面排至室外,达到净化室内空气的目的。干净空气就好比一个空气活塞,沿着房间这个"汽缸"向前(或下)推进,而使尘粒只能前(或下)进,没有返回,把原有的含尘浓度高的空气挤压出房间(如图 9-22(a)所示)。

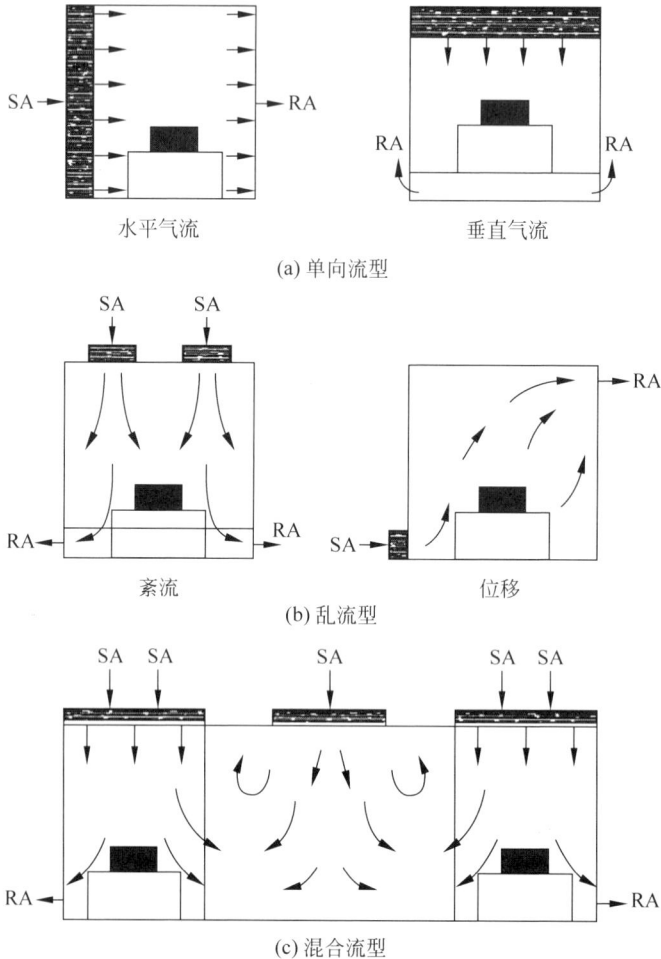

(a) 单向流型

(b) 乱流型

(c) 混合流型

图 9-22 洁净室的 3 种气流流型示意图

单向流洁净室的优点是:可以获得均匀的单向气流,因而自洁能力强,能够达到最高的洁净级别;室内空气相互污染少,被工作活动区污染的空气可以很快排出,防止污染扩散;室内任何地方都可以达到所要求的洁净等级,室内实验设备可以任意布置;自净能力强,可简化人体净化设施,如可不设吹淋室;工作人员只穿长的上衣工作服;灯具可以明装。缺点是：结构较复杂,造价和维护费用高,高效过滤器堵漏维修较困难。

②　乱流型

乱流型洁净室的主要特点是从来流到出流(从送风口到回风口)之间气流的流通截面是变化的,洁净室截面比送风口截面大得多,因而不能在全室截面或者在全室工作区截面形成匀速气流。所以,送风口以后的流线彼此有很大或者越来越大的夹角,曲率半径很小,气流在室内不可能以单一方向流动,将会彼此撞击,将有回流、旋涡产生。这就决定乱流洁净室的流态实质是突变流,非均匀流。

概括地说,乱流洁净室的作用原理是：当一股干净气流从送风口送入室内时,迅速向四周扩散、混合,同时把差不多同样数量的气流从回风口排走,这股干净气流稀释着室内污染的空气,把原来含尘浓度很高的室内空气冲淡了,一直达到平衡。气流扩散得越快,越均匀,稀释的效果就越好。简言之,乱流洁净室的原理就是稀释作用(如图 9-22(b)所示)。

乱流型洁净室的优点是：造价低,运行费用低,改建扩建容易。缺点是：乱流造成的微尘粒子于室内空间飘浮不易排出,易污染制成产品。另外,若系统停止运转再激活,欲达到需求的洁净度,往往需耗时相当长的一段时间。无法满足室内达到较严的空气洁净度等级的要求。

③　混合流型

混合流型洁净室是将单向流型和乱流型在同一洁净室内组合使用。在某些实际的洁净室中,往往只是部分区域有严格的洁净要求,而不是整个洁净室。因此,可以采用混合型,即在需要空气洁净度严格的区域采用单向流型,而在其他区域采用乱流型,这样既满足了使用要求,也节省了设备投资和运行费用(如图 9-22(c)所示)。

(2)　局部净化

①　洁净层流罩

洁净层流罩是医院局部空气净化装置。一般可构成垂直层流方式,四周用透明围幕。整个罩内可保持高洁净度(万级至百级)空气。这种洁净层流罩可用于免疫功能低下病人的治疗保护,所以也称为无菌病床层流罩。

②　净化操作台

采用水平或垂直层流方式净化箱体内的空气,可使操作台内净化达到很高级别。

(3)　高效过滤净化

空气洁净主要靠高效或超高效过滤设备,向特定的环境内输送洁净空气并能保持空气的洁净度。所用滤材有玻璃棉制滤材、高级纸浆制滤材、石棉纤维滤材、过氯乙烯纤维滤材等。高效滤材对空气中 $0.5\mu m$ 的颗粒的阻留率能达到 $90\%\sim$ $99\%$，超高效滤材可阻留 $0.3\mu m$ 颗粒的 $99.9\%$ 以上。

（4）静电吸附净化

静电吸附净化是利用工业电除尘的原理，在小型化技术方面有所创新。

① 采用细线放电极与蜂巢状铝箱收集极形成净化装置。

② 采用镜像力荷电吸附作用。

目前有一种三级净化装置，即预过滤、高效过滤、活性炭吸附组合式正离子静电吸附净化装置，可使室内空气的净化洁净度达到 10 万级～1 万级。

（5）负离子净化

负离子主要是靠与空气中的微粒特别是微生物颗粒结合，形成多个颗粒凝聚变大从而迅速沉降，使空气达到净化的目的。但负离子对空气净化的能力比较有限，对空气中微生物粒子清除率只能达到 $70\%\sim90\%$。

6. 洁净室工作人员行为规范

为了避免和减少洁净室工作人员对洁净室造成的污染。应该做到：

（1）口鼻不对洁净室的工作区。

（2）如果出现咳嗽或者打喷嚏的情况，要做到背对洁净室的工作区用手套掩住，然后及时更换手套。情况严重者应立即离开洁净室区域，并向领导报告。

（3）洁净室内不得放置与洁净室工作无关的物品。洁净室工作物品要排放有序。

（4）当设备不能正常运转时，不要私自维修，要向领导报告，等待专业人员对洁净室进行维修。

（5）患有呼吸道疾病的人，由于会对洁净室的空气造成污染，故不能进入洁净室工作。

（6）患有结膜炎或者其他产生分泌物的病症，或者患有皮肤类疾病的人员都是不适合在洁净室工作的。

（7）洁净室的工作人员要注意保持自己的口腔卫生。

（8）洁净室的工作人员要定期进行身体健康状况的检查。

## 9.3.5  空调污染与防治

1. 空调污染的原因

从功能上说，空调主要用来调节空气的温度、达到使人体感到最舒服的状态。但是相应地，这种空气环境也为细菌的生长创造了一种好的条件，有利于细菌进行繁殖。因为，在封闭的空间中，空气无法同外界进行流通和交换，这样也会使细菌、真菌滋生。在通风设备运行时，这些细菌、真菌会沿风道迅速传播、蔓延至整个建筑物。

据有关专家统计,在有空调的密闭室内,5~6h 后,室内氧气下降 13.2%,大肠埃希菌升高 1.2%,红霉色菌升高 1.11%,白喉菌升高 0.5%,其他呼吸道有害细菌均有不同程度的增加。

2. 空调污染的危害

长期处在空调环境中工作生活的人,会受到以下不良影响及危害。

(1) 室内空气污染可对人体的神经系统、呼吸系统、免疫系统造成危害,引发各种疾病或者使心脑血管等慢性病复发。

(2) 长期处在空调室的人员,在温度、湿度适宜的环境中容易出现呼吸道干燥、鼻塞、关节酸痛等症状,同时会有胸闷,憋气的感觉,思想不集中,容易疲劳。而一旦离开空调室,经过一两天的适应,这些症状会逐渐消失,人们通常将此称为"空调综合症"。

(3) 由于室内外的气温、湿度、气流等情况差异较大,易使人感冒,同时,封闭的空间造成室内外空气交换减少,室内空气干燥,降低了人体抗感染的能力,污浊的空气使疾病易于传播。

(4) 低温环境会使血管急剧收缩,血流不畅,使关节受损受冷导致关节痛;冷感觉还可使交感神经兴奋,导致腹腔内血管收缩、胃肠运动减弱,从而出现诸多相应症状。

(5) 空气中的阴离子可调节大脑皮质功能状态,然而,空调的过滤器可过多吸附空气中的阴离子,使室内的阳离子增多,阴阳离子正常比例失调造成人体生理的紊乱,导致出现临床症状。

(6) 空调房间一般都较密封,这使得室内空气混浊,细菌含量增加,二氧化碳等有害气体浓度增高,如果在室内还有人抽烟,会更加剧室内空气的恶化。在这样的环境中待得稍久必然会使人头晕目眩。

(7) 过敏性鼻炎患者长时间待在空调屋里还有可能引起过敏性鼻炎的复发。空调房内可能有大量易导致过敏性鼻炎复发的物质——螨虫,而其最适宜生存在25℃左右的环境中。

3. 空调病的预防

(1) 使用空调必须注意通风,每天应定时打开窗户,关闭空调,增气换气,使室内保持一定的新鲜空气,且最好每两周清扫空调机一次。

(2) 从空调环境中外出,应当先在有阴凉的地方活动片刻,在身体适应后再到太阳光下活动;若长期在空调室内者,应该适当到户外活动,多喝开水,加速体内新陈代谢。

（3）空调室温度和室外自然温度差不宜过大，以不超过 5℃ 为宜。

（4）在空调环境下工作、学习，不要让通风口的冷风直接吹在身上，大汗淋漓时最好不要直接吹冷风，这样降温过快，很容易生病。

（5）严禁在室内抽烟。

（6）应经常保持皮肤的清洁卫生，这是由于经常出入空调环境、冷热突变，皮肤附着的细菌容易在汗腺或皮脂腺内阻塞，引起感染化脓，故应经常洗澡，以保持皮肤清洁。

（7）使用消毒剂杀灭与防止微生物的生长。

（8）增置除湿剂，防止细菌滋生。

（9）工作场所注意衣着，应达到空调环境中的保暖要求。

此外，若出现感冒发热、肺炎、口眼歪斜时，要及时请医生诊断治疗。

# 思　考　题

1. 粉尘的粒径一般是多少？

2. 粉尘有哪些类型？

3. 实验室中产生粉尘的过程有哪些？

4. 粉尘可引发哪些疾病？

5. 影响尘肺发病的因素有哪些？

6. 粉尘对机械设备的危害是什么？

7. 粉尘对产品质量的危害是什么？

8. 怎样控制粉尘的产生？

9. 粉尘的个人防护用具有哪些？

10. 纱布口罩的防尘效果怎样？

11. 什么是噪声？

12. 噪声有哪些类型？

13. 噪声产生的机理是什么？

14. 噪声的强弱怎样表示？

15. 分贝是怎样定义的？

16. 叙述一下一些常见声源的噪声强度。

17. 噪声对人体的危害有哪些？

18. 除对人体的危害外，噪声还有哪些危害？

19. 噪声的防治方法有哪些？

20. 噪声的个人防护用具有哪些?

21. 室内空气污染指的是什么?

22. 室内空气污染对人体有哪些危害?

23. 室内空气污染的特点是什么?

24. 室内空气污染的主要来源有哪些?

25. 室内氡气的来源有哪些? 氡气对人体有什么危害?

26. 室内的挥发性有机物的来源有哪些? 挥发性有机物对人体的危害是什么?

27. 为什么甲醛是室内最普遍的污染物? 甲醛对人体有哪些危害?

28. 家具为什么会污染室内空气?

29. 有哪些实验用品会污染室内空气?

30. 实验设备怎样污染室内空气?

31. 办公设备怎样污染室内空气?

32. 人体怎样污染室内空气?

33. 控制室内空气污染的方法有哪些?

34. 什么是环保建材?

35. 什么是环保家具?

36. 什么是环保办公设备?

37. 通风换气对改善室内空气污染的作用是什么?

38. 通风有哪些类型?

39. 什么叫空气净化? 空气净化有哪些方法?

40. 什么叫洁净室?

41. 洁净室有哪些类型?

42. 洁净室等级是怎样划分的?

43. 洁净室的污染源有哪些?

44. 洁净室的空气净化方法有哪些?

45. 什么是整体净化? 整体净化有哪些方法?

46. 什么是局部净化? 局部净化有哪些方法?

47. 什么是过滤净化? 过滤净化有哪些方法?

48. 洁净室工作人员应遵守的规则是什么?

49. 大气会污染室内空气吗?

50. 大气污染室内空气的原因是什么?

51. 什么叫空调病? 空调病的原因是什么?

52. 怎样预防空调污染?

# 参 考 文 献

[1]　ARMNITAGE P，FASEMORE J. Laboratory Safety[M]. London，1977.

[2]　PAL S B. Handbook of Laboratory Health and Safety Measures [M]. MTP Press Limited，1985.

[3]　李五一. 高等学校实验室安全概论[M]. 杭州：浙江摄影出版社，2006.

[4]　赵庆双，冯志林，裴志刚，等. 清华大学实验室安全手册[M]. 北京：清华大学出版社，2003.

[5]　路乘风，崔政斌. 防尘防毒技术[M]. 北京：化学工业出版社，2004.

[6]　杨胜强. 粉尘防治理论及技术[M]. 徐州：中国矿业大学出版社，2007.

[7]　刘爱芳. 粉尘分离与过滤[M]. 北京：冶金工业出版社，1998.

[8]　闫跃进，刘建超. 呼吸性粉尘检测技术与防治方法[M]. 北京：中国地质大学出版社，1998.

[9]　赵衡阳. 气体粉尘爆炸原理[M]. 北京：北京理工大学出版社，1996.

[10]　洪宗辉. 环境噪声控制工程[M]. 北京：高等教育出版社，2002.

[11]　李耀中，李东升. 噪声控制技术[M]. 北京：化学工业出版社，2008.

[12]　王佐民. 噪声与振动测量[M]. 北京：科学出版社，2009.

[13]　卢博坚. 噪声控制与防治[M]. 台中：沧海书局，2011.

[14]　贺启焕. 环境噪声控制工程[M]. 北京：清华大学出版社，2011.

[15]　蔡俊. 环境污染控制工程[M]. 北京：中国环境科学出版社，2011.

[16]　王罗春，周振，赵由才. 噪声与电磁辐射[M]. 北京：冶金工业出版社，2011.

[17]　吕玉恒. 噪声控制与建筑声学设备和材料选用手册[M]. 北京：化学工业出版社，2011.

[18]　吴九汇. 噪声分析与控制[M]. 西安：西安交通大学出版社，2011.

[19]　张恩惠，殷金英，邢书仁. 噪声与振动控制[M]. 北京：冶金工业出版社，2012.

[20]　孙胜龙. 环境污染与控制[M]. 北京：化学工业出版社，2001.

[21]　崔九思. 室内空气污染检测方法[M]. 北京：化学工业出版社，2002.

[22]　朱乐天. 室内污染控制[M]. 北京：化学工业出版社，2003.

[23]　祝优珍，王志国，赵由才. 实验室污染与控制[M]. 北京：化学工业出版社，2006.

[24]　周中平，赵寿堂，朱立，等. 室内污染检测与控制[M]. 北京：化学工业出版社，2002.

[25]　王昭俊，赵加宁，刘京. 室内空气环境[M]. 北京：化学工业出版社，2006.

[26]　姜安玺. 空气污染控制[M]. 北京：化学工业出版社，2010.

[27]　宋广生，王雨群. 室内环境污染控制与治理技术[M]. 北京：机械工业出版社，2011.

[28]　钱华，戴海夏. 室内空气污染来源与防治[M]. 北京：中国环境科学出版社，2012.

[29]　苏汝维. 尘源控制与治理技术问答[M]. 北京：北京经济学院出版社，1992.

[30]　潘仲麟，翟国庆. 噪声控制技术[M]. 北京：化学工业出版社，2006.

[31]　刘惠玲. 环境噪声控制[M]. 哈尔滨：哈尔滨工业大学出版社，2002.

[32]　王志成，平琳，李慧. 安全化学[M]. 郑州：黄河水利出版社，2004.

[33]　刘静玲，孙刚龙. 环境污染与控制[M]. 北京：化学工业出版社，2001.

# 第 10 章　物品与信息安全

　　物品与信息安全是指以维护实验室的物品和技术信息安全为目的,防止非法入侵、盗窃、破坏等所采取的措施。为了达到上述目的,通常采用以电子技术、传感器技术和计算机技术为基础的安全防范技术,并将其构成一个安全防范系统,主要包括:入侵报警(防盗报警)系统、视频监控系统、门禁系统、门锁系统、网络安全系统等。

## 10.1　入侵报警系统

　　入侵报警系统又称为防盗报警系统,是指用来探测非法入侵者的移动或其他行动的报警系统。当系统运行时,只要有非法入侵行为的出现,就能发出报警信号。

### 10.1.1　系统的组成

　　入侵报警系统的组成如图 10-1 所示,主要包括探测器、传输通道、控制器和报警中心(控制中心)等。

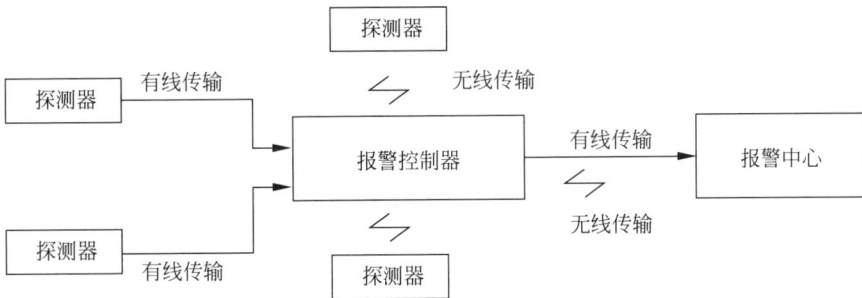

图 10-1　入侵报警系统的组成图

### 10.1.2　探测器

　　探测器是用来探测非法入侵者移动或其他动作的电子和机械部件组成的装

置,通常由传感器和信号处理器组成,有的探测器只有传感器没有信号处理器。根据不同的防范要求,探测器可分为点型入侵探测器、线型入侵探测器、面型入侵探测器和空间入侵探测器等。

1. 点型入侵探测器

点型入侵探测器是指警戒范围仅是一个点的报警器,如门、窗、柜台、保险柜等某一特定部位,当这些警戒部位的状态被破坏时,即能发出报警信号。

常用的点型入侵探测器有开关入侵探测器、振动入侵探测器等。

(1) 开关入侵探测器

开关入侵探测器由开关传感器与相关的电路组成。当有入侵行为时,改变了传感开关的状态,探测器则会发出警报。图10-2所示为一种常开式开关入侵探测器,当门窗闭合时,磁铁和干簧管距离最近,干簧管中的继电器在外磁场的作用下触点闭合,与外电路接通,报警器不报警;当入侵者将门、窗打开后,磁铁和干簧管分开,干簧管中磁场减弱,其中的继电器的触点断开,即向外输出报警信号。

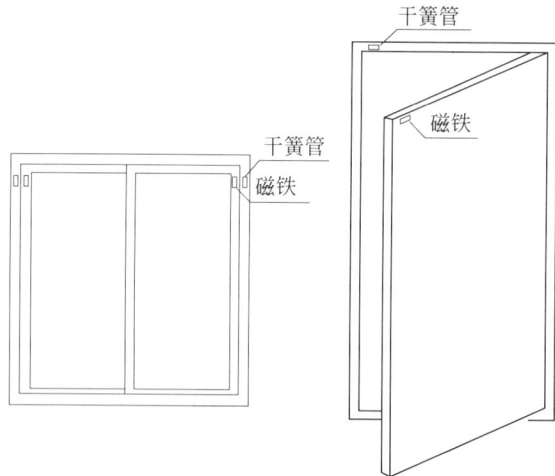

图 10-2  干簧管点入侵探测器的安装图

(2) 振动入侵探测器

振动入侵探测器是一种当入侵者进入设防区域,引起地面、门窗的振动,或入侵者撞击门、窗引起振动,便能发出警报信号的探测器。常用的有压电式振动入侵探测器和电动式振动入侵探测器。

压电式振动入侵探测器是利用压电晶体受到振动时的压电效应,输出一个电信号,经信号处理电路处理后,发出报警信号。

电动式振动入侵探测器是利用电磁感应原理,将振动转换成线圈两端的感应

电动势输出,如图 10-3 所示。将电动传感器和保险柜、贵重物体固定在一起,当入
侵者去搬动或触动保险柜时,柜体发生振动,电动传感器也随之振动。线圈与电动传感器是固定在一起的。而磁铁是通过弹簧与壳体软接在一体,壳体振动后,磁铁随之运动,在线圈上感应出电动势。感应电动势经放大、整形、输出,送到信号处理电路,随之发出报警信号。电动式振动入侵探测器具有灵敏度高、输出电势高、不需要高增益放大器、输出阻抗低、噪声干扰小、工作稳定可靠等优点。

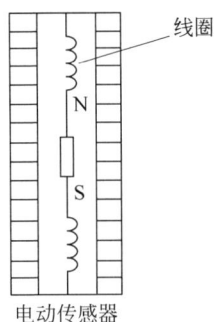

图 10-3　电动式振动
入侵探测器

### 2. 线型入侵探测器

线型入侵探测器是指警戒范围是一条线束的探测器,当在这条警戒线上的警戒状态被破坏时,能发出警
报信号。最常见的直线型报警探测器为主动红外入侵探测器、主动激光入侵探测器。探测器分发射端和接收端。发射端发射一串红外光或激光,经反射或直接射到接收端上,如中间任意处被遮断,报警器即发出警报信号。

(1) 主动红外入侵探测器

主动红外入侵探测器的原理如图 10-4 所示。

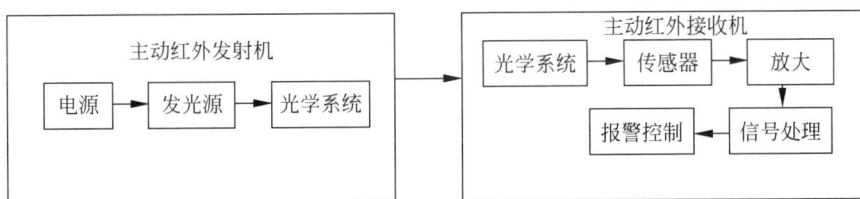

图 10-4　主动红外入侵探测器的原理图

主动红外入侵探测器的发射光源通常为红外发光二极管脉冲调制的脉冲波形。若人的宽度为 20cm,则最短遮挡时间为 20ms,大于 20ms 系统报警,小于 20ms 系统不报警。

采用双光路、四光路的主动红外入侵探测器可大大提高其抗噪、防误报的能力。采用截止滤光片,滤去背景光中的极大部分能量(主要滤去可见光的能量),能使接收机的光电传感器在各种户外光照条件下的使用条件基本相似。

另外,室外的大雾会引起传输中红外光的散射,极大地缩短了有效探测距离,如一般无雾时的有效探测距离为 700m,轻雾时为 100m,重雾时仅为 30m。因此,选用主动红外入侵探测器时应充分考虑环境对系统的影响。

（2）主动激光入侵探测器

主动激光入侵探测器的原理和结构与主动红外入侵探测器基本相同，不同的是，发射光源不是一般的红外线而是激光红外。

激光具有高亮度、高方向性的优点，所以主动激光入侵探测器十分适合于远距离的线控报警装置。由于能量集中，可以在光路上加反射镜，反射激光，围成光墙，从而用一套激光探测器可以封锁一个场地的四周，或封锁几个主要通道路口。典型的主动激光入侵探测器如图 10-5 所示。

3. 面型入侵探测器

面型入侵探测器警戒范围为一个面，当警戒面上出现入侵行为时，即能发出报警信号。

振动式或感应式的报警探测器常被用作面报警探测器。例如，将多个点振动探测器安装在墙面或玻璃上，当入侵者触及墙面或玻璃发生振动时，探测器即能发出报警信号，如图 10-6 所示。

图 10-5　主动激光入侵
探测器

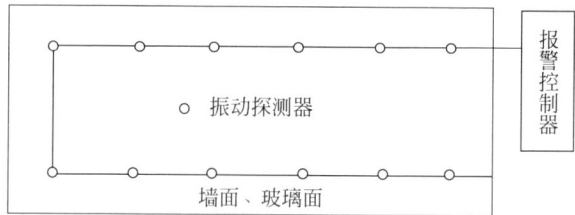

图 10-6　点振动探测器作面报警探测器示意图

主动红外入侵探测器、主动激光入侵探测器也能用作面报警探测器。用几组红外或激光发射、接收装置相对安装，一对发射、接收装置之间形成一道警戒线，几对发射、接收装置相隔安装，形成多道警戒线，适当调整发射、接收装置的间距，就能保护整个平面。

激光常可以采用反射镜的反射组成面入侵报警系统，如图 10-7 所示。此外，还有光纤平面探测器、电容平面探测器等面探测器。

4. 空间入侵探测器

空间入侵探测器是指警戒范围是一个空间的报警器。常用的有声入侵探测器、被动红外探测器、微波入侵探测器、视频移动探测器等。

（1）声入侵探测器

声入侵探测器有声控探测器、声发射探测器、次声探测器、超声波探测器等。

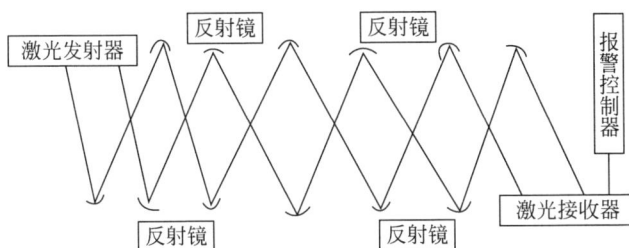

图 10-7　激光探测器组成的面入侵报警系统示意图

声控探测器是探测说话、走路等声响的装置;声发射探测器是探测物体被破坏(如打碎玻璃、凿墙、锯钢筋等)时发射固有声响的装置;次声探测器是探测次声(很低频率的音频)信号的探测器;超声波探测器是利用多普勒效应,当被测目标入侵并在防范区域空间内移动时,移动人体反射的超声波将引起探测器报警。这些探测器都是将声信号变换成电信号,经放大后,送到报警器产生报警。

(2) 被动红外探测器

当被探测的目标入侵、在所防范的区域内移动时,将引起该区域红外辐射的变化,而能够探测出这种变化并进入报警状态的电子装置称为被动红外探测器。被动红外探测器的核心部件是红外传感器,它的探测波长范围是 $8\sim14\mu m$,人体辐射的红外峰值波长约为 $10\mu m$,正好处于此探测波长范围之内,因此能够较好地探测到活动的人体。

被动红外探测器一般用在背景不动或防范区域内无活动物体的场合。在使用中,把探测器放置在所要防范的区域内,那些固定的景物就成为不动的背景,背景辐射的微小信号变化为噪声信号,由于探测器的抗噪能力较强,噪声信号不会引起误报。

(3) 微波入侵探测器

微波是一种频率很高的电磁波,其波长在 $1\sim1000\mathrm{mm}$。由于微波的波长与一般物体的几何尺寸相当,所以很容易被物体所反射。当微波被移动目标反射时,由于多普勒效应,反射波将会产生频率偏移。根据这种多普勒偏移,就可以探测出入侵物体的运动,并产生报警信号,如图 10-8 所示,其中,$f_0$ 为发射微波的频率值,$f_d$ 为频率的偏移值。

(4) 视频移动探测器

用电视摄像机监视所防范的区域的探测器,称为视频移动探测器。在摄像机监视防范的空间内若有物体运动,被监视空间视频信号的亮度将发生变化,亮度的变化被转换成变化的电信号,经放大、处理后发出报警信号。

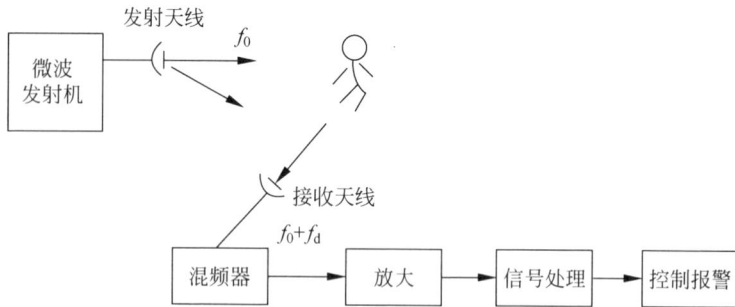

图 10-8　微波入侵报警器原理

　　视频移动探测器可以设定多达 64 个独立的探测区域,可以调整每个探测区域的大小、形状、位置和灵敏度,还可以定义目标与背景之间的亮度差,以满足不同区域、环境的防范要求。

　　视频移动探测器的每个探测区域可以单独地进行"布防"或"撤防"设置,以适应各探测区域特殊时段的作业要求。

　　视频移动探测器对探测到的运动物体可自动记录、存储,并可在探测到运动信号后 40ms 内启动相应的联动设备,如现场的灯光、声光报警器等。

### 10.1.3　系统信号的传输与入侵报警控制器

#### 1. 系统信号的传输

　　系统信号的传输就是把探测器中的探测电信号送到报警控制器中进行处理、判别、确认"有""无"入侵行为。探测电信号的传输通常有两种方法,一种是有线传输,另一种是无线传输。

　　(1) 有线传输

　　在小型防范区域内,探测的电信号往往被直接用双绞线(如图 10-9 所示)输送到报警控制器。双绞线经常用来输送低频模拟信号或频率不高的开关信号。

　　在小型报警控制器与区域报警中心联网时,常借用公用交换电话网,通过电话线传输探测电信号。在采用这种方式传输时,探测电信号较正常通话优先。即在传输探测电信号时线路不能通话;而在正常通话时,如果传入探测电信号,则通话立即中断,送出探测电信号。

　　当传输声音和图像复合信号时,常使用音频屏蔽线和同轴电缆(如图 10-10 所示)。用音频屏蔽线和同轴电缆传输,具有传输图像好、保密性好、抗干扰能力强等优点。

图 10-9　双绞线

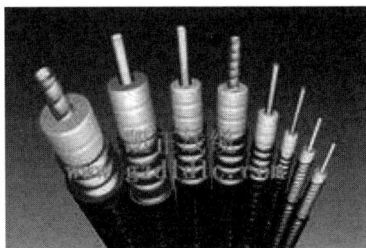

图 10-10　同轴电缆

（2）无线传输

无线传输是探测器输出的电信号经过调制，用一定频率的无线电波向空间发送，由报警中心的控制器接收。控制中心将接收到的信号分析处理后，发出报警信号并判断出报警部位。声音和图像复合信号也可以无线传输。

2. 入侵报警控制器

入侵报警控制器是入侵报警控制系统的核心。入侵报警控制器的性能与可靠性决定了系统性能的优劣。

入侵报警控制器直接或间接地接收来自入侵探测器发出的报警信号，经分析、判断，确定报警电信号的性质，若是探测器故障、线路开路、短路、缺电等系统故障，则需要通知系统管理人员进行检查、维护；若确实是报警信号，则将通知保卫人员采取相应措施，避免产生更大损失。

入侵报警控制器有小型入侵报警控制器和大型入侵报警控制器之分。

小型入侵报警控制器一般能提供 4～8 路报警信号、4～8 路声控复合信号。对于一般的小用户，其防范的部位很少，如银行的储蓄所、学校的财会室、档案室、较小的实验室，都可以采用小型入侵报警控制器。

大型入侵报警控制器可以提供 16～24～32～64 路（甚至更多）的报警信号、32路（甚至更多）声控复合信号、8～32 路（甚至更多）电视摄像复合信号，并具有良好的并网能力。对于一些要求防范区域较大的用户，如高层写字楼、实验楼、大型仓库、货场等，可选用大型入侵报警控制器。

## 10.2　视频监控系统

视频监控系统是采用摄像机对被监控现场进行实时监控的系统，是安全技术防范系统中的一个重要内容。尤其是近年来计算机、网络技术的快速发展使得这种技术更加先进和普及。

## 10.2.1　视频监控系统的组成和作用

视频监控系统一般是由摄像部分、传输部分、控制部分、图像处理与显示四大部分组成,如图 10-11 所示。

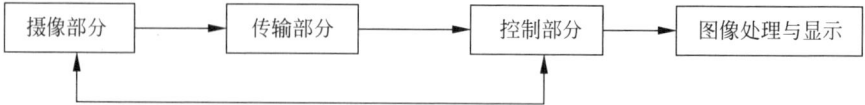

图 10-11　视频监控系统的组成图

1. 摄像部分

摄像部分的作用是把系统所监视的目标(视频图像)转换成监测电信号,再经系统的传输部分传送到控制主机。摄像部分的核心是电视摄像机,它是光电信号转换的主体设备,是整个监视系统的眼睛。

2. 传输部分

传输部分的作用是将摄像机输出的视频(有时包括音频)电信号输送到控制中心或其他监控点,同时,控制中心的控制信号同样通过传输部分传送到现场,以控制现场摄像机、镜头、云台和防护罩的工作。传输的方式有两种:有线传输和无线传输。

3. 控制部分

控制部分的作用是在中心机房通过有关设备对系统现场设备(摄像机、镜头、云台、灯光和防护罩等)进行远距离遥控。控制部分的主要设备是集中控制器或微机控制器。在数字视频监控系统中,微机控制器还带有数据存储单元,如硬盘存储器等。

4. 图像处理与显示部分

图像处理是指对系统传输的图像信号进行分配、切换、记录、重放、加工和复制等。显示部分则是使用显示器、监视器进行图像显示,有时采用投影电视来显示图像信号。

## 10.2.2　视频监控电视系统的监控形式

1. 视频监控形式的类型

视频监控电视系统的监控形式一般有以下几种。

(1)摄像机加监视器和录像机的简单系统。

(2)摄像机加多画面处理器监视录像系统。

（3）摄像机加视频矩阵/切换主机监视录像系统。

（4）摄像机加硬盘录像监视系统。

（5）网络摄像机加视频服务器监视录像系统。

其中（1）～（3）使用的摄像机记录的是模拟信号，（4）、（5）记录的是数字信号。随着计算机技术和数字技术的快速发展，现在使用硬盘录像的监视系统和网络摄像机加视频服务器监视录像系统的形式越来越多，下面仅对这两种监控形式进行简单介绍。

2. 摄像机加硬盘录像监视系统

摄像机加硬盘录像监视系统如图 10-12 所示。

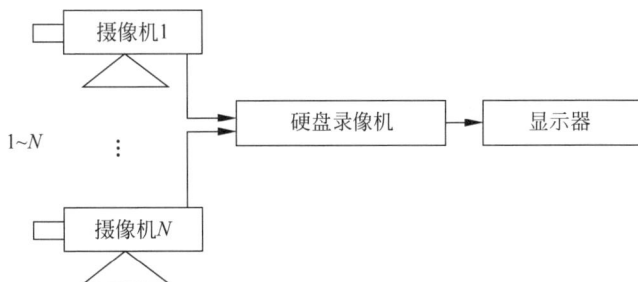

图 10-12　摄像机加硬盘录像监视系统

在小型报警控制器与区域报警中心联网时，常借用公用交换电话网，通过电话线传输探测电信号。

假如现场的摄像机是多台，而且需要同时记录所有摄像机摄取的实时视频图像时，则应采用带有视频切换功能的硬盘录像机。硬盘录像机采用数字化技术，将模拟的视频图像转换成数字信号后再进行压缩、切换、放大、记录等处理，所以硬盘录像机被称为数字录像机。硬盘录像机可以连接 32 台（甚至更多）摄像机，所有摄像机输入的视频图像经压缩后，可以实时记录在硬盘存储器里。硬盘录像机可以输出模拟或数字的信号到监视器或显示器上，可以控制现场云台、摄像机、镜头和防护罩的工作，还能接收报警探测器发送的报警电信号，能够自动地将报警区域的视频图像突现在相应的显示器上，发出声光报警信号，并将报警区域的视频图像记录在硬盘存储器里。

3. 网络摄像机加视频服务器监视录像系统

网络摄像机加视频服务器监视录像系统如图 10-13 所示。

在这种系统中，常规的模拟摄像机可以接入视频服务器，视频服务器会将模拟的图像信号转换成数字信号，经压缩后赋予相应的 IP 地址，进入相应的通信网络。

网络符合 10base-T 以太网的标准并支持 TCP/IP 通信协议,也可以在专用网络、局域网和国际互联网上通信。网络摄像机是具有 IP 地址的数字摄像机,可以直接挂在上述网络上。一台安装了专用系统软件的 PC 机,用户通过控制键盘(或鼠标)可对系统进行监视和控制,可以调看任何一台摄像机摄取的图像,可以对任何一台摄像机、云台、镜头、防护罩进行控制,还可以选择单画面或多画面的显示方式。根据需要,还能将图像记录在硬盘存储器内。专用的系统软件有安全进入系统的口令保护、IP 地址的过滤和图像加密。

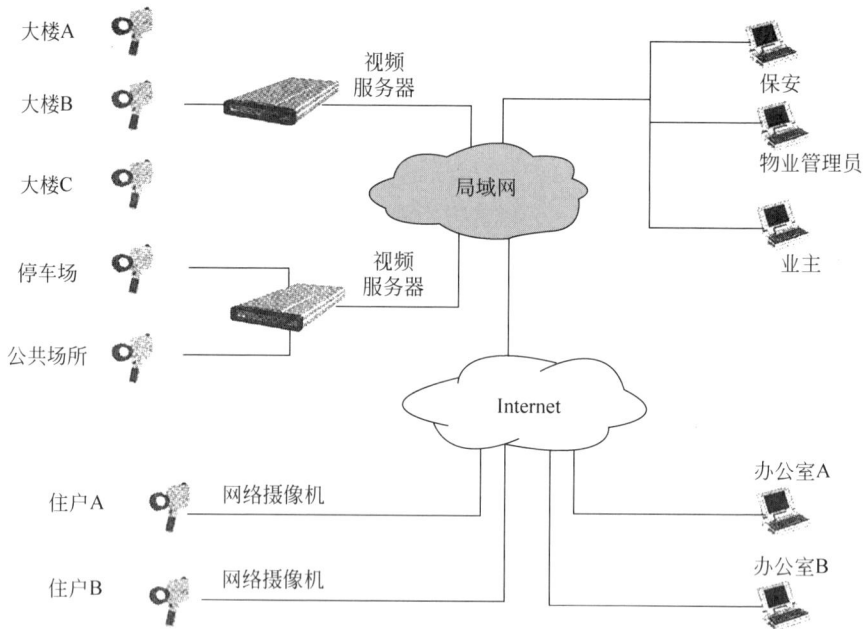

图 10-13　网络摄像机加视频服务器监视录像系统

### 10.2.3　现场设备

1. 摄像机

在系统中,摄像机处于系统的最前端,它将被摄物体的光图像转换为电信号——视频信号,为系统提供信号源,因此是系统中最重要的设备之一。

(1) 摄像机的类型

摄像机的种类很多,从不同角度可以分成多种类型。

按摄取颜色可分为彩色摄像机、黑白摄像机和彩色/黑白自动转换摄像机3种。

按摄像器件的类型可分为电真空摄像器件(摄像管)和固体摄像器件(如 CCD 器件、CMOS 器件)两大类。

按摄像机采用的技术可分为模拟摄像机和数字摄像机。

按摄像现场的工作照度可分为常规照度摄像机、低照度摄像机和常规照度/低照度自动转换摄像机 3 种。

按摄像现场成像光源可分为可见光摄像机、非可见光(红外线)摄像机和可见光/非可见光(红外线)自动转换摄像机 3 种。

目前使用的摄像机主要是使用 CCD 器件的摄像机。

(2) 摄像机的主要性能指标

① 清晰度

摄像机输出图像的清晰度主要由 CCD 的像素值来确定。像素值越高,输出图像的分辨率越高,清晰度就越高。在电视监视系统中,通常使用像素值在 20 万以下的摄像机,输出图像的清晰度较差,像素值在 40 万以上的摄像机可称为高清晰度摄像机。

在电视监控系统中,衡量图像清晰度的标准常用电视线来表示。要求彩色摄像机水平分辨率在 300 线以上,高分辨率在 460 线以上。黑白摄像机在 350 线以上,高分辨率在 500 线以上。这样的指标可以满足一般电视监控系统的要求。

② 照度

照度是一个衡量环境亮度的物理量。而摄像机的照度指标是指摄像机在什么光照强度的情况下,可以输出正常图像信号。在给出照度的这一指标时,往往是给出"正常照度"和"最低照度"两个指标。"正常照度"是指当摄像机在这个照度下工作,能输出满意的图像信号。"最低照度"是指如果低于这个照度,摄像机输出的图像信号就难以使用。摄像机的"最低照度"还与摄像机镜头的光圈有关,标定摄像机"最低照度"一定是在规定镜头的光圈(F)条件下。

(3) 摄像机镜头

摄像机镜头按照其功能和操作方式可分为定焦距镜头和变焦距镜头两种。

① 定焦距镜头

定焦距镜头的焦距是固定的,采用手动聚焦操作,光圈调节有手动和自动两种。通常用在监视固定场所的场合。

常用镜头按照焦距的长短,又可分为:

短焦距镜头,又称为广角镜头,焦距为 4~8mm,视角 65°以上,通常为 75°~120°,用于监视近距离景物的全体,如图 10-14 所示。

标准镜头：焦距为 8～16mm，视角 30°左右，应用较广。

长焦镜头：焦距在 16mm 以上，视角小于 25°，通常为 15°～25°，焦距可长达几十毫米甚至上百毫米，焦距越长，则越能监视远处景物。

中焦镜头：是焦距与成像尺寸相近的镜头，焦距介于标准镜头和长焦镜头之间。

② 变焦距镜头

焦距可变的镜头称为变焦距镜头，其焦距可从广角变到长焦，如图 10-15 所示。在成像过程中，由于焦距发生变化，为使图像聚焦在焦平面上，必须进行聚焦操作。

图 10-14　广角镜头　　　　　图 10-15　变焦镜头

变焦距镜头的焦距的改变可以是手动的，聚焦操作也可以是手动的。为实现远程控制，在视频监控系统中使用的变焦镜头通常是电动的，即用电动机实现变焦、聚焦操作。

变焦距镜头的光圈分为电动、手动和自动 3 种。自动光圈由于它的光圈变化是自动的(由摄像机输出的电信号自动控制光圈的大小)，所以适于光照度经常变化的场所。电动三可变镜头是指用电动机控制焦距、光圈和聚焦的镜头，这种镜头用起来方便，很灵活，适合远距离观察和摄取目标，常用于监视移动物体的场合。电动二可变镜头为电动机控制焦距和聚焦的镜头，光圈为自动光圈。

除以上两种镜头之外，还有一些特殊镜头，如针孔镜头，这种镜头有细长的圆管形镜筒，镜头的端部是直径只有几毫米的小孔，如图 10-16 所示，多用在隐蔽监视环境，经常安装在天花板或墙壁内，如图 10-17 所示。

(4) 摄像机的选用

摄像机的种类很多，应根据不同需要选择不同的摄像机。如用于夜间光线不足而又无法使用辅助照明的地方，或监控无颜色要求的地方，可选用黑白摄像机；而对于监控区域有颜色要求的地方，如在监控入侵者行为时，入侵者的衣着颜色对案情的判断是很重要的，则应选择彩色摄像机；对于照度变化大的室外，应采用彩色/黑白自动转换摄像机，因为白天照度高，彩色还原好，可将摄像机设置为彩色状态,黑夜环境照度低,彩色还原差,清晰度下降,此时可自动转换成黑白状态,保证了系统对清晰度的要求。

图 10-16　针孔镜头

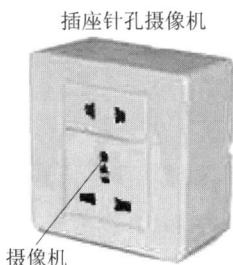

图 10-17　安装在墙壁中插座内的针孔镜头

**2. 云台和防护罩**

**(1) 云台**

云台是安装在摄像机支撑物上的工作台,用于摄像机的安装。云台分为手动云台和电动云台两种。

手动云台又称为支架或半固定支架,一般由螺栓固定在支撑物上,摄像机方向的调节有一定的范围,调整时可松开方向调节螺栓进行。水平方向可调 $15°\sim30°$,垂直方向可调 $\pm45°$,调好后拧紧螺栓,摄像机的方向就固定下来。

电动云台内装两个电动机,承载摄像机进行水平或垂直方向的转动。有的电动云台只能左右水平旋转,称为水平云台;有的电动云台既能左右旋转又能上下旋转,称为全方位云台。图 10-18 所示为几种常见的电动云台。

图 10-18　几种电动云台实物图

**(2) 防护罩**

为了保护摄像机,就要使用防护罩。防护罩分室内和室外两种类型。

室内型的要求比较简单,如下:简易防水,防尘,通风冷却,有防盗、防破坏的功能。有时也考虑隐蔽作用,不易察觉,带装饰性隐蔽防护外罩也经常使用,例如,带半球型玻璃防护罩的 CCD 摄像机,外形类似一般照明灯具,安装在室内天花板或墙上。

　　室外型的要求比室内型更高,需能简易防水、防尘,带雨刷器,排风冷却,带加热、排风冷却。室外防护罩一般带有温度继电器,在温度高时能自动打开风扇冷却,温度低时能自动加温,下雨时可以控制雨刷器刷雨,常见室外防护罩的外形如图 10-19 所示。

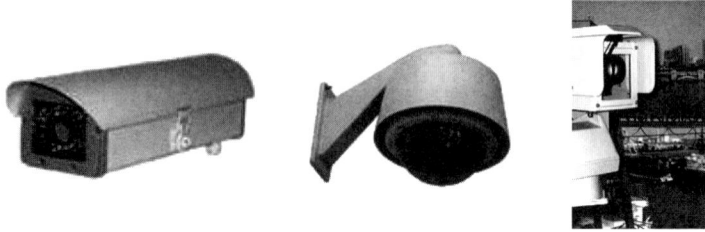

图 10-19　常见室外防护罩的外形

### 10.2.4　控制中心的控制设备与监视设备

　　控制中心的控制设备与监视设备主要有视频信号分配器、视频切换器、视频矩阵切换/控制器、多画面处理器、硬盘录像机、视频移动报警器、视频服务器等。下面仅对这些设备作简单介绍。

　　1. 视频信号分配器

　　视频信号分配就是将一路视频(音频)信号分成多路视频(音频)信号,也就是说它是将一台摄像机送出的图像信号供给多台监视器或其他终端设备使用。

　　2. 视频切换器

　　所谓切换器,就是转换开关,其作用是将不同摄像机的图像信号切换接到一个监视器上。切换器有扩大监视范围、节省监视器的功能。

　　3. 视频矩阵切换/控制器

　　视频矩阵切换/控制器的主要作用是视频信号的分配、放大和切换,使得任意一个监视器能够任意显示多个摄像机摄取的图像信号;每个摄像机摄取的信号也可以同时送到多台监视器上显示,还有时间、地址符号发出,可以在每个摄像机摄取的图像上叠加时间、地址;还能发出控制数据代码,至控制云台、摄像机镜头等现场设备。有的视频矩阵切换/控制器还带有报警输入接口,可以接收报警探测器发出的报警信号,并同时启动相应区域的摄像机工作,显示、记录报警区域图像;也可以通过报警输出接口控制相关设备,如现场的灯光、声光报警器、录像机等。

　　4. 多画面处理器

　　多画面处理器可使多路图像同时显示在一台监视器上,并用一台图像记录设备进行记录。多画面处理器有单工、双工和全双工类型之分。

在记录全部输入视频信号的同时,单工型只能显示一个单画面图像,不能观看到分割画面,但在放像时可看到单画面及分割画面;在录像状态下既可监看单一画面,也可监看多画面分割图像,同样,在放像时可监看全画面或分割画面的为双工型;全双工型性能更全面,可以连接两台监视器和录像机,其中一台用于录像作业,另一台用于录像回放。

5. 硬盘录像机

硬盘录像机是将视频图像以数字方式记录保存在硬盘存储器中,所以也称为数字视频录像机或数字录像机(digital video recorder,DVR),如图 10-20 所示。

图 10-20　硬盘录像机

硬盘录像机具有以下功能和优点。

(1) 取消了视频录像带,大大提高了存储容量,每个硬盘容量可达几百 G 以上,系统还可以通过外挂硬盘存储器增加系统容量。

(2) 提高了图像清晰度。长时间录像机的水平清晰度最高为 300 线,而硬盘录像机的水平清晰度可达 480 线。

(3) DVR 集合了录像机、画面分割器、云台镜头控制、报警控制、网络传输 5 种功能于一身,用一台设备就能取代模拟监控系统多种设备的功能,而且在价格上也逐渐占有优势。DVR 采用的是数字记录技术,在图像处理、图像储存、检索、备份以及网络传递、远程控制等方面也远远优于模拟监控设备,DVR 代表了电视监控系统的发展方向,是目前市面上电视监控系统的首选产品。

(4) 所有硬盘录像机都可以接入串口硬盘,用户可以根据录像保存时间选择不同大小的硬盘接上去。

(5) 硬盘录像机具有 BNC、VGA 视频输出,可以与电视、监视器、电脑显示器等显示设备配合使用。也有的厂家把显示屏与硬盘录像机做成一体。

(6) 所有厂家的 DVR 出厂都配有集中管理软件,具有管理多个硬盘录像机的视频图像、与视频统一存储等功能。

(7) 硬盘录像机通过网络设置,可以实现远程访问、手机访问。在有网络的情况下,让监控实现随时随地查看。

6. 视频移动报警器

视频移动报警器已在 10.1.2 中有所介绍,这里不再重复。

7. 视频服务器

视频服务器是一种对音视频数据进行压缩、存储及处理的专用嵌入式设备,它在远程监控及视频等方面都有广泛的应用。

(1) 视频服务器的构成

网络视频服务器由音视频压缩编码器、输入/输出通道、网络接口、视音频接口、RS485/RS232 串行接口、协议接口、软件接口等构成。

音视频压缩编码器:由于模拟视频数据量非常大,通过模/数转化后,数据量也很大,故要利用成熟的编码技术将视频数据在满足网络传输要求的技术指标下进行高压缩比的编码,以满足传输要求。以前的网络视频服务器一般采用 M-JPEG 等编码器,用户无法实现更高的压缩码率,只能通过降低帧率实现效果一般的网络传输效果。目前,各公司都已经推出了 MPEG-4 的网络视频服务器以实现视频网络传输的要求。

网络接口:网络视频服务器的以太网接口可以方便地实现 IP 组网,实现数据传输。网络视频服务器主要采用 TCP/IP 等协议实现音视频数据、控制数据和状态检测信息等数据的网络传送。

音视频接口:网络视频服务器带有标准模拟音视频输入接口,方便监视各通道的视频信号。网视通采用 Dynamic Stream Control 技术保证双向音频实时传输、视频帧率根据带宽自动调节,网络中断后自动连接。

RS422/RS485 串行接口:网络视频服务器带有 RS422/RS485 串行通信接口,可通过通信线外接如云台、快球等各种外设。网络视频服务器可配合计算机中控制软件实现大系统组网方案,有的厂家的网络视频服务器提供开放的 SDK,供用户或第三方厂商开发和构建新的应用方式。

(2) 网络视频服务器的数字音视频编码技术

数字编码技术也就是通常所说的压缩方式,是视频服务器的技术核心,也是我们选择网络视频服务器的首要考察对象。目前比较流行的数字压缩编码格式有 MPEG-4 和 H264。

(3) 网络视频服务器的网络技术

网络视频监控服务器由于能够独立完成网络传输功能,不需要另外设置计算机,故其能够实现简单的 IP 方式组网,是传统的模拟监控所无法实现的。每部网络视频服务器具有网段内唯一的 IP 地址,通过网络连接方便对该设备(IP 地址)进行控制管理,也即通过 IP 地址识别、管理、控制该网络视频服务器所连接的视频源,故其组网只是简单的 IP 网络连接,新增一个设备只需增加一个 IP 地址,极大地方便了原有模拟系统的网络升级改造和其他网络需求。

IP 组网是网络视频服务器的特性,但是,由于国内 IP 地址资源的贫乏,目前国内的经济性宽带(ADSL、有线宽带等)都采用动态 IP 方式上网,这就使得网络视频服务器需要解决上网问题,网络视频服务器基本上都能采用域名方式来支持 DDNS(动态 IP),如果网络视频服务器不支持域名解析,则需要额外增加昂贵的网络使用成本。

由于网络视频服务器的工作可以不需要外置的计算机,故网络视频服务器若能独立自动上网就很有必要,否则,一台网络视频服务器配置一台计算机来实现拨号就失去了网络视频服务器的意义。目前国内的网络视频服务器基本上都能够实现该功能,如网视通产品专门为国内宽带情况而设计的 ADSL 自动拨号技术就非常方便。

(4) 网络视频服务器

网络视频服务器具有传统设备所不具备的诸多特点,具体表现如下。

① 将多通道、网络传输、录像与播放等功能简单集成于网络,这点对目前的 H264 网络型硬盘录像机而言也很容易实现,但是两种产品的基本功能不同,也导致了其应用场合的不同,目前对于模拟阶段及第一代网络性能不好的设备而言,网络视频服务器可以提供较低成本的解决方案。

② 网络视频服务器通过网络技术,可以实现在只要能上网的地方就可以浏览画面,采用配套的解码器则可以不需要计算机设备直接传输到电视墙等方式浏览,极大地节约了远程监控的成本。

③ 网络视频服务器的多协议支持与计算机设备进行完美的结合,形成更大的系统集成网络,完成数字化进程。

网络视频服务器在目前视频领域中的应用主要是利用网络视频服务器构建远程监控系统,如图 10-21 所示。基于网络视频服务器的多通道数字传播技术具有传统的基于磁带录像机的模拟输出系统无可比拟的诸多优势,网络视频服务器采用开放式软/硬件平台和标准或通用接口协议,系统扩展能力较强,能够与未来全数字、网络化、系统化、多通道资源共享等体系相衔接,是目前 CCTV 设备由模拟向数字过渡的最佳方案。而从长远来看,网络视频服务器的系统集成有巨大的潜在市场和深远的发展前景,因为从深层次来看,视频网络化、系统集成不仅仅是视频传输的问题,它代表未来视频应用的网络化和信息交互的应用发展趋势,是一种从内容上更深层次上的互动,具有广阔的发展潜力,是未来宽带业务的核心内容之一。因此可以肯定,随着数字技术和网络技术的不断发展,网络视频服务器在视频领域中的应用将有更多的延伸。

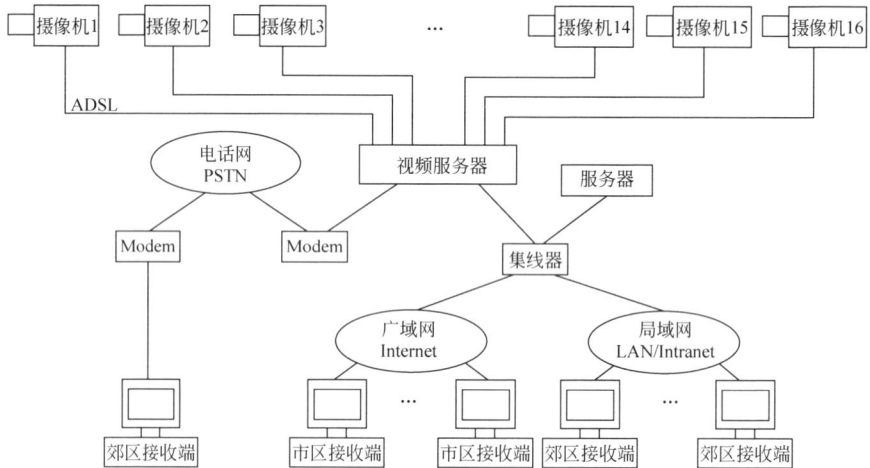

图 10-21　远程数字化的视频监控系统图

## 10.2.5　信号的传输

视频监控系统的信号传输方式有直接传输、双绞线传输、射频传输、光纤传输、网络传输等。这些传输方式和 10.1.3 节介绍内容相似,这里也不再重复。

# 10.3　门　禁　系　统

门禁系统顾名思义就是对出入口通道进行管制的系统,它是在传统的门锁基础上发展而来的。传统的机械门锁仅仅是单纯的机械装置,无论结构设计多么合理,材料多么坚固,人们总能通过各种手段把它打开。在出入人员很多的通道(如办公大楼、酒店客房),钥匙的管理很麻烦,钥匙丢失或人员更换都要把锁和钥匙一起更换。为了解决这些问题,就出现了电子磁卡锁和电子密码锁,这两种锁的出现从一定程度上提高了人们对出入口通道的管理程度,使通道管理进入了电子时代。但是随着这两种电子锁的不断应用,它们本身的缺陷就逐渐暴露出来。磁卡锁的缺陷是信息容易复制,卡片与读卡机具之间磨损大,故障率高,安全系数低。密码锁的缺陷是密码容易泄露,又无从查起,安全系数很低。同时,这个时期的产品由于大多采用读卡部分(密码输入)与控制部分合在一起安装在门外,锁很容易被人在室外打开。

最近几年随着感应卡技术和生物识别技术的发展,门禁系统得到了飞跃式的发展,进入了成熟期,出现了感应卡式门禁系统、指纹门禁系统、虹膜门禁系统、面部识别门禁系统、乱序键盘门禁系统等各种技术的系统,它们在安全性、方便性、易管理性等方面都各有特长,门禁系统的应用领域也越来越广。

### 10.3.1　门禁系统的基本功能

门禁系统的基本功能如下。

1. 对通道进出权限的管理

进出通道的权限就是对每个通道设置哪些人可以进出,哪些人不能进出。

2. 进出通道的方式的管理

就是对可以进出该通道的人进行进出方式的授权,进出方式通常有密码、读卡(包括生物识别)、读卡(包括生物识别)＋密码这3种方式。

3. 进出通道的时段的管理

就是设置可以进出该通道的人在什么时间范围内可以进出。同时,对于通道门时间状态也可以设置,比如:门休眠状态、门常开状态、安全状态、密码状态、APB 状态、密码 APB 状态。当休眠时,所有的动作都停止;常开时,门将不再关闭;安全状态时,要求用户打卡进门;密码状态时,要求用户打卡且输入密码;APB 状态时,要求打卡且会自动跟踪用户区域,不让用户超越区域通行;密码 APB 状态与 APB 基本相同,但要输入用户密码才能通行。

4. 实时监控功能

系统管理人员可以通过微机实时查看每个门区人员的进出情况(同时有照片显示)、每个门区的状态(包括门的开关、各种非正常状态报警等);也可以在紧急状态打开或关闭所有的门区。

5. 出入记录查询功能

系统可储存所有的进出记录、状态记录,可按不同的查询条件查询,配备相应考勤软件可实现考勤、门禁一卡通。

6. 异常报警功能

在异常情况下可以通过门禁软件实现微机报警或外加语音、声光报警,如非法侵入、门超时未关等。

7. 根据系统的不同,门禁系统还可以实现以下一些特殊功能

(1)反潜回功能:根据门禁点的位置不同,设置不同的区域标记,然后让持卡人必须依照预先设定好的路线进出,否则下一通道刷卡无效。本功能是让持卡人按照指定的区域路线进入,通常用于监狱中。

(2)防尾随功能:是指在使用双向读卡的情况下,防止一卡多次重复使用,即

一张有效卡刷卡进门后,该卡必须在同一门刷卡出门一次,才可以重新刷卡进门,否则将被视为非法卡拒绝进门。

(3) 双门互锁功能:通常用在银行金库,也叫AB门,它需要和门磁配合使用。当门磁检测到一扇门没有锁上时,另一扇门就无法正常打开。只有当一扇门正常锁住时,另一扇门才能正常打开,这样就隔离出一个安全的通道,使犯罪分子无法进入,达到或阻碍延缓犯罪行为的目的。

(4) 胁迫码开门功能:是指当持卡者被人劫持时,为保证持卡者的生命安全,持卡者输入胁迫码后门能打开,但同时向控制中心报警,控制中心接到报警信号后就能采取相应的应急措施,胁迫码通常设为4位数。

(5) 消防报警监控联动功能:在出现火警时门禁系统可以自动打开所有电子锁,让里面的人随时逃生。与监控联动,通常是指监控系统能自动录下刷卡时(有效/无效)的情况,同时也将门禁系统出现警报时的情况录下来。

(6) 网络设置管理监控功能:大多数门禁系统只能用一台微机管理,而技术先进的系统则可以在网络上任何一个授权的位置对整个系统进行设置监控查询管理,也可以通过Internet网上进行异地设置管理监控查询。

(7) 逻辑开门功能:简单地说就是同一个门需要几个人同时刷卡(或其他方式)才能打开电控门锁。

## 10.3.2 门禁系统的进出识别方式

门禁系统按进出识别方式可分为以下三类。

1. 密码识别

通过检验键盘输入的密码是否正确来识别进出权限。这类键盘又分为两类:一类是普通型键盘,如图10-22所示;另一类是乱序型键盘(键盘上的数字不固定,不定期自动变化),如图10-23所示。

图10-22 普通密码键盘

图10-23 乱序键盘

普通型键盘的优点:操作方便,无须携带卡片,成本低。缺点:密码容易泄露,安全性很差;无进出记录;只能单向控制。

乱序型键盘(键盘上的数字不固定,不定期自动变化)的优点:操作方便,无须携带卡片,安全系数稍高。缺点:密码容易泄露,安全性不高;无进出记录;只能单向控制;成本高。

### 2. 卡片识别

卡片识别是指通过读卡或读卡加密码方式来识别进出权限。按卡片种类又分为磁卡识别和 IC 卡(智能卡)识别两种。

磁卡:磁卡是利用磁性载体记录英文与数字信息,用来标识身份或其他用途的卡片。优点:成本较低;一人一卡(密码),安全一般,可联微机,有开门记录。缺点:读卡时,卡片须与设备接触,如图 10-24 所示,设备有磨损,寿命较短;卡片容易复制;不易双向控制;卡片信息容易因外界磁场丢失而使卡片无效。

IC 卡:IC 卡是继磁卡之后出现的又一种新型信息工具。IC 卡是指集成电路卡,IC 卡与磁卡的区别是:IC 卡是通过卡内的集成电路存储信息,而磁卡是通过卡内的磁力记录信息。非接触式 IC 卡又称为射频卡,成功地解决了无源(卡中无电源)和免接触这一难题,是电子器件领域的一大突破。主要用于公交、轮渡、地铁的自动收费系统,也应用在门禁管理、身份证明和电子钱包等。射频卡的优点:卡片和设备无接触(如图 10-25 所示),开门方便安全;寿命长,理论数据至少 10 年;安全性高,可联微机,有开门记录;可以实现双向控制;卡片很难被复制。缺点:成本较高。

图 10-24　磁卡和读卡设备图　　　　图 10-25　射频卡和手持读卡器

### 3. 生物识别

生物识别是指通过检验人员生物特征等方式来识别进出。类型有指纹型、虹膜型、掌形型、面部识别型等,如图 10-26~图 10-28 所示。

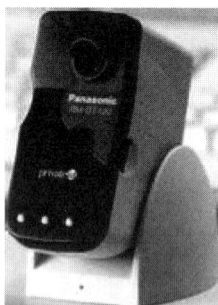

图 10-26　指纹仪　　　　　图 10-27　虹膜识别设备　　　　　图 10-28　掌形仪

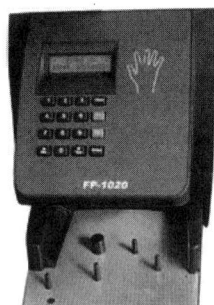

生物识别的优点是：从识别角度来说,安全性极好;无须携带卡片。缺点是：成本很高;识别率不高,对环境要求高,对使用者要求高(比如指纹不能划伤,眼不能红肿出血,脸上不能有伤,或胡子的多少要一致等),使用不方便(比如虹膜型和面部识别型,即便安装高度位置一定,但使用者的身高却各不相同)。

值得注意的是,一般人认为生物识别的门禁系统很安全,其实这是误解,门禁系统的安全不仅仅是识别方式的安全性,还包括控制系统部分的安全、软件系统的安全、通信系统的安全、电源系统的安全等。整个系统是一个整体,无论哪方面不过关,整个系统就都不安全。例如,有的指纹门禁系统,其控制器和指纹识别仪是一体的,安装时要装在室外,这样一来,控制锁开关的线就露在室外,很容易被人打开。

### 10.3.3　门禁系统的组成

#### 1. 门禁控制器

门禁控制器是门禁系统的核心部分,相当于计算机的 CPU,它负责整个系统输入、输出信息的处理和储存以及控制等。常见的门禁控制器有嵌入式门禁控制器和网络门禁控制器,如图 10-29 和图 10-30 所示。

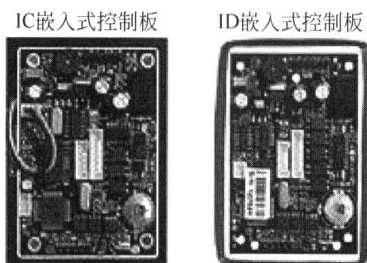

图 10-29　嵌入式门禁控制器　　　　　图 10-30　网络门禁控制器

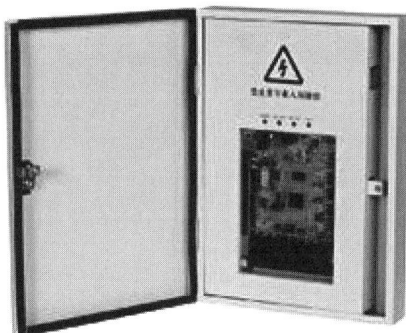

2. 读卡器(识别仪)

读卡器是读取卡中数据(包括生物信息)的设备,如图 10-31 和图 10-32 所示。

图 10-31　读卡器之一

图 10-32　读卡器之二

3. 电控锁

电控锁是门禁系统中锁门的执行部件。用户应根据门的材料、出门要求等需求选取不同的锁具。

主要有以下几种类型。

(1) 电磁锁:电磁锁断电后是开门的,符合消防要求。同时配备多种安装架以供用户使用。这种锁具适于单向的木门、玻璃门、防火门、对开的电动门,如图 10-33 所示。

(2) 阳极锁:阳极锁是断电开门型,符合消防要求。它安装在门框的上部。与电磁锁不同的是阳极锁适用于双向的木门、玻璃门、防火门,而且它本身带有门磁检测器,可随时检测门的安全状态,如图 10-34 所示。

(3) 阴极锁:一般的阴极锁为通电开门型,适用于单向木门。安装阴极锁一定要配备 UPS 电源,因为停电时阴极锁是锁门的,如图 10-35 所示。

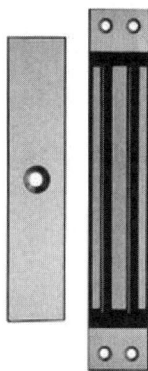

图 10-33　电磁锁

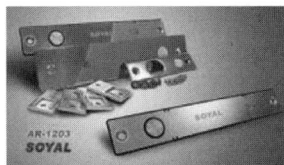

图 10-34　阳极锁

图 10-35　阴极锁

#### 4. 卡片

卡片是开门的钥匙。同时,还可以在卡片上打印持卡人的个人照片,使开门卡、胸卡合二为一,如图 10-36 和图 10-37 所示。

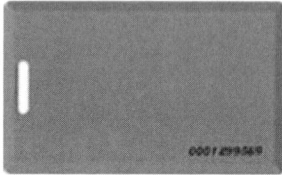

图 10-36　卡片之一

图 10-37　卡片之二

#### 5. 其他设备

出门按钮:按一下打开门的设备,适用于对出门无限制的情况,如图 10-38 所示。

门磁:用于检测门的安全/开关状态等,如图 10-39 所示。

图 10-38　出门按钮

图 10-39　无线门磁

电源:整个系统的供电设备,分为普通和后备式(带蓄电池的)两种。

#### 6. 传输部分

传输部分主要包含电源线和信号线,如门禁控制器、读卡器、电控锁都需要供电,门禁控制器与读卡器、门磁之间的信号线等。

### 10.3.4　电子门锁

电子门锁简称为电子锁,是近几年国内新兴起的门锁。与机械锁相比,电子锁具有操作方便、保密性好的特点。在实验室中,电子锁的应用越来越多。

#### 1. 电子锁的类型

(1) 磁卡锁

磁卡锁是使用类似于银行卡、信用卡一类的卡,在卡上有条黑色的磁条作为储存"电子钥匙"的载体。由于磁条与其他带磁性的物体放在一起时会存在消磁的情况,导致"电子钥匙"消失或减弱而不能正常使用,现在只有少量还在使用。

（2）IC 卡锁

IC 卡锁是使用 IC 卡作为储存"电子钥匙"的载体,它能永久地记录"电子钥匙",直到芯片损坏为止。

接触式 IC 卡,由于长期的使用和读取器的摩擦,会出现 IC 卡金手指损坏,导致不能使用。

感应式 IC 卡是现在最常用的电子锁,感应卡按芯片分为 RF57、MIFARE-1、MIFARE-0 等感应卡,由于是非接触式,所以一般只要不是把卡折成两半都能永久使用。在电子锁上,由于采用的是感应方式,所以锁的表面一般都是密封的,防暴力破坏的能力强,也可以防止非法把异物插入锁内导致不同程度的破坏,如图 10-40 和图 10-41 所示。感应卡有使用寿命长和几乎不损坏的优势。

图 10-40　电子锁之一　　　　　图 10-41　电子锁之二

2. 电子锁的功能

（1）分级管理：不同级别权限管理。

（2）时间控制：电子锁有实时时钟,可有效控制有效期限,对于到期的卡可自动终止使用。

（3）中止功能：管理人员可随时中止持卡人所持卡的使用权限。

（4）开门记录：智能锁内带资料"黑匣子",可记录感应锁历史开门记录（何时何"人"用何种方式开门）,随时用数据卡或数据机采集查询。

（5）低压指示：当电子锁电源低于 3.8V 时,开门时会有嘀嘀嘀的报警声,提示用户更换电池。

（6）报警功能：当门未关严时,门锁将会自动报警,提示关好房门。

（7）开门诊断：当用过期的卡或非本房门的卡开门时,会有不同的提示,方便查询不能开门的原因。

(8) 防撬功能：电子锁采用五锁舌联动结构，当门关上时防撬舌卡死斜舌，100％拒绝非法开门。

(9) 通道功能：当处理紧急事故时，可用应急卡或办公卡，将楼层内智能锁置于常开状态，不用卡就可方便出入，更具安全性。

(10) 双开功能：当智能锁里面的电池没有电时，可以使用机械钥匙开启电子锁。

(11) 挂失功能：当门卡丢失时，可将丢失的卡作废，有效地解决因卡丢失而带来的后顾之忧。

(12) 一卡通：一张卡同时用于感应门锁、节电开关、停车场、消费等不同领域，灵活方便。

# 10.4　电子巡更系统

传统的巡更制度的落实主要依靠巡逻人员的自觉性，管理者对巡更人员的工作质量只能做定性评估，容易使巡更流于形式。电子巡更系统可以很好地解决这一难题，使人员管理更科学化和准确。电子巡更系统一般可分为离线电子巡更系统、有线电子巡更系统两种。

## 10.4.1　离线电子巡更系统

### 1. 离线电子巡更系统的组成

离线电子巡更系统由信息钮、巡更棒、通信座和电脑及管理软件组成，如图 10-42 所示。信息钮安放于巡更线路的关键点上，数量根据实际情况而定。信息钮是电子巡更的基础，它的形状类似微型计算机电池，直径约为 1.6mm（如图 10-43 所示），其中，结构为密闭的集成电路芯片。每个信息钮中都存有一个永久不变的数据，通过专用的手持式数据识读器（巡更棒）识读。信息钮的固定由一种特殊设计的托架或粘胶垫固定在物体表面，可在恶劣环境（酸、碱腐蚀等）中使用，识读次数为 35 万以上。

巡更棒即手持式数据识读器（如图 10-44 所示），由巡更人员随身携带，用于巡检，一般根据巡更人员的数量以及班次确定使用量。

通信座（如图 10-45 所示）是解决信息钮识读器和 PC 机之间的数据通信及联络的设备，并提供必要的电平转换。此外，还提供电量检测功能（可用于检测信息钮识读器内部电池的电量是否可以继续正常工作）。一般为系统配备一个通信座即可。

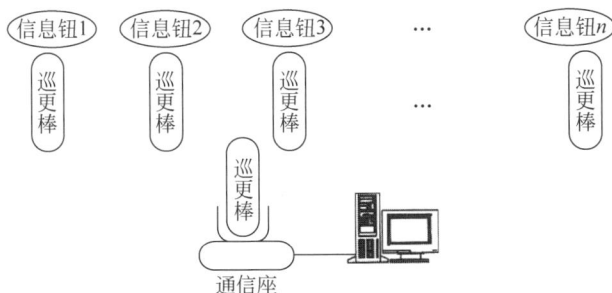

图 10-42　离线电子巡更系统示意图

图 10-43　信息钮　　　　　　图 10-44　巡更棒　　　　　　图 10-45　通信座

## 2. 工作流程

首先将信息钮安装在实验室的重点部位(需要巡检的地方),然后保安人员根据要求的时间,沿指定的路线巡逻,用巡更棒逐个阅读沿路的信息钮(如图 10-46所示),便可记录信息钮数据,巡更员到达日期、时间、地点等相关信息。保安人员巡更结束后,将巡更棒通过通信座与微机连接,将巡更棒中的数据传输到计算机中,在计算机中统计、存储。巡更棒在数据传输完毕后自动清零,以备下次使用。整个统计过程只需几分钟,方便、准确。管理人员可随时查询各项报表,掌握第一手资料。

图 10-46　阅读信息钮

## 3. 优点

离线电子巡更系统无须布线,方便快捷;巡更棒体积小,便于携带;信息钮、巡更棒均为不锈钢结构,耐酸、耐雨;系统投资少,安全可靠,寿命长,是小范围区域防范首选的电子巡更系统。

### 10.4.2　有线电子巡更系统

有线电子巡更系统是将数据识读器安装在实验室的重要部位(需要巡检的地方),再用总线连接到控制中心的电脑主机上。保安人员根据要求的时间,沿指定的路线巡逻,用数据卡或信息钮在数据识读器上识读,保安人员到达日期、时间、地点等相关信息实时传到控制中心的计算机,计算机可记录、存储所有数据。管理人员可随时查询所有数据。

有线电子巡更系统通常和门禁系统结合在一起。利用现有的门禁系统的读卡器,规定巡更路线,巡更员按规定的时间和路线,在读卡器上对固定的智能卡进行识读,实现巡更信号的实时输入,门禁系统的读卡器实时地将巡更信号传到门禁控制中心的计算机,通过巡更系统软件就可解读巡更数据,既能实现巡更功能又节省费用。

有线电子巡更系统还能与入侵报警系统结合在一起,利用现有的入侵报警系统的报警接口进行实时的巡更管理。

### 10.4.3　GPS巡更系统

在巡检线路长、区域大的应用环境,存在布点难、后期维护难等特殊情况,可采用在线式GPS巡检管理系统。该系统采用GPS全球卫星定位技术、GSM/GPRS无线数据传输技术、GIS地理信息系统和计算机网络通信与数据处理技术,在GSM/GPRS通信平台上对巡更人员进行管理及监控。通过本系统可以远程对长线巡更人员进行监督管理,以确保他们能够准确地按照设定的巡更路线、地点、班次、时间、重点部位必要的停留等进行巡更。

该系统不仅实现了对巡更人员在巡更过程中的全程动态管理,还实现了实时上传巡更过程中发生的隐患、事故等事件信息,从而最大限度地减少了事故隐患,实现事故的提前控制,确保线路与设备的安全运行。同时也实现了长线巡更管理的电子化、智能化和信息化,提高了管理水平。

## 10.5　网络信息安全

### 10.5.1　防病毒

1. 计算机病毒的定义

计算机病毒(computer virus)是指编制者在计算机程序中插入的破坏计算机

功能或者破坏数据、影响计算机使用并且能够自我复制的一组计算机指令或者程序代码。图 10-47 是对计算机病毒的形象描述。

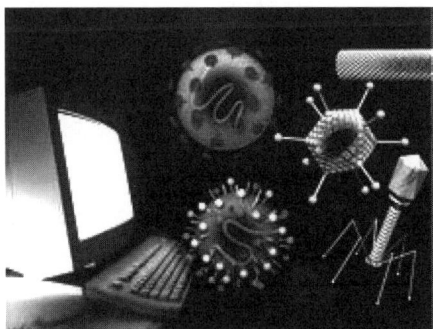

图 10-47　计算机病毒的形象描述

与医学上的"病毒"不同,计算机病毒不是天然存在的,是某些人利用计算机软件和硬件所固有的脆弱性编制的一组指令集或程序代码。它能通过某种途径潜伏在计算机的存储介质(或程序)中,当达到某种条件时即被激活,通过修改其他程序的方法将自己的精确拷贝或者可能演化的形式放入其他程序中,从而感染其他程序,对计算机资源进行破坏,给用户带来极大的危害。

2. 计算机病毒的特点

(1) 寄生性

计算机病毒不以独立文件存在,而是寄生在合法程序之中。

(2) 繁殖性

计算机病毒可以像生物病毒一样进行繁殖,当正常程序运行时,它也运行自身复制,是否具有繁殖、感染的特征是判断某段程序为计算机病毒的首要条件。

(3) 传染性

计算机病毒不但本身具有破坏性,更有害的是其还具有传染性,一旦病毒被复制或产生变种,其速度之快令人难以预防。传染性是病毒的基本特征。在生物界,病毒通过传染从一个生物体扩散到另一个生物体;在适当的条件下,其可得到大量繁殖,并使被感染的生物体表现出病症甚至死亡。同样,计算机病毒也会通过各种渠道从已被感染的计算机扩散到未被感染的计算机,在某些情况下造成被感染的计算机工作失常甚至瘫痪。

(4) 潜伏性

有些病毒像定时炸弹一样,其什么时间发作是预先设计好的。比如黑色星期五病毒,不到预定时间丝毫也觉察不出来,等到条件具备的时候瞬间就爆发出来,对系统进行破坏。一个编制精巧的计算机病毒程序进入系统之后一般不会马上发作,因此病毒可以静静地躲在磁盘或在磁带里待上几天,甚至几年,一旦时机成熟,得到运行机会,就会四处繁殖、扩散,继续危害。

（5）隐蔽性

计算机病毒具有很强的隐蔽性,有的可以通过杀病毒软件检查出来,有的根本就查不出来,有的时隐时现、变化无常,这类病毒处理起来通常非常困难。

（6）可触发性

病毒因某个事件或数值的出现,诱使病毒实施感染或进行攻击的特性称为可触发性。为了隐蔽自己,病毒必须潜伏,少做动作。如果完全不动,一直潜伏的话,病毒既不能感染也不能进行破坏,便失去了杀伤力。病毒既要隐蔽又要维持杀伤力,则它必须具有可触发性。病毒具有预定的触发条件,这些条件可能是时间、文件类型或某些特定数据等。病毒运行时,触发机制检查预定条件是否满足,如果满足,启动感染或破坏动作,使病毒进行感染或攻击;如果不满足,则病毒继续潜伏。

（7）破坏性

计算机中毒后,可能会导致正常的程序无法运行,把计算机内的文件删除或使计算机受到不同程度的损坏。通常表现为:增、删、改、移。

3. 计算机感染病毒后的症状

（1）计算机系统运行速度减慢。

（2）计算机系统经常无故发生死机。

（3）计算机系统中的文件长度发生变化。

（4）计算机存储的容量异常减少。

（5）系统引导速度减慢。

（6）丢失文件或文件损坏。

（7）计算机屏幕上出现异常显示。

（8）计算机系统的蜂鸣器出现异常声响。

（9）磁盘卷标发生变化。

（10）系统不识别硬盘。

（11）对存储系统异常访问。

（12）键盘输入异常。

（13）文件的时间、属性等发生变化。

（14）文件无法正确读取、复制或打开。

（15）命令执行出现错误。

（16）虚假报警。

（17）切换当前盘。有些病毒会将当前盘切换到 C 盘。

（18）时钟倒转。有些病毒会命名系统时间倒转，逆向计时。

（19）Windows 操作系统无故频繁出现错误。

（20）系统异常重新启动。

（21）一些外部设备工作异常。

（22）异常要求用户输入密码。

（23）Word 或 Excel 提示执行"宏"。

（24）使不应驻留内存的程序驻留内存。

4. 计算机感染病毒的途径

（1）通过软盘

通过使用外界被感染的软盘而使计算机感染病毒，例如，不同渠道来的系统盘、来历不明的软件、游戏盘等是最普遍的传染途径。

（2）通过硬盘

通过硬盘传染也是重要的渠道，由于带有病毒的机器移到其他地方使用、维修等，使干净的硬盘受到传染并再扩散。

（3）通过光盘

因为光盘容量大，存储了海量的可执行文件，大量的病毒就有可能藏身于光盘中。对只读式光盘，由于不能进行写操作，因此光盘上的病毒不能清除。当前，盗版光盘的泛滥给病毒的传播带来了很大的便利。

（4）通过 U 盘

随着 U 盘的大量使用和 U 盘容量的不断增大，大量的病毒就有可能藏身于 U 盘中，并传染给计算机。

（5）通过网络

这种传染扩散极快，可在很短的时间内传遍网络上的机器。随着 Internet 的风靡，给病毒的传播又增加了新的途径，它的发展使病毒可能成为灾难，病毒的传播更迅速，反病毒的任务更加艰巨。Internet 带来两种不同的安全威胁，一种威胁来自文件下载，这些被浏览的或是被下载的文件可能存在病毒。另一种威胁来自电子邮件。大多数 Internet 邮件系统提供了在网络间传送附带格式化文档邮件的功能，因此，感染上病毒的文档或文件就可能通过网关和邮件服务器涌入网络。网络使用的简易性和开放性使得这种威胁越来越严重。

5. 计算机病毒的预防

提高系统的安全性是防止计算机病毒侵害的一个重要方面，但完美的系统是不存在的，过于强调提高系统的安全性将使系统多数时间用于病毒检查，从而使系统失去了可用性、实用性和易用性。而在使用中加强内部网络管理人员以及使用人员的安全意识,便是预防计算机病毒的重要手段。在使用中应注意以下事项。

(1) 建立良好的安全习惯

例如:对一些来历不明的邮件及附件不要打开,不要登录一些不太了解的网站,不要执行从 Internet 下载后未经杀毒处理的软件等,这些必要的习惯会使计算机更安全。

(2) 关闭或删除系统中不需要的服务

默认情况下,许多操作系统会安装一些辅助服务,如 FTP 客户端、Telnet 和 Web 服务器。这些服务为攻击者提供了方便,而又对用户没有太大用处,如果关闭或删除它们,则能大大减少被攻击的可能性。

(3) 经常升级安全补丁

据统计,有 80% 的网络病毒是通过系统安全漏洞进行传播的,像蠕虫王、冲击波、振荡波等,所以我们应定期到相关安全网站下载最新的安全补丁,以防患于未然。

(4) 使用复杂的密码

有许多网络病毒就是通过猜测简单密码的方式攻击系统的,因此使用复杂的密码,将会大大提高计算机的安全系数。

(5) 迅速隔离受感染的计算机

当发现计算机感染了病毒或出现异常时,应立刻断网,以防止计算机受到更多的感染,或者成为传播源,感染其他计算机。

(6) 了解一些病毒知识

通过了解一些病毒知识,就可以及时发现新病毒并采取相应措施,在关键时刻使自己的计算机免受病毒破坏。如果能了解一些注册表知识,就可以定期查看注册表的自启动项是否有可疑键值;如果了解一些内存知识,就可以经常查看内存中是否有可疑程序。

(7) 最好安装专业的杀毒软件进行全面监控

在病毒日益增多的今天,使用杀毒软件进行防毒,是越来越经济的选择。不过,在安装了反病毒软件之后,应该经常进行升级,将一些主要监控经常打开(如邮件监控、内存监控等),以保障计算机的安全。

(8) 安装个人防火墙软件进行防黑

由于网络的发展,电脑面临的黑客攻击问题也越来越严重,许多网络病毒都采用了黑客的方法来攻击电脑。因此,计算机还应该安装个人防火墙软件,将安全级别设为中、高级,这样才能有效地防止网络上的黑客攻击。

6. 计算机病毒的消除

(1) 杀毒软件清除

这是非专业用户普遍采用的方法,常用的杀毒工具有:

杀毒软件：卡巴斯基,NOD32,avast5.0,360 杀毒；

U 盘病毒专杀软件：AutoGuarder2 等。

安全软件：360 安全卫士(可以查杀木马)等。

(2) 采用保存主引导扇区信息的方式对数据进行恢复

对于感染主引导型病毒的计算机,可以采用事先备份的硬盘的主引导扇区文件进行恢复,恢复时可用 DEBUG 或 NORDON 等软件实现。

(3) 程序覆盖方法

这种方法适用于文件型病毒,一旦发现文件被感染,可将事先保留的无毒备份重新复制到系统覆盖有毒文件即可。

(4) 格式化或低级格式化磁盘

这种方法是最彻底的清除方法,但轻易不要使用,因为它会破坏磁盘上的所有数据,并且低级格式化对硬盘有损伤,在万不得已的情况下才使用这一方法。

(5) 手工清除

这种方法比较复杂,需要很深的专业知识,只能由计算机专业人员来执行操作。

## 10.5.2　防火墙

防火墙指的是一个由软件和硬件设备组合而成、在内部网和外部网之间、专用网与公共网之间的界面上构造的保护屏障,从而保护内部网免受非法用户侵入的形象说法。

1. 防火墙的功能

(1) 能强化安全策略。

(2) 能有效地记录 Internet 上的活动。

(3) 能限制、暴露用户弱点。

(4) 能够用来隔开网络中一个网段与另一个网段,从而防止影响一个网段的问题通过整个网络传播。

(5) 防火墙是一个安全策略的检查站。所有进出的信息都必须通过防火墙,防火墙便成为安全问题的检查点,使可疑的访问被拒之于门外。

(6) 防火墙还可以关闭不使用的端口,并禁止特定端口的流出通信,封锁特洛伊木马。

(7) 可以禁止来自特殊站点的访问,从而防止来自不明入侵者的所有通信。

2. 注意事项

(1) 一个防火墙在许多时候并不是一个单一的设备

除非在特别简单的情况下,防火墙很少是单一的设备,而是一组设备。即使是一个商用的"all-in-one"防火墙应用程序,同样也需要配置其他机器(例如网络服务器)来与之一同运行。

(2) 防火墙并不会解决所有的问题

不要指望防火墙靠自身就能够给予安全保障。防火墙保护计算机使用者免受从外部直接攻击内部,但却不能防止从 LAN 内部的攻击,它甚至不能保护计算机使用者免受所有那些它能检测到的攻击。

(3) 使用分层手段

在一个地点依赖单一的设备,使用多个安全层来避免某个失误造成对计算机使用者所关心的问题的侵害。

(4) 只安装所需要的软件

防火墙机器不能像普通计算机那样安装厂商提供的全部软件分发。作为防火墙一部分的机器必须保持最小的安装。即使有些东西是安全的也不要在不需要的时候安装它。

(5) 使用可以获得的所有资源

不要建立基于单一来源的信息的防火墙,特别是该资源不是来自厂商。

(6) 不断地重新评估

对防火墙应当进行经常性的评估,并确认是否合理、有效。

(7) 要对失败有心理准备

做好最坏的心理准备。防火墙不是万能的,对一些新出现的病毒和木马可能没有反应,因此要时常更新防火墙。

## 10.5.3　加密

1. 加密与密文

加密是以某种特殊的算法改变原有的信息数据,使得未授权的用户即使获得了已加密的信息,但因不知解密的方法,仍然无法了解信息的内容。

加密前的信息称为明文,以某种方法伪装信息以隐藏信息的内容的过程称为加密,加密后的信息称为密文,把密文转变为明文的过程称为解密。

加密技术包括两个元素:算法和密钥。算法是将普通的信息或者可以理解的信息与一串数字(密钥)结合,产生不可理解的密文的步骤;密钥是用来对数据进行编码和解密的一种算法。在安全保密中,可通过适当的加密技术和管理机制来保证网络的信息通信安全。

加密之所以安全,绝非因不知道加密解密算法,而是加密的密钥是绝对的隐藏,现在流行的 RSA 和 AES 加密算法都是完全公开的,一方取得已加密的数据,就算知道加密算法,若没有加密的密钥,也不能打开被加密保护的信息。

现代加密技术建立在对信息进行数学编码和解码的基础上,通常有对称算法和非对称算法两类。

2. 对称算法加密

对称加密双方采用共同密钥(当然这个密钥是需要对外保密的),即加密和解密的密钥是相同的。这种算法也称为秘密密钥算法或单密钥算法,要求信息发送者和接收者在安全通信之前商定一个密钥。其安全性在于密钥,泄露密钥意味着安全措施失效。

3. 非对称算法加密

非对称算法加密存在两个密钥:一种是公共密钥(正如其名,这是一个可以公开的密钥),一种是私人密钥(对外保密)。发送信息时,发送方使用接收方的公共密钥加密信息;接收方收到加密信息后,则使用私人密钥破译信息密码(被公钥加密的信息,只有接收方唯一的私钥可以解密,这样,就在技术上保证了这封信只有接收方才能解读——因为别人没有接收方的私钥)。而使用私人密钥加密的信息只能使用加密者的公共密钥解密(这一功能应用于数字签名领域,用私钥加密的数据,只有加密者的公钥可以解读),同时加密者的公钥只能解密用加密者私钥加密的数据,不能解密其他密钥加密的数据。这样,即使信息被第三方截获,也无法解读,确保了信息的安全性。

例如,假设用户甲要寄信给用户乙,他们互相知道对方的公钥。甲就用乙的公钥加密邮件寄出,乙收到后就可以用自己的私钥解密出甲的原文。由于别人不知道乙的私钥,所以即使甲本人也无法解密那封信,这就解决了信件保密的问题。另外,由于每个人都知道乙的公钥,他们都可以给乙发信,那么乙如何确信是不是甲的来信呢? 那就要用到基于加密技术的数字签名了。甲用自己的私钥将签名内容加密,附加在邮件后,再用乙的公钥将整个邮件加密(注意这里的次序,如果先加密再签名的话,别人可以将签名去掉后签上自己的签名,从而篡改了签名)。这样,这份密文被乙收到以后,乙用自己的私钥将邮件解密,得到甲的原文和数字签名,然后用甲的公钥解密签名,这样一来就可以确保两方面的安全了。

4. 加密技术的应用

加密技术的应用是多方面的,但最为广泛的还是在电子商务、VPN 和数据安全方面的应用,分别简述如下。

(1) 在电子商务方面的应用

电子商务(E-business)要求顾客可以在网上进行各种商务活动,不必担心自己的信用卡会被人盗用。在过去,用户为了防止信用卡的号码被窃取到,一般是通过电话订货,然后使用用户的信用卡进行付款。现在人们开始用 RSA(一种公开/

私有密钥)等加密技术,提高信用卡交易的安全性,从而使电子商务走向实用成为可能。

(2) 在 VPN 中的应用

现在,越来越多的公司走向国际化,一个公司可能在多个国家都有办事机构或销售中心,每一个机构都有自己的局域网(local area network,LAN),但在当今的网络社会人们的要求不仅如此,用户还将这些 LAN 连结在一起组成一个公司的广域网。联网时,他们一般使用租用专用线路来连结这些局域网,他们考虑的就是网络的安全问题。现在具有加密/解密功能的路由器已到处都是,这就使得人们通过互联网连接这些局域网成为可能,这就是我们通常所说的虚拟专用网(virtual private network,VPN)。当数据离开发送者所在的局域网时,该数据首先被用户连接到互联网上的路由器进行硬件加密,数据在互联网上是以加密的形式传送的,当达到目的 LAN 的路由器时,该路由器就会对数据进行解密,这样目的 LAN 中的用户就可以看到真正的信息了。

(3) 在数据安全方面的应用

现在计算机已经进入千家万户,在实验室科研、教学中起着不可替代的作用。计算机中保存的重要数据和机密数据的安全已经成为所有计算机使用者十分重视的问题。无论是个人的计算机数据或实验室的计算机数据,如果一旦泄密,造成的损失和影响将是巨大的。采用加密技术,可以提高数据的安全性。

## 10.5.4　入侵检测

### 1. 入侵检测及其作用

入侵检测(intrusion detection)是对入侵行为的检测。它通过收集和分析网络行为、安全日志、审计数据、其他网络上可以获得的信息以及计算机系统中若干关键点的信息,检查网络或系统中是否存在违反安全策略的行为和被攻击的迹象。

入侵检测作为一种积极主动的安全防护技术,提供了对内部攻击、外部攻击和误操作的实时保护,在网络系统受到危害之前拦截和响应入侵。

入侵检测通过执行以下任务来实现:监视、分析用户及系统活动;系统构造和弱点的审计;识别反映已知进攻的活动模式并向相关人士报警;异常行为模式的统计分析;评估重要系统和数据文件的完整性;操作系统的审计跟踪管理,并识别用户违反安全策略的行为。

入侵检测是防火墙的合理补充,帮助系统对付网络攻击,扩展了系统管理员的安全管理能力(包括安全审计、监视、进攻识别和响应),提高了信息安全基础结构的完整性,被认为是防火墙之后的第二道安全闸门。

2. 入侵检测的类型

入侵检测系统所采用的技术可分为特征检测与异常检测两种。

(1) 特征检测

特征检测(signature-based detection)又称为 misuse detection,这一检测假设入侵者活动可以用一种模式来表示,系统的目标是检测主体活动是否符合这些模式。它可以将已有的入侵方法检查出来,但对新的入侵方法无能为力。其难点在于如何设计模式既能够表达"入侵"现象又不会将正常的活动包含进来。

(2) 异常检测

异常检测(anomaly detection)的假设是入侵者活动异常于正常主体的活动。根据这一理念建立主体正常活动的"活动简档",将当前主体的活动状况与"活动简档"相比较,当违反其统计规律时,认为该活动可能是"入侵"行为。异常检测的难题在于如何建立"活动简档"以及如何设计统计算法,从而不把正常的操作作为"入侵"或忽略真正的"入侵"行为。

两种检测技术的方法、所得出的结论有非常大的差异。基于特征的检测技术的核心是维护一个知识库。对于已知的攻击,它可以详细、准确地报告出攻击类型,但是对未知攻击却效果有限,而且知识库必须不断更新。基于异常的检测技术则无法准确判别出攻击的手法,但它可以(至少在理论上可以)判别更广泛甚至未发觉的攻击。

3. 入侵检测系统组成

入侵检测系统分为 4 个组件:事件产生器(event generators)、事件分析器(event analyzers)、响应单元(response units)和事件数据库(event databases)。

事件产生器的目的是从整个计算环境中获得事件,并向系统的其他部分提供此事件。事件分析器分析得到的数据,并产生分析结果。响应单元则是对分析结果做出反应的功能单元,它可以做出切断连接、改变文件属性等强烈反应,也可以只是简单的报警。事件数据库是存放各种中间和最终数据的地方的统称,它可以是复杂的数据库,也可以是简单的文本文件。

4. 入侵检测的步骤

(1) 信息收集

入侵检测的第 1 步是信息收集,内容包括系统、网络、数据及用户活动的状态和行为。而且,需要在计算机网络系统中的若干不同关键点(不同网段和不同主机)收集信息,这除了尽可能地扩大检测范围的因素外,还有一个重要的因素就是从一个源头来的信息有可能看不出疑点,但从几个源头来的信息的不一致性却是可疑行为或入侵的最好标识。

（2）信号分析

对上述 4 类收集到的有关系统、网络、数据及用户活动的状态和行为等信息，一般通过 3 种技术手段进行分析：模式匹配、统计分析和完整性分析。其中，前两种方法用于实时的入侵检测，而完整性分析则用于事后分析。

## 10.5.5　网络监听

### 1. 网络监听及其两面性

网络监听是一种监视网络状态、数据流程以及网络上信息传输的管理工具，它可以将网络界面设定成监听模式，并且可以截获网络上所传输的信息。它是为系统管理员管理网络、监视网络状态和数据流动而设计的。但是由于它有着截获网络数据的功能，所以也是黑客所惯用的伎俩之一。也就是说，当黑客登录网络主机并取得超级用户权限后，若要登录其他主机，使用网络监听便可以有效地截获网络上的数据，这是黑客使用最好的方法。

### 2. 检测网络监听的方法

网络监听是很难被发现的。当运行监听程序的主机在监听的过程中只是被动地接收在以太网中传输的信息，它不会与其他主机交换信息，也不能修改在网络中传输的信息包。这就说明，网络监听的检测是比较麻烦的事情。一般通过以下方法来检测网络监听。

（1）一般情况下可以通过 ps-ef 或者 ps-aux 来检测。但大多实施监听程序的人都会通过修改 ps 的命令来防止被 ps-ef。修改 ps 只需要几个 shell 把监听程序的名称过滤掉就可以了。

（2）如果怀疑网内某台机器正在实施监听程序的话，可以用正确的 IP 地址和错误的物理地址去 ping 它，这样正在运行的监听程序就会做出响应。这是因为，正常的机器一般不接收错误的物理地址的 ping 信息，但正在进行监听的机器就可以接收，要是它的 IP stack 不再次反向检查的话就会有一定的响应。不过，这种方法对很多系统是没有效果的，因为它依赖于系统的 IP stack。

（3）另一种就是向网上发出大量不存在的物理地址的包，而监听程序往往就会将这些包进行处理，这样就会导致机器性能下降，我们可以用 icmp echo delay 来判断和比较它。还可以通过搜索网内所有主机上运行的程序，但这样做的难度可想而知，不但需要极大的工作量，而且也不能完全同时检查所有主机上的进程。但是管理员这样做也有很大的必要性，可以确定是否有一个进程是从管理员机器上启动的。

（4）在 Unix 中可以通过 ps-aun 或 ps-augx 命令产生一个包括所有进程的清单：进程的属主和这些进程占用的处理器时间与内存等。它们以标准表的形式输出在 STDOUT 上。如果某一个进程正在运行，那么它将会列在这张清单之中。但是很多黑客在运行监听程序时会毫不客气地把 ps 或其他运行中的程序修改成 Trojan Horse 程序，因为他完全可以做到这一点。

（5）有一种叫作 Ifstatus 的运行在 Unix 下的工具可以识别出网络接口是否正处于调试状态下或者是在监听状态下。要是网络接口运行在这样的模式之下，那么很有可能正在受到监听程序的攻击。

3．著名的 Sniffer 监听工具

Sniffer 可以监听到（甚至是听、看到）网上传输的所有信息。Sniffer 可以是硬件也可以是软件。主要用来接收在网络上传输的信息，包括以太网 Ethernet、TCP/IP、ZPX 等，也可以是集中协议的联合体系。

Sniffer 非常危险，它可以截获口令，可以截获到本来是秘密的或者专用信道内的信息，截获到信用卡号、经济数据、E-mail 等，还可以用来攻击相邻的网络。

Sniffer 可以使用在任何一种平台之中。而现在使用 Sniffer 也不可能被发现，这个是对网络安全的最严重的挑战。

在 Sniffer 中，有人编写了它的 Plugin，称为 TOD 杀手，可以将 TCP 的连接完全切断。总之，Sniffer 应该引起人们的重视，否则网络安全永远做不到最好。

4．防止监听的方法

（1）加密

加密是防止监听的最有效的方法。一般情况下，监听只是对用户口令信息比较敏感一点，所以对用户信息和口令信息进行加密是完全有必要的。如对用户名和口令加密，以保证秘密数据安全传输而不被监听和偷换。保密通信协议，如 Telnet 协议和 UNIX 安全壳 SSH，可有效对付监听。禁用明文传输，可防止传输的信息被监听后被破译。

（2）安全网络拓扑结构

安全网络拓扑结构可以减少被监听的机会，所用技术通常被称为分段技术，即将网络分成一些小的网段，网段的集线器连接到交换机上，也可以使用网桥或路由器来连接，数据包只会在一个网段内被监听工具截获，不同网段间不能互相监听。

# 思　考　题

1．安全防范系统包括哪几个部分？

2．入侵防范系统由哪几个部分组成？各自的功能是什么？

3．入侵探测器的性能要求是什么？

4. 点型入侵探测器的特点是什么? 哪些探测器可以作为点型入侵探测器?

5. 线型入侵探测器的特点是什么? 哪些探测器可以作为线型入侵探测器?

6. 面型入侵探测器的特点是什么? 哪些探测器可以作为面型入侵探测器?

7. 空间型入侵探测器的特点是什么? 哪些探测器可以作为空间型入侵探测器?

8. 简述主动、被动红外入侵探测器的工作原理和应用场所。

9. 简述视频运动探测器的工作原理。

10. 简述视频运动探测器的触发报警方式。

11. 入侵探测器选用的依据是什么?

12. 简述无线传输入侵探测器的特点和应用场所。

13. 入侵报警控制器的功能要求是什么?

14. 简述视频监控系统的组成与特点。

15. 视频监控系统有哪几种形式? 其特点和应用场合是什么?

16. 视频信号分配器、视频切换器的功能是什么?

17. 视频矩阵主机的功能是什么? 与其连接的外部设备有哪些?

18. 视频矩阵主机选用的依据是什么?

19. 视频数字监控系统的特点是什么?

20. 视频监控系统中摄像机的分类有哪几种?

21. 简单叙述视频监控系统中摄像机采用的 CCD 技术。

22. 摄像机的主要性能指标是什么?

23. 摄像机的镜头有哪几种? 各有什么特点? 分别用在什么场合?

24. 摄像机的镜头选择应注意什么?

25. 什么是一体化摄像机? 其特点是什么?

26. 快速球形摄像机的结构特点是什么?

27. 红外摄像机、彩色夜视摄像机和彩色红外摄像机的特点是什么?

28. 网络摄像机的种类、结构和特点是什么?

29. 简单叙述视频监控系统中的视频压缩技术。

30. 简述视频移动报警系统的工作原理。

31. 多通道视频移动入侵报警器的功能有哪些?

32. 多画面处理器有几种类型? 主要功能、特点是什么?

33. 视频监控系统的监视器的分类和性能特点是什么?

34. 视频监控系统的信号传输方法有几种? 详细说明。

35. 什么是门禁管理系统? 它由哪几个部分组成?

36. 出入口目标识别有几种方法? 各有什么特点?

37. 非接触式的感应卡的结构特点和工作原理是什么?

38. 简单叙述门禁管理系统的硬件和各自的功能。

39. 选择电磁锁具时应注意什么?

40. 简述电子巡更系统的功能。

41. 简述离线电子巡更系统的特点和应用场所。

42. 简述有线电子巡更系统的特点和应用场所。

43. 什么是计算机病毒?

44. 计算机病毒的危害是什么?

45. 计算机感染病毒后的现象有哪些?

46. 怎样预防计算机病毒感染?

47. 怎样清除计算机病毒?

48. 什么是防火墙?

49. 防火墙的功能是什么?

50. 使用防火墙的注意事项有哪些?

51. 常用的防火墙有哪些?

52. 什么叫明文? 什么叫密文?

53. 什么叫加密? 什么叫公钥? 什么叫密钥?

54. 什么是对称加密? 简单叙述一下其特点。

55. 什么是非对称加密? 简单叙述一下其特点。

56. 加密的功能和应用范围是什么?

57. 什么是入侵检测? 其作用是什么?

58. 入侵检测有哪两种类型? 各自是怎样检测的?

59. 入侵检测的系统组成有哪些?

60. 入侵检测的步骤是什么?

61. 什么是网络监听?

62. 为什么说网络监听有两面性?

63. 检测网络监听的方法有哪些?

64. 怎样防止网络监听?

# 参 考 文 献

[1]　ARMNITAGE P, FASEMORE J. Laboratory Safety[M]. London, 1977.

[2]　PAL S B. Handbook of Laboratory Health and Safety Measures[M]. MTP Press Limited, 1985.

[3]　李五一. 高等学校实验室安全概论[M]. 杭州:浙江摄影出版社,2006.

[4] 秦兆海,周鑫华. 智能楼宇安全防范系统[M]. 北京:清华大学出版社,北京交通大学出版社,2005.

[5] 赵庆双,冯志林,裴志刚,等. 清华大学实验室安全手册[M]. 北京:清华大学出版社,2003.

[6] 雷玉堂. 安防视频监控实用技术[M]. 北京:电子工业出版社,2012.

[7] 汪光华. 智能安防[M]. 北京:机械工业出版社,2012.

[8] 西刹子. 安防天下[M]. 北京:清华大学出版社,2012.

[9] 石勇,卢浩,黄继军. 计算机网络安全教程[M]. 北京:清华大学出版社,2012.

[10] 仇建平. 网络安全与信息保障[M]. 北京:清华大学出版社,2012.

[11] 王汝佐. 对等(p2p)网络安全技术[M]. 北京:科学出版社,2012.

[12] 李拴保,何汉华,马杰. 网络安全技术[M]. 北京:清华大学出版社,2012.

[13] 任伟. 无线网络安全[M]. 北京:电子工业出版社,2011.

[14] 张薇,杨晓元,韩益亮. 密码基础理论与协议[M]. 北京:清华大学出版社,2012.

[15] 宋秀丽. 现代密码学原理与应用[M]. 北京:机械工业出版社,2012.

[16] 吴秀梅. 防火墙技术与应用教程[M]. 北京:清华大学出版社,2010.

[17] 杨富国. 网络设备安全与防火墙[M]. 北京:清华大学出版社,北京交通大学出版社,2005.

[18] 王建锋,钟玮,杨威. 计算机病毒分析与防范大全[M]. 北京:电子工业出版社,2011.

[19] 刘功申. 计算机病毒及其防范技术[M]. 北京:清华大学出版社,2011.

[20] 赖英旭,钟玮. 计算机病毒与防范技术[M]. 北京:清华大学出版社,2011.

[21] 鲜永菊. 入侵检测[M]. 西安:西安电子科技大学出版社,2009.

[22] 李剑. 入侵检测技术[M]. 北京:高等教育出版社,2008.

[23] 张继银,张宇翔,申巍葳. 网络窃密、监听与防泄密技术[M]. 西安:西安电子科技大学出版社,2011.

[24] 王汝琳. 智能门禁控制系统[M]. 北京:电子工业出版社,2004.

[25] 秦成德. 电子商务安全管理[M]. 北京:机械工业出版社,2012.

[26] 清华大学材料学院. 实验室安全手册[M]. 北京:清华大学出版社,2015.

# 第11章 安全管理

做好安全管理,是保证实验室安全、防患于未然的重要环节。实验室安全管理的主要内容包括掌握基础理论、健全管理系统、完善规章制度、加强安全教育、坚持安全检查等。

## 11.1 安全管理的基础理论

### 11.1.1 事故发生的特点

事故是指人们在进行有目的的活动过程中,突然发生违反人们意愿并可使有目的的活动发生暂时性或永久性停止、同时造成人员伤亡和财产损失的意外事件。事故的发生有以下特点。

1. 偶然性

偶然性是指事故的发生是随机的,服从统计规律,在多次重复操作中会发现事故发生的规律。因此研究事故发生的规律性,采取措施,预防事故的发生,是安全管理的基本出发点。

2. 因果性

因是指原因,果是指结果。事故的因果性是指事故的发生必然存在导致其发生的原因,即存在危险有害因素。预防事故发生的最根本的措施是消除危险有害因素。实验中的不安全因素主要来自人的不安全行为和物的不安全状态。造成人的不安全行为和物的不安全状态的主要原因可以归纳为以下 4 个方面,即技术原因、教育原因、身体原因、管理原因。针对这 4 个方面的原因可以采取 3 种防治对策,即工程技术对策、教育对策、法治对策。

3. 潜伏性

危险有害因素在导致事故发生之前是处于潜伏状态的,不能确定事故是否发生。因此,预防事故的发生主要是消除事故的危险有害因素,消除人的不安全行为。

### 11.1.2　安全管理的基本原理

**1. 预防原理**

安全管理工作应当以预防为主,即通过有效的管理和技术手段,防止人的不安全行为和物的不安全状态出现,从而使事故发生的概率降到最低,这就是预防原理。

**2. 强制原理**

采取强制管理的手段控制人的意愿和行动,使个人的活动、行为等受到安全管理要求的约束,从而实现有效的安全管理,这就是强制原理。强制原理的含义是:不必经被管理者同意便可采取控制行动。

强制原理在安全管理中主要体现为两个原则:安全第一原则和安全监督原则。

(1) 安全第一原则

安全第一原则就是要求在进行实验时把安全工作放在优先位置。这是安全管理的基本原则,也是我国安全工作方针的重要内容。该原则强调,必须把安全作为衡量实验室工作好坏的一项基本内容,作为一项有"否决权"的指标,不安全不准进行实验。

(2) 安全监督原则

安全监督原则就是授权专门的部门和人员行使监督、检查和惩罚的职责,以揭露安全工作中的问题,督促问题的解决,追究和惩戒违章失职行为。我国的安全监督分为国家监督、企业监督、群众监督 3 个层次。

### 11.1.3　事故致因理论及其实际意义

随着科学技术的发展,人们通过大量典型事故的研究,对事故发生原因、演变规律和模式的认识不断深入。自 20 世纪初至 80 年代,先后产生了多种关于事故致因的理论。

**1. 早期及现代的事故致因理论**

早期的事故致因理论有格林伍德(M. Greenwood)和伍兹(H. Woods)提出的"事故倾向性格论"、美国学者海因里希(W. H. Heinrich)的事故因果连锁理论、葛登(Gorden)的用于事故的流行病学方法、吉布森(Gibson)提出的由哈登(Harden)引申的"能量异常理论"等。

现代事故致因理论及模型有瑟利(J. Surry)模型、威格里沃思(Wigglesworth)的"人失误的一般模型"、劳伦斯(Lawrence)提出的"金矿山人失误模型"等。

　　这些理论均从人的特性与机器性能及环境状态之间是否匹配和协调的观点出发,认为机械和环境的信息不断地通过人的感官反映到大脑,人若能正确地认识、理解、判断,做出正确决策,并采取适当措施,就能化险为夷,避免事故和伤亡;反之,如果人未能察觉、认识所面临的危险,或判断不准确而未能采取正确的行为方式,就会发生事故和伤亡。

　　2. 轨迹交叉论

　　近十几年比较流行的事故致因理论是“轨迹交叉论”。该理论认为:事故的发生不外乎是人的不安全行为(或失误)和物的不安全状态(或故障)两大因素综合作用的结果,即人、物两大系列时空运动轨迹的交叉点就是事故发生的所在。

　　(1) 形成人的不安全行为的原因主要有:

　　① 人的生理、遗传、经济、文化、培训等方面的原因;

　　② 心理状况、知识和技能情况、工作制度、人际关系等方面的原因。

　　(2) 形成物的不安全状态的原因主要有:

　　① 设计、制造、标准缺陷等方面的基础原因;

　　② 维护、保养、使用等方面的管理原因。

　　预防事故的发生,就是设法从时空上避免人、物不安全运动轨迹的交叉。具体地说:如果排除了机械设备或处理危险物质过程中的隐患,消除了物的不安全状态,就砍断了物的系列的连锁;如果加强了对人的安全教育和技能训练,进行科学的管理,从生理、心理和操作上控制住不安全行为的产生,就砍断了人的系列的连锁。这样,人和物两个系列的不安全运动轨迹就不会相交,伤害事故就可以得到避免。

　　3. 事故致因理论的实际意义

　　目前,事故致因理论的发展还很不完善,还没有给出对于事故调查分析和预测预报方面的普适与有效的方法。然而,通过对事故致因理论的学习和深入研究,可在安全实验工作中产生以下积极的效果。

　　(1) 从本质上阐明事故发生的机理,奠定安全实验的理论基础,为安全实验指明正确的方向。

　　(2) 为系统安全分析、危险性评价和安全决策提供充分的信息与依据,增强针对性,减少盲目性。

　　(3) 有利于从定性的物理模型向定量的数学模型发展,为事故的定量分析和预测奠定基础,真正实现安全管理的科学化。

　　(4) 增加安全实验的理论知识,丰富安全教育的内容,提高安全教育的水平。

# 11.2　实验室特点及安全管理对策

高等院校和科研院所的实验室有其自身的特点,实验室安全管理者需要根据这些特点对实验室安全进行计划、组织、指挥、协调和控制。

## 11.2.1　实验室的特点

高等院校和科研院所的实验室有以下一些特点。

(1) 高等院校和科研院所的实验室使用频繁,人员集中且流动性大。随着国家教育和科学研究的发展,每年科研院所都有大量的本科生、硕士生和博士生参加实验室的科研工作。

(2) 高校实验室,尤其是材料、化学、化工实验室通常保存有大量易燃、易爆、毒害性物质,有些实验室还存有放射性物质,极易发生安全事故。

(3) 随着国家对科研的重视和科研投入的加强,近几年科研院所实验室购买更新了大批贵重仪器和设备。

(4) 高校实验室通常以课题组为基本科研单位,规模较小,而且大多实行教授负责制。教授忙于繁重的科研和教学任务,实验室的管理工作时常无法落实到位。

## 11.2.2　实验室的安全管理对策

### 1. 安全管理的目的与方针

根据实验室的特点加强实验室的安全管理,制定合理的规章制度、监督检查制度和针对实验室人员的培训制度显得更加重要。实验室安全管理是促进实验室建设与发展的重要组成部分,是关系到学校教学、科研、实验等项工作顺利完成的必备条件,也是关系到实验室工作人员安全和国家财产免受损失的重要保证。

实验室安全管理是为贯彻执行国家安全生产的方针、政策、法律和法规,确保实验过程中的安全而进行的一系列组织措施,其目的是保护学生和实验研究人员在科学实验过程中的安全和健康,保护国家财产不受到损失。

实验室安全管理的方针与国家安全生产的方针一致,即"安全第一,预防为主"。"安全第一"即保证安全在实验室一切工作中占据首要位置,它是衡量实验室工作好坏的基本指标;"预防为主"是实现安全第一的基础,也是要把安全工作放在事前做好,做到防微杜渐,防患于未然;在实际的工作中要依靠科技进步,加强科学管理,运用安全管理学的原理和方法,进行实验室安全预测与分析,预防和消除危及人身安全健康的一切不良条件,保证安全。

2. 实验室安全事故的预防对策

根据事故致因理论,事故的发生是人和物两大系列不安全轨迹交叉的结果。因此,防止事故发生的基本原理就是人和物的不安全运动轨迹中断,使二者不能交叉。在人和物两大不安全系列的运动中,二者并不是完全独立进行的,而是互为因果互相转化的,其中,人的失误占主要地位。纵然伤亡事故完全来自机械或物质的危害,但若更进一步追踪,机械还是由人设计、制造和维护,物质也是由人支配的,因此中断人的不安全系列的连锁作用无疑是非常重要的,应该给予充分重视。

(1) 针对人的因素的事故预防对策可归纳如下。

① 人员的合理选拔与调配。

② 安全知识教育。

③ 安全态度教育。

④ 安全技能培训。

⑤ 制定实验操作规程和异常情况时的处理预案。

⑥ 实验前培训。

⑦ 制定和贯彻实施安全规章制度。

⑧ 实行确认制。

⑨ 实验过程中的巡视检查、监督指导。

⑩ 竞赛评比,奖励惩罚。

⑪ 经常性的安全教育和活动。

(2) 针对物的因素的事故预防对策可归纳如下。

① 根据实验室或某一试验的具体情况进行系统安全分析、危险性评价,对可能发生的事故和事故触发因素进行预测。

② 推行本质安全技术。

③ 采用安全装置,包括防护装置、保险装置、自动监控装置等。

④ 采用警告装置。

⑤ 进行预防性试验,包括各种设备设施的强度、刚度、安全可靠性试验;新技术、新材料和新工艺的安全试验。

⑥ 实验设备的检查和维护,检查分试验前、试验中、试验后检查和定期检查。

⑦ 实验室环境的整治与改善。

⑧ 个体防护及劳动用品的完备。

⑨ 对易燃易爆、有毒有害物料、场所的事故防预对策。

⑩ 工艺过程、实验方法的改善。

⑪ 实验条件的改善,包括照明、通风换气等。

## 11.3　实验室安全管理相关法律、法规及单位内部管理规章

### 11.3.1　有关安全的法律

我国制定的许多法律中都包括关于安全的条文,其中特别重要的如下。

1.《中华人民共和国宪法》中的有关规定

第二十四条第一款:国家通过普及理想教育、道德教育、文化教育、纪律和法制教育,通过在城乡不同范围的群众中制定和执行各种守则、公约,加强社会主义精神文明建设。

第四十二条规定:"国家通过各种途径,创造就业条件,加强劳动保护,改善劳动条件,并在发展生产的基础上,提高劳动报酬和福利待遇。"

宪法中的相关规定是我国安全生产的基本原则,任何安全生产法规的制定均不得与这些原则相违背。

2.《中华人民共和国刑法》中的有关规定

**第一百三十六条**　违反爆炸性、易燃性、放射性、毒害性、腐蚀性物品的管理规定,在生产、储存、运输、使用中发生重大事故,造成严重后果的,处三年以下有期徒刑或拘役;后果特别严重的,处三年以上七年以下有期徒刑。

**第一百三十九条**　违反消防管理法规,经消防监督机构通知采取改正措施而拒绝执行,造成严重后果的,对直接责任人员,处三年以下有期徒刑或者拘役;后果特别严重的,处三年以上七年以下有期徒刑。

3.《中华人民共和国治安管理处罚法》中的有关规定

**第三十条**　违反国家规定,制造、买卖、储存、运输、邮寄、携带、使用、提供、处置爆炸性、毒害性、放射性、腐蚀性物质或者传染病病原体等危险物质的,处十日以上十五日以下拘留;情节较轻的,处五日以上十日以下拘留。

**第三十一条**　爆炸性、毒害性、放射性、腐蚀性物质或者传染病病原体等危险物质被盗、被抢或者丢失,未按规定报告的,处五日以下拘留;故意隐瞒不报的,处五日以上十日以下拘留。

4.《中华人民共和国消防法》中的有关规定

**第二条**　消防工作贯彻预防为主、防消结合的方针,坚持专门机关与群众相结合的原则,实行防火安全责任制。

**第五条**　任何单位、个人都有维护消防安全、保护消防设施、预防火灾、报告火警的义务。任何单位、成年公民都有参加有组织的灭火工作的义务。

### 11.3.2　有关安全的行政法规

除法律外,国务院还颁布了多项安全行政法规,如《危险化学品安全管理条例》《放射性同位素与放射装置安全和防护条例》《国务院关于特大安全事故行政责任追究的规定》等。

另外,还有国务院各部委颁布的安全管理规章及技术规范,如《机关、团体、企业、事业单位消防安全管理规定》《工作场所安全使用化学品的规定》《气瓶安全监察规程》《压力容器安全技术监察规程》等。

有关行政法规的部分内容在前面的有关章节中已有所介绍,更详细的内容,可查阅各法规原文。

### 11.3.3　单位内部管理规章

除法律、法规外,许多单位往往还制定了内部安全管理规章,如:

1. 清华大学有关安全管理规章

(1) 规定类

① 清华大学防火安全管理规定。

② 清华大学防火安全奖励、赔偿暂行规定。

③ 清华大学剧毒物品安全管理办法。

④ 清华大学灭火、应急疏散预案。

(2) 责任职责类

① 清华大学防火安全责任书。

② 清华大学院(系)、处、所、厂、公司和其他组织防火安全负责人职责。

③ 清华大学院(系)、处、所、厂、公司和其他组织防火干部(安全员)职责。

④ 房间安全负责人职责。

⑤ 清华大学学生宿舍安全责任书。

⑥ 清华大学剧毒物品安全管理责任书。

2. 实验室安全管理部分规定

《清华大学实验室安全手册》中,对各种实验室安全做了较详细的规定。除此之外,还有:

(1) 实验室仪器设备管理规定。

(2) 大型实验室仪器设备管理规定。

(3) 实验室仪器设备借用制度。

(4) 仪器设备损坏(遗失)赔偿规定。

（5）实验室低值耐用品管理规定。

（6）实验室安全卫生制度。

（7）实验室学生守则。

（8）实验室人员管理制度。

（9）实验室钥匙管理的规定。

# 11.4　实验室安全管理责任制

## 11.4.1　安全管理责任制的作用

安全责任制是指从制度上对单位所有人员和部门，在各自职责范围内对安全工作应负的责任做出明确的规定，并遵照执行。实验室作为高等院校的基层单位，除了严格执行国家的法律法规外，学校也必须针对各实验室的具体情况建立安全责任制。

安全责任制的建立可以使各类人员、各部门分担安全责任，确保职责明确、分工协作，防止和克服安全工作中出现混乱、互相推诿、无人负责的现象；可以更好地发挥安全专职机构的监督保障作用，改变其工作杂乱、事事包揽的被动局面，真正成为领导在安全工作上的助手和安全管理的组织者、实施者，发生事故后，有利于事故的调查、分析和处理，容易分清责任、吸取教训。

## 11.4.2　安全责任人及其职责

1. 安全责任人

学校各级主要行政负责人为安全责任人，如校长为学校安全负责人，各院/系主任为院/系级安全负责人，实验室主任为实验室的安全负责人，课题组长为课题组的安全负责人。

2. 安全责任人的职责

各级安全责任人的职责为：

（1）校长职责：对全校的安全工作负领导责任。

（2）院/系主任职责：对全院/系的安全工作负领导责任。

（3）校长、院/系主任可委托一名主管安全工作的副职为安全管理人，负责校、院/系两级的日常安全管理工作，对校、院/系两级安全工作负主要管理责任。

（4）机关、科室负责人对其领导的实验室、科室的安全工作负直接领导责任。

（5）各课题组组长或导师对其管理的课题组的安全负直接领导责任。

（6）安全行为人（包括各实验室课题组、机关的工作人员、参与实验的学生及临时工等)职责：自觉执行学校和系制定的各项安全规定,对其所在工作环境的安全及自身的安全直接负责。

为落实学校各项规章制度和监督、检查、纠正违章,院/系里可以成立安全小组。安全小组的职责是：具体执行全院/系教学、科研、机关和其他工作的有关安全的各项事宜；负责召集院/系安全小组成员在系安全日检查全院/系各实验室、机关办公室的安全；督促、检查安全违规现象的整改落实情况等。

### 11.4.3　安全奖惩

严明的奖惩制度是保证安全的重要措施,也是安全管理工作的重要内容。国家和地方的安全法律、法规中对奖惩都有规定,特别是对于处罚都有明确的规定。对于事故的责任人,除处以降职、撤职、行政处分外,构成犯罪的,还会依照刑法追究刑事责任。

除了国家规定外,各单位一般都还制定有本单位的安全奖惩规定,如《清华大学防火安全奖励、赔偿暂行规定》。该规定共 4 章,18 条,规定了奖励、赔偿办法和火灾处理办法及对师生员工和单位的违章责任的追究。其中,第三、四两条规定,对在防火安全工作中的优秀单位、个人每两年由学校给予表彰奖励。第五条规定,对造成火灾事故的,根据损失情况有关人员要承担相应的赔偿责任。第十条规定,凡学校师生员工因责任原因造成火灾事故的,除赔偿损失外,情节较重的,学校或院/系可按照学校有关规定给予相应的纪律处分；情节严重的,送交司法机关处理。临时工作人员除赔偿损失外,视情节给予辞退或送交司法机关处理。

## 11.5　实验室安全教育

实验室安全教育的目的是提高实验室人员的安全意识,充分认识实验室安全的重要性；同时,使实验室人员掌握基本的安全知识,从而安全地、有效地进行工作。安全教育是安全管理的重要内容,与消除事故隐患、创造良好劳动条件相辅相成,不可缺少。

### 11.5.1　实验室安全教育的内容

实验室安全教育的内容主要包括：安全思想教育、安全政策教育、安全技术知识教育、先进经验和典型事故教训教育、现代安全管理知识教育等。

1. 安全思想教育
安全思想教育包括：安全意识教育和安全责任教育。

2. 安全政策教育

安全政策教育包括有关安全工作的方针、政策、法令、法规的宣传教育。

3. 安全技术知识教育

安全技术知识教育主要有以下几个方面。

(1) 一般实验技术知识

主要包括：实验室的基本概况、与实验过程有关的各种仪器设备的性能和有关知识，以及实验人员在长期实验中所积累的有关技能和经验等。

(2) 一般安全技术知识

一般安全技术知识是所有和实验有关的人员都必须具备的安全知识。包括：实验室内危险设备的区域及其安全防护的基本知识和注意事项；有关电气设备(动力及照明)的基本安全知识；有毒有害原料或有可能散发有毒有害物质的安全防护知识；一般消防制度和规划；个人防护服装和器具的正确使用；事故应急方法以及事故报告方法等。

(3) 专业安全技术知识

专业安全技术知识是指某一实验必须具备的专业安全技术知识。专业安全技术知识教育比较专业和深入。主要包括：安全技术知识、卫生技术知识以及根据这些知识和经验所制定的各种安全操作技术规程的教育。内容涉及压力容器、起重机械、电气、防火、防爆、防毒、防辐射、防病毒、防尘、噪声控制、防窃密等。

4. 先进经验和典型事故教训教育

先进经验具有现实的指导意义，通过学习先进经验可使实验人员受到启发，对照先进找差距，可以促进安全工作的进一步发展。通过典型事故的教育，可以使实验人员看到安全事故的严重后果，能够督促实验人员提高安全实验意识和安全实验水平。

5. 现代安全管理知识教育

《安全系统工程》《安全人机工程》《安全心理学》《劳动生理学》等现代知识随着安全管理的深入开展而被应用。这些理论和方法为辨识危险源、预防事故发生、提出有效的对策措施提供了系统的理论和方法，并能够使系统达到最优。通过学习这些知识，使各级领导和实验人员具有了现代安全管理的科学的思想方法。

## 11.5.2　安全教育类型

1. 对实验室主要负责人的教育

安全教育首先是对实验室主要负责人的教育。应对实验室主要负责人实行资格认证制度,只有通过相应安全监督管理部门的培训,获得资格认可,才可以对实验室的安全负责。

教育的目的是使实验室主要负责人树立"安全第一,预防为主"的思想,熟悉有关安全的方针、政策、法律法规、标准,增强安全意识和法制观念,掌握安全卫生基本知识,提高管理实验室安全的能力,重视对安全工作的领导和资金投入。

2. 对实验室安全管理人员的教育

实验室安全管理人员必须经过安全教育并经考核合格后方能任职。对安全管理人员的教育,目的是提高他们的安全责任意识,认真贯彻落实各项安全规章制度,增强处理事故的能力,保障工作场所安全。

安全教育的内容包括:有关安全的方针、政策、法律法规、标准,实验室安全管理,安全技术,安全文化,劳动卫生,工伤保险,事故报告及应急处理措施等。

3. 对实验室实验人员的教育

实验人员是指具体进行实验的师生员工。对他们进行教育的目的是提高他们的安全意识,自觉遵守各项安全规章制度和操作规程,掌握一般的安全常识和自救逃生能力。

对实验室实验人员的教育内容主要包括:有关安全的方针、法规,安全操作规程、安全技术,劳动卫生,事故报告及应急处理措施等。对实验人员的安全教育应该做到以下几点。

(1)彻底性

所谓彻底性是指对每一个实验人员都要进行安全教育,无论是老实验人员还是新实验人员,也无论是固定实验人员还是临时实验人员。在第 1 次进入实验室进行实验之前,都必须先进行安全教育,获得准入许可后方可进入实验室进行实验。

(2)经常性

由于实验的条件、环境、设备的使用状态以及人的心理状态都处在变化之中,因此一次性安全教育不能达到一劳永逸的效果,必须开展经常性的安全教育,以及时起到提醒、告诫的作用。经常性安全教育的形式多种多样,如班前班后会、安全活动月、安全技术交流、安全考试、安全知识竞赛、安全讲座等。无论哪种方式,都应该结合实验室实际,有的放矢,内容丰富,以便真正达到教育效果。

## 11.5.3　大学实验室的安全教育

大学实验室应根据学生安全知识不足、实验经验少的特点,坚持对全体学生进行安全教育,包括:

1. 本科生的安全教育

对大学新生,在刚进入大学时就应进行安全教育,如图 11-1 所示。对参加毕业设计的本科生,进行二级安全教育。进入实验室前,首先安排集中安全教育课,重点讲解实验室安全常识及实验室典型经验和事故教训;到各课题组后,再由课题组进行安全教育。未接受安全教育的本科生不准进行实验。

图 11-1　清华大学的新生安全教育

2. 研究生的安全教育

对于研究生,除了接受与本科生相同的安全教育,还应把《实验室安全基础》列为全体研究生的必修课,较全面、系统地讲解实验室的安全问题和防护措施,如图 11-2 和图 11-3 所示。

3. 教职工的安全教育

对于教职工的安全教育,除平日的教育外,还应经常聘请有关专家进行讲座和培训,较深入、全面地进行安全教育。

为了加强教育,可设立专门的安全教育宣传栏,并建立专门的实验室安全网站,以加强实验室安全知识和环保知识的教育,避免师生员工在进行科研实验时犯常识性的错误,引起安全事故和环境污染。通过多种安全教育形式,充分发挥师生员工的主观能动性、积极性和创造性,将被动的"要我安全"提高到主动的"我要安全"的自我保护意识上来。

图 11-2 清华大学的研究生在进行灭火演习

图 11-3 清华大学的研究生在参观海淀安全馆

# 11.6 安 全 检 查

## 11.6.1 安全检查的重要性

安全检查是一项综合性的安全管理措施,可以针对实验室的安全工作进行全面性检查,也可以针对人的不安全行为或设备、环境的不安全状态进行安全检查。

通过安全检查可以发现设备、环境中存在的危险和有害因素,推进安全技术措施的实施,消除事故隐患,纠正人的不安全行为,防止伤亡事故和职业病,保证科研工作的正常进行。

## 11.6.2　安全检查的类型

### 1. 定期检查

定期检查是指由实验室的上级部门(如系、院)按比较固定的期限对实验室所进行的各种安全检查。检查人员主要来自有经验的上级领导和技术人员。他们具有丰富的经验,使检查具有调查性、针对性、综合性和权威性。期限一般可定为每月一次。

### 2. 不定期检查

不定期检查也称为突击检查,即没有固定期限、也不预先通知的检查。不定期检查可以弥补定期检查的不足,对于督促时常保持安全状态十分重要。

### 3. 专业性检查

专业性检查是针对特种实验、特种设备、特殊实验场所开展的安全检查。这类检查一般是由具有检查资质的部门和人员进行的。

## 11.6.3　安全检查的内容

### 1. 查思想意识

查思想意识主要查实验室负责人及实验人员在思想上是否真正重视安全,是否树立了"安全第一"的思想。

### 2. 查管理

检查实验室是否具有完善的管理制度,实验设备是否具有详细的操作规程等。

### 3. 查现场、查隐患

深入实验室现场,检查实验条件和操作情况是保证实验室安全的重要环节。检查内容包括:安全设施是否完好有效(如图11-4所示);化学品存放、使用是否安全;特种设备(高温、高压等设备)的使用环境条件是否符合安全要求;管理和使用人员对特种设备的使用操作规程是否熟悉;实验室管理人员及参加实验人员是否具有一般的安全知识(如灭火器的使用、应对初起火灾、触电等突发事故的处理能力)等。对现场查出的隐患,能立即整改的应现场整改,不能立即整改的,应立即提出书面整改意见,要求被查单位限期整改,并向有关部门汇报待查。

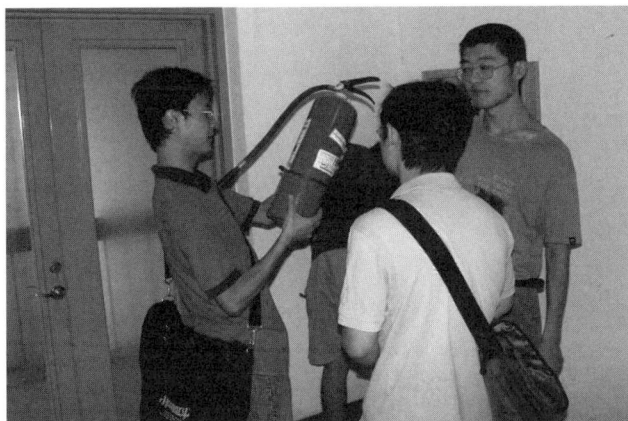

图 11-4　清华大学的研究生在检查实验室的灭火器

### 4. 查整改

对被检查实验室上一次查出的问题,按当时记录的事项、整改要求进行复查,检查是否进行了整改及整改的效果。如果没有进行整改或整改不力,要重新提出要求,限期整改。

## 思　考　题

1. 事故发生的特点是什么? 简单叙述每个特点的具体内容。
2. 事故管理的基本原则是什么? 简单叙述每项原则的内容。
3. 事故的致因理论有哪些? 简单叙述一下各种理论。
4. 事故的轨迹交叉理论有什么实际意义?
5. 实验室安全事故的预防对策有哪些?
6. 实验室的特点有哪些?
7. 实验室的安全管理对策是什么?
8. 国家对实验室管理的法律法规中,特别重要的有哪些?
9. 清华大学对实验室管理规章中,特别重要的有哪些?
10. 如何理解安全管理责任制的重要作用?
11. 安全责任人的职责是什么?
12. 如果你被指定为实验室的防火负责人,那么你应该履行哪些责任?
13. 为什么要实行安全奖惩制度?
14. 实验室安全教育的内容有哪些?

15. 安全教育的类型有哪些?

16. 大学实验室安全教育的对象有哪些?

17. 安全检查的重要性是什么?

18. 安全检查的类型有哪些?

19. 安全教育的内容有哪些?

20. 你认为安全教育在保障高校实验室的安全中有何重要意义?

# 参 考 文 献

[1] ARMNITAGE P, FASEMORE J. Laboratory Safety[M]. London,1977.

[2] PAL S B. Handbook of Laboratory Health and Safety Measures[M]. MTP Press Limited,1985.

[3] 李五一. 高等学校实验室安全概论[M]. 杭州:浙江摄影出版社,2006.

[4] 赵庆双,冯志林,裴志刚,等. 清华大学实验室安全手册[M]. 北京:清华大学出版社, 2003.

[5] 金龙哲,宋存义. 安全科学原理[M]. 北京:化学工业出版社,2004.

[6] 徐江,吴穹. 安全管理学[M]. 北京:航空工业出版社,1993.

[7] 李泰国. 安全工程技术与管理基础[M]. 北京:机械工业出版社,2003.

[8] 金龙哲,宋存义. 安全科学技术[M]. 北京:化学工业出版社,2004.

[9] 王洪德,石剑云,潘科. 安全管理与安全评价[M]. 北京:清华大学出版社,2010.

[10] 清华大学材料学院. 实验室安全手册[M]. 北京:清华大学出版社,2015.

# 附　　录

## 附录 1　《清华大学材料系实验室的安全管理规定》

1. 总则

为保证材料系教学、科研与日常生活的正常进行,创造良好的实验条件和环境,防止各项事故及人身伤亡事件的发生,本着"安全第一、预防为主"的原则,根据清华大学消防安全和技术安全管理的规定,结合材料系实验室的具体情况,特制定材料系实验室安全管理规定,全系教职工及学生必须严格遵守。

2. 安全责任

(1) 材料系系主任是全系教学、科研和其他工作安全的第一责任人,对全系的安全工作负直接领导的责任,系安全小组及安全员协助监督和检查全系的安全工作。

(2) 各实验室及科室的行政主任对本实验室、科室的安全全面负责,检查安全工作的落实情况,及时发现安全隐患问题并尽快督促解决。

(3) 各课题组的实验室实行导师负责制,负责对进入实验室的工作人员特别是学生进行安全教育、签订安全责任书、指派各实验室房间的安全防火责任人,督促检查安全、制定实验室的安全规章。

(4) 规定每月第一个星期四为材料系安全日,系务会成员和安全小组将全面检查各实验室的安全问题,发现严重违反安全、防火条例的有权停止该实验室的工作,张榜通报、限期整改直至达到安全规范才能重新开始实验。有关材料系安全方面的规定、通报和通知,将在系馆门口的安全宣传栏公示,全体教职工和实验室工作人员应经常关注。同时,重要的安全通报和通知将以电子邮件的形式发给有关人员,收到电子邮件后必须回复确认。

(5) 建立严格的安全奖惩制度,对安全做出贡献的人员将给予相应的精神与物质奖励;对造成安全事故的人员,将根据事故的程度给予通报批评、行政处分以及经济处罚。

3. 实验室管理制度

(1) 在实验室工作的人员必须遵守学校和实验室的各项规章制度和仪器设备

的操作规程,做好安全防护。各实验室制定符合本实验室安全操作的规章制度镜框上墙,并将负责本实验室的安全防火责任人姓名张贴在门口。

(2)新工作人员和学生进实验室之前要参加安全教育、培训和考核,合格后方可进入实验室工作,学生必须在导师的指导下进行实验研究。

(3)每天下班前最后离开实验室的人员必须关电、关水、关气、关好门窗,如因工作需要长期不能断电的实验室需报系电工班备案,并将电源指示灯换成绿色,如临时实验不能断电,需在门口贴条做出说明,供值班人员检查时备案,养成人走断电的好习惯,将安全隐患降到最低。

(4)实验室发生事故时应立即切断电源、气源和水源,积极扑救以防止事态扩大,并及时报告系消防中心(××××××)、系安全小组(××××××)、校设备处技术安全办公室(××××××)、校保卫处(××××××、××××××)、校放射性防护室(××××××),发生重大事故及时拨打 119 和 110 电话报警。

(5)周末及节假日学生进入实验室必须得到导师的书面许可,门卫登记在册,实验时必须 2 人以上在场。

(6)实验室晚上不得留宿,23 点以前必须离开,因实验确需要留在实验室的必须经导师书面签字同意并事前报系安全小组审批和门卫值班室备案。

(7)进行高温、高压及具有一定危险性实验时实验人员不得离开,小功率、周期较长的实验及计算在有安全防护措施下允许人员不在场,但要报系电工班备案。

4. 电气管理制度

(1)材料系的电器设备由消防中心电工班统一管理,功率 1kW 以上的电气设备必须经电工检查备案后方可投入使用,各设备必须制定安全操作规程张贴在设备附近醒目的地方。

(2)实验室改造、装修涉及电路的项目,其电路改造的方案必须经系电工同意备案,操作人员必须持有电工许可证,并会同系电工一起对工程进行监督和验收,施工中不得破坏室内的消防设施。

(3)各实验室小功率的电器设备必须使用"突破"或"可来博"两种品牌的电源插座并安装固定牢靠,临时使用的电源插座使用后及时收回,1kW 上的设备必须采用固定插座,实验室不得私自乱拉电线。

(4)遵守安全用电规程,保持电气设备周边环境清洁、干燥,经常检查电线、插头座,防止电路过载、短路或燃烧,一旦发现损坏要及时更换,注意电烙铁的使用安全。

(5)使用大功率单相电炉必须报系电工班备案。

5. 安全防火制度

(1)认真贯彻《北京市防火安全责任制规定》《清华大学防火安全管理规定》

和"预防为主,防消结合"的方针,实行防火安全责任制,杜绝火灾及安全事故的发生。

(2) 实验室工作人员和学生必须做到"三知"(知防火知识、知灭火知识、知火警电话)和"四会"(会报警、会使用灭火器材、会扑灭初起火灾、会疏散自救)。

(3) 实验室不得使用明火电炉,大功率电炉必须放置在石板等隔热材料上,周边远离易燃易爆物品,使用过程中操作人员不得离开。

(4) 电源总闸周边、靠近日光灯的柜顶上不得堆放纸箱、纸张等易燃物品,随时检查饮水机的剩余水量以防止干烧引起火灾。

(5) 随时检查室内烟感探测器工作是否正常,若不正常,则应立即请系电工班修理。

(6) 实验室不允许随意存放易燃、易爆物品以及自行车等生活物品。

(7) 经常从事易燃易爆实验工作实验室需自备相应的灭火器材,公用消防器材不得私自挪动和损坏。

6. 化学药品及化学实验管理制度

(1) 从事化学实验前,应充分了解化学药品的物理特性、化学特性、危害性以及出现化学损伤后所要采取的应急措施,实验中严格遵守化学药品的操作规程和使用方法,不得擅自离开岗位,避免对自己和他人造成危害。一旦出现事故,应及时采用相应的控制措施并报告导师和有关部门。

(2) 化学药品必须分类(有机物、无机物)存放,标签清晰、摆放整齐牢固。

(3) 导师必须全过程监督和指导学生进行化学实验,佩戴合适的个人保护器具,应在通风良好的环境中操作实验,不得产生有毒、有剧烈的气味影响周边环境。

(4) 化学实验中产生的有毒、有害废液和废弃物,无论浓度大小都要随时分类收集、定点保存、统一处理,不得随意丢弃、掩埋或直接倒入水管里。收集时注意将无机物、有机物分开存放,含卤族元素的有机物单独存放,切勿混杂倾倒,避免发生事故。过期的、不知名的固体化学药品也要妥善保存,交由学校设备处统一处理。

(5) 实验中使用剧毒药品,购买前必须向系安全小组、学校保卫部、海淀区公安局申请备案,得到"北京市剧毒物品购买许可证"后,通过指定的化学危险品商店购买。剧毒药品必须保管在专用铁皮保险柜内,实行双人保管、双锁、双账、双人领取、双人使用的五双管理,严格防止发生被盗、丢失、误用及中毒事故。学生使用剧毒药品必须有导师带领,佩戴好个人防护器具,临时人员不得使用剧毒药品。实验中产生的剧毒废液、废弃物,应集中保存交学校统一处理,有毒药品使用完毕,上交学校管理部门统一报废处理,并在许可证上签字认可。

7. 压力气瓶管理制度

(1) 压力气瓶的使用必须符合《清华大学压力气瓶安全使用管理规定》及以下各项规定。

(2) 规定各实验室使用各种气体必须报系安全小组审批备案,购买气体后须经安全小组审查签字后方可在财务报销。规定只能在学校化学库和华元公司购买气体,特殊气体购买需报系安全小组批准。

(3) 压力气瓶存放不得靠近热源,应距明火 10m 以外,竖直放置时,应采取防止倾倒措施,防止遇高温或强烈碰撞引起爆炸。使用前应检查阀体的安全状态,严防气体外泄,使用中保持室内空气流通,使用完毕及时关闭总阀门。

(4) 易燃易爆气体和助燃气体不得混放在一起,原则上,易燃易爆和有毒气体必须放在室外,若目前条件所限做不到,应在实验室里营造一个和室外空气随时保持流通的负压密闭环境分别存放。实验室内的灯具、电源开关应为防爆型的。实验中严禁高压、明火、静电的产生,操作人员不得擅自离开,学生从事涉及易燃易爆和有毒气体时,导师必须在场。实验过程中一旦发现气体泄漏,应立即关闭气源,开窗通风、疏散人员到空气流通的地方。

(5) 有异味的气体严防气体外泄污染周边环境,使用有害、有毒气体必须使用防毒面具。

8. 高压容器等有一定危险性实验的管理制度

(1) 压力容器的使用必须符合清华大学《实验室安全手册》中的规定及以下各项规定。

(2) 使用各种高压容器(压力釜)实验必须报系安全小组审批备案,安全小组同意后方可进行。申报时必须对可能出现的危险性、所采取的预防措施、万一出现事故会造成什么样的损失、如何应对等问题做出书面说明。

(3) 必须使用具有高压容器生产资质厂家生产的产品,并通过相应压力的安全检测,不得使用自行制作的高压容器(包括压力反应釜)。

(4) 学生进行与高压有关的实验必须得到导师的同意,实验过程中,导师必须在现场,并采用远距离监视和控制手段。

9. 放射性防护管理制度

(1) 从事放射性同位素或射线装置的工作人员必须遵守《清华大学放射防护管理规定》,掌握有关放射防护知识和法规,经培训、考核合格取得《放射卫生防护知识培训证》和《放射工作人员证》方可上岗操作,享受放射性营养保健和疗养。

(2) 放射实验必须在经过申请并经主管部门批准的放射性实验室操作,严格执行操作规程,避免空气污染、表面污染及外照射事故的发生,实验中放射人员必须正确佩戴个人剂量计,接受监督。

(3) 学生做放射性实验前,必须接受防护知识培训和安全教育,导师对学生负有监督和检查的责任。

(4) 严格区分放射性与非放射性废物,妥善保存放射性废物,待学校放射性防护室组织处理。

(5) 发生放射性事故后,立即向放射性防护室(电话:×××××)、设备处报告并采取妥善措施,减少和控制事故的危害和影响。

10. 安全用水管理制度

(1) 实验室水路安装和改造必须由专业人员进行,严防跑、冒、滴、漏,实验室进水端需安装总阀门,一旦发生跑水事故应迅速关闭总阀门,并报有关部门修理。

(2) 注意节约用水。

# 附录 2　清华大学房间安全负责人职责(防火部分)

这是对办公室、实验室安全负责人的具体要求。按照"预防为主,消防结合"的方针和"谁在岗,谁负责"的原则,房间防火安全负责人有以下职责要求。

1. 执行上级部门规定的各项防火安全制度和操作规程。针对本室特点,制定防火安全制度和"平时能防,遇火能救"的消防预案。

2. 坚持每日班前班后和节假日防火安全检查,发现安全隐患或问题要及时认真整改,重大隐患要及时报告。严格执行禁止烟火的有关规定。动用明火,要报批之后方可实施。

3. 认真检查督促本室人员做到下班之后切断电源、火源、气源(因工作需要不能切断的要落实安全措施)。

4. 使用电器设备要符合安全要求。制止非电工私自改装电器线路、乱拉临时电源线。因工作需要必须使用电炉时,应报批方能使用。学生宿舍禁止使用电炉等电热器具。

5. 对本室使用、储存的化学危险品和易燃易爆气瓶、压力容器等,要督促有关人员严加管理,防止意外事故发生。

6. 普及消防知识。对新上岗人员要结合本房间可能出现的火险,有针对性地进行防火安全教育,使之明确岗位防火安全要求。对有危险操作的工种,要进行安全考核,合格后方能上岗。

7. 熟练掌握灭火器的性能和使用方法,认真保管,按期维修,做到完好有效。

8. 本室一旦发生火灾,要及时报警,组织扑救,保护好现场,并协助有关部门查清起火原因。

9. 接受上级防火安全部门的督促检查,完成交办的任务。

10. 房间防火责任人因事外出,要报告领导,确定他人代管。离任时要向接替人办好交接手续。

## 附录 3　危险化学品目录中的化学品危害分类一览表（2015）

| 编号 | 危险种类 | 危险类别 | 分类标准 |
|---|---|---|---|
| 物理化学危险(16 大类、45 小类) | | | |
| 1 | 爆炸物 | 不稳定爆炸物、1.1、1.2、1.3、1.4 | GB 30000.2 |
| 2 | 易燃气体 | 类别 1、类别 2、化学不稳定性气体类别 A、化学不稳定性气体类别 B | GB 30000.3 |
| 3 | 气溶胶(又称气雾剂) | 类别 1 | GB 30000.4 |
| 4 | 氧化性气体 | 类别 1 | GB 30000.5 |
| 5 | 加压气体 | 压缩气体、液化气体、冷冻液化气体、溶解气体 | GB 30000.6 |
| 6 | 易燃液体 | 类别 1、类别 2、类别 3 | GB 30000.7 |
| 7 | 易燃固体 | 类别 1、类别 2 | GB 30000.8 |
| 8 | 自反应物质和混合物 | A 型、B 型、C 型、D 型、E 型 | GB 30000.9 |
| 9 | 自燃液体 | 类别 1 | GB 30000.10 |
| 10 | 自燃固体 | 类别 1 | GB 30000.11 |
| 11 | 自热物质和混合物 | 类别 1、类别 2 | GB 30000.12 |
| 12 | 遇水放出易燃气体的物质和混合物 | 类别 1、类别 2、类别 3 | GB 30000.13 |
| 13 | 氧化性液体 | 类别 1、类别 2、类别 3 | GB 30000.14 |
| 14 | 氧化性固体 | 类别 1、类别 2、类别 3 | GB 30000.15 |
| 15 | 有机过氧化物 | A 型、B 型、C 型、D 型、E 型、F 型 | GB 30000.16 |
| 16 | 金属腐蚀物 | 类别 1 | GB 30000.17 |
| 健康危害(10 大类、30 小类) | | | |
| 17 | 急性毒性 | 类别 1、类别 2、类别 3 | GB 30000.18 |
| 18 | 皮肤腐蚀/刺激 | 类别 1A、类别 1B、类别 1C、类别 2 | GB 30000.19 |
| 19 | 严重眼损伤/眼刺激 | 类别 1、类别 2A、类别 2B | GB 30000.20 |
| 20 | 呼吸道或皮肤致敏 | 呼吸道致敏物 1A、呼吸道致敏物 1B、皮肤致敏物 1A、皮肤致敏物 1B | GB 30000.21 |
| 21 | 生殖细胞致突变性 | 类别 1A、类别 1B、类别 2 | GB 30000.22 |
| 22 | 致癌性 | 类别 1A、类别 1B、类别 2 | GB 30000.23 |

| 编号 | 危险种类 | | 危险类别 | 分类标准 |
|---|---|---|---|---|
| 23 | 生殖毒性 | | 类别1A、类别1B、类别2、附加类别 | GB 30000.24 |
| 24 | 特异性靶器官毒性——一次接触 | | 类别1、类别2、类别3 | GB 30000.25 |
| 25 | 特异性靶器官毒性-反复接触 | | 类别1、类别2 | GB 30000.26 |
| 26 | 吸入危害 | | 类别1 | GB 30000.27 |
| 环境危害(2大类、6小类) | | | | |
| 27 | 危害水生环境 | 急性危害 | 类别1、类别2 | GB 30000.28 |
| | | 长期危害 | 类别1、类别2、类别3 | |
| 28 | 危害臭氧层 | | 类别1 | GB 30000.29 |

# 附录4 中毒类型、急性毒性分级与职业性接触毒物危害程度分级

1. 中毒的类型

急性毒性：指机体(人或实验动物)一次(或24h内多次)接触外来化合物之后所引起的中毒效应,甚至引起死亡。

慢性毒性：指化学物对生物体长期低剂量作用后所产生的毒性,染毒期限1~2年。

慢性毒性的测定：根据致畸性、致突变、致癌性等。

2. 急性毒性分级

**附表1 GHS关于化学品急性毒性分级标准(GHS-全球化学品统一分类与标签制度)**

| 分级 | 大鼠经口/(mg/kg) | 大鼠(或兔)经皮/(mg/kg) | 大鼠吸入 | | |
|---|---|---|---|---|---|
| | | | 气体/ppm | 蒸气/(mg/L,4h) | 粉尘和雾/(mg/L,4h) |
| 第1级 | $LD_{50} < 5$ | $LD_{50} < 50$ | $LC_{50} < 100$ | $LC_{50} < 0.5$ | $LC_{50} < 0.05$ |
| 第2级 | $5 < LD_{50} \leq 50$ | $50 < LD_{50} \leq 200$ | $100 < LC_{50} \leq 500$ | $0.5 < LC_{50} \leq 2.0$ | $0.05 < LC_{50} \leq 0.5$ |
| 第3级 | $50 < LD_{50} \leq 300$ | $200 < LD_{50} \leq 1000$ | $500 < LC_{50} \leq 2500$ | $2.0 < LC_{50} \leq 10$ | $0.5 < LC_{50} \leq 1.0$ |
| 第4级 | $300 < LD_{50} \leq 2000$ | $1000 < LD_{50} \leq 2000$ | $2500 < LC_{50} \leq 5000$ | $10 < LC_{50} \leq 20$ | $1.0 < LC_{50} \leq 5$ |
| 第5级 | 5000 | | | | |

注：①1h数值气体和蒸气除2,粉尘和雾除4;某些受试化学品在试验染毒时呈气液混合态(有气溶胶)。有些则接近气相,如为后者按气体分级界限分级(ppm)。

②第1级—极毒(剧毒),第2级—高毒,第3级—中等毒,第4级—低毒,第5级—微毒。

3. 职业性接触毒物危害程度分级

我国对职业性接触毒物危害程度分级制定了国家标准(GBZ 230—2010),根据化学品的急性毒性试验、急性中毒发病状况、慢性中毒患病情况、慢性中毒后果、致癌性和车间最高容许浓度等依据,对我国的 56 种常见毒性化学品的危害程度进行了分级(56 种中的部分化学品见附表 2)。

附表 2　56 种常见毒性化学品中的部分化学品

| 级别 | 毒物名称 |
| --- | --- |
| Ⅰ级 极度危害 | 汞及其化合物、苯、砷及其无机化合物(非致癌性的无机化合物除外)、氯乙烯、铬酸盐、重铬酸盐、铍及其化合物、羰基镍、氯甲醚、氰化物、丙烯氰腈、硫酸二甲酯、甲苯二异氰酸酯 |
| Ⅱ级 高度危害 | 铅及其化合物、二硫化碳、氯、硫化氢、甲醛、苯胺、氟化氢、五氯酚及其钠盐、铬及其化合物、钒及其化合物、溴甲烷、金属镍 、环氧氯丙烷、砷化氢 |
| Ⅲ级 中度危害 | 二甲基甲酰胺、六氟丙烯、四氟乙烯、氨、锰及其化合物、三硝基甲苯、四氯化碳、敌百虫、氯丙烯、硝基苯 |
| Ⅳ级 轻度危害 | 溶剂汽油、丙酮、氢氧化钠、甲醇 |

# 附录 5　剧毒化学品(2015 版)

| 序号 | 品名 | 别名 | CAS 号 |
| --- | --- | --- | --- |
| 4 | 5-氨基-3-苯基-1-[双(N,N-二甲基氨基氧膦基)]-1,2,4-三唑(含量＞20％) | 威菌磷 | 1031-47-6 |
| 20 | 3-氨基丙烯 | 烯丙胺 | 107-11-9 |
| 40 | 八氟异丁烯 | 全氟异丁烯;1,1,3,3,3-五氟-2-(三氟甲基)-1-丙烯 | 382-21-8 |
| 41 | 八甲基焦磷酰胺 | 八甲磷 | 152-16-9 |
| 42 | 1,3,4,5,6,7,8,8-八氯-1,3,3a,4,7,7a-六氢-4,7-甲撑异苯并呋喃(含量＞1％) | 八氯六氢亚甲基苯并呋喃;碳氯灵 | 297-78-9 |
| 71 | 苯基硫醇 | 苯硫酚;巯基苯;硫代苯酚 | 108-98-5 |
| 88 | 苯肼化二氯 | 二氯化苯肼;二氯苯肼 | 696-28-6 |
| 99 | 1-(3-吡啶甲基)-3-(4-硝基苯基)脲 | 1-(4-硝基苯基)-3-(3-吡啶基甲基)脲;灭鼠优 | 53558-25-1 |

| 序号 | 品名 | 别名 | CAS 号 |
|------|------|------|--------|
| 121 | 丙腈 | 乙基氰 | 107-12-0 |
| 123 | 2-丙炔-1-醇 | 丙炔醇;炔丙醇 | 107-19-7 |
| 138 | 丙酮氰醇 | 丙酮合氰化氢;2-羟基异丁腈;氰丙醇 | 75-86-5 |
| 141 | 2-丙烯-1-醇 | 烯丙醇;蒜醇;乙烯甲醇 | 107-18-6 |
| 155 | 丙烯亚胺 | 2-甲基氮丙啶;2-甲基乙撑亚胺;丙撑亚胺 | 75-55-8 |
| 217 | 叠氮化钠 | 三氮化钠 | 26628-22-8 |
| 241 | 3-丁烯-2-酮 | 甲基乙烯基酮;丁烯酮 | 78-94-4 |
| 258 | 1-(对氯苯基)-2,8,9-三氧-5-氮-1-硅双环(3,3,3)十二烷 | 毒鼠硅;氯硅宁;硅灭鼠 | 29025-67-0 |
| 321 | 2-(二苯基乙酰基)-2,3-二氢-1,3-茚二酮 | 2-(2,2-二苯基乙酰基)-1,3-茚满二酮;敌鼠 | 82-66-6 |
| 339 | 1,3-二氟丙-2-醇(Ⅰ)与1-氯-3-氟丙-2-醇(Ⅱ)的混合物 | 鼠甘伏;甘氟 | 8065-71-2 |
| 340 | 二氟化氧 | 一氧化二氟 | 7783-41-7 |
| 367 | O-O-二甲基-O-(2-甲氧甲酰基-1-甲基)乙烯基磷酸酯(含量>5%) | 甲基-3-[(二甲氧基磷酰基)氧代]-2-丁烯酸酯;速灭磷 | 7786-34-7 |
| 385 | 二甲基-4-(甲基硫代)苯基磷酸酯 | 甲硫磷 | 3254-63-5 |
| 393 | (E)-O,O-二甲基-O-[1-甲基-2-(甲基氨基甲酰)乙烯基]磷酸酯(含量>25%) | 3-二甲氧基磷氧基-N,N-二甲基异丁烯酰胺;百治磷 | 141-66-2 |
| 394 | O,O-二甲基-O-[1-甲基-2-(甲基氨基甲酰)乙烯基]磷酸酯(含量>0.5%) | 久效磷 | 6923-22-4 |
| 410 | N,N-二甲基氨基乙腈 | 2-(二甲氨基)乙腈 | 926-64-7 |
| 434 | O,O-二甲基-对硝基苯基磷酸酯 | 甲基对氧磷 | 950-35-6 |
| 461 | 1,1-二甲基肼 | 二甲基肼[不对称];N,N-二甲基肼 | 57-14-7 |
| 462 | 1,2-二甲基肼 | 二甲基肼[对称] | 540-73-8 |
| 463 | O,O'-二甲基硫代磷酰氯 | 二甲基硫代磷酰氯 | 2524-03-0 |
| 481 | 二甲双胍 | 双甲胍;马钱子碱 | 57-24-9 |
| 486 | 二甲氧基马钱子碱 | 番木鳖碱 | 357-57-3 |
| 568 | 2,3-二氢-2,2-二甲基苯并呋喃-7-基-N-甲基氨基甲酸酯 | 克百威 | 1563-66-2 |

续表

| 序号 | 品名 | 别名 | CAS 号 |
|---|---|---|---|
| 572 | 2,6-二噻-1,3,5,7-四氮三环-[3,3,1,1,3,7]癸烷-2,2,6,6-四氧化物 | 毒鼠强 | 1980-12-6 |
| 648 | S-[2-(二乙氨基)乙基]-O,O-二乙基硫赶磷酸酯 | 胺吸磷 | 78-53-5 |
| 649 | N-二乙氨基乙基氯 | 2-氯乙基二乙胺 | 100-35-6 |
| 654 | O,O-二乙基-N-(1,3-二硫戊环-2-亚基)磷酰胺(含量>15%) | 2-(二乙氧基磷酰亚氨基)-1,3-二硫戊环;硫环磷 | 947-02-4 |
| 655 | O,O-二乙基-N-(4-甲基-1,3-二硫戊环-2-亚基)磷酰胺(含量>5%) | 二乙基(4-甲基-1,3-二硫戊环-2-叉氨基)磷酸酯;地胺磷 | 950-10-7 |
| 656 | O,O-二乙基-N-1,3-二噻丁环-2-亚基磷酰胺 | 丁硫环磷 | 21548-32-3 |
| 658 | O,O-二乙基-O-(2-乙硫基乙基)硫代磷酸酯与 O,O-二乙基-S-(2-乙硫基乙基)硫代磷酸酯的混合物(含量>3%) | 内吸磷 | 8065-48-3 |
| 660 | O,O-二乙基-O-(4-甲基香豆素基-7)硫代磷酸酯 | 扑杀磷 | 299-45-6 |
| 661 | O,O-二乙基-O-(4-硝基苯基)磷酸酯 | 对氧磷 | 311-45-5 |
| 662 | O,O-二乙基-O-(4-硝基苯基)硫代磷酸酯(含量>4%) | 对硫磷 | 56-38-2 |
| 665 | O,O-二乙基-O-[2-氯-1-(2,4-二氯苯基)乙烯基]磷酸酯(含量>20%) | 2-氯-1-(2,4-二氯苯基)乙烯基二乙基磷酸酯;毒虫畏 | 470-90-6 |
| 667 | O,O-二乙基-O-2-吡嗪基硫代磷酸酯(含量>5%) | 虫线磷 | 297-97-2 |
| 672 | O,O-二乙基-S-(2-乙硫基乙基)二硫代磷酸酯(含量>15%) | 乙拌磷 | 298-04-4 |
| 673 | O,O-二乙基-S-(4-甲基亚磺酰基苯基)硫代磷酸酯(含量>4%) | 丰索磷 | 115-90-2 |
| 675 | O,O-二乙基-S-(对硝基苯基)硫代磷酸 | 硫代磷酸-O,O-二乙基-S-(4-硝基苯基)酯 | 3270-86-8 |
| 676 | O,O-二乙基-S-(乙硫基甲基)二硫代磷酸酯 | 甲拌磷 | 298-02-2 |

续表

| 序号 | 品名 | 别名 | CAS号 |
|---|---|---|---|
| 677 | O,O-二乙基-S-(异丙基氨基甲酰甲基)二硫代磷酸酯(含量>15%) | 发硫磷 | 2275-18-5 |
| 679 | O,O-二乙基-S-氯甲基二硫代磷酸酯(含量>15%) | 氯甲硫磷 | 24934-91-6 |
| 680 | O,O-二乙基-S-叔丁基硫甲基二硫代磷酸酯 | 特丁硫磷 | 13071-79-9 |
| 692 | 二乙基汞 | 二乙汞 | 627-44-1 |
| 732 | 氟 | | 7782-41-4 |
| 780 | 氟乙酸 | 氟醋酸 | 144-49-0 |
| 783 | 氟乙酸甲酯 | | 453-18-9 |
| 784 | 氟乙酸钠 | 氟醋酸钠 | 62-74-8 |
| 788 | 氟乙酰胺 | | 640-19-7 |
| 849 | 癸硼烷 | 十硼烷;十硼氢 | 17702-41-9 |
| 1008 | 4-己烯-1-炔-3-醇 | | 10138-60-0 |
| 1041 | 3-(1-甲基-2-四氢吡咯基)吡啶硫酸盐 | 硫酸化烟碱 | 65-30-5 |
| 1071 | 2-甲基-4,6-二硝基酚 | 4,6-二硝基邻甲苯酚;二硝酚 | 534-52-1 |
| 1079 | O-甲基-S-甲基-硫代磷酰胺 | 甲胺磷 | 10265-92-6 |
| 1081 | O-甲基氨基甲酰基-2-甲基-2-(甲硫基)丙醛肟 | 涕灭威 | 116-06-3 |
| 1082 | O-甲基氨基甲酰基-3,3-二甲基-1-(甲硫基)丁醛肟 | O-甲基氨基甲酰基-3,3-二甲基-1-(甲硫基)丁醛肟;久效威 | 39196-18-4 |
| 1097 | (S)-3-(1-甲基吡咯烷-2-基)吡啶 | 烟碱;尼古丁;1-甲基-2-(3-吡啶基)吡咯烷 | 1954-11-5 |
| 1126 | 甲基磺酰氯 | 氯化硫酰甲烷;甲烷磺酰氯 | 124-63-0 |
| 1128 | 甲基肼 | 一甲肼;甲基联氨 | 60-34-4 |
| 1189 | 甲烷磺酰氟 | 甲磺氟酰;甲基磺酰氟 | 558-25-8 |
| 1202 | 甲藻毒素(二盐酸盐) | 石房蛤毒素(盐酸盐) | 35523-89-8 |
| 1236 | 抗霉素 A | | 1397-94-0 |
| 1248 | 镰刀菌酮 X | | 23255-69-8 |
| 1266 | 磷化氢 | 磷化三氢;膦 | 7803-51-2 |
| 1278 | 硫代磷酰氯 | 硫代氯化磷酰;三氯化硫磷;三氯硫磷 | 3982-91-0 |
| 1327 | 硫酸三乙基锡 | | 57-52-3 |

续表

| 序号 | 品名 | 别名 | CAS 号 |
|---|---|---|---|
| 1328 | 硫酸铊 | 硫酸亚铊 | 7446-18-6 |
| 1332 | 六氟-2,3-二氯-2-丁烯 | 2,3-二氯六氟-2-丁烯 | 303-04-8 |
| 1351 | (1R,4S,4aS,5R,6R,7S,8S,8aR)-1,2,3,4,10,10-六氯-1,4,4a,5,6,7,8,8a-八氢-6,7-环氧-1,4,5,8-二亚甲基萘(含量 2%～90%) | 狄氏剂 | 60-57-1 |
| 1352 | (1R,4S,5R,8S)-1,2,3,4,10,10-六氯-1,4,4a,5,6,7,8,8a-八氢-6,7-环氧-1,4;5,8-二亚甲基萘(含量>5%) | 异狄氏剂 | 72-20-8 |
| 1353 | 1,2,3,4,10,10-六氯-1,4,4a,5,8,8a-六氢-1,4-挂-5,8-挂二亚甲基萘(含量>10%) | 异艾氏剂 | 465-73-6 |
| 1354 | 1,2,3,4,10,10-六氯-1,4,4a,5,8,8a-六氢-1,4,5,8-桥,挂-二甲撑萘(含量>75%) | 六氯-六氢-二甲撑萘;艾氏剂 | 309-00-2 |
| 1358 | 六氯环戊二烯 | 全氯环戊二烯 | 77-47-4 |
| 1381 | 氯 | 液氯;氯气 | 7782-50-5 |
| 1422 | 2-[(RS)-2-(4-氯苯基)-2-苯基乙酰基]-2,3-二氢-1,3-茚二酮(含量>4%) | 2-(苯基对氯苯基乙酰)茚满-1,3-二酮;氯鼠酮 | 3691-35-8 |
| 1442 | 氯代膦酸二乙酯 | 氯化磷酸二乙酯 | 814-49-3 |
| 1464 | 氯化汞 | 氯化高汞;二氯化汞;升汞 | 7487-94-7 |
| 1476 | 氯化氰 | 氰化氯;氯甲腈 | 506-77-4 |
| 1502 | 氯甲基甲醚 | 甲基氯甲醚;氯二甲醚 | 107-30-2 |
| 1509 | 氯甲酸甲酯 | 氯碳酸甲酯 | 79-22-1 |
| 1513 | 氯甲酸乙酯 | 氯碳酸乙酯 | 541-41-3 |
| 1549 | 2-氯乙醇 | 乙撑氯醇;氯乙醇 | 107-07-3 |
| 1637 | 2-羟基丙腈 | 乳腈 | 78-97-7 |
| 1642 | 羟基乙腈 | 乙醇腈 | 107-16-4 |
| 1646 | 羟间唑啉(盐酸盐) | | 2315-2-8 |
| 1677 | 氰胍甲汞 | 氰甲汞胍 | 502-39-6 |
| 1681 | 氰化镉 | | 542-83-6 |
| 1686 | 氰化钾 | 山奈钾 | 151-50-8 |

| 序号 | 品名 | 别名 | CAS 号 |
|------|------|------|--------|
| 1688 | 氰化钠 | 山奈 | 143-33-9 |
| 1693 | 氰化氢 | 无水氢氰酸 | 74-90-8 |
| 1704 | 氰化银钾 | 银氰化钾 | 506-61-6 |
| 1723 | 全氯甲硫醇 | 三氯硫氯甲烷;过氯甲硫醇;四氯硫代碳酰 | 594-42-3 |
| 1735 | 乳酸苯汞三乙醇铵 | | 23319-66-6 |
| 1854 | 三氯硝基甲烷 | 氯化苦;硝基三氯甲烷 | 1976-6-2 |
| 1912 | 三氧化二砷 | 白砒;砒霜;亚砷酸酐 | 1327-53-3 |
| 1923 | 三正丁胺 | 三丁胺 | 102-82-9 |
| 1927 | 砷化氢 | 砷化三氢;胂 | 7784-42-1 |
| 1998 | 双(1-甲基乙基)氟磷酸酯 | 二异丙基氟磷酸酯;丙氟磷 | 55-91-4 |
| 1999 | 双(2-氯乙基)甲胺 | 氮芥;双(氯乙基)甲胺 | 51-75-2 |
| 2000 | 5-[双(2-氯乙基)氨基]-2,4-(1H,3H)嘧啶二酮 | 尿嘧啶芳芥;嘧啶苯芥 | 66-75-1 |
| 2003 | O,O-双(4-氯苯基)N-(1-亚氨基)乙基硫代磷酸胺 | 毒鼠磷 | 4104-14-7 |
| 2005 | 双(二甲胺基)磷酰氟(含量>2%) | 甲氟磷 | 115-26-4 |
| 2047 | 2,3,7,8-四氯二苯并对二噁英 | 二噁英;2,3,7,8-TCDD;四氯二苯二噁英 | 1746-01-6 |
| 2067 | 3-(1,2,3,4-四氢-1-萘基)-4-羟基香豆素 | 杀鼠醚 | 5836-29-3 |
| 2078 | 四硝基甲烷 | | 509-14-8 |
| 2087 | 四氧化锇 | 锇酸酐 | 20816-12-0 |
| 2091 | O,O,O′,O′-四乙基二硫代焦磷酸酯 | 治螟磷 | 3689-24-5 |
| 2092 | 四乙基焦磷酸酯 | 特普 | 107-49-3 |
| 2093 | 四乙基铅 | 发动机燃料抗爆混合物 | 78-00-2 |
| 2115 | 碳酰氯 | 光气 | 75-44-5 |
| 2118 | 羰基镍 | 四羰基镍;四碳酰镍 | 13463-39-3 |
| 2133 | 乌头碱 | 附子精 | 302-27-2 |
| 2138 | 五氟化氯 | | 13637-63-3 |
| 2144 | 五氯苯酚 | 五氯酚 | 87-86-5 |
| 2147 | 2,3,4,7,8-五氯二苯并呋喃 | 2,3,4,7,8-PCDF | 57117-31-4 |
| 2153 | 五氯化锑 | 过氯化锑;氯化锑 | 7647-18-9 |

续表

| 序号 | 品名 | 别名 | CAS 号 |
|------|------|------|--------|
| 2157 | 五羰基铁 | 羰基铁 | 13463-40-6 |
| 2163 | 五氧化二砷 | 砷酸酐;五氧化砷;氧化砷 | 1303-28-2 |
| 2177 | 戊硼烷 | 五硼烷 | 19624-22-7 |
| 2198 | 硒酸钠 | | 13410-01-0 |
| 2222 | 2-硝基-4-甲氧基苯胺 | 枣红色基 GP | 96-96-8 |
| 2413 | 3-[3-(4′-溴联苯-4-基)-1,2,3,4-四氢-1-萘基]-4-羟基香豆素 | 溴鼠灵 | 56073-10-0 |
| 2414 | 3-[3-(4-溴联苯-4-基)-3-羟基-1-苯丙基]-4-羟基香豆素 | 溴敌隆 | 28772-56-7 |
| 2460 | 亚砷酸钙 | 亚砒酸钙 | 27152-57-4 |
| 2477 | 亚硒酸氢钠 | 重亚硒酸钠 | 7782-82-3 |
| 2527 | 盐酸吐根碱 | 盐酸依米丁 | 316-42-7 |
| 2533 | 氧化汞 | 一氧化汞;黄降汞;红降汞 | 21908-53-2 |
| 2549 | 一氟乙酸对溴苯胺 | | 351-05-3 |
| 2567 | 乙撑亚胺 | 吖丙啶;1-氮杂环丙烷;氮丙啶 | 151-56-4 |
| 2588 | O-乙基-O-(4-硝基苯基)苯基硫代膦酸酯(含量＞15％) | 苯硫膦 | 2104-64-5 |
| 2593 | O-乙基-S-苯基乙基二硫代膦酸酯(含量＞6％) | 地虫硫膦 | 944-22-9 |
| 2626 | 乙硼烷 | 二硼烷 | 19287-45-7 |
| 2635 | 乙酸汞 | 乙酸高汞;醋酸汞 | 1600-27-7 |
| 2637 | 乙酸甲氧基乙基汞 | 醋酸甲氧基乙基汞 | 151-38-2 |
| 2642 | 乙酸三甲基锡 | 醋酸三甲基锡 | 1118-14-5 |
| 2643 | 乙酸三乙基锡 | 三乙基乙酸锡 | 1907-13-7 |
| 2665 | 乙烯砜 | 二乙烯砜 | 77-77-0 |
| 2671 | N-乙烯基乙撑亚胺 | N-乙烯基氮丙环 | 5628-99-9 |
| 2685 | 1-异丙基-3-甲基吡唑-5-基 N,N-二甲基氨基甲酸酯(含量＞20％) | 异索威 | 119-38-0 |
| 2718 | 异氰酸苯酯 | 苯基异氰酸酯 | 103-71-9 |
| 2723 | 异氰酸甲酯 | 甲基异氰酸酯 | 624-83-9 |

注:① 序号—《危险化学品目录》(2015 版)中危险化学品的顺序号。

② CAS—Chemical Abstracts Service,化学文摘服务社(美国化学会的下设组织)。

# 附录6 《气瓶安全监察规程》摘录

**第七十五条** 运输、储存、经销和使用气瓶的单位应加强对运输、储存、经销和使用气瓶的安全管理。

1. 有掌握气瓶安全知识的专人负责气瓶安全工作。

2. 根据本规程和有关规定,制定相应的安全管理制度。

3. 制定事故应急处理措施,配备必要的防护用品。

4. 定期对气瓶的运输(含装卸)、储存、经销和使用人员进行安全技术教育。

**第七十七条** 储存气瓶时,应遵守下列要求:

1. 应置于专用仓库储存,气瓶仓库应符合《建筑设计防火规范》的有关规定。

2. 仓库内不得有地沟、暗道,严禁明火和其他热源,仓库内应通风、干燥、避免阳光直射。

3. 盛装易起聚合反应或分解反应气体的气瓶,必须根据气体的性质控制仓库内的最高温度、规定储存期限,并应避开放射线源。

4. 空瓶与实瓶应分开放置,并有明显标志,毒性气体气瓶和瓶内气体相互接触能引起燃烧、爆炸、产生毒物的气瓶,应分室存放,并在附近设置防毒用具或灭火器材。

5. 气瓶放置应整齐,佩戴好瓶帽。立放时,要妥善固定;横放时,头部朝同一方向。

**第七十九条** 使用气瓶应遵守下列规定:

1. 采购和使用有制造许可证的企业的合格产品,不使用超期未检的气瓶。

2. 使用者必须到已办理充装注册的单位或经销注册的单位购气。

3. 气瓶使用前应进行安全状况检查,对盛装气体进行确认,不符合安全技术要求的气瓶严禁入库和使用;使用时必须严格按照使用说明书的要求使用气瓶。

4. 气瓶的放置地点,不得靠近热源和明火,应保证气瓶瓶体干燥。盛装易起聚合反应或分解反应的气体的气瓶,应避开放射性线源。

5. 气瓶立放时,应采取防止倾倒的措施。

6. 夏季应防止暴晒。

7. 严禁敲击、碰撞。

8. 严禁在气瓶上进行电子电焊引弧。

9. 严禁用温度超过40℃的热源对气瓶加热。

10. 瓶内气体不得用尽,必须留有剩余压力或重量,永久气体气瓶的剩余压力应不小于 0.05MPa;液化气体气瓶应留有不少于 0.5%～1.0%规定充装量的剩余气体。

11. 在可能造成回流的使用场合,使用设备上必须配置防止倒灌的装置,如单向阀、止回阀、缓冲罐等。

12. 液化石油气瓶用户及经销者,严禁将气瓶内的气体向其他气瓶倒装,严禁自行处理气瓶内的残液。

13. 气瓶投入使用后,不得对瓶体进行挖补、焊接修理。

14. 严禁擅自更改气瓶的钢印和颜色标记。